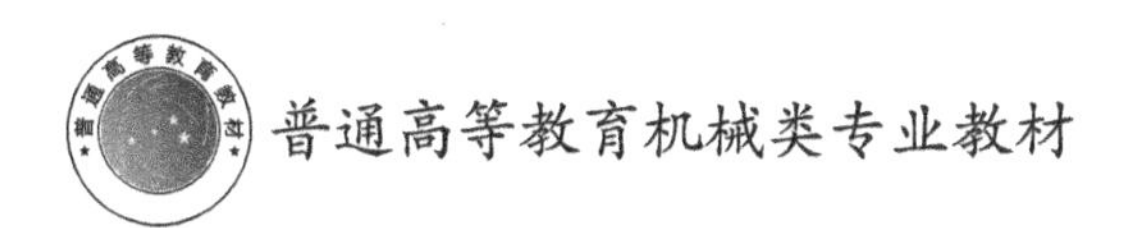

机械工程材料

徐 婷 刘 斌 主 编

焦玉民 何晓晖 沈新民 副主编

人民交通出版社股份有限公司

北 京

内 容 提 要

本书为普通高等教育机械类专业教材之一，是根据高等学校教育培养目标和教学特点，结合当前教学和教材改革的精神精心编写而成。全书分为7章：机械零部件对工程材料的要求，机械工程材料的结构、组织和性能，金属的形变强化处理，钢的热处理和表面改性处理，常用机械工程材料，新型军事工程材料，材料的选用。

本书可作为高等工科院校机械类专业的教材，还可作为相关专业工程技术人员的参考书。

图书在版编目(CIP)数据

机械工程材料/徐婷，刘斌主编．—北京：人民交通出版社股份有限公司，2023.3

ISBN 978-7-114-18493-2

Ⅰ.①机… Ⅱ.①徐… ②刘… Ⅲ.①机械制造材料 Ⅳ.①TH14

中国版本图书馆CIP数据核字(2022)第256213号

Jixie Gongcheng Cailiao

书　　名：机械工程材料
著 作 者：徐　婷　刘　斌
责任编辑：郭　跃
责任校对：赵媛媛
责任印制：张　凯
出版发行：人民交通出版社股份有限公司
地　　址：(100011)北京市朝阳区安定门外外馆斜街3号
网　　址：http://www.ccpcl.com.cn
销售电话：(010)59757973
总 经 销：人民交通出版社股份有限公司发行部
经　　销：各地新华书店
印　　刷：北京虎彩文化传播有限公司
开　　本：787×1092　1/16
印　　张：15.75
字　　数：354千
版　　次：2023年3月　第1版
印　　次：2023年3月　第1次印刷
书　　号：ISBN 978-7-114-18493-2
定　　价：53.00元

前言 Preface

机械工程材料为材料科学的重要分支之一，主要包括工程材料的组织、性能、改性处理、选用等核心内容；材料与能源、信息一起被称为现代工业社会的三大支柱。教材内容充满了辩证唯物主义的科学分析方法，内涵丰富、理论完善。教材的编写着力培养机械类专业学生必备的工程素养，提升工程意识，建立工程思维，拓展工程背景知识，开阔视野和思路角度，提高发现、分析、解决问题和实践动手能力。

近几年来，编者结合自身教学实践经验，深入开展和研究了课程教学改革和教材改革工作，积累了一些成果，在此基础上编写了本书。书中内容充分体现了教学改革的要求，以适应当前教育发展的需要。本书具有以下特点：

(1)注重把握“机械工程材料”课程知识点之间的联系，避免冗长的阐述；注重理解材料组织和力学性能之间的内在联系，避免对教学内容的死记硬背；注重培养面对工程装备使用、维修中如何选择和使用材料方面的问题，列举分析工程应用范例，加强“机械工程材料”理论知识对实践的指导作用。

(2)重点充实具有特色的教学内容，强调要时刻将理论教学中的研讨与分析引申、联系到军事应用。结合工程领域材料应用情况，增加了伪装、电子和兵器材料等延伸阅读内容，拓宽了学生的知识面。

(3)本书是机械工程材料立体化教材的组成部分，教学资源建设上，将丰富的图片、图形、视频、文本、试题库、试卷库等资料有机糅合在一起，建构运行了“机械工程材料”SPOC在线教学平台，为课程学习提供丰富、便捷的信息化教学资源和硬件保障。

本书由徐婷、刘斌担任主编，由焦玉民、何晓晖、沈新民担任副主编。储伟俊，刘晴，周春华也参与了本书的编写工作。限于编者水平，书中难免有不当之处，敬请广大院校师生指正。

编　者

2022年12月

目录 Contents

第1章　机械零部件对工程材料的要求

工程材料制成的机械零部件在使用过程中要受到各种形式的载荷作用,包括力学负荷、热负荷或环境介质的作用,有时只受到一种负荷作用,更多的时候会受到两种或两种以上负荷的同时作用。任何机器零件或结构件都具有一定功能,如在载荷、温度、介质等作用下保持一定几何形状和尺寸,实现规定的机械运动、传递力和能等。零件若失去设计要求的效能即为失效。例如:在力学负荷作用条件下,零件将产生变形,甚至出现断裂;在热负荷作用下,零件将产生尺寸和体积的改变,并产生热应力,同时随着温度的升高,零件的承载能力下降;而在环境介质的作用下,零件表面往往会造成化学腐蚀、电化学腐蚀及摩擦磨损等现象。对于机械设计者来说,为了满足零部件对机械工程材料的要求、预防零件失效,必须做到设计正确,选材恰当和工艺合理。要掌握零部件所受的负荷类型及其失效衡量指标,为制定技术条件、正确选材和制定合理工艺提供依据。

1.1　零部件所受的各种负荷

1.1.1　力学负荷

按载荷随时间变化而变化的情况,可把载荷分成静载荷和动载荷。若载荷缓慢地由零增加到某一定值以后保持不变或变化很不显著,即为静载荷。机器的重量对基础的作用便是静载荷。若载荷随时间的变化而变化,则为动载荷。按其随时间变化的方式,动载荷又可分为交变载荷与冲击载荷。交变强荷是随时间作周期性变化的载荷,例如齿轮转动时作用于每一个齿上的力都是随时间按周期性变化的。冲击载荷则是物体的运动在瞬时内发生突然变化所引起的载荷,例如汽车紧急制动时飞轮的轮轴、锻造时汽锤的锤杆等都受到冲击载荷的作用。

作用在机械零件上的静载荷分为拉伸、压缩、剪切、扭转、弯曲等几种基本形式,如图1-1所示。

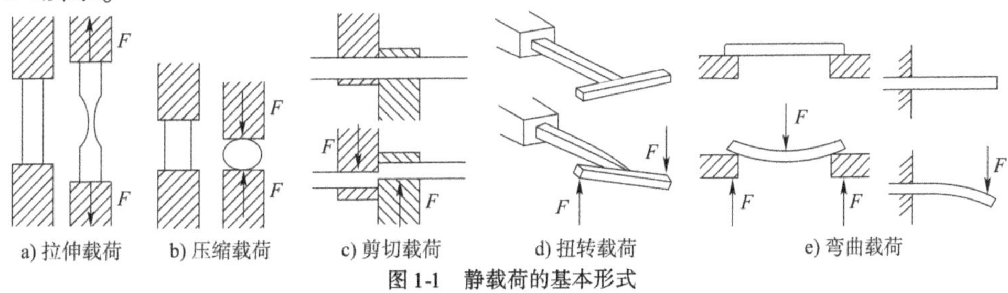

图1-1　静载荷的基本形式

1)拉伸和压缩载荷

拉伸载荷和压缩载荷是由大小相等、方向相反、作用线与杆件轴线重合的一对力引起的。这类载荷使杆件的长度发生伸长或缩短。起吊重物的钢索、桁架的杆件、液压油缸的活塞杆等在工作时都受到拉伸载荷或压缩载荷的作用,有可能产生拉伸或压缩变形。

2)剪切载荷

剪切载荷是由大小相等、方向相反、作用线垂直于杆轴且距离很近的一对力引起的。剪切载荷使受剪杆件的两部分沿外力作用方向发生相对的错动。机械中常用的连接件(如键、销钉、螺栓等)都受剪切载荷作用,有可能产生剪切变形。

3)扭转载荷

扭转载荷是由大小相等、方向相反、作用面垂直于杆轴的一对力偶引起的,扭转载荷使杆件的任意两个横截面发生绕轴线的相对转动。汽车的传动轴、电动机和水轮机的主轴等都是受扭转载荷作用,有可能产生扭转变形。

4)弯曲载荷

弯曲载荷是由垂直于杆件轴线的横向力,或者由作用于包含杆轴的纵向平面内的一对大小相等、方向相反的力偶引起的。弯曲载荷使杆件轴线由直线变为曲线即发生弯曲。在工程中,杆件受弯曲载荷作用是最常遇到的情况之一。桥式吊车的大梁、各种心轴及车刀等都受弯曲载荷作用,有可能产生弯曲变形。

很多零件工作时同时承受几种载荷作用,例如车床主轴工作时承受弯曲、扭转与压缩等三种载荷作用,钻床立柱同时承受拉伸与弯曲两种载荷作用,有可能产生组合变形。

1.1.2 热负荷

有些零件和结构是在高温条件下服役的,高温使材料的力学性能下降,并可能产生一系列的热影响。

首先,高温下材料的强度随温度升高而降低,高温下材料的强度随加载时间的延长而降低(在低温下材料的强度不受加载时间的影响)。例如,20 钢试样在 450℃ 的短时抗拉强度为 330MPa,若试样仅承受 230MPa 的应力,但在该温度下持续工作 300h 就会发生断裂;如果将应力降至 120MPa,要持续 10000h 才会发生断裂。在给定温度和规定的时间内使试样发生断裂的应力称为持久强度。

其次,材料在长时间的高温作用下,即使应力小于屈服强度也会慢慢地产生塑性变形,这种现象称为高温蠕变。一般来说,只有当温度超过 $0.3T_m$(T_m为材料的熔点,以热力学温度 K 为单位)时,才出现较明显的蠕变。

再次,高温下对许多材料尤其是金属材料要求其具有抗氧化的能力。

另外,许多零件在不断变化的温度条件下工作,若受较快的加热及冷却,零件将受到热冲击作用,如将 Al203 陶瓷管直接放入 1200℃ 的盐浴中,会立即发生爆裂。一般而言,零件各部分受热(或冷却)不均匀引起的膨胀(或收缩)量不一致,因而在零件内部产生应力,此应力称为热应力。热应力将使零件产生热变形,或者降低零件的实际承载能力。温度交替变化引起热应力的交替变化,交变的热应力会引起材料的热疲劳。

1.1.3　环境介质的作用

环境介质对金属零件的作用主要在腐蚀和摩擦磨损两个方面;环境介质对高分子材料零件的作用主要表现为老化。

1)腐蚀作用

由于金属材料的化学性质相对活泼,容易受到环境介质的腐蚀作用。根据腐蚀的过程和腐蚀机理,可将腐蚀分为化学腐蚀、电化学腐蚀和物理腐蚀三大类。化学腐蚀是指材料与周围介质直接发生化学反应,但反应过程中不产生微电流的腐蚀过程;电化学腐蚀是指金属与电解质溶液接触时发生电化学反应,反应过程中有微电流产生的腐蚀过程;物理腐蚀是指由于单纯的物理溶解而产生的腐蚀。

2)摩擦磨损作用

机器运转时,任何在接触状态下发生相对运动的零件,如轴心轴承、活塞环与汽缸套、十字头与滑块、齿轮与齿轮等,彼此之间都会发生摩擦。零件在摩擦过程中其表面发生尺寸变化和物质耗损的现象称为磨损。磨损的类型很多,最常见的有黏着磨损、磨粒磨损、腐蚀磨损、接触疲劳四种。

3)老化作用

高分子材料在加工、储存和使用过程中,由于受各种环境因素(如温度、日光、电、辐射、化学介质等)的作用而导致性能逐渐变坏,以致丧失使用价值的现象称为老化。例如,农用薄膜经日晒雨淋,发生变色、变脆和透明度下降;玻璃钢制品长期暴露在大气中,其表面逐渐露出玻璃纤维(起毛)、变色、失去光泽并且强度下降;汽车轮胎和自行车轮胎储存或使用中发生龟裂等均为老化现象。

1.2　机械工程材料的性能

在机械制造、交通运输、国防工业、石油化工等领域中,需要使用大量的工程材料,有时由于选材不当造成机械达不到使用要求或过早失效,因此了解和熟悉材料的性能成为合理选材、充分发挥工程材料内在性能潜力的重要依据。

材料的性能是用来表征材料在给定外界条件下的行为参量。当外界条件发生变化时,同一种材料的某些性能也会随之变化。通常所指材料的性能包括使用性能和工艺性能。

使用性能是指材料在使用过程中表现出来的性能。它包括力学性能和物理、化学性能等。材料的使用性能决定了其应用范围、安全可靠性和使用寿命等。工艺性能是指材料对各种加工工艺的适应能力。它包括铸造性能、锻造性能、焊接性能、切削加工性能、热处理工艺性能等。

1.2.1　工程材料的力学性能

由工程材料制成的机械零部件在使用过程中要受到各种形式的力,材料在这些力的作用下所表现出的特性被称为材料的力学性能(机械性能)。材料的力学性能即抵抗各种外力的能力。它是指材料在不同环境因素(如温度、介质等)下,承受外加载荷作用时所表现的行为。这种行为通常表现为材料的变形和断裂。因此,材料的力学性能也可以理解为材料抵抗外加载荷引起变形和断裂的能力。当外加载荷的性质、环境温度与介质等外在因素不同时,对材料的力学性能要求也不相同。室温下常用的力学性能包括强度、塑性、硬度、冲击韧度、断裂韧度、疲劳极限和耐磨性等。

材料的力学性能不仅取决于材料本身的化学成分,而且还和材料的微观组织结构有关。材料的力学性能是衡量工程材料性能优劣的主要指标,也是机械设计人员在设计过程中选用材料的主要依据。材料的力学性能可以从设计手册中查到,也可以用力学性能试验方法获得。了解材料力学性能的测试条件、实验方法和性能指标的意义将有助于了解工程材料的本性。

1.2.1.1 强度与塑性

材料在外力作用下抵抗变形和断裂的能力称为材料的强度。根据外力的作用方式,材料的强度分为抗拉强度、抗压强度、抗弯强度和抗剪强度等。

材料在外力作用下表现出的抵抗塑性变形能力称为材料的塑性。

材料的强度和塑性是材料最重要的力学性能指标之一,它可以通过拉伸试验获得。一次完整的拉伸试验记录还可以获得许多其他有关该材料性能的有用数据,如材料的弹性、刚度、屈服极限和材料破坏所需的功等。所以拉伸试验是材料试验中最为常用的一种试验方法。

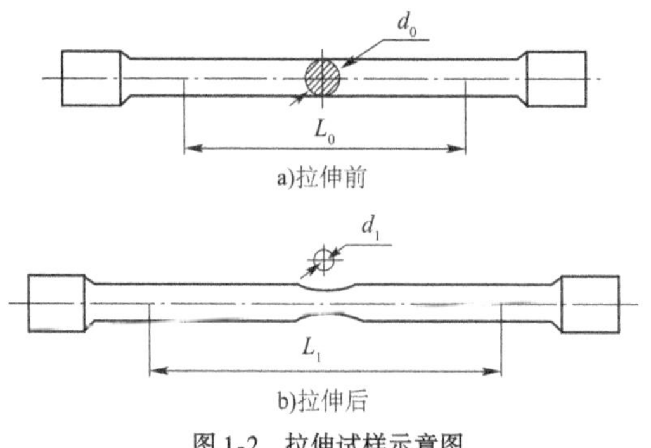

图 1-2 拉伸试样示意图

1)拉伸试验及拉伸曲线

拉伸试验设备为拉伸实验机。被测试材料按国标制成如图 1-2 所示的光滑圆柱形标准拉伸试样。试样中间截面均匀的部分作为测量延伸量的基本长度,称为标距 L_0。试样的两端置于拉伸实验机的夹头内夹紧。试验时,缓慢均匀地对试样施加轴向拉力,随着拉力的增加,试样被拉长直至拉断。拉伸试验机的自动记录系统会自动绘制出整个过程的应力应变曲线,也称 $\sigma-\varepsilon$ 曲线。如图 1-3 所示,即为低碳钢的 $\sigma-\varepsilon$ 曲线。纵横坐标的定义为:

$$\sigma=\frac{F}{S}$$

$$\varepsilon=\frac{L_1-L_0}{L_0}$$

式中,σ 为屈服应力;ε 为屈服系数;F 为轴向拉力(N);S 为试样的横截面积(m^2);L_0 为试样标距长度(mm);L_1 为试样变形过程中与 F 对应的总伸长(mm)。

$\sigma-\varepsilon$ 曲线显示了材料在单向拉应力的作用下,从开始变形直至断裂整个过程中的各种性质。由图 1-3 可见,钢在低于弹性极限 σ_e 的应力作用下发生弹性变形,此阶段内,应力与应变成正比,服从胡克定律,此时若卸掉载荷试样可恢复到原来的长度。当应力超过

弹性极限 σ_e 后，在继续发生弹性变形的同时，开始发生塑性变形并出现屈服现象，即外力几乎不增加，但变形继续进行。发生塑性变形后，即使卸掉载荷，试样也不能恢复到原来的长度了。当应力超过屈服点 C 后，随着应力增加，塑性变形逐渐增加并伴随加工硬化，即塑性变形需要不断增加外力才能继续进行，产生均匀塑性变形，直至应力达到最高点 D 后，均匀的塑性变形阶段结束，试样开始发生不均匀集中塑性变形，并产生缩颈，应力迅速下降，变形量继续增大至 E 点而发生断裂。由此可见，低碳钢在拉伸应力作用下的变形过程分为：弹性变形（O-A）、屈服塑性变形（B-C）、均匀塑性变形（C-D）、不均匀集中塑性变形（D-E）、断裂（E）五个阶段。

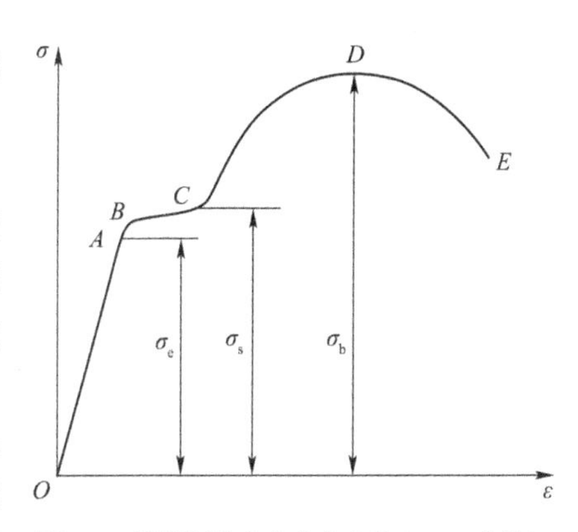

图 1-3　低碳钢的应力应变曲线（$\sigma-\varepsilon$ 曲线）

拉伸曲线所显示出的材料本性主要是由于材料内部微观结构的变化引起的，所以不同的材料在拉伸过程中会出现不同形式的 $\sigma-\varepsilon$ 曲线。

2）拉伸曲线所确定的力学性能指标及意义

（1）刚度。

刚度是指零部件在受力时抵抗弹性变形的能力，它等于材料弹性模量与零部件截面积的乘积。由胡克定律可知，单向拉伸时：

$$E=\frac{\sigma}{\varepsilon}=\frac{F/A}{\varepsilon}，即\ EA=\frac{F}{\varepsilon}$$

载荷一定时，EA 越大，则 ε 越小，即零部件越不易产生弹性变形。当零部件的截面积 A 一定时，弹性模量 E 就代表零部件的刚度。因此，弹性模量 E 是表征材料刚度的性能指标。

（2）强度。

强度是指材料抵抗变形和断裂的能力。低碳钢在静拉伸时的强度指标有弹性极限 σ_e，屈服强度 σ_s，抗拉强度 σ_b，断裂强度 σ_e，它们的物理意义分别是：弹性极限 σ_e 是材料不产生塑性变形的最大应力；屈服强度 σ_s 是材料开始产生塑性变形的应力；抗拉强度 σ_b 是材料产生最大均匀塑性变形的应力；断裂强度 σ_e 是材料发生断裂的应力。

机械零部件或构件在使用过程中一般不允许发生塑性变形，所以材料的屈服强度是评价材料承载能力的重要力学性能指标。抗拉强度是零部件设计和材料评定时的重要强度指标。尤其是对于脆性材料，由于拉伸时没有明显的屈服现象，这时一般用抗拉强度指标作为设计依据。

（3）塑性。

塑性是指金属材料断裂前发生不可逆永久变形的能力。金属材料断裂前所产生的塑性变形由均匀塑性变形和集中塑性变形两部分构成。大多数拉伸时形成缩颈的韧性金属材料，其均匀塑性变形量比集中塑性变形量要小得多，一般均不超过集中变形量的 50%。许多钢材（尤其是高强度钢）均匀塑变量仅占集中塑变量的 5% ~ 10%。这就是说，拉伸缩颈形成后，塑性变形主要集中于试样缩颈附近。

材料常用的塑性指标为断后伸长率和断面收缩率。

断后伸长率是试样拉断后标距的伸长与原始标距的百分比，用 δ 表示。

$$\delta = \frac{L_1 - L_0}{L_0} \times 100\%$$

式中，L_0 为试样原始标距长度（mm）；L_1 为试样断裂后的标距长度（mm）。

断面收缩率是试样拉断后，缩颈处横截面积的最大缩减量与原始横截面积的百分比，用 ψ 表示。

$$\psi = \frac{A_0 - A_1}{A_0} \times 100\%$$

式中，A_0 为试样原始横截面积（mm^2）；A_1 为缩颈处最小横截面积（mm^2）。

根据 δ 和 ψ 的相对大小，可以判断金属材料拉伸时是否形成缩颈，如果 $\psi > \delta$，金属拉伸形成缩颈，且 ψ 与 δ 之差越大，缩颈越严重；如果 $\psi = \delta$ 或 $\psi < \delta$，则金属不形成缩颈。

塑性指标通常不能直接用于机件的设计，因为塑性与材料服役行为之间并无直接联系，但对静载下工作的机件，都要求材料具有一定塑性，以防止机件偶然过载时产生突然破坏。材料的塑性常与其强度性能有关。当材料的断后伸长率与断面收缩率的数值较高时（ψ、$\delta > 10\% \sim 20\%$），则材料的塑性越高，其强度一般较低。良好的塑性是材料进行压力加工的必要条件。

1.2.1.2　*硬度*

硬度是表征材料软硬程度的一种性能。其物理意义随试验方法不同而不同。例如，划痕法硬度值（如莫氏硬度）主要表征材料对切断的抗力；回跳法硬度值（如肖氏硬度）主要表征材料弹性变形功的大小；压入法硬度值（如布氏硬度、洛氏硬度、维氏硬度等）则表征材料的塑性变形抗力及应变硬化能力。

硬度试验由于设备简单，操作方便、迅速，同时又能敏感地反映出材料的化学成分和组织结构的差异，因而被广泛用于检查材料的性能、热加工工艺的质量或研究材料组织结构的变化。目前工业生产上应用最广的是压入法，它是以硬质合金或金刚石锥体为压头，在一定载荷下压入材料表面的硬度试验方法。用这种方法测得的硬度分别表示为布氏硬度（HBW）、洛氏硬度（HRC）和维氏硬度（HV）。

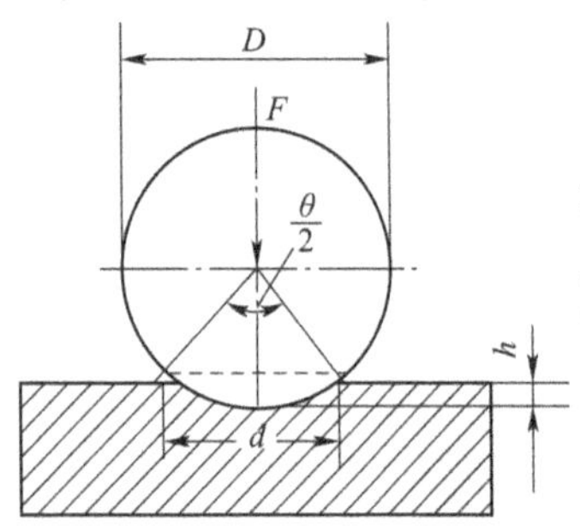

图 1-4　布氏硬度测量原理图

1）布氏硬度

布氏硬度试验是用载荷为 F 的力把直径为 D 的硬质合金球压入试样的表面（图 1-4），保持一定时间后卸掉载荷，此时试样表面出现直径为 d 的压痕。用载荷 F 除以压痕表面积所得的商即为被测材料的布氏硬度值：

$$\text{HBW} = \frac{F}{A} = 0.102\,\frac{2F}{\pi D(D - \sqrt{D^2 - d^2})}$$

式中，HBW 为布氏硬度值；F 为载荷（N）；A 为压痕表面积(mm^2);d 为压痕直径(mm);D 为硬质合金球直径(mm)。

布氏硬度的单位为 MPa,但习惯上不标出单位。实际应用中一般不是直接计算 HBW,而是根据测量的 d 值在相关的表中直接查出布氏硬度值。

布氏硬度试验时一般采用直径较大的压头,因而所得压痕面积大。压痕面积大的一个优点是其硬度值能反映材料在较大范围内各组成相的平均性能,而不受个别组成相及微小不均匀性的影响。因此,布氏硬度试验特别适用于测定灰铸铁、轴承合金等具有粗大晶粒或组成相的金属材料的硬度。压痕较大的另一个优点是试验数据稳定,重复性强。布氏硬度试验的缺点是压痕大,不适合在成品上进行试验检验。

2)洛氏硬度

洛氏硬度试验测量原理如图 1-5 所示。用一个顶角为 120°的金刚石圆锥体或直径为 1.588mm 的淬火钢球作为压头,先施加一个初载荷,然后在规定的主载荷作用下将压头压入材料的表面。卸除主载荷后,根据压痕的深度 $h = h_1 - h_0$,确定被测材料的洛氏硬度。

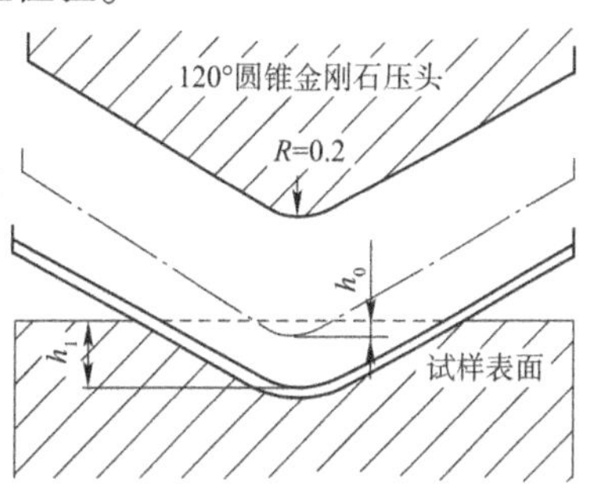

图 1-5　洛氏硬度测量原理图

洛氏硬度值就是以压痕深度 h 来计算的。h 越大,硬度值越低;反之,则越高。一般用常数 k 减去 h 来计算硬度值,并规定每 0.002mm 为一个洛氏硬度单位。于是洛氏硬度值的计算式为:

$$HR = \frac{k - h}{0.002}$$

式中,HR 为洛氏硬度值;k 为常数;h 为压痕深度。

当使用金刚石圆锥体压头时,k 取 0.2mm;当使用淬火钢球压头时,k 取 0.26mm。实际洛氏硬度计上方测量压痕深度的百分表表盘上的刻度。已按上式换算为相应的硬度值,因此试验时洛氏硬度值可以直接从硬度计上的显示器上读出。

为了能在一台硬度计上测定不同软硬或厚薄试样的硬度,可采用不同的压头和试验力组合成几种不同的洛氏硬度标尺。用不同标尺测定的洛氏硬度符号在 HR 后面加标尺字母表示。常用的为 HRA/HRB/HRC 三种,其试验规范见表 1-1。

常用洛氏硬度试验时的标尺、试验规范及应用　　表 1-1

标尺	硬度符号	压头类型	初始试验力 F_0(N)	主试验力 F_1(N)	总试验力 F(N)	测量硬度范围	应用举例
A	HRA	金刚石圆锥	98.07	490.3	588.4	20 ~ 88	硬质合金、硬化薄钢板、表面薄层硬化钢
B	HRB	ϕ1.588mm 钢球		882.6	980.7	20 ~ 100	低碳钢、铜合金、铁素体可锻铸铁
C	HRC	金刚石圆锥		1373	1471	20 ~ 70	淬火钢、高硬度铸件、珠光体可锻铸铁

洛氏硬度试验的优点是:测量迅速简便,压痕小,可在成品零件上检测,也可测定较薄

的工件或表面有较薄硬化层的硬度。其缺点是：由于压痕比较小，易受材料微区不均匀的影响，因而数据的重复性比较差。

3）维氏硬度

维氏硬度的试验原理与布氏硬度相同，也是根据压痕单位面积所承受的试验力计算硬度值。所不同的是维氏硬度试验的压头不是球体，而是锥面夹角为136°的金刚石正四棱锥体，压痕是四方锥形（图1-6）。测量压痕两对角线的平均长度 d，计算压痕的面积 A_v，维氏硬度的计算式为：

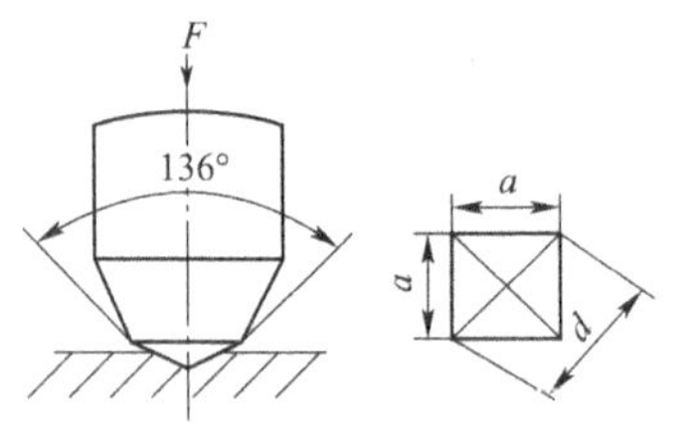

图1-6　维氏硬度试验示意图

$$HV=\frac{F}{A_v}=1.8544\frac{F}{d^2}$$

式中，F 为载荷（N）；A_v 为压痕表面积（mm^2）。

维氏硬度的单位为MPa，一般不标。

维氏硬度试验的优点是不存在布氏硬度试验时要求试验力 F 与压头直径 D 之间所规定条件的约束，也不存在洛氏硬度试验时不同标尺的硬度值无法统一的弊端。维氏硬度试验时不仅试验力可以任意选取，而且压痕测量的精度较高，硬度值较为精确。唯一的缺点是硬度值需要通过测量压痕对角线长度后才能进行计算或查表，因此，工作效率比洛氏硬度法低。

为了测量一些特殊性能和特殊形状材料的硬度，也可以选择其他的硬度试验方法。如显微硬度法可用于测量一些薄的镀层、渗层或显微组织中的不同相的硬度；肖氏硬度适合在现场对大型试件（如机床床身、大型齿轮等）进行硬度测量。莫氏硬度用于测量陶瓷和矿物的硬度。

由于各种硬度的试验条件不同，所以它们之间没有直接的换算关系。标注某种材料的硬度值时必须说明它的硬度测试方法。在工程图纸上正确标注材料硬度的方法是硬度值加硬度测试方法代号。如“洛氏硬度60”的书写格式为“60HRC”。

1.2.1.3　*材料的冲击韧度和断裂韧度*

材料的韧性是指材料在塑性变形和断裂的全过程中吸收能量的能力，它是材料塑性和强度的综合体现。根据材料断裂前所产生的宏观变形量大小，将断裂分为韧性断裂和脆性断裂。韧性断裂是断裂前发生明显宏观塑性变形，而脆性断裂是断裂前不发生塑性变形。

1）冲击韧性及衡量指标

许多机器零件在服役时往往受到冲击载荷的作用，如汽车行驶通过道路上的凹坑，飞机起飞和降落及金属压力加工（锻造、模锻）等。为了评定材料传递冲击载荷的能力，揭示材料在冲击载荷作用下的力学行为，就需要进行相应的力学性能试验。冲击载荷和静载荷的主要区别是加载速率不同，前者加载速率高，后者加载速率低。由于冲击载荷加载速率提高，应变速率也随之增加，使材料变脆倾向增大，冲击韧性即可以用来评定材料在冲击载荷下的脆断倾向。

冲击韧度是指材料在冲击载荷的作用下，材料抵抗变形和断裂的能力。材料的冲击韧度值常用一次摆锤冲击试验方法测定，试验原理如图1-7所示。

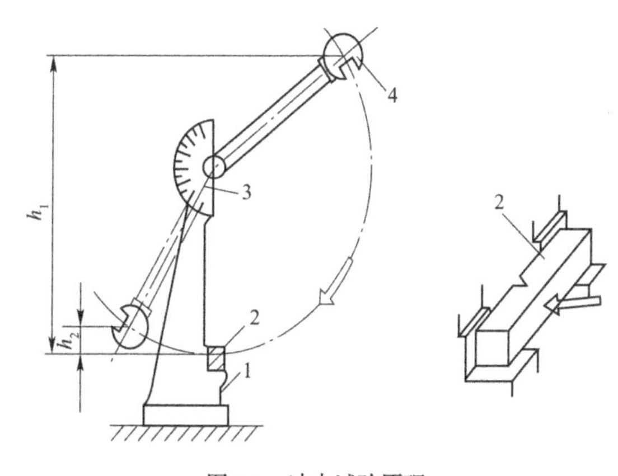

图 1-7　冲击试验原理

1-支座;2-试样;3-指针;4-摆锤

冲击试验时,把有 U 形或 V 形缺口(脆性材料不开缺口)的标准冲击试样背向摆锤方向放在冲击试验机上,将质量为 m 的摆锤升高到规定的高度 H,然后摆锤自由落下将试样击断。在惯性的作用下,击断试样后的摆锤会继续上升到某一高度 h。根据功能原理,摆锤击断试样所消耗的功 $A_k = mg(H-h)$。A_k 可以从冲击试验机上直接读出,称为冲击吸收功。A_k 除以试样缺口处横截面积 S 的值则为该材料的冲击韧度值,用符号 α_k 表示,单位为 J/cm^2。计算式为:

$$\alpha_k = \frac{A_k}{S}$$

根据试样的缺口形式,U 形缺口和 V 形缺口试样的冲击韧度值分别以 α_{ku} 和 α_{kv} 表示。不同形式试样的冲击韧度值不能直接进行比较或换算。

工程材料的冲击吸收功通常是在室温下测得,若降低试验温度,在低温下不同温度进行冲击试验(称之为低温冲击试验或系列冲击试验),可以得到冲击吸收功 A_k 随温度的变化曲线,如图 1-8 所示。由图 1-8 可见,材料的冲击吸收功随试验温度降低而降低,当试验温度低于 T_k 时,冲击吸收功明显降低,材料由韧性状态变为脆性状态,这种现象称为低温脆性。将 A_k-T 曲线上冲击吸收功急剧变化的温度 T_k 称为韧脆转变温度。低温脆性是中、低强度结构钢经常遇到的现象,它对桥梁、船舶、低温压力容器以及在低温下工作的机器零件是十分有害的,容易引起低温脆性断裂。显然材料的 A_k 越高和 T_k 越低,其冲击韧性越好。材料的冲击韧度的大小除了与材料本身特性,如化学成分、显微组织和冶金质量等有关外,还受试样的尺寸、缺口形状、加工粗糙度和试验环境的影响,因而可以通过合金化、热处理等方法改变。

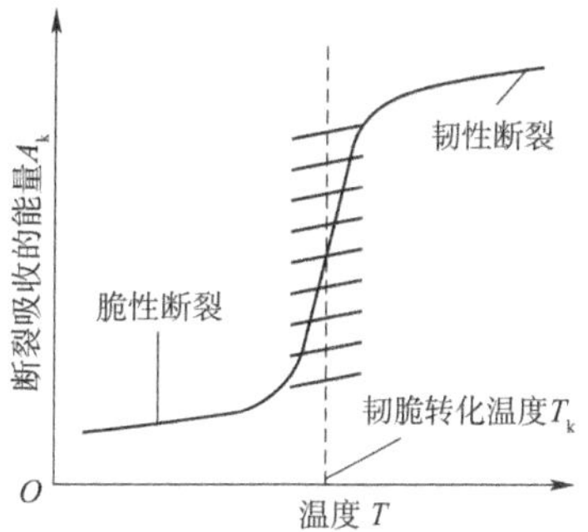

图 1-8　钢的脆性转化温度

2)断裂韧性及衡量指标

断裂韧度是以断裂力学为基础的材料韧性指标。断裂力学是把材料的断裂过程与裂纹扩展时所需的功联系起来,它对评估材料的使用寿命和设计可靠运转的机件具有重要的指导意义。

为了防止断裂失效，在工程构件和机械零件设计中，通常都是用材料的屈服强度作为材料的许用应力$[\sigma]$($[\sigma]=\sigma_s/n, n>1$)。一般认为，只要零件的工作应力小于或等于许用应力就不会发生塑性变形，更不会发生断裂。但是实际情况并非总是这样，对高强度、超高强度钢的机件，中低强度钢的大型、重型机件(如火箭壳体、大型转子、船舶、桥梁、压力容器等)却经常在屈服应力以下发生低应力脆性断裂。

实际中材料内部并不是完整连续的，而是不可避免会存在各种冶金或加工缺陷，这些缺陷相当于裂纹，或者它们在使用过程中扩展成为裂纹。大量断裂事例分析表明，上述机件的低应力脆断正是由这些宏观裂纹(工艺裂纹或使用裂纹)扩展引起的。一旦裂纹长度达到某一临界尺寸时，裂纹的扩展速度就会剧增，从而导致断裂。材料抵抗裂纹失稳扩展断裂的能力即称为断裂韧度。

断裂韧度的表示式为K_{IC}，单位为$MPa\cdot m^{1/2}$。断裂力学分析证明，裂纹尖端应力场强度因子K_I、零件裂纹半长度a和零件工作应力σ之间存在如下关系：

$$K_I = Y\sigma a^{1/2}$$

式中，$Y=1\sim2$，为零件中裂纹的几何形状因子。当$K_I \geqslant K_{IC}$时，零件发生低应力脆断；当$K_I < K_{IC}$时，零件安全可靠。因此$K_I = K_{IC}$是零件发生低应力脆断的临界条件，即$K_I = Y\sigma a^{1/2} = K_{IC}$

由此式可知，为了使零件不发生脆断，设计者可以控制三个参数，即材料的断裂韧度K_{IC}，工作应力σ和零件中裂纹半长度a。其中任一参数发生变化均可能导致零件发生脆断。如材料的K_{IC}已知，可以根据工作应力，估算出材料中允许存在而又不会失稳扩展的最大裂纹长度；反过来，可以根据材料中已存在的裂纹长度(可由无损探伤测出)，估算出材料不致造成脆断的最大应力。因此，断裂韧度已成为设计用高强度材料制造的飞机、火箭、导弹等重要零构件和用中低强度材料制造的大型发电机转子、汽轮机转子等大型零件的重要性能指标。

K_{IC}是量度材料抵抗裂纹失稳扩展阻力的物理量，是材料抵抗低应力脆性断裂的韧性参数。它与材料的成分、热处理以及加工工艺有关，与裂纹的形状、尺寸以及外加应力的大小无关，可以通过合金化和热处理等方法改变。K_{IC}可通过试验测定，各类工程材料的断裂韧度值如表1-2所示。

常见工程材料的断裂韧度K_{IC}值 表1-2

材　料	$K_{IC}/MN\cdot m^{-3/2}$	材　料	$K_{IC}/MN\cdot m^{-3/2}$
塑性纯金属(Cu、Ni、Al、Ag等)	100~350	聚苯乙烯	2
转子钢(A533等)	204~214	木材、裂纹平行纤维	0.5~1
压力容器钢(HY130)	170	聚碳酸酯	1.0~2.6
高强度钢	50~154	Co/WC金属陶瓷	14~16
低碳钢	140	环氧树脂	0.3~0.5
钛合金(Ti6Al4V)	55~115	聚酯类	0.5

续上表

材　　料	$K_{IC}/MN \cdot m^{-3/2}$	材　　料	$K_{IC}/MN \cdot m^{-3/2}$
玻璃纤维(环氧树脂基体)	42～60	Si_3N_4	4～5
铝合金(高强度－低强度)	23～45	SiC	3
碳纤维增强聚合物	32～45	铍	4
普通木材、裂纹和纤维垂直	11～13	MgO	3
硼纤维增强环氧树脂	46	未强化的水泥/混凝土	0.2
中碳钢	51	方解石	0.9
聚丙烯	3	Al_2O_3	3～5
聚乙烯(低密度)	1	油页岩	0.6
聚乙烯(高密度)	2	苏打玻璃	0.7～0.8
尼龙	3	电瓷瓶	1
钢筋水泥	10～15	冰	0.2
铸铁	6～20		

1.2.1.4　材料的疲劳强度

1)疲劳现象

许多零件如轴、齿轮、弹簧等都是在交变应力下工作的。所谓交变应力,即力的大小和方向都随时间呈周期性的循环变化的应力。材料在这种交变应力作用下经过较长时间的工作而发生断裂的现象叫作疲劳断裂。与静载和冲击载荷下的断裂相比,疲劳断裂有如下一些特点:引起疲劳断裂的应力很低,疲劳断裂往往在低于材料的屈服强度的应力下发生,断裂前无明显的宏观塑性变形,经常是在没有任何先兆情况突然断裂,即使在静载和冲击载荷下有大量塑性变形的塑性材料,发生疲劳断裂时也显示出脆断的宏观特征,因此疲劳断裂的后果是十分严重的。据统计,在机械零件断裂失效中有80%以上属于疲劳断裂。因此,研究疲劳断裂机制、确定疲劳抗力指标对提高机械零部件的使用寿命至关重要。

2)疲劳抗力指标

如前所述,疲劳断裂前无明显征兆,具有很大的危险性。为了防止零件的疲劳断裂,设计时必须正确确定疲劳抗力指标。最常用的疲劳抗力指标是疲劳极限(疲劳强度)。材料的疲劳强度通过疲劳试验机进行测定。图1-9所示是材料的疲劳特性试验示意图。将光滑的标准试样的一端固定并旋转,在另一端施加载荷。在试样旋转过程中,试样工作部分的应力将承受周期性的变化,从拉应力到压应力,循环往复,直至试样断裂。

疲劳试验机的记录系统自动记录下一条曲线,如图1-10所示,即疲劳曲线:材料所受的交变应力与断裂循环次数之间的关系曲线(也称 $\sigma-N$ 曲线)。纵坐标为交变应力 σ,

横坐标为循环周次 N。从 $\sigma-N$ 曲线可以看出，σ 越小，N 越大。当应力低于某一数值时，经过无数次应力循环也不会发生疲劳断裂，此应力即称为材料的疲劳极限，用 σ_r 表示，单位为 MPa。如果采用对称的循环应力，材料的疲劳强度用 σ_{-1} 表示。

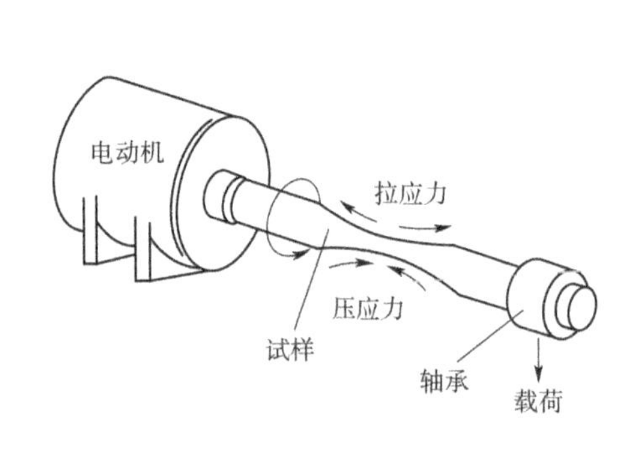

图 1-9　材料的疲劳特性试验示意图

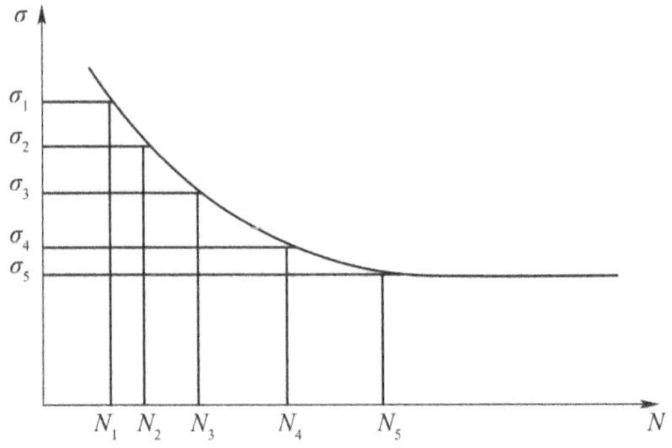

图 1-10　材料疲劳曲线

所以理论上来说，只要材料的实际承受应力低于该材料的疲劳强度，那么机械零部件本身可以无限次运转下去而不会发生疲劳断裂。在机械零部件选材设计时，疲劳强度是一个重要的选材指标，但在实际选材中，大多是根据材料的条件疲劳极限来设计的。由于疲劳试验时不可能进行无限循环周次，而且有些材料的疲劳曲线上没有水平部分。例如，高温或腐蚀条件下钢铁材料疲劳曲线上就没有水平部分；某些有色金属，其疲劳曲线也没有水平极限部分，再者工程中有些零件和金属结构也没有必要采用疲劳极限而永远不坏，有 70～100 年的寿命已经足够了。因此，规定一个应力循环基数 N_0（有限循环次数），N_0 所对应的交变应力即为该材料的条件疲劳极限。

一般钢铁材料的循环基数为 10^7，有色金属和低合金高强度结构钢的基数为 10^8，几种零件的常用循环基数：

火车轴：$N_0 = 5 \times 10^7$ 次；

汽车发动机曲轴：$N_0 = 12 \times 10^7$ 次；

汽轮机叶片：$N_0 = 25 \times 10^{10}$ 次；

常用工程材料中，陶瓷和聚合物的疲劳抗力很低，不能用于制造承受疲劳载荷的零件。金属材料疲劳强度较高，所以抗疲劳的机件几乎都选用金属材料。纤维增强复合材料也有较好的抗疲劳性能，因此复合材料已越来越多地被用于制造抗疲劳的机件。

3）疲劳强度的影响因素及改善措施

疲劳强度受很多因素影响，归纳起来有载荷类型、材料本质、零件表面状态、工作温度、腐蚀介质等。

（1）载荷类型。对同一材料而言，所承受的载荷类型不同，其应力状态也不同，故其疲劳极限也不同。一般压应力使得材料内部裂纹闭合，可提高材料疲劳抗力，拉应力使得材料内部裂纹扩展，会降低材料的疲劳抗力。

（2）材料本质。材料不同，其疲劳曲线不同，则疲劳极限不同。实验表明材料的疲劳极限主要取决于材料的抗拉强度，两者有一定的经验关系：中、低强度钢为 $\sigma_{-1} = 0.5\sigma_b$，灰铸铁为$\sigma_{-1}=0.42\sigma_b$,球墨铸铁为$\sigma_{-1}=0.48\sigma_b$,铸造铜合金为$\sigma_{-1}=(0.35\sim0.4)\sigma_b$。对于高强度钢($\sigma_b>1400MPa$),则取$\sigma_{-1}=700MPa$,这是由于高强度钢中的残留内应力促进裂纹萌生,降低了它的疲劳极限,破坏了疲劳极限和抗拉强度之间的线性关系。当材料一定时,其纯度和组织状态对疲劳抗力有显著影响。材料中的夹杂物可以成为疲劳裂纹源,导致疲劳抗力降低;强度高的材料疲劳极限也高。

(3)零件表面状态。零件在冷、热加工过程中所产生的缺陷(如脱碳、裂纹、刀痕、碰伤等)均使疲劳极限降低。因此,在交变载荷下工作的零构件,必须改善表面粗糙度,不允许有碰伤和缺陷,材料的强度越高,表面粗糙度值要求越小。实际使用的零件大多承受交变弯曲或交变扭转载荷,零件表面应力最大,促进疲劳裂纹在表面形成。因此,凡使表面强化的一些处理(表面冷变形如喷丸、滚压、滚压加抛光和表面热处理如渗碳、渗氮、感应加热表面淬火、激光加热表面淬火等)就成为提高疲劳极限的有效途径。

(4)工作温度。高温使得材料的屈服强度降低,疲劳裂纹易形成和扩展,故降低了疲劳极限。某些材料如碳钢,当温度升高时,其疲劳曲线上的水平部分消失,这时就只能以某个规定的循环基数N_0的应力作为条件疲劳极限。相反,低温使得材料的屈服强度升高,因而疲劳极限亦提高,但缺口敏感度增加。

(5)腐蚀介质。零件在腐蚀介质(如酸、碱、盐的水溶液、海水、潮湿空气等)中工作时,其表面的腐蚀坑成为疲劳裂纹源,使得疲劳极限降低,并使钢铁材料疲劳曲线上的水平部分消失。腐蚀介质还破坏了疲劳极限和抗拉强度之间的线性关系。例如,碳钢和低合金钢在水中疲劳极限几乎相等,而与各自的强度无关,这一点在设计选材时必须予以注意。

1.2.1.5　材料的磨损失效

任何一部机器在运转时,各机件之间总要发生相对运动。当两个相互接触的机件表面作相对运动时就产生摩擦,有摩擦就必有磨损。零件在摩擦过程中其表面尺寸变化和物质损耗的现象叫作磨损。

磨损是降低机器和工具效率、精确度甚至使其报废的重要原因,也是造成工程材料损耗和能源消耗的重要原因。据不完全统计,摩擦磨损消耗能源的1/3~1/2,大约80%的机件失效是磨损引起的。因此,研究磨损规律,提高机件耐磨性,对节约能源、减少材料消耗,延长机件寿命具有重要意义。

磨损种类很多,最常见的有黏着磨损、磨粒磨损、腐蚀磨损、接触疲劳四种。

1)黏着磨损

(1)磨损机理。

黏着磨损又称为咬合磨损,是指滑动摩擦时摩擦副接触面局部发生金属黏着,在随后相对滑动中黏着处被破坏,有金属削粒从零件表面被拉拽下来或零件表面被擦伤的一种磨损形式,其表面形貌如图1-11所示。

摩擦机理如图1-12所示,由于摩擦副表面凹凸不平,相互接触时,只有局部接触,接触面积小,接触压应力很大,大到足以超过材料的屈服强度而发生塑性变形,导致材料表面的润滑油膜和氧化膜被挤破,从而使摩擦副的两个金属面直接接触发生黏着,在随后的相对滑动过程中黏着处被剪断,有金属削粒从表面被拉拽下来或零件表面被擦伤。黏着磨损是在力学性能相差不大的两种金属之间发生的最常见的磨损形式。磨损速率快，具有严重的破坏性，有时会使摩擦副咬死导致不能相对运动。例如涡轮和蜗杆啮合时、不锈钢螺栓和螺母拧紧时等则会经常发生这种磨损。

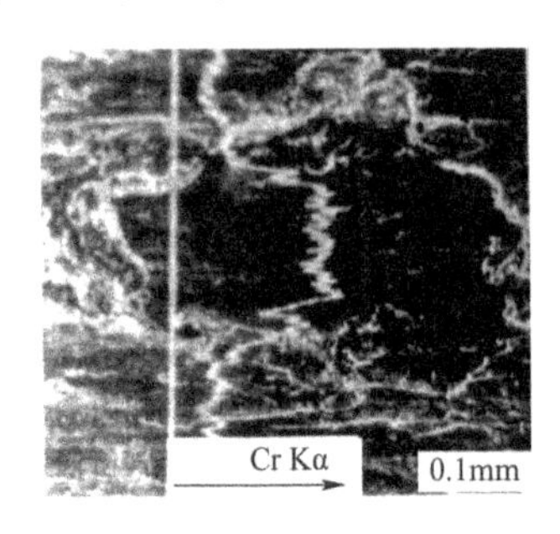

图 1-11　黏着磨损表面形貌

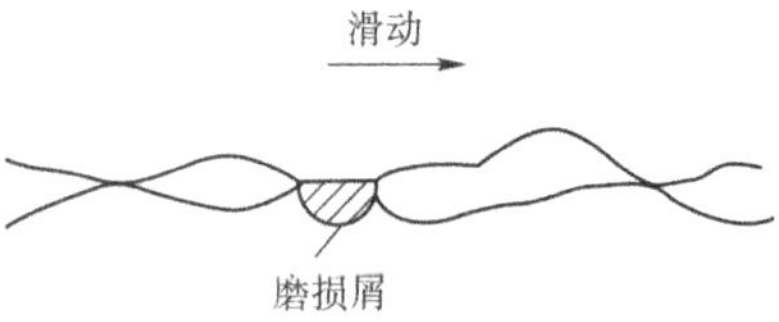

滑动

磨损屑

图 1-12　黏着磨损示意图

(2)影响因素。

材料特性、法向力、滑动速度和温度等对黏着磨损有明显影响。

塑性材料比脆性材料易于黏着，互溶性大的材料组成的摩擦副黏着倾向大，单相合金比多相合金易于黏着，化合物比固溶体黏着倾向小，金属与非金属组成的摩擦副比金属与金属的摩擦副更不易于黏着。

摩擦速度一定时，黏着磨损量随法向力增大而增加。当接触压应力超过材料硬度的1/3时，黏着磨损量急剧增加，严重时产生咬死。因此，设计中选择的许用压应力必须低于材料硬度值的1/3。

法向力一定时，黏着磨损量随滑动速度增加而增加，但达到某一极大值后又随之减小。

温度和滑动速度的影响是一致的。

(3)改善措施。

合理选择摩擦副配对材料，异类材料配对比同类材料配对磨损量小；多相合金配对比单相合金配对磨损量小；硬度差大的材料配对比硬度差小的材料配对的磨损量小；金属与非金属配对磨损量小。

采用表面化学热处理(蒸气处理、渗硫、渗硅、渗碳、渗氮、表面淬火、热喷涂耐磨合金等)改变材料表面状态，可显著提高黏着磨损抗力。表面处理可有效地减小摩擦因数、提高表面硬度、减小表面粗糙度值，零件表面粗糙度值减小可以增加接触面积，从而减小接触压应力。但表面粗糙度值过小的话，会因润滑油不能储存在摩擦面内而加剧黏着，因而润滑油黏度不能太低。

控制摩擦滑动速度和接触压应力，可使黏着磨损大为减轻。

2)磨粒磨损

(1)磨损机理。

磨粒磨损又叫磨料磨损，是指滑动摩擦时，在零件表面摩擦区存在硬质磨粒(外界进入的磨料或表面剥落的碎屑)，使磨面发生局部塑性变形、磨粒嵌入和被磨粒切割等过程，以致磨面材料逐渐损耗的磨损形式。其表面形貌如图 1-13 所示。

磨粒磨损是机件中普遍存在的一种磨损形式，磨损速率较大。例如，汽车汽缸内常因空气滤清器不良进入灰尘，或者润滑油过滤不清洁带入污染物而发生磨粒磨损。

(2)影响因素。

机件抵抗磨粒磨损的能力主要取决于材料硬度，与材料硬度成正比。如图1-14所示。

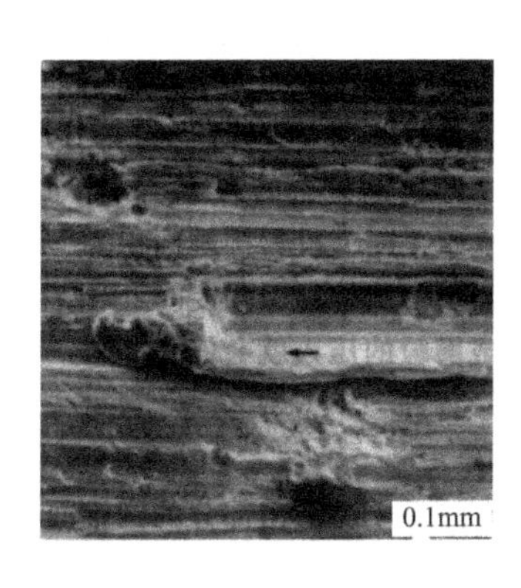

图1-13　磨粒磨损表面形貌

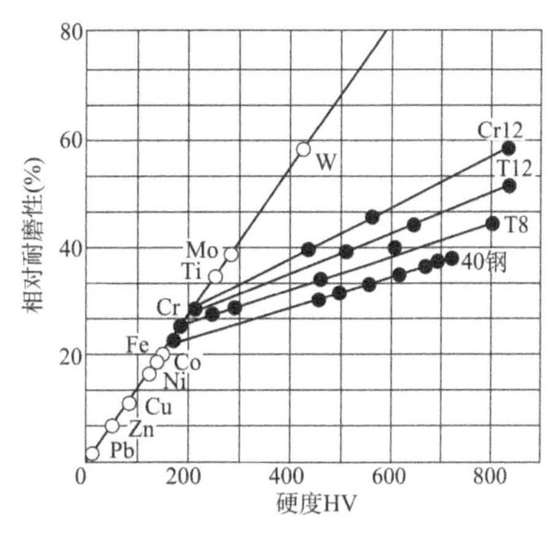

图1-14　磨粒磨损时相对耐磨性和材料硬度的关系

图1-14中，相对耐磨性是指采用金刚砂作磨料，以含锑锡的铅基巴氏合金作为对比的标准试样所测量的材料的耐磨性。

一般情况下，材料硬度越高，磨粒磨损能力越好。在硬度相同时，钢中含碳量越高，碳化物形成元素越多，耐磨性越好。细化晶粒能提高材料屈服强度、硬度和塑性，因而也能提高耐磨性。钢中碳化物也是影响磨粒磨损耐磨性的重要因素之一。在软基体中碳化物数量增加，弥散度增加，耐磨性也提高；但在硬基体(即基体硬度与碳化物硬度相近)中，碳化物反而损害材料的耐磨性，因为此时碳化物如有缺口，极易使裂纹扩展。

(3)改善措施。

在设计时减小接触压应力和滑动摩擦距离，改进润滑油过滤装置以清除硬质杂质颗粒。

合理选择高硬度材料，如高碳钢、高碳合金钢、耐磨铸铁、陶瓷等。材料硬度越高，其抗磨粒磨损的能力越好。

采用表面处理(如表面淬火、渗碳、渗氮、热喷涂陶瓷和堆焊耐磨合金等)和表面加工硬化等方法提高摩擦副材料的表面硬度，可显著提高其耐磨损能力。

3)腐蚀磨损

在摩擦过程中，摩擦副之间或摩擦副表面与环境介质发生化学或电化学反应形成腐蚀产物，腐蚀产物的形成和脱落引起腐蚀磨损。腐蚀磨损因常与摩擦面之间的机械磨损(黏着磨损或磨粒磨损)共存，故又称为腐蚀机械磨损。

腐蚀磨损包括：各类机械中普遍存在的氧化磨损；在机器零件嵌合部位出现的微动磨损；在水利机械中出现的冲蚀磨损以及在化工机械中因特殊腐蚀气氛而产生的特殊介质腐蚀磨损等。后两种在一般机械中很少见，故在此不讨论。

(1)氧化磨损机理。

当摩擦副表面相对运动时,在发生塑性变形的同时,零件表面已形成的氧化膜在摩擦接触点遭到破坏,紧接着又在该处立即形成新的氧化膜,这种氧化膜不断自金属表面脱离又反复形成,造成金属表面物质不断耗损的过程称为氧化磨损。氧化磨损不管在何种摩擦过程中及何种摩擦速度下,也不管接触压力大小和是否存在润滑都会发生,因此它是生产上最普遍存在的一种磨损形式。但由于磨损速度较小,机件因氧化磨损而失效可以认为是正常失效。

(2)微动磨损机理。

在机件的嵌合部位和紧配合处,如图 1-15 所示,接触表面之间虽然没有宏观相对位移,但在外部变动载荷和振动的影响下却能产生微小滑动。这种微小滑动是小振幅的切向振动,称为微动,其振幅约为 $10^{-2}\mu m$ 数量级。接触表面之间因存在小振幅相对振动或往复运动而产生的磨损称为微动磨损或微动腐蚀,其特征是摩擦副接触区有大量红色 Fe_2O_3 磨损粉末,产生微动时在摩擦面上还常常见到因接触疲劳而形成的麻点或蚀坑。

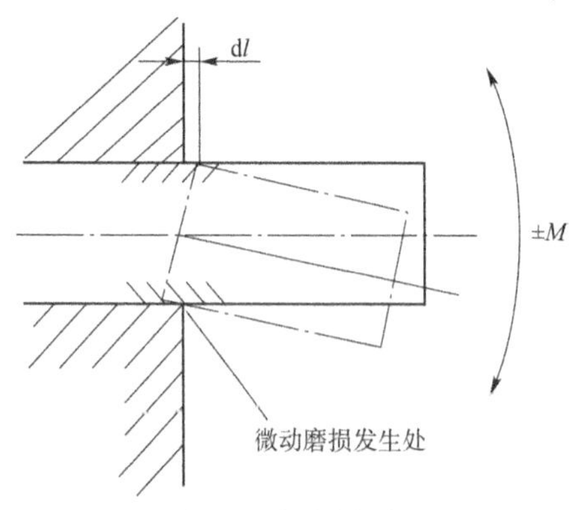

图 1-15 微动磨损产生

(3)改善措施。

氧化磨损改善措施:因氧化磨损是发生在金属零件表面,所以氧化磨损速度主要取决于氧化膜的性质和氧化膜与基体金属的结合力及金属表层的塑性变形抗力。显然,凡能提高基体金属表层硬度或形成与基体金属牢固结合的致密氧化膜的一切表面处理方法如渗碳、渗氮、蒸气处理等都可以提高零件表面抗氧化磨损的能力。

微动磨损改善措施:除通过表面处理提高零件表面硬度之外,设计上比较有效地防止微动磨损的措施是:

①采用垫衬。通常在紧配合处加软铜皮、橡胶、塑料等,这样可以改变接触面的性质,减小振动和滑动距离。例如,蒸汽锤的锤杆和锤头配合处插入锰青铜衬套,可以显著减小微动磨损,提高锤杆寿命。

②减小应力集中。对压装配合处采取卸载槽,如图 1-16a)、b)所示,已获得良好效果。如果既能采取卸载槽,又增大接触部分轴的直径,如图 1-16c)所示,效果更好。

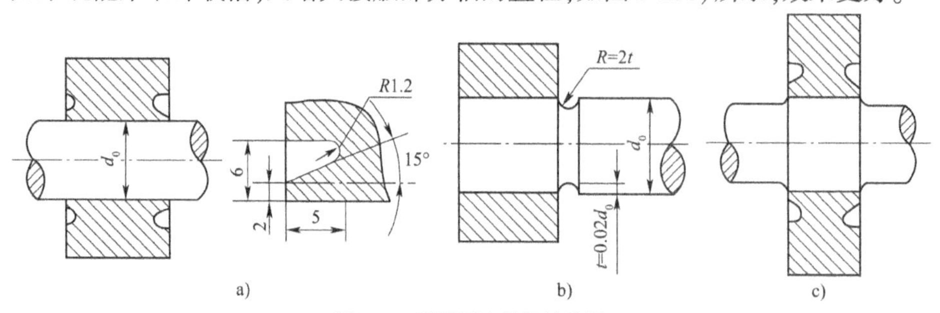

图 1-16 压装配合轴设计示例

4)接触疲劳

(1)磨损机理。

接触疲劳是机件两接触面作滚动或滚动加滑动摩擦时,在交变接触压应力长期作用下,材料表面因疲劳损伤,导致局部区域产生小片或小块状金属剥落而使物质损失的现象。接触疲劳的宏观形态特征是在接触表面上出现许多小针状或痘状凹坑,有时凹坑很深,呈贝壳状,有疲劳裂纹扩展线的痕迹,如图1-17所示。

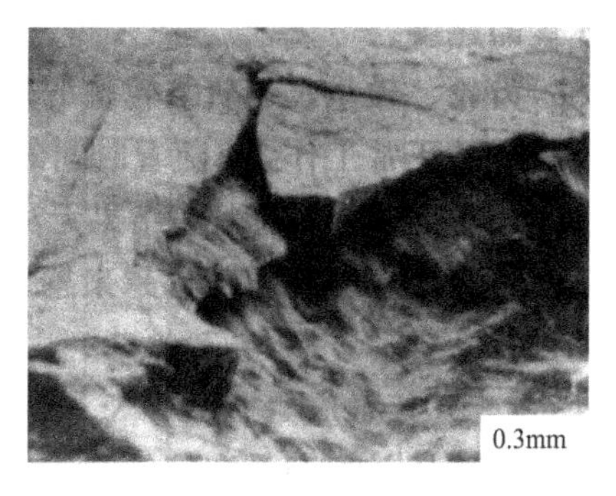

图1-17 接触疲劳表面形貌

根据剥落裂纹起始位置及形态不同,接触疲劳破坏分为麻点剥落、浅层剥落和深层剥落三类。深度在0.2mm以下的小块剥落叫麻点剥落,呈针状或痘状凹坑,截面呈不对称V形。浅层剥落深度一般为0.2~0.4mm,剥块底部大致和表面平行,裂纹走向与表面成锐角和垂直。深层剥落深度和表面强化层深度相当,裂纹走向与表面垂直。图1-18所示为齿轮节圆附近齿面的麻点剥落,图1-19所示为表面淬火齿轮深层剥落的宏观形貌。

图1-18 中等硬度齿轮上的麻点

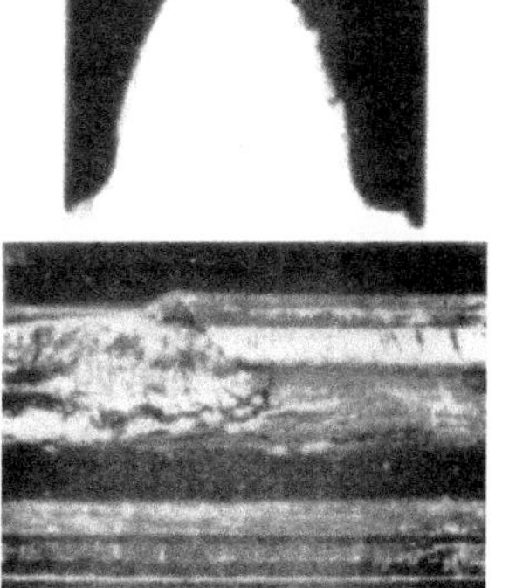

图1-19 表面淬火齿轮沿过渡区深层剥落

接触疲劳与一般疲劳一样,也分为裂纹形成和扩展两个阶段。接触疲劳曲线(最大接触压应力—破坏循环周次曲线)有两种:一种是有明显的接触疲劳极限;另一种是对于硬度较高的钢,最大接触压应力随循环周次增加连续下降,无明显接触疲劳极限。

在接触压应力作用下,接触疲劳破坏与表面层塑性变形有关,因而表面层塑性变形的深度决定麻点剥落的深度,而塑性变形进行的剧烈程度则决定麻点剥落扩展的速度。

齿轮、轴承、钢轨与轮毂的表面经常出现接触疲劳破坏。少量麻点剥落不影响机件的正常工作,但随着时间的延长,麻点尺寸逐渐变大,数量也不断增多,机件表面受到大面积损坏,结果因无法继续工作而告失效。对于齿轮而言,麻点越多,啮合情况则越差,噪声也越来越大,振动和冲击也随之加大,严重时甚至可能将轮齿打断。

(2)影响因素。

接触疲劳是轴承和齿轮常见的失效形式,所以主要针对这两类机件来探讨接触疲劳的影响因素。

①内部因素。非金属夹杂物：钢在冶炼时存在的非金属夹杂物等冶金缺陷对机件的接触疲劳寿命影响很大。一般夹杂物有塑性的硫化物、脆性的氧化物和硅酸盐类。其中脆性夹杂物易引起应力集中，造成微裂纹，会降低接触疲劳寿命。塑性的夹杂物易随基体一起塑变，可以降低脆性夹杂物的不良影响。因此，钢中适量的硫化物杂质对提高接触疲劳寿命有益。生产中尽量减少氧化物和硅酸盐杂质，有条件的话可采用真空冶炼等工艺。

热处理组织状态：承受接触应力的机件，多采用高碳钢淬火或渗碳钢表面渗碳强化，以使表面获得最佳硬度。接触疲劳强度主要取决于材料的抗剪强度，并要求有一定的韧性相配合。对于轴承钢，在未溶碳化物状态相同的条件下，当马氏体含碳量在 0.4% ~ 0.5% 时，接触疲劳寿命最高，如图 1-20 所示。

硬度：在一定硬度范围内，接触疲劳强度随硬度升高而增大，但并不保持正比关系。如图 1-21 所示。

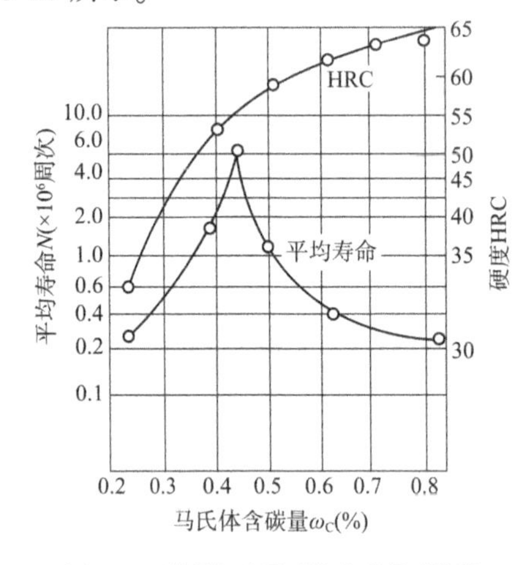

图 1-20 轴承钢中马氏体含碳量对接触疲劳寿命的影响

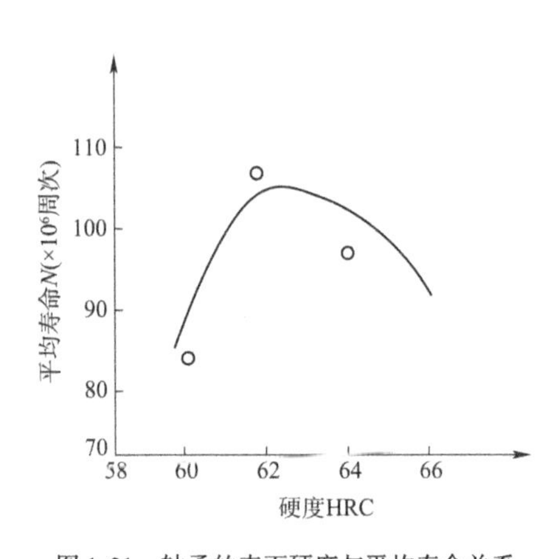

图 1-21 轴承的表面硬度与平均寿命关系

②外部因素。表面粗糙度与接触精度：减少表面冷热加工缺陷，降低表面粗糙度，提高接触精度，可以有效增加接触疲劳寿命。

硬度匹配：两个接触滚动体的硬度匹配恰当与否、装配质量及它们的润滑情况都直接影响接触疲劳寿命。

③改善措施。

除在设计上减小接触压应力之外，常采取以下措施：

提高材料的硬度，以增加塑性变形抗力，延缓裂纹形成和扩展，如采用整体淬火、表面淬火、表面化学热处理等；提高材料的纯净度，减少夹杂物，从而减少裂纹源；提高零件的心部强度和硬度，增加硬化层深度，细化硬化层组织；减小零件表面粗糙度值，以减小摩擦力。

1.2.1.6 材料在高温下的力学性能

在高压蒸汽锅炉、汽轮机、燃气轮机、柴油机、航空发动机以及化工炼油设备中，很多机件长期在高温条件下服役。对于制造这类机件的工程材料，如果仅仅考虑其在常温短时静载下的力学性能，显然是不够的。因为，温度和高温下载荷持续时间对材料的力学性能影响都很大。例如，蒸汽锅炉及化工设备中的一些高温高压管道，虽然所承受的应力小于该工作温度下材料的屈服强度，但在长期使用过程中会缓慢而连续的塑性变形，使得管径逐渐增大。如果设计选材不当或使用中疏忽，将导致管道破裂。试验表明，20 钢在450℃的短时抗拉强度为 330MPa。若试样仅承受 230MPa 的应力，但在该温度下持续工作300h 左右，也会断裂，如果将应力进一步降低至 120MPa 左右，持续 10000h 还是会发生断裂。这一试验结果表明，高温下材料的强度随温度升高而降低，高温下钢的抗拉强度也随载荷持续时间的增长而降低。

由此可见，对于材料的高温力学性能不能简单地用室温下短时拉伸应力—应变曲线来评定，还需加入温度和时间两个因素，研究温度、应力、应变与时间的关系，建立评定材料高温力学性能的指标。

1）材料的蠕变现象

材料在长时间的恒温、恒应力作用下缓慢地产生塑性变形的现象称为蠕变。零件由于这种变形而引起的断裂称为蠕变断裂。不同材料出现蠕变的温度是不同的。高分子材料及铅、锡等在室温就产生蠕变；碳钢当温度超过 300 ~ 350℃、合金钢当温度超过 350 ~ 400℃时才出现蠕变；而高温陶瓷材料（Si_3N_4）在 1100℃以上也不会发生明显的蠕变。一般来说，金属只有当温度超过（0.3 ~ 0.4）T_m、陶瓷只有当温度超过（0.4 ~ 0.5）T_m（T_m为材料的熔点，以 K 为单位）时才出现较明显的蠕变。

材料的蠕变过程可用蠕变曲线来描述，典型的蠕变曲线如图 1-22 所示。图中 *oa* 段是试样加上载荷后引起的瞬时应变（常温短时应变）。如果应力超过材料在该温度下的屈服强度，则该应变包括弹性应变和塑性应变两部分。这一应变还不算蠕变，而是由外加载荷引起的一般变形过程。从 *a* 点开始随时间 *t* 增长而产生的应变属于蠕变，*abcd* 即为蠕变曲线。

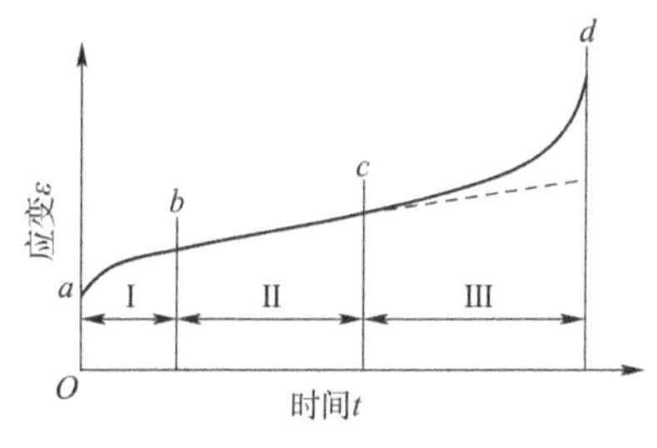

图 1-22　典型的蠕变曲线

蠕变曲线上任一点的斜率表示该点的蠕变速率。按照蠕变速率的变化情况，可将蠕变过程分为三个阶段。第一阶段 *ab* 是减速蠕变阶段，这一阶段开始的蠕变速率很大，随着时间延长蠕变速率逐渐减小。第二阶段 *bc* 是恒速蠕变阶段。这一阶段的蠕变速率几乎保持不变。一般所指的材料蠕变速率就是以这一阶段的蠕变速率表示的。第三阶段 *cd* 是加速蠕变阶段。随着时间的延长，蠕变速率逐渐增大，至 *d* 点产生蠕变断裂。

同一种材料的蠕变曲线随应力的大小和温度的高低而不同。在恒定温度下改变应力，或在恒定应力下改变温度，蠕变曲线的变化分别如图 1-23a）和 b）所示。由图可见，当应力较小或温度较低时，蠕变第二阶段持续时间较长，甚至可能不产生第三阶段。相反，当应力较大或温度较高时，蠕变第二阶段便很短，甚至完全消失，试样在很短时间内断裂。

由于材料在长时间高温载荷作用下会产生蠕变，因此，对于在高温下工作并依靠原始弹性变形获得工作应力的机件，如高温管道凸缘接头的紧固螺栓、用压紧配合固定于轴上的汽轮机叶轮等，就可能随时间的延长，在总变形量不变的情况下，弹性变形不断地转变为塑性变形，从而使工作应力逐渐降低，以致失效。这种在规定温度和初始应力条件下，材料中的应力随时间增加而减小的现象称为应力松弛。可以将应力松弛现象看作是应力不断降低条件下的蠕变过程，因此，蠕变和应力松弛是既有区别又有联系的。

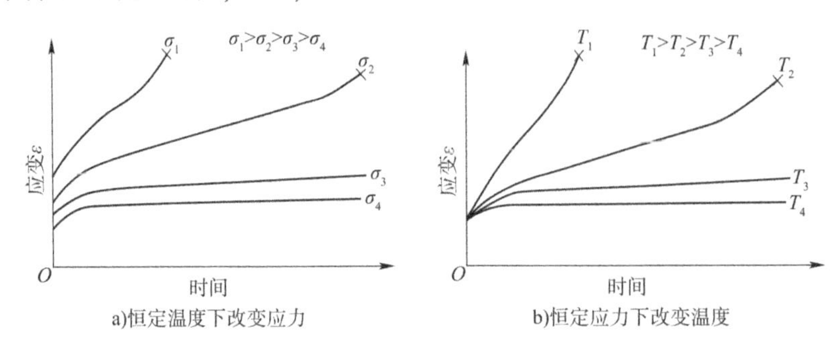

图 1-23　应力和温度对蠕变曲线的影响

2）材料高温力学性能指标

（1）蠕变极限。

为了保证在高温长期载荷下机件不致产生过量变形，要求材料具有一定的蠕变极限。和常温下的屈服强度相似，蠕变极限是高温长期载荷作用下材料对塑性变形的抗力指标。

材料的蠕变极限是根据蠕变曲线来确定的。一般有两种表示方法。一种是在规定温度 T 下，使试样产生规定稳态蠕变速度 $\dot{\varepsilon}$（单位为%/h）的应力值，以符号 $\sigma_{\dot{\varepsilon}}^{T}$ 表示。例如 $\sigma_{1\times10^{-5}}^{600}=60\text{MPa}$ 表示材料在 600℃ 温度下，稳态蠕变速度为 1×10^{-5}%/h 的蠕变极限为 60MPa。稳态蠕变速度是根据零件的服役条件来确定的。在电站锅炉、汽轮机和燃气轮机设计中，通常规定稳态蠕变速度为 1×10^{-5}%/h 或 1×10^{-4}%/h。另一种方法是在给定温度 T（单位为℃）下和规定时间 t（单位为 h）内使试样产生一定蠕变总变形量 δ（以% 为单位）的应力值，以符号 $\sigma_{\delta/t}^{T}$ 表示。例如 $\sigma_{1/10^5}^{500}=100\text{MPa}$ 表示材料在 500℃ 温度下，10^5h 后总变形量为 1% 的蠕变极限为 100MPa。试验时间及蠕变变形量的具体数值也是根据零件的工作条件来规定的。例如电站锅炉、汽轮机和燃气轮机设计寿命均在几万到十几万小时以上，并要求总变形量不超过 1%。

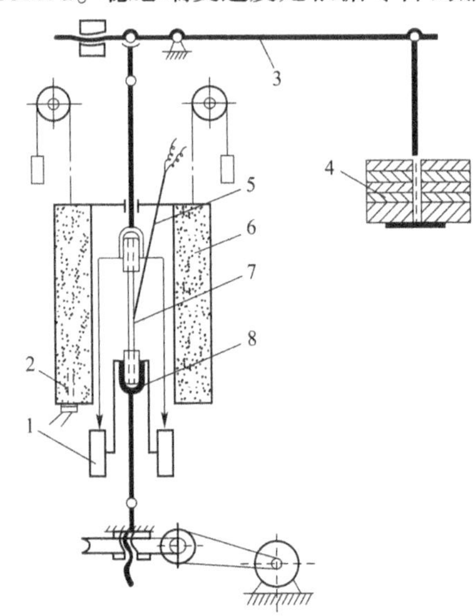

图 1-24　蠕变试验装置简图

1-测长仪；2-铂电阻；3-杠杆；4-砝码；5-热电偶；6-电炉；7-试样；8-夹头

测定材料蠕变极限的试验装置如图 1-24 所示。试样 7 装卡在夹头 8 上，然后置于电炉 6 内加热。试样温度用捆在试样上的热电偶 5 测定，炉温用铂电阻 2 控制。通过杠杆 3 及砝码 4 对试样加载，使之承受一定大小的拉应力。试样的蠕变伸长量用安装在炉外的测长仪1测量。

(2)持久强度。

蠕变极限表征了材料在高温长期载荷作用下对塑性变形的抗力,但不能反映断裂时的强度和塑性。为了使零部件在高温长时间使用时不被破坏,要求材料具有一定的持久强度。与室温下的抗拉强度相似,持久强度是材料在高温长期载荷作用下抵抗断裂的能力,是在给定温度T(单位为)和规定时间t(单位为h)内使试样发生断裂的应力,以符号σ_t^T表示。例如$\sigma_{1\times10^3}^{700}=300\text{MPa}$表示材料在700℃温度下经1000h后的持久强度为300MPa。这里所指的规定持续时间是以机组的设计寿命为依据,例如对于锅炉、汽轮机等机组的设计寿命为数万至数十万小时,而航空喷气发动机则为几千小时或几百小时。

对于设计某些在高温运转过程中不考虑变形量大小,而只考虑在承受给定应力下使用寿命的机件(如锅炉过热蒸气管)来说,材料的持久强度是极其重要的性能指标。材料的持久强度是通过做高温拉伸持久试验测定的。一般在试验过程中,不需要测定试样的伸长量,只要测定试样在规定温度和一定应力作用下直至断裂的时间。

3)高温下零件失效的防止措施

高温下零件的失效主要有蠕变变形、蠕变断裂、疲劳断裂、磨损和氧化腐蚀等。温度和应力的同时作用往往会加速裂纹的形成和扩展过程,从而加速零件的失效。有时一个零件会同时发生几种失效形式。例如,内燃机排气阀的阀盘常常因蠕变变形而翘曲,因磨损和氧化腐蚀而导致阀面漏气和阀杆折断。又如汽轮机和燃气轮机的叶片因蠕变变形使得叶片末端与汽缸之间的间隙消失,导致叶片与汽缸相碰而断裂。再如汽轮机和燃气轮机的组合转子或凸缘及蒸气管道接头的紧固螺栓在高温长期作用下逐渐发生蠕变变形,使螺栓松动,造成漏气漏水或产生附加应力导致折断。

为了提高零件在高温下的使用寿命,除了合理设计之外,常采取如下措施:

(1)正确选材。材料的蠕变极限和持久强度是对化学成分和显微组织敏感的力学性能指标。材料的熔点越高,组织越稳定,其蠕变极限和持久强度越高。工程材料中陶瓷材料的高温强度最好,高温合金次之,耐热钢最差。但由于陶瓷材料脆性大,极大地限制了它的广泛应用,所以目前来说,高温合金和耐热钢是高温下应用最多的金属材料。

(2)表面处理。在高温合金和耐热钢表面镀硬铬、热喷涂铝和陶瓷以提高抗氧化性、耐腐蚀性和耐磨性。

1.2.2　工程材料的物理性能

材料的物理性能是指在重力、电磁场、热力(温度)等物理因素作用下,材料所表现的性能或固有属性。机械零件及工程构件在制造中所涉及的金属材料的物理性能主要包括:密度、熔点、导电性、导热性、热膨胀性、磁性等。

不同用途的机械零件,对其物理性能的要求也各不相同。例如:电器零件要求良好的导电性;内燃机的活塞要求材料具有小的热膨胀系数;喷气发动机的燃烧室则需用高熔点的合金来制造等。飞机、火箭、人造卫星等则要求比强度(抗拉强度/密度)大的金属材料制作.减轻自重。非金属材料(工程塑料)由于密度小,又具有一定的强度,因此,工程塑料也具有较高的比强度,用于要求减轻自重的车辆、船舶和飞机等交通工具上。而复合材料因其可能达到的比强度、比模量最高,所以是一种很有前途的新型结构材料。

材料的一些物理性能,对制造工艺也有一定的影响。例如,高合金钢的导热性很差。当其进行锻造或热处理时,加热速度应缓慢,否则会产生裂纹。

1)密度

材料的密度是指单位体积材料的质量,常用符号 ρ 表示。密度是材料的特性之一。不同材料的密度是不同的。在体积相同的情况下,材料的密度越大,其质量(重量)也就越大。材料的密度直接关系到由它所制成设备的自重和效能。根据相对密度的大小,可将金属分为轻金属(相对密度小于4.5)和重金属(相对密度大于4.5)。Al、Mg 等及其合金属于轻金属,Cu、Fe、Pb、Zn、Sn 等及其合金属于重金属。某些高速运转的零件、车辆、飞机、导弹以及航天器等,常要求在满足力学性能的条件下尽量减轻材料质量,因而常采用铝合金、钛合金等轻金属。抗拉强度与密度 ρ 之比称为比强度;弹性模量 E 与密度 ρ 之比称为比弹性模量,两者也是某些机械零件选材时考虑的重要性能指标。例如,密度小的材料将会降低机械零件的重量,提高机械零件单位重量的强度(即比强度)。在航空、航天领域使用的材料一般都要求具有高的比强度和比弹性模量。非金属材料中,陶瓷的密度较大,塑料的密度较小,常用的聚乙烯、聚丙烯、聚苯乙烯等塑料的相对密度为0.9~1.1。可根据不同用途进行合理选择。

2)熔点

材料在缓慢加热时,由固态转变为液态并有一定潜热吸收或放出时的转变温度,称为熔点。金属及合金是晶体,都有固定的熔点,且熔点取决于其成分。例如,钢和生铁虽然都是铁和碳的合金,但由于含碳量不同,熔点也不同。熔点对于金属和合金的冶炼、铸造、焊接而言是重要的工艺参数。熔点低的金属(如 Pb、Sn 等)可以用来制造钎焊的钎料、熔体(熔断丝)和铅字等;熔点高的金属(如 Fe、Ni、Cr、Mo 等)可以用来制造耐高温零件,如加热炉构件、电热元件、喷气机叶片以及火箭、导弹中的耐高温零件。对于热加工材料,熔点是制定热加工工艺的重要依据之一。例如,铸铁和铸铝熔点不同,它们的熔炼工艺有较大区别。陶瓷也有固定的熔点,一般显著高于金属及合金的熔点,如石英(SiO_2)熔点为1670℃,苦土(MgO)熔点为2800℃,常用作耐火材料;高分子材料一般不是完全晶体,没有固定的熔点。

3)导热性

材料传导热量的能力称为导热性,导热性的大小通常用热导率来衡量。热导率的符号是 λ,单位是 W/(m·K)。热导率越大,导热性越好。导热性是金属材料的重要性能之一,在制订焊接、铸造、锻造和热处理工艺时.必须考虑材料的导热性,防止金属材料在加热或冷却过程中形成过大的内应力,以免金属材料变形或破坏。纯金属的导热性比合金好,Ag 和 Cu 的导热性最好,Al 次之;金属及其合金的热导率远高于非金属材料。非金属中,碳(金刚石)的导热性最好。合金钢的导热性不如碳钢好,因此合金钢在进行热处理加热时的加热速度应缓慢,以保证工件或坯料内外温差小,减少变形和开裂倾向。导热性好的材料(如 Cu、Al 及其合金等)散热性好,常用来制造活塞、散热器、热交换器等传热设备的零部件;导热性差的材料(如陶瓷、塑料、木材等材料)可用来制造绝热材料。另外,导热性差的金属材料切削加工较困难。

4)导电性

材料传导电流的能力称为导电性,衡量指标是电阻率ρ,通常金属材料的电阻率随温度的升高而增大,非金属材料的电阻率随温度的升高而减小。纯金属中Ag的导电性最好,其次是Cu、Al,金属材料的导电性随材料成分的复杂化而降低,因而合金的导电性比纯金属差。工程中为减少电能损耗常采用导电性好的纯铜或纯铝作为输电导体;采用导电性差的材料(如Fe-Cr、Ni-Cr、Fe-Cr-Al等合金、碳硅棒等)制作电热元件。高分子材料都是绝缘体,但有的高分子复合材料也有良好的导电性;陶瓷材料虽然也是良好的绝缘体,但某些特殊成分的陶瓷却是具有一定导电性的半导体材料。

5)热膨胀性

材料随温度变化而出现膨胀和收缩的现象称为热膨胀性。一般用线膨胀系数α(单位1/℃或1/K)来表示,即温度每升高1℃,单位长度的膨胀量α值越大,金属的尺寸或体积随温度变化而变化的程度就越大。一般来说,材料受热时膨胀,体积增大;冷却时收缩,体积缩小。陶瓷的热膨胀系数最低,金属材料次之,高分子材料的热膨胀系数最高。在实际工作中考虑热膨胀性的地方颇多,例如铺设钢轨时,在两根钢轨衔接处应留有一定的空隙,以便使钢轨在长度方向有膨胀的余地;轴与轴承之间要根据膨胀系数来控制其间隙尺寸;在制订焊接、热处理、铸造等工艺时必须考虑材料的热膨胀影响,以减少工件的变形和开裂;测量工件的尺寸时也要注意热胀的因素,以减少测量误差。常温下工作的普通机械零件(构件)可不考虑热膨胀性,但在一些特殊场合就必须考虑其影响,例如,工作在温差较大场合的长零(构)件(如火车导轨等)、精密仪器仪表的关键零件热膨胀系数均要小等。工程中也常利用材料的热膨胀性来装配或拆卸配合过盈量较大的机械零件。

6)磁性

材料在磁场中能被磁化或导磁的能力称为导磁性或磁性,通常用磁导率μ(单位H/m)来表示。具有显著磁性的材料称为磁性材料。目前应用的磁性材料有金属和陶瓷两类:金属磁性材料也称为铁磁材料,常用的有Fe、Co、Ni等金属及其合金。根据金属材料在磁场中受到磁化程度的不同,可分为铁磁性材料(如铁、钴等)、顺磁性材料(如锰、铬等)和抗磁性材料(如铜、锌等)三类。铁磁性材料在外磁场中能强烈地被磁化;顺磁性材料在外磁场中,只能微弱地被磁化;抗磁性材料能抗拒或削弱外磁场对材料本身的磁化作用。工程上使用的强磁性材料是铁磁性材料。铁磁性材料可用于制造变压器、电动机、测量仪表等。抗磁性材料则可用作要求避免电磁场干扰的零件和结构材料。铁磁性材料当温度升高到一定数值时,磁畴被破坏,变为顺磁体,这个转变温度称为居里点,如铁的居里点是770℃。陶瓷磁性材料通称为铁氧体。工程中常利用材料的磁性制造机械及电气零件。

1.2.3 工程材料的化学性能

材料的化学性能是指材料在室温或高温时抵抗其周围各种介质的化学侵蚀能力,主要包括耐腐蚀性、抗氧化性和化学稳定性等。在海水、酸、碱、腐蚀性气体、液体等腐蚀性介质中工作的零件必须采用化学稳定性良好的材料,如化工设备及医疗器械等,通常采用不锈钢和工程塑料来制造。

1)耐腐蚀性

金属材料在常温下抵抗氧、水蒸气及其他化学介质腐蚀破坏作用的能力称为耐腐蚀性。腐蚀包括化学腐蚀和电化学腐蚀。化学腐蚀一般是在干燥气体及非电解液中进行的,腐蚀时没有电流产生;电化学腐蚀是在电解液中进行,腐蚀时有微电流产生。

根据介质侵蚀能力的强弱,对于不同介质中工作的金属材料的耐腐蚀性要求也不相同。如海洋设备及船舶用钢,须耐海水和海洋大气腐蚀;而储存和运输酸类的容器、管道等,则应具有较高的耐酸性能。金属材料的耐腐蚀性是相对的,在某种介质中耐蚀,在另一种介质中就可能是不耐蚀的。如镍铬不锈钢在稀酸中耐腐蚀,而在盐酸中则不耐腐蚀;铜及铜合金在一般大气中耐腐蚀,但在氨水中却不耐腐蚀。非金属材料的耐腐蚀能力远高于金属材料。

腐蚀作用对金属材料的危害很大。它不仅使金属材料本身受到损伤,严重时还会使金属构件遭到破坏,引起重大的伤亡事故。因此,提高金属材料的耐腐蚀性,对于节约金属、延长零件使用寿命具有积极的现实意义。

2)抗氧化性

材料在加热时抵抗氧化作用的能力称为抗氧化性。金属材料的氧化随温度升高而加速。钢铁材料在高温下(570℃以上)表面易氧化,主要原因是生成了疏松多孔的 FeO,氧原子易通过 FeO 进行扩散,使钢内部不断氧化,温度越高,氧化速度越快。钢材在铸造、锻造、热处理、焊接等热加工作业时氧化比较严重,这不仅造成材料的过量损耗,也可形成各种缺陷。金属及其合金的抗氧化机理是金属材料在高温下迅速氧化后,可在金属表面形成一层连续而致密并与母体结合牢固的氧化薄膜,阻止金属材料的进一步氧化。而高分子材料的抗氧化机理则不同。

3)化学稳定性

化学稳定性是材料的耐腐蚀性和抗氧化性的总称。金属材料在高温下的化学稳定性又称为热稳定性。在高温条件下工作的设备(如锅炉、加热设备、汽轮机、喷气发动机、火箭等)上的许多零件均在高温下工作,应尽量选用热稳定性好的材料制造。在海水、酸、碱等腐蚀环境中工作的零件,必须采用化学稳定性良好的材料,例如,化工设备通常采用不锈钢来制造。

1.2.4 工程材料的工艺性能

材料的工艺性能是物理、化学和力学性能的综合,是指材料在成形过程中,对某种加工工艺的适应能力,它是决定材料能否进行加工或如何进行加工的重要因素。它包括铸造性能、锻造性能、焊接性能、切削加工性能及热处理性能等。材料工艺性能的好坏,会直接影响机械零件的工艺方法、加工质量、制造成本等。因此,材料的工艺性能是选材和制订零件工艺路线时必须考虑的因素之一。

1)铸造性能

金属及合金在铸造成型过程中获得外形准确、内部健全铸件的能力称为铸造性能。

衡量铸造性能的主要指标有流动性、收缩性和偏析倾向等。在金属材料中灰铸铁和青铜的铸造性能较好。

(1)流动性。流动性是指熔融材料的流动能力,主要受化学成分和浇注温度的影响,流动性好的材料容易充满铸型型腔,宜浇注薄而复杂的铸件,从而获得外形完整、尺寸精确、轮廓清晰的铸件。

(2)收缩性。收缩性是指铸件在冷却凝固过程中其体积和尺寸减小的现象,铸件收缩不仅影响其尺寸,还会使铸件产生缩孔、疏松、内应力、变形和开裂等缺陷,故用于铸造的金属其收缩率越小越好。

(3)偏析倾向。偏析是指铸件内部化学成分和显微组织的不均匀现象,偏析严重的铸件其各部分的力学性能会有很大差异,从而降低产品质量。这对大型铸件的危害更大。合金钢偏析倾向大。高碳钢偏析倾向又比低碳钢大。因此,合金钢铸造后要用热处理来清除偏析。

2)锻造性能

用锻压成形力法使材料获得优良锻件的难易程度称为锻造性能。锻造性能的好坏主要与金属的塑性和变形抗力有关。塑性越好,变形抗力越小,金属的锻造性能越好。例如,黄铜和铝合金在室温状态下就有良好的锻造性能,碳钢在加热状态下锻造性能较好,低碳钢的可锻性比中、高碳钢好,而碳钢又比合金钢好。而铸钢、铸铝、铸铁等是脆性材料,几乎不能锻造。

3)焊接性能

焊接性能是指材料在限定的施工条件下焊接成按规定设计要求的构件,并满足预定服役要求的能力。焊接性能好的材料易于用一般的焊接方法和工艺施焊。且焊时不易形成裂纹、气孔、夹渣等缺陷。焊后接头强度与母材相近,并具有一定的力学性能。

对碳钢和低合金钢,焊接性能主要取决于钢的化学成分,特别是钢的碳含量影响最大。如低碳钢具有良好的焊接性,而高碳钢、不锈钢、铸铁的焊接性能则较差。

4)切削加工性能

切削加工性能是指材料接受切削加工的难易程度,切削加工性能一般用工件切削后的表面粗糙度及刀具寿命等指标来衡量。切削加工性能与工件材料的化学成分、组织状态、硬度、塑性、导热性和冷形变强化等因素有关。切削加工性能良好的材料切削时消耗的功力小,切屑易于排除,刀具磨损小、寿命长,切削用量大,表面光洁度好。一般来说,材料硬度在 170 ~ 260HBS 时,最易切削加工。太高则难以切削且刀具寿命短;太软则切屑不易断,表面光洁度差。所以铸铁比钢切削加工性能好,一般碳钢比高合金钢切削加工性能好。改变钢的化学成分和进行适当的热处理以改变显微组织,是改善钢切削加工性能的重要途径。

5)热处理工艺性

热处理工艺性是指材料能否容易通过热处理改变其组织和提高力学性能的能力。其衡量的指标或参数很多,如淬透性、淬硬性、耐回火性、氧化与脱碳倾向及热处理变形与开裂倾向等。热处理可以提高材料的力学性能,充分发挥材料的潜力,是改变材料性能的主要手段。在热处理过程中,材料的成分、组织、结构发生变化,从而引起了材料力学性能变化。热处理工艺性能是钢铁材料非常重要的性能，将在后续章节中详细讨论。

1.3 机械工程材料的类型和性能特征

1.3.1 工程材料的分类

1.3.1.1 按结合键性质分

工程材料有各种不同的分类方法。根据材料结合键的性质进行分类，可将工程材料分为金属材料、陶瓷材料、高分子材料和复合材料四大类。

1）金属材料

金属材料是最重要的工程材料，包括金属和以金属为基的合金。金属材料在工业上又可分为黑色金属和有色金属两类。

（1）黑色金属。是指铁及以铁为基的合金，如碳钢、合金钢、铸铁及其他铁基合金。

（2）有色金属。是指黑色以外的所有金属及其合金，如铝和铝合金、铜和铜合金等。

在各类工程材料中，应用面最广、用量最大的，仍在黑色金属范围内。有色金属的轻合金，在航空工业中有着特别重要的意义。这类材料用在飞机的外壳及发动机上，可有效减轻飞机重量。

2）陶瓷材料

陶瓷是指硅酸盐、金属同非金属元素的化合物，如氧化物、氮化物等。工业上用的陶瓷，可分为三类：

（1）普通陶瓷。是硅、铝的氧化物以及硅酸盐材料。

（2）特种陶瓷。是人工氧化物、碳化物、氮化物和硅化物等的烧结材料。

（3）金属陶瓷。是金属粉末与陶瓷粉末烧结材料。

陶瓷材料的最大优点是有高的硬度、高的耐磨性、高的耐蚀性和高的抗氧化能力。其最大弱点是塑性极低、太脆，所以很少在常温下用于制作受力的结构材料。但作为耐高温材料，陶瓷潜力很大。此外，陶瓷在光、电、热方面还有独特的性能。

3）高分子材料

高分子材料为有机合成材料，也称聚合物。它具有较高的强度，良好的塑性，较强的耐蚀性能，很好的绝缘性，以及重量轻等优良性能，在工程上是发展最快的一类新型结构材料。

高分子材料种类很多，工程上通常根据力学性能和使用状态将其分为三大类：

（1）塑料。是指以树脂为主要成分的高分子固体材料。它在一定的温度和压力下具有可塑性，能塑制成一定形状的制品，且在常温下能保持形状不变，可分为热塑性塑料和热固性塑料两种。

（2）橡胶。通常指经硫化处理的、在很宽的温度范围内处于高弹性状态的聚合物。

（3）合成纤维。是指以石油、天然气、煤及农副产品等作为原料，经过化学合成方法而制得的化学纤维。

4）复合材料

复合材料是两种或两种以上不同材料的组合材料，其性能是其他的组成材料所不具备的。复合材料可以由各种不同种类的材料复合而成,所以它的结合键非常复杂。它在强度、刚度和耐蚀性方面比单纯的金属、陶瓷和聚合物都优越,是一类特殊的工程材料,具有广阔的发展前景。

1.3.1.2　按性能特点和用途分

上述分类是根据材料的结合键的性质进行的。如果按性能特点和用途划分,工程材料可分为结构材料和功能材料两大类。金属材料、陶瓷材料、高分子材料和复合材料作为结构材料,被用来制造工程结构、机械零件和工具等,主要要求具备一定的强度、硬度、韧性及耐磨性等力学性能。另一方面,随着科技的进步,那些具备特殊的声、光、电、磁、热等物理性能的材料,正引起人们越来越多的重视。人们把这些具有某种或某些特殊物理性能或功能的材料叫作功能材料。

按材料的功能,功能材料可分为电功能材料、磁功能材料、热功能材料、光功能材料、其他功能材料等。

1)电功能材料

电功能材料以金属材料为主,可分为金属导电材料、金属电阻材料、金属电接点材料以及超导材料等。

2)磁功能材料

磁性是物质普遍存在的属性,这一属性与物质其他属性之间相互联系,构成了各种交叉耦合效应和双重或多重效应,如磁光效应、磁电效应、磁声效应、磁热效应等。这些效应的存在又是发展各种磁性材料、功能器件和应用技术的基础。磁功能材料在能源、信息和材料科学中都有非常广泛的应用,包括软磁材料、永磁材料、信息磁材料、磁光材料和特殊功能磁材料。

3)热功能材料

材料在其本身或环境温度变化时,会出现性能变化,产生一系列现象,如热膨胀、热传导(或隔热)、热辐射等。根据材料在温度变化时的热性能变化,可将其分为不同的类别,如膨胀材料、测温材料、形状记忆材料、热释电材料、热敏材料、隔热材料等。目前,热功能材料已广泛用于仪器仪表、医疗器械、导弹等新式武器、空间技术和能源开发等领域,是不可忽视的重要功能材料。

4)光功能材料

光功能材料也有各种分类方法。例如,按照材质分为光学玻璃、光学晶体、光学塑料等;按用途可分为固体激光器材料、信息显示材料、光纤、隐形材料等。

5)其他功能材料

除了以上介绍的功能材料外,还有其他多种功能材料,如半导体微电子、光电材料、化学功能材料(如储氢材料)、生物功能材料、声功能材料(如水声、超声、吸声材料等)、隐形材料及智能材料等。功能材料种类繁多,限于篇幅,这里不再具体展开介绍。

1.3.2　各类材料的性能特征

1)金属材料的性能特点

金属材料因具有金属键(个别含有一定量的共价键)而使其具有特别的综合性能。

金属中有自由电子存在,只要在金属两端施加很小的电压,就可使自由电子向正极流动,从而形成电流,这便是金属具有高导电性的原因。同理,也使金属具有良好的导热性。由于金属键的特征,使其呈现特有的金属光泽;对金属施加很大的外力时,其正离子将沿着一定的方向发生相对移动,此时,自由电子也随之移动,于是离子间仍保持着牢固地结合。因此,金属能在一定外力作用下发生一定的永久变形而不致破裂。这就是金属具有高塑性的原因,这使金属可进行各种塑性加工;当温度升高时,金属中的正离子振动增强,电子运动受阻,电阻增大,使金属具有正的电阻温度系数。各种金属的原子结合强弱相差很大,使它们的强度、熔点等也相差较大。应该指出,在特别高的温度及特殊介质环境中,由于化学稳定性问题,一般金属材料难以胜任。

金属材料种类范围广泛,包含从轻金属到重金属,从碱金属、贵金属到过渡金属,其密度、弹性模量、强度及抗氧化能力等可在数倍至数百倍范围内变动(故有很大的选择余地);同时具有较好的塑性成形、铸造、切削加工和电加工等加工性能;通过热处理及表面改性可大幅度(成倍)改变其性能;工程应用的金属材料大多在具有较高强度的同时,有很好的塑性、韧度、导电性、导热性,故应用十分广泛。

2)高分子材料的性能特点

(1)高弹性和黏弹性。

高聚物与金属相比,弹性模量只有金属的1/1000。而弹性变形量却超过金属的1000倍。高分子材料在外力作用下,其形变随着时间呈现出一定的变化规律。表现有蠕变、应力松弛、滞后及内耗等。蠕变是指材料在一定温度和在恒定载荷的作用下,随着时间的延长形变逐渐增加的现象。在恒温下,保持高聚物的变形量不变,高聚物中的内应力随着时间的延长而逐渐衰减的现象称为“应力松弛”。例如,连接管道凸缘盘的橡胶密封圈,经过较长时间工作后,橡胶的回弹力减小,发生渗漏现象,就是应力松弛的原因。高聚物受到交变载荷作用时,会出现应变落后于应力变化的滞后现象。

(2)力学性能。

高聚物的力学性能与其分子链中的化学键、相对分子质量及结晶度等有关。对同一种高聚物来说,影响其力学性能的主要因素是平均分子量(或聚合度)和结晶度。

高聚物的聚合度越大,分子量就越大,分子链也就越长,因而分子链间就增加了相互纠缠的内聚作用,增加了分子链间的作用力,从而阻碍了分子的自由活动,不容易发生变形,提高了高聚物的机械强度。因此,高聚物的一些力学性能,如抗拉强度、抗冲击强度、弹性模量、硬度等,都随分子量的增加而增加。例如,聚乙烯的分子量为5000左右时,强度非常低,只能用作润滑剂或涂料;当分子量为10万~20万时,就可用作包装材料;而当分子量大于100万时,聚乙烯的机械强度就可以满足工程结构材料的使用要求。

结晶度对高聚物的力学性能影响也很大。结晶度越高,分子链排列越紧密,分子间的作用力就越强。因此,高聚物的硬度、强度和弹性模量增加,但伸长率会相应地减小。各种高聚物的冲击韧性有明显的差别,例如,聚苯乙烯是脆性高聚物,其冲击韧性为12~16kJ/m^2,强而韧的聚碳酸酯等的冲击韧性为65~175kJ/m^2,提高高聚物材料的强度及塑性,可以提高其冲击韧性。如将橡胶与脆性的聚苯乙烯共混,可提高共混物的伸长率,并使冲击韧性提高5~10倍。

(3)耐磨性能。

高聚物的硬度比金属低,但其耐摩擦性能却优于金属。而且大多高聚物材料都有自润滑功能,摩擦系数低,尤其是适合制造在干摩擦条件下工作的耐磨件,是制造耐磨件的好材料。如用聚四氟乙烯制作密封圈,用尼龙或聚甲醛制造齿轮、轴承等。

(4)热性能。

大多数塑料在高温下受力时会变软或产生变形。因此须测定其耐热性,以便确定其允许使用的温度范围。高聚物的热导率低,仅为金属的1/600~1/500,故在用于结构件时必须考虑其影响。高聚物的热膨胀系数比金属大3~10倍。因此,与金属结合的塑料制品,常会因为膨胀系数相差过大而造成塑料开裂或金属件脱落,松动等现象。

(5)电性能。

多数塑料是良好的电绝缘材料,如聚乙烯、聚四氟乙烯、酚醛树脂、橡胶等,它们的电绝缘性能可与陶瓷相媲美。

(6)化学性能。

一般塑料都具有良好的化学稳定性,能够耐酸、碱和大气的腐蚀。如聚四氟乙烯在极强的无机酸或碱中都不会被腐蚀,素有塑料王之称。硬质聚氯乙烯能耐浓硫酸和浓盐酸的腐蚀。但是,聚酯、聚酰胺类塑料在酸、碱的作用下会发生水解,使用时应当注意。

(7)老化。

高聚物在长期储存和使用过程中,由于受到氧、光、热等因素的综合作用,使分子链发生降解或者交联,表现出变硬、变脆、发黏、发软或失去弹性等现象,这些现象称为高聚物的老化。目前,防止高聚物老化的办法是在其中添加防老化剂,提高其稳定性,或者在高聚物表面涂覆保护层等。

3)陶瓷材料的性能特点

(1)热学性能。

与金属和高分子材料相比,耐高温是陶瓷材料优异的特性之一。大多数陶瓷材料的熔点都在2000℃以上。在高温下,陶瓷不仅具有高的硬度,而且基本保持了其在室温下的强度。另外,陶瓷材料抗氧化性能好、热膨胀系数低、抗蠕变性能强,被广泛用作高温材料,如冶金坩埚、火箭和导弹的雷达防护罩、发动机燃烧室内喷油嘴等。但是陶瓷材料的抗热震性能比较差。当温度发生急剧变化,温差又比较大时,受陶瓷材料的力学性能、热学性能及构件几何形状和环境介质等因素的影响,形成的热应力比较大,材料容易被破坏,所以在烧结和使用时应当注意。

(2)化学性能。

陶瓷是由金属(类金属)和非金属元素形成的化合物,化合物之间的结合键主要是离子键或共价键。陶瓷中的金属正离子被四周非金属氧离子所包围,结构非常稳定。所以,陶瓷的化学稳定性好,对酸、碱和盐的抗腐蚀能力强,可广泛应用于石油、化工等领域。

(3)力学性能。

①弹性性能。与金属材料不同,陶瓷材料在室温静拉伸载荷作用下,一般都不出现塑性变形阶段,在极微小应变的弹性变形后立即出现脆性断裂,伸长率和断面收缩率几乎为零。陶瓷材料的弹性模量比金属大得多,但是陶瓷的弹性模量随陶瓷内的气孔率和温度

的增高而降低。

②强度。由于陶瓷内部存在大量的气孔，其作用相当于裂纹源，在拉应力作用下迅速扩展而导致脆断，所以陶瓷的实际抗拉强度比金属要低得多。陶瓷受压时，气孔等缺陷不易扩展为宏观裂纹，所以抗压强度较高，为抗拉强度的 10 ~ 40 倍。减少陶瓷中的气孔、细化晶粒、提高致密度和均匀度，可提高陶瓷的强度。

③硬度。硬度是陶瓷材料的重要力学性能参数之一。硬度高、耐磨性好是工程陶瓷材料的优良特性。

④塑性和韧性。陶瓷材料在室温下很难产生塑性变形，其断裂方式为脆性断裂，但在高温（800 ~ 1500℃）条件下，陶瓷可能由脆性转变为塑性。由于陶瓷制品难以发生塑性变形，加之气孔缺陷的交互作用，其内部很容易造成应力集中，因而陶瓷的冲击韧性很低，脆性很大。对裂纹、冲击、表面损伤特别敏感，容易发生脆性断裂，成为陶瓷材料用于受力较复杂构件的主要障碍。在围绕如何提高陶瓷材料的韧性，降低脆性的问题上，近年来各国学者研究了各种陶瓷材料的增韧机制，如颗粒弥散增韧、微裂纹增韧、裂纹偏转增韧、晶须增韧、相变增韧等。

4）复合材料的性能特点

（1）比强度和比模量。

比强度、比模量是指材料的强度或模量与其密度之比。如果材料的比强度或比模量越高，构件的自重就会越小，或者体积会越小。通常，复合材料中所用增强体多为密度较小、强度极高的纤维，如玻璃纤维、碳纤维和硼纤维等，而基体也多为密度较小的材料，如高聚物等。其复合的结果是密度大大减小，因而，高的比强度和比模量是复合材料突出的性能特点。

（2）抗疲劳性能和抗断裂性能。

通常，在纤维增强复合材料中，由于纤维缺陷较少，本身的抗疲劳能力很高；而基体的塑性和韧性也较好，能够消除或减少应力集中，不易产生微裂纹。即使形成微裂纹，裂纹的扩展过程也与金属材料完全不同。一方面，由于材料基体中存在大量纤维，裂纹的扩展要经历曲折、复杂的路径，在一定程度阻止了裂纹的扩展；另一方面，塑性变形的存在又使微裂纹产生钝化而减缓其扩展，这样就使得复合材料具有较高的抗疲劳性能。例如，碳纤维增强树脂的疲劳强度为其拉伸强度的 70% ~ 80%，而一般金属材料的疲劳强度仅为其拉伸强度的 40% ~ 50%。

纤维增强复合材料中有大量的纤维存在，在其受力时将处于力学上的静不定状态。在较大载荷作用下，当部分纤维发生断裂时，载荷将由韧性好的基体重新分配到其他未断纤维上，使构件不至于在瞬间失去承载能力而断裂。因此，复合材料具有良好的抗断裂能力。或者说，其断裂安全性较高。

（3）减振性能。

碳纤维增强高分子材料的摩擦系数比高分子材料低得多，在热塑性塑料中添加少量短切纤维，可以大大提高其减摩和耐磨性能。由于复合材料的比模量高，其自振频率也高，因而构件在工作状态下一般不会发生因共振而快速脆断。同时，由于复合材料是一种非均质的多相材料体系，纤维与基体界面有吸收振动能量的作用，即便在产生振动时也会很快衰减。

(4)高温性能。

各种增强纤维多具有较高的弹性模量,因而有较高的熔点和高温强度,通常,聚合物基复合材料的使用温度在100～350℃,金属基复合材料按不同基体,使用温度为350～1100℃,SiC纤维、Al_2O_3纤维与陶瓷的复合材料可在1200～1400℃范围内保持很高的强度,而碳纤维复合材料在非氧化气氛下可在2400～2800℃长期使用。

除具有上述几种特性外,部分复合材料还有耐辐射、蠕变性能高、耐腐蚀以及绝缘性能好等性能特点。但是,复合材料也存在一些问题,如断裂伸长小、冲击韧性较差,而且有些复合材料属于各向异性材料,其横向拉伸强度和层间剪切强度不高。复合材料制造成本较高,其应用受到一定的限制。

思考题

1. 什么是材料的力学性能?力学性能主要包括哪些指标?

2. 什么是强度?什么是塑性?衡量这两种性能的指标有哪些?各用什么符号表示?

3. 什么是硬度?HBW、HRA、HRB、HRC、HV各代表用什么方法测出的硬度?

4. 什么是冲击韧性?如何根据冲击韧性来判断材料的低温脆性倾向?

5. 什么是断裂韧性?如何根据材料的断裂韧性K_{IC}、零件的工作应力σ和零件中的裂纹长度a来判断零件是否会发生低应力脆断呢?

6. 什么是疲劳现象?什么是疲劳强度?影响疲劳抗力的因素有哪些?

7. 磨损失效类型有哪几种?如何防止机械零件的各类磨损失效?

8. 蠕变的定义?温度高低和载荷大小对蠕变的影响?什么是蠕变极限和持久强度?零件在高温下的失效形式有哪些?如何防止?

第2章 机械工程材料的结构、组织和性能

2.1 材料的内部结构

材料成分是指材料中含有各种元素的质量分数。材料的组织是指把材料制备成试样,在显微镜下观察到的图像,又称显微组织。材料的结构是指材料原子(分子或离子)排列的“格式”。材料的性能包括使用性能和工艺性能。材料的使用性能是指材料在使用时表现出的性能,包括力学性能、物理性能和化学性能。反映材料力学性能的指标有强度、硬度、塑性、韧性等,反映材料物理性能的主要指标有熔点、导热性、导电性、密度、热胀性和磁性等,反映材料化学性能的主要指标有耐蚀性、耐热性和耐磨性等。材料的工艺性能是指材料在加工时表现出的性能,包括铸造性、可锻性、切削加工性、焊接性和热处理工艺性等。

实践和研究表明,若材料的成分、组织、结构相同,则其性能一定相同;若材料的成分、组织、结构中任何一项或几项不同,则其性能一定不同。即材料的成分、组织、结构决定了材料的性能,材料的性能又决定了材料的用途。材料的成分、组织、结构和性能间的关系有着其内在规律。因此,生产中人们总是通过改变材料成分、组织、结构等工艺方法来改变材料的性能。

本节以金属材料、高分子材料和陶瓷材料为例,着重介绍它们成分、组织、结构和性能间的关系及有关的基础知识。

2.1.1 金属材料的内部结构

2.1.1.1 晶体与非晶体

固体按其原子(分子或离子)聚集状态的不同,分为晶体和非晶体两类。两者的根本区别是原子或分子在三维空间的排列是否规则。

(1)晶体。晶体是质点(原子、分子或离子,下同)在三维空间按一定几何规律作周期性重复排列所形成的物体,如结晶盐、天然金刚石、水晶和所有金属等。

(2)非晶体。非晶体是质点在三维空间无规律堆积在一起所形成的物体,如普通玻璃、石蜡等。

(3)晶体与非晶体的性能区别。

①熔点:晶体有固定熔点或凝固点,晶体由固态转变为液态或由液态转变为固态时,是在固定的温度下发生的;非晶体无固定熔点,随着加热温度的升高,固态非晶体物质将

逐渐变软，直至变为液体，冷却时，液态非晶体物质逐渐变稠，最终变为固体。

②各向性能：晶体呈现各向异性，由于晶体原子排列的方式不同，沿着晶体的不同方向上所测得的性能（导电性、导热性、弹性等）是不相同的；非晶体则呈现各向同性，非晶体物质沿任何方向测得的性能不因方向而异，所得的性能结果均是一致的。

晶体在一定的条件下可以转变为非晶体，近年来，采用一些特殊的制备方法已经能获得非晶态的金属和合金材料。

2.1.1.2　理想金属的晶体结构

1）金属晶体结构的基本概念

按照金属键的概念，金属中的离子沉浸在自由运动的电子气之中，成为均匀对称的离子，没有方向性，也不存在键的饱和性。因此，可把金属离子设想为圆球，呈高度对称、紧密和简单的排列方式，如图2-1a）所示。金属离子的这种排列决定了金属材料具有密度大、强度高、塑性和韧性好等优良的性能特征，从而成为最重要的工程材料。

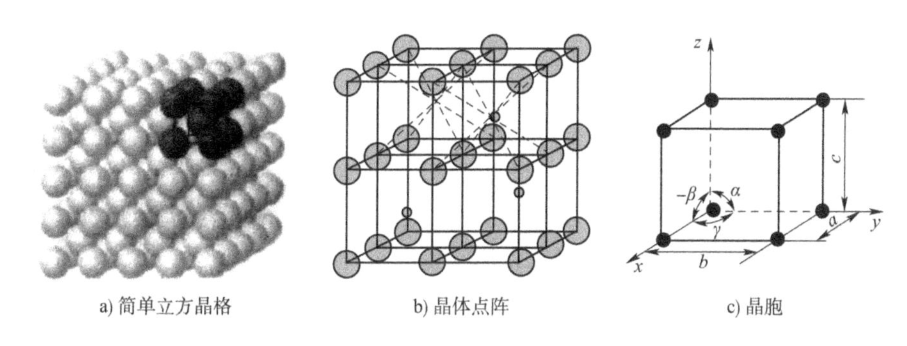

a）简单立方晶格　　b）晶体点阵　　c）晶胞

图2-1　晶体结构示意图

（1）晶体结构：原子在三维空间作周期重复排列的规则结构，如图2-1a）所示。

（2）阵点：由晶体中的原子抽象而成的、周围环境完全相同的几何点。晶体的阵点为原子或离子振动平衡中心的位置。

（3）空间点阵：阵点的空间排列称为空间点阵，简称点阵，如图2-1b）所示。

（4）晶格：用一系列假象的平行线将阵点连接起来构成的空间格架，如图2-1b）所示。

（5）晶胞：能够完全反映晶格特征的、具有代表性的最小的空间几何单元，是构成晶格的基本单元。这种基本单元一般取最小平行六面体。如图2-1c）所示。晶胞在三维空间的重复排列构成晶体，研究晶体结构就是研究晶胞的基本特征。

（6）晶格常数：决定晶胞大小、形状的独立参数共有六个，即决定边长的a,b,c和决定夹角的α,β,γ，其中a,b,c称为晶格常数，单位为nm。如果晶胞的$a=b=c,\alpha=\beta=\gamma=90°$，则该晶格称为简单立方晶格。如图2-1c）所示。

（7）晶胞原子数：一个晶胞内包含的原子数目。可通过计算每个原子在晶胞中所占的百分数进行加和获得。

（8）原子半径：晶胞中原子密度最大的方向上相邻的两个原子之间平衡距离的一半，它与晶格常数大小成正比。若一种金属具有几种晶体结构，其处于不同晶体结构时的原子半径是不同的。

(9)致密度:晶胞中原子本身所占有的体积与该晶胞体积之比的百分数,即:

$$k=\frac{nV_{原}}{V_{晶}}$$

式中,K 为晶格的致密度;$V_{原}$ 为原子的体积,其值为 $\frac{4}{3}\pi r^3$(r 为该原子的半径);n 为晶胞实际包含的原子数目;$V_{晶}$ 为晶胞的体积。

(10)配位数:晶格中与任意一个原子处于相等的距离并且相距最近的原子数目。配位数越大,说明原子排列的越紧密,致密度就越高。

2)典型的金属晶体结构

晶体的晶格类型或常数不同,晶体的力学性能、物理性能和化学性能就不同,研究晶体结构的目的即是要找出晶体结构与性能之间的关系,以便合理利用。由于金属的原子之间是通过较强的金属键结合的,因此,金属原子趋于紧密排列结构,构成了少数几种具有高对称性的简单晶体结构。金属元素中大约90%以上的晶体机构都属于下面三种密排的晶格形式。

(1)体心立方晶格。体心立方晶胞模型如图2-2所示。除了晶胞的八个角上各有一个原子之外,晶胞中心还有一个原子,立方体对角线方向上的原子彼此接触。具有体心立方结构的金属有α-Fe、Cr、V、Nb、Mo、W等约30种,占到金属元素的一半。

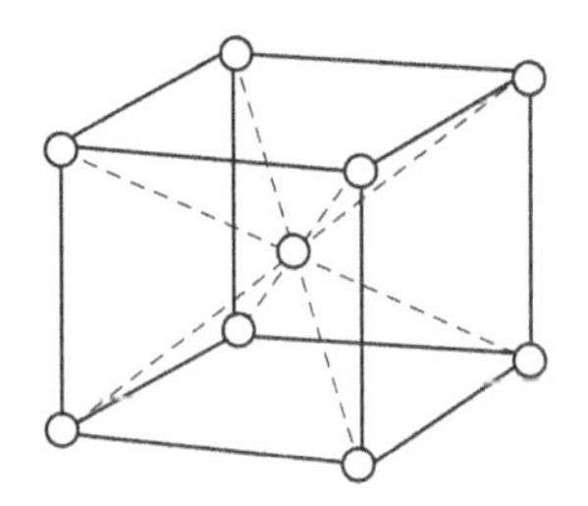

图2-2　体心立方晶胞模型

①晶胞构成:由构成立方体的8个原子和立方体中心的1个原子构成。

②晶格常数:$a=b=c$,用 a 表达即可。

③原子半径:因为体心立方晶胞中原子相邻最近的方向是体对角线,所以原子半径为 $r=\frac{\sqrt{3}}{4}a$。

④晶胞原子数:每个角上的原子在空间同时属于8个相邻的晶胞,立方体中心的原子则只属于一个晶胞所有。故每个晶胞中的原子数为:$8\times1/8+1=2$(个)。

⑤晶格致密度:$k=\frac{nV_{原}}{V_{晶}}\times100\%=\frac{2\times\frac{4}{3}\pi\left(\frac{\sqrt{3}}{4}a\right)^3}{a^3}=68\%$,这说明在体心立方晶胞中,原子占据了68%的晶胞体积,其余32%为空隙。

⑥配位数:晶格中任一原子周围最邻近且等距离的原子数8。

(2)面心立方晶格。面心立方晶胞模型如图 2-3 所示。在面心立方晶胞的每一个角上和晶胞的六个面上都排列一个原子。具有面心立方晶格结构的金属有 γ-Fe、Al、Cu、Ag、Au、Pb、Ni、β-Co 等。

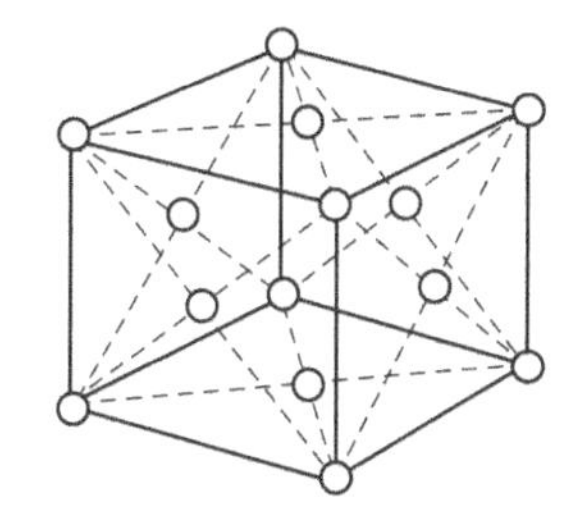
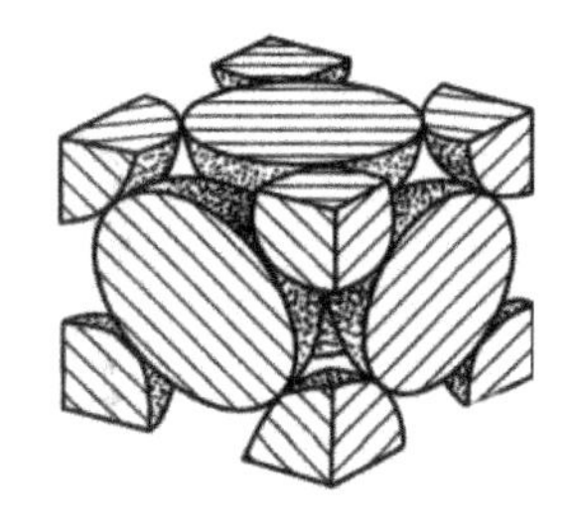

图 2-3　面心立方晶格模型

①晶胞构成:由构成立方体的 8 个原子和每个面中心的 1 个原子构成。

②晶格常数:$a=b=c$,用 a 表达即可。

③原子半径:因为晶胞每个面对角线上的原子是接触排列,所以原子半径为 $r=\frac{\sqrt{2}}{4}a$。

④晶胞原子数:每个角上的原子为相邻的 8 个晶胞所共有,每个面中心的原子只为 2 个晶胞所共有。故每个晶胞中的原子数为:8 × (1/8) + 6 × (1/2) = 4(个)。

⑤晶格致密度:$k=\frac{nV_{原}}{V_{晶}}\times 100\% = \frac{4\times\frac{4}{3}\pi\left(\frac{\sqrt{2}}{4}a\right)^3}{a^3}=74\%$,这说明在体心立方晶胞中,原子占据了 74% 的晶胞体积,其余 26% 为空隙。

⑥配位数:晶格中任一原子周围最邻近且等距离的原子数 12。

(3)密排六方晶格。密排六方晶胞模型如图 2-4 所示。密排六方结构是原子排列最密集的晶体结构之一,是一个正六棱柱,也可看成是由两个简单六方晶胞穿插而成。具有密排六方晶格结构的金属有 Mg、Zn、Be、Cd 等。

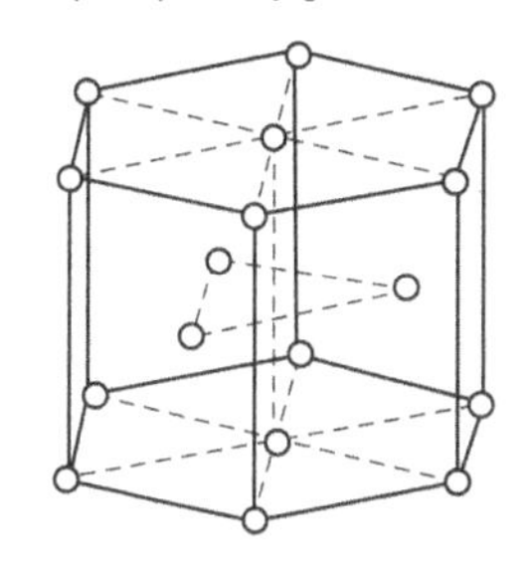
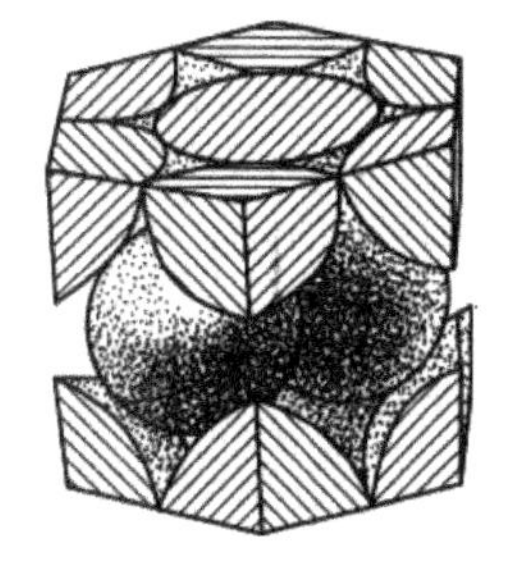

图 2-4　密排六方晶格模型

①晶胞构成:由 12 个原子构成正六棱柱体,上下两个六方面的中心各 1 个原子,正六棱柱体中均匀分布 3 个原子。

②晶格常数:$a=b\neq c$,$c/a=1.633$。

③原子半径:$r=\frac{1}{2}a$。

④晶胞原子数:每个角上的原子为相邻的 8 个晶胞所共有,每个面中心的原子只为 2 个晶胞所共有。故每个晶胞中的原子数为:12 × (1/6) + 2 × (1/2) + 3 = 6(个)。

⑤晶格致密度:74%,这说明密排六方晶格与面心立方晶格相同,晶格体积的74%被原子占有,其余26%为空隙。

⑥配位数:晶格中任一原子周围最邻近且等距离的原子数12。

表2-1为金属中常见的三种晶体结构的数据。

金属中常见的三种晶体结构的数据 表2-1

晶格类型	晶胞中的原子数	原子半径	配位数	致密度
体心立方	2	$\frac{\sqrt{3}}{4}a$	8	0.68
面心立方	4	$\frac{\sqrt{2}}{4}a$	12	0.74
密排六方	6	$\frac{1}{2}a$	12	0.74

从致密度和配位数可见,面心立方晶格和密排六方晶格的原子紧密程度一样,比体心立方晶格紧密。

3)金属晶体中晶面指数、晶向指数

晶向:任意两阵点的连线构成晶向。

晶面:三个非共线阵点构成晶面。

金属晶体中的原子在不同晶面或晶向上的分布及密度不同,因此,金属晶体在不同晶面和晶向上的性能也不同。为了区分不同的晶面和晶向,分别用“晶面指数”和“晶向指数”给每个晶面和晶向进行命名或者标定。晶面指数和晶向指数表示了晶面或晶向在晶体中的具体方位。

(1)晶面指数的标定。

晶面指数就是用来表示某个晶面及与其平行的晶面的一组数,其表达形式为(hkl)。晶面的截距可以为负数,表达方式是在负的晶面指数的上方加一负号,如($\bar{h}\bar{k}\bar{l}$)。

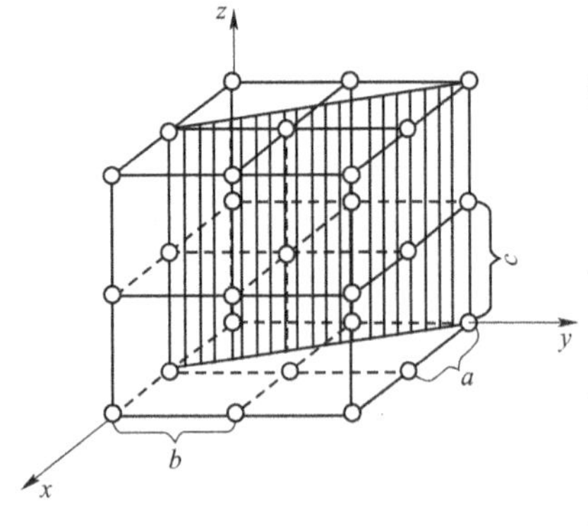

图2-5 立方晶格中晶面指数的确定

以图2-5中所示阴影面的晶面指数为例,晶面指数的标定步骤如下:

①建立坐标:以晶格某个原子为原点做坐标轴,以晶格常数 a,b,c 分别为 X,Y,Z 轴上的长度度量单位。

②求截距:求出待定晶面在三个坐标轴上的截距,分别为1,2,无穷大。

③求倒数:取待定晶面在这三个轴上截距的倒数,分别为1,$\frac{1}{2}$,0。

④化最小整数:将这三个截距的倒数化为三个最小整数,分别为2,1,0。

⑤加圆括号:晶面指数为(210)。

(210)即为所求晶面以及与其平行的所有晶面的晶面指数。立方晶格三个重要晶面及指数如图2-6所示。

在晶体学上,把原子排列相同而彼此不平行的晶面称为晶面族,用大括号表示{*hkl*}。

晶面(晶面族)指数的意义是:(*hkl*)表示某一晶面及与其平行的所有晶面;{*hkl*}表示原子排列方式相同但位向不同的所有晶面。例如,在上述面心立方晶体中,体对角面{111}晶面族包括(111)、($1\bar{1}1$)、($\bar{1}11$)、($\bar{1}\bar{1}1$)、($11\bar{1}$)、($1\bar{1}\bar{1}$)、($\bar{1}1\bar{1}$)和($\bar{1}\bar{1}\bar{1}$)共八个晶面。

(2)晶向指数的标定。

晶向指数就是表示同一晶向的一组数,其表达形式为[*uvw*]。

以图2-7中与*OB*平行的晶向为例,晶向指数的标定步骤如下:

①建立坐标:与求晶面指数的方法相同选定坐标系。

②求坐标值:求出该直线上任一结点的空间坐标值,1,1,0。

③化最小整数:将此空间坐标的三个值按比例化为最小整数,1,1,0。

④加方括号:晶向指数为[110]。

[110]即为所求晶向*OB*以及与其方向相同的所有晶向的晶向指数。

若指数为负值,则在相应指数上方加一负号,如[$\bar{u}\bar{v}\bar{w}$]。两组晶向的全部指数数字相同而符号相反时,例如[110]与[$\bar{1}\bar{1}0$],则它们相互平行方向相反。晶向指数表示一组相互平行的晶向。立方晶格的三个重要晶向及指数如图2-7所示。

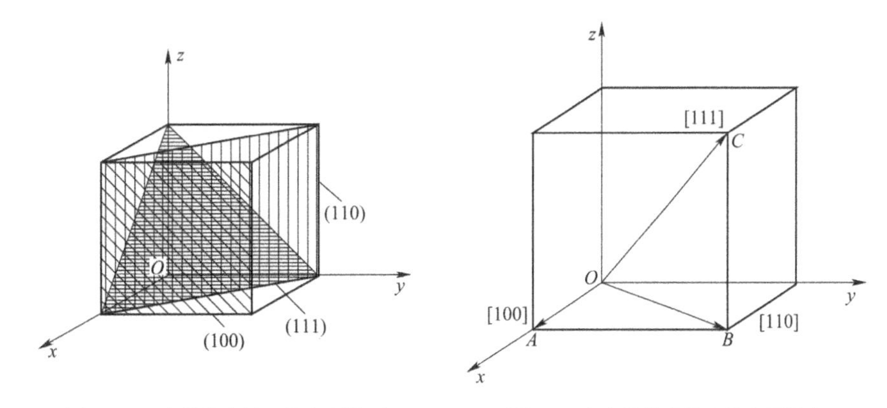

图2-6　立方晶格中的三种主要晶面

图2-7　立方晶格中的三种主要晶向

在晶体学上,把原子排列相同而彼此方向不同的晶向称为晶向族,用尖括号表示,即〈*uvw*〉。

晶向(晶向族)指数的意义是:[*uvw*]表示某一个晶向及与其方向相同的所有晶向;〈*uvw*〉表示原子排列相同,但方向不同的所有晶向——晶向族。在立方晶系中,同一晶向族中的各晶向的指数数值相同而符号和顺序不同。例如,立方晶格的面对角线〈110〉晶向族包括[110],[101],[011],[$\bar{1}10$],[$\bar{1}01$],[$0\bar{1}1$],[$1\bar{1}0$],[$10\bar{1}$],[$01\bar{1}$],[$\bar{1}\bar{1}0$],[$\bar{1}0\bar{1}$],[$0\bar{1}\bar{1}$]共12个晶向。

在立方晶系中,晶面指数与晶向指数相同时,则晶面与晶向相互垂直,例如(111)⊥[111],如图2-6和图2-7所示。

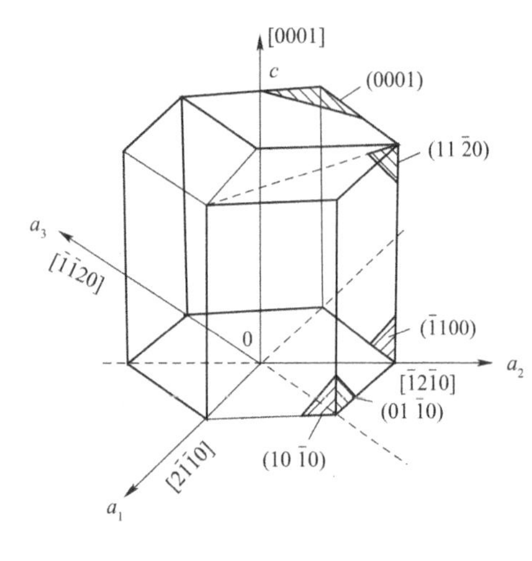

图 2-8　六方晶系中的晶面和晶向指数

(3)六方晶系的晶面指数和晶向指数。

对于六方晶系,一般采用四指数方法表示晶面和晶向。表示方法为:水平坐标轴是互成 120°夹角的三坐标轴 a_1,a_2 和 a_3,垂直轴为 c 轴,如图 2-8所示。六方晶系的晶面表示为($hkil$),晶面族为{$hkil$},晶向表示为[$uvtw$]。为了使等同晶面与等同晶向各具有同一组指数,四指数中的前三个之间应保持 $i=-(h+k)$,$t=-(u+v)$ 的关系。h,k,l 以及 u,v,w 等指数的求法与立方晶系的确定方法相同,且前三指数可改变次序和符号,第四个指数位置不变但符号可变,而 i 和 t 按上述关系式确定。六方晶系中几个主要晶面和晶向如图 2-8 所示。

4)金属晶体的各向异性

金属晶体沿不同方向表现出性能不相同的现象叫作晶体的各向异性。金属晶体具有各向异性,其原因是在相同的晶格中,不同晶面和晶向上原子排列的疏密程度不同,它们之间的原子结合力也就不同,从而在不同的晶面和晶向上表现出不同的性能。例如,具有体心立方晶格铁的单晶体,在[111]方向上的弹性模量为 290MPa,而在[100]方向上的弹性模量则为 135MPa。晶体的各向异性在其化学性能、物理性能和力学性能等方面也同样会表现出来。例如,变压器用硅钢片生产时,采用一定的轧制方法,使易磁化的[100]晶向平行于轧制方向,这样可以提高磁导率。

在实际中,工业金属材料的各向异性不显现出来。原因在于上面所述的金属晶体都是假设的理想的晶体结构,与实际的金属晶体结构相差很大。一般来说,只有在特定的条件下,如定向凝固等,使得各晶粒的位相趋于一致时,工业金属材料才能表现出其各向异性特征。

2.1.1.3　实际金属的晶体结构

上述讨论的金属晶体结构都是理想状态的金属晶体结构,即每一个原子都按晶体结构的要求占据它们应有的位置,整个晶体呈现晶胞规则重复地排列。但是实际生产生活中使用的金属材料并不会这样理想,由于受到许多外在因素的影响,晶体内部某些区域的原子规则排列往往会受到外界干扰而被破坏。实际金属晶体结构中存在的这种不完整不规则的区域称为晶体缺陷。

根据不规则区域的几何特征,晶体缺陷主要分为点缺陷、线缺陷和面缺陷。

1)点缺陷

点缺陷是指在三维尺度上都很小,尺寸范围不超过几个原子直径的缺陷。点缺陷主要包括空位、间隙原子和置换原子。如图 2-9 所示。

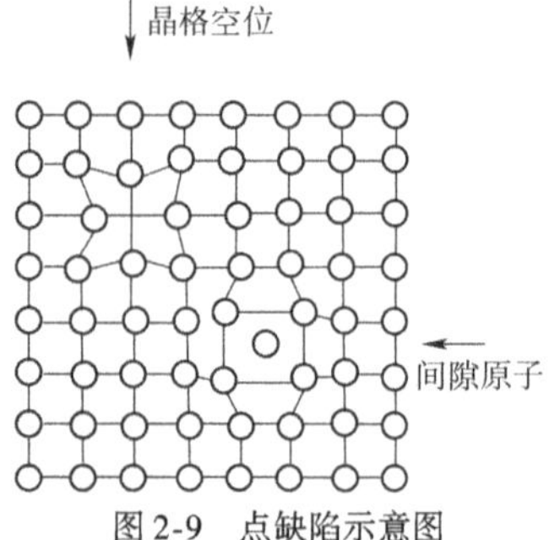

图 2-9　点缺陷示意图

(1)空位。空位是晶体内部原子迁移到界面后,在体内留下的原子尺度的空洞。根据晶格振动理论,晶体中的原子不是静止的，它们以平衡位置为中心作热振动。如果晶体处于平衡状态，各处原子的平均振动能量是相同的。但如果由于受到一些外界因素的干扰，某个原子的振动能量大到可以克服周围原子对它的束缚，该原子就可以离开原来的平衡位置。如果这个离开平衡位置的原子迁移到界面上，则在原位置上留下空位。晶体中的空位总是处在不断地产生和消失地过程中，且空位浓度随着温度的升高而增大。

(2)间隙原子。位于晶格间隙中的原子叫作间隙原子，它又分为自间隙原子和杂质间隙原子两类。如果上述中的离开平衡位置的原子迁移到晶体内部的间隙位置上，形成的便是自间隙原子，当然同时还会产生一个空位。由于大多数金属晶体都是密排结构，自间隙原子的形成相对比较困难。

金属中存在的间隙原子主要还是杂质间隙原子。对于合金而言，溶质的加入就会产生杂质间隙原子，这是因为溶质原子的半径与溶剂的半径不完全相同。例如，原子半径比较小的硼、碳、氢、氮、氧等在金属中就多以杂质间隙原子的形式存在。如果杂质原子半径比较大时，则会形成置换原子。它是指异类原子占据正常结点的位置，置换晶格结点上的金属原子形成的点缺陷。

由图2-9可见，在空位和间隙原子的附近，由于原子间作用力的平衡被破坏，使其周围的原子离开了原来的平衡位置，发生了靠拢或者被撑开的不规则排列状态，这种现象称为晶格畸变。点缺陷引起的晶格畸变，可以使金属强度、硬度提高。尤其是间隙原子和置换原子，生产中经常利用其使晶格发生畸变，从而提高金属的强度、硬度。这种强化金属的方法称为固溶强化。间隙原子固溶强化效果比置换原子固溶强化效果好。

另外，点缺陷在晶体中的移动还为原子在晶体中的移动即扩散过程创造了条件，这对于钢的热处理和化学热处理过程有着重要的意义，因为钢的热处理正是以钢中原子扩散为基础的。

2)线缺陷

线缺陷是指在三维空间中二维尺度很小而另一维尺度很长的缺陷。金属晶体的线缺陷主要就是位错。位错是指其晶体中晶格的一部分相对于另一部分发生的局部滑移现象，或者说是在晶体中某处有一列或若干列原子发生有规律的错排现象。位错主要有刃型位错和螺型位错两种。

(1)刃型位错。如图2-10所示。可以把刃型位错看成是半个原子面从上方插入晶体而形成的。由图可见，由于半原子面的插入，晶体的排列方式偏离了理想状态。我们把半原子面的最下端称为刃型位错中心线(简称为位错线)，它表示了刃型位错存在的空间位置。显然，离位错线越远，相对于理想晶体排列状态的偏离越小，晶格畸变越小，应力也就越小。

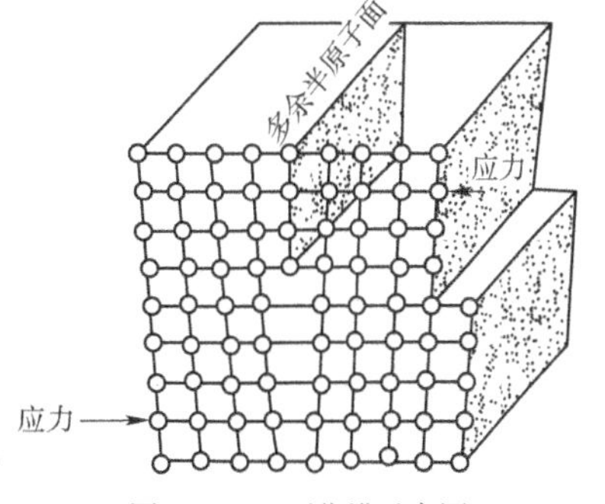

图2-10　刃型位错示意图

(2)螺型位错。如图2-11所示。将晶体沿 *ABCD* 面局部切开，使上下两部分晶体相对地移动一个原子距离，而在 *BC* 和 *aa'* 之间形成了一个上下原子不相吻合的过渡区域，这个区域里的原子平面被扭成了螺旋面，因而称为螺型位错。位错线是图2-11a)的 *BC* 直线。从图2-11b)可看出，在位错线附近，原子螺旋上升。与刃型位错一样，离位错线越远，相对于理想晶体的排列偏离越小。

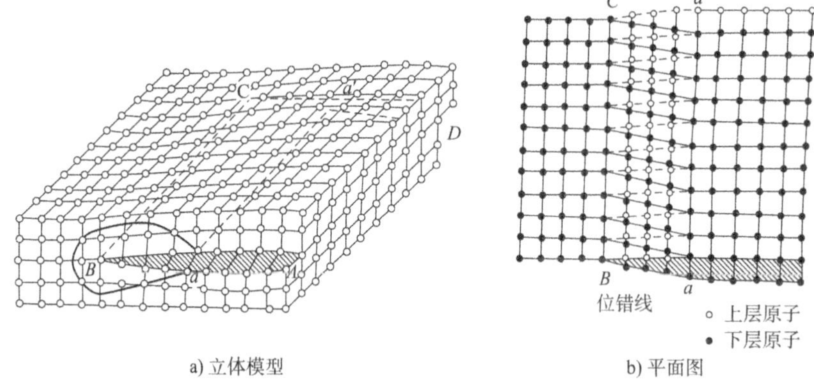

a) 立体模型　　b) 平面图

图 2-11　螺型位错示意图

在应力或温度的作用下，位错可能产生运动，运动方式分滑移和攀移两种。滑移是指位错线沿着滑移面移动，攀移是指位错线垂直于滑移面移动，螺型位错只作滑移而不存在攀移。透射电子显微镜可以观察到位错线和位错网，如图 2-12 所示。

位错能够在金属的结晶、相变和塑性变形等过程中形成。实际晶体中存在的大量位错和位错的运动对金属性能、塑性变形及其组织转变都有着极其重要的影响。一般用位错密度来度量位错的多少。位错密度是指晶体中单位体积内位错线的总长度，单位为 cm/cm^3 或 $1/cm^2$。

在充分退火的金属晶体中，位错密度一般为 $(10^5 \sim 10^8)/cm^2$，而经过剧烈塑性变形的金属，位错密度可增至 $(10^{10} \sim 10^{12})/cm^2$。图 2-13 所示为金属的强度与位错密度之间的关系曲线。由图可见，位错是影响金属力学性能最重要的晶体缺陷。当位错密度很低时，晶体的强度很高。例如金属晶须，其原子排列接近理想晶体，强度可接近理想晶体强度即理论强度。目前在实验室中已经制作出位错密度极低的、直径极细的、高强度金属晶须。当经过剧烈冷加工变形，使位错密度增加到 $(10^{10} \sim 10^{12})/cm^2$ 时，晶体的强度也大大提高，生产中经常通过对金属进行冷塑性变形加工的方法来提高位错密度，从而使金属强度、硬度提高。这种强化金属的方法称为加工硬化。加工硬化是提高材料强度的有效途径。例如，剧烈冷拉变形可使高强度钢丝的位错密度增加到 $10^{13}/cm^2$，其抗拉强度则可达 3000MPa。

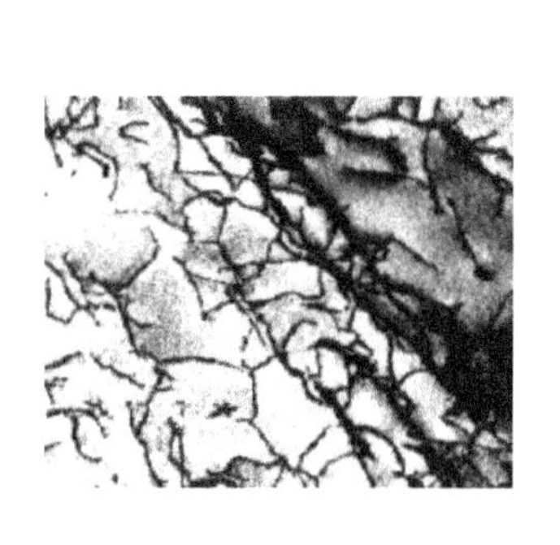

图 2-12　透射电镜观察到的位错线和位错网

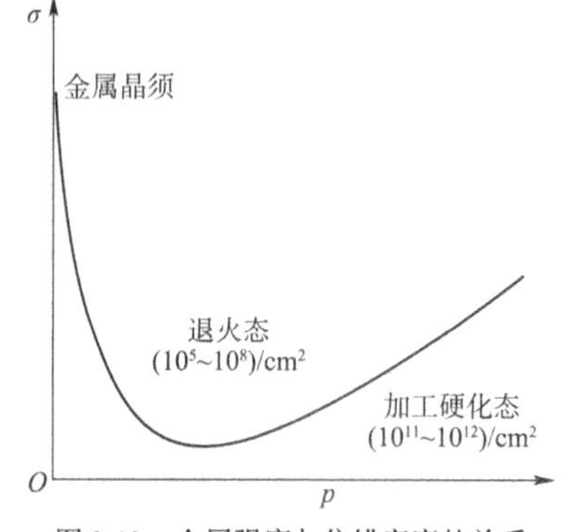

图 2-13　金属强度与位错密度的关系

3)面缺陷

面缺陷是指二维尺度很大而三维尺度很小的缺陷。金属晶体中的面缺陷主要有晶界和亚晶界两种。

(1)晶界。实际金属一般都是多晶体,多晶体中的每个小单晶体称为晶粒。因此,实际金属的显微组织是由大量外形不规则的小晶粒组成的,其中晶粒与晶粒间的边界称为晶界。如图2-14所示,晶界相邻的晶粒间的位向差较大,一般在30°~40°之间。晶界上原子排列不规则,呈现排列紊乱状态,如图2-15a)特点是采取相邻晶粒的折中位置,即从一个晶粒的位向通过晶界的协调逐步过渡为相邻晶粒的位向。同时晶界处杂质聚集,加剧了晶界结构的不规则性及复杂化,使得晶格畸变大,是成分、结构、能量不稳定的区域。因此,常温下,晶界的强度、硬度高于晶内。

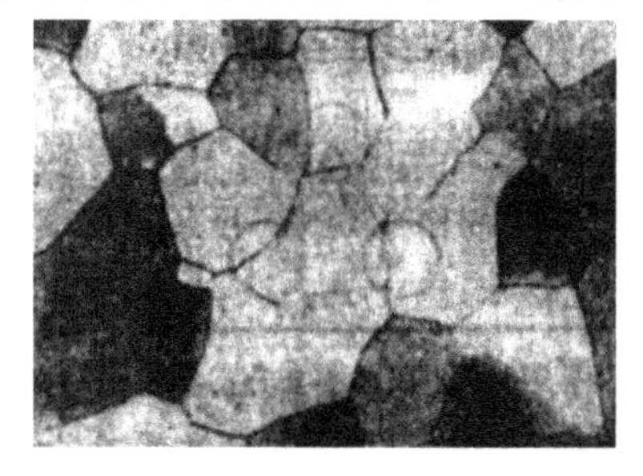

图2-14 金属显微组织中的晶粒和晶界

(2)亚晶界。如图2-16所示,高倍电子显微镜下观测到,在每一个晶粒内,原子排列的位向也不是完全一致的。一个晶粒内实际上又是由一些位向差小于1度的小晶块组成,这种小晶块称为亚晶粒。亚晶粒之间的边界叫作亚晶界,亚晶界实际上是由一系列刃型位错组成的小角度晶界。如图2-15b)所示。亚晶界是晶粒内部的一种面缺陷。亚晶界的构成、性质及对金属性能的影响与晶界相似。

由图2-15可见,晶界和亚晶界处原子偏离其平衡位置,引起缺陷周围的晶格发生畸变,从而使金属强度、硬度提高。材料的晶粒越细小,晶界、亚晶界越多,晶格畸变越严重,金属的常温强度、硬度越高。这种通过细化晶粒而使金属材料的强度提高的办法称为细晶强化,它是提高材料强度的又一有效途径。生产中经常采用细化晶粒的办法提高金属的常温强度和硬度。

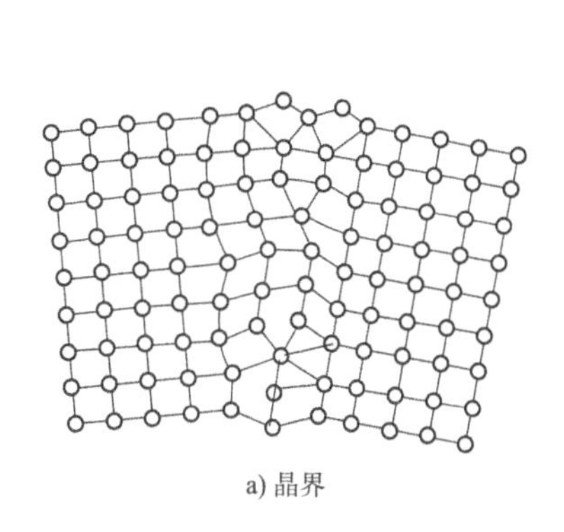

a)晶界

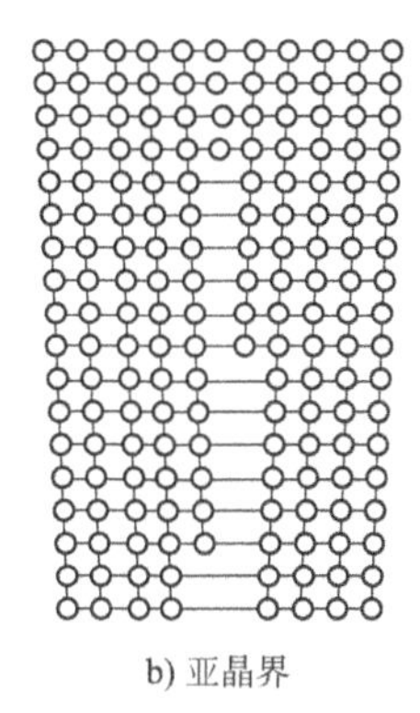

b)亚晶界

图2-15 晶界及亚晶界原子排列示意图

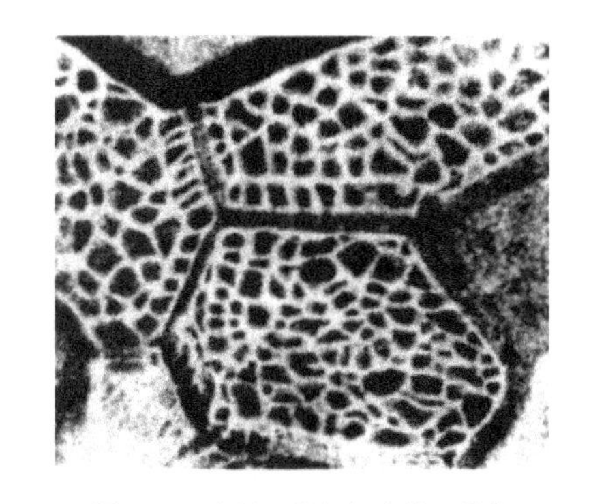

图2-16 金属显微组织中的亚晶粒和亚晶界

综上所述,实际金属是一种存在着多种缺陷的多晶体,实际金属中存在的各种缺陷都会使缺陷周围发生晶格畸变,从而使金属的使用性能发生显著变化,尤其会使金属的强度、硬度提高。值得注意的是,晶体中的缺陷并不是静止不变的,而是随着温度和加工过程中各种条件的改变而不断变动,它们可以产生、发展、运动和相互作用,缺陷对金属性能的影响、对金属材料的塑性变形和扩散等过程起着重要作用。

2.1.1.4 合金的晶体结构

由于纯金属性能的局限性,不能满足各种使用场合的要求,因此,目前使用的金属材料绝大多数都是合金。相较于纯金属材料,合金的力学性能、物理性能和化学性能都得到了提高,应用更加广泛。

1)合金的基本概念

由两种或两种以上金属元素或金属元素和非金属元素,经熔炼、烧结或其他方法,按比例结合形成的具有金属特性的物质称为合金。例如,实际中应用普遍的碳钢和铸铁都是由铁和碳组成的合金。

组成合金的最基本的、独立的物质称为组元。组元多为纯元素,也可以是稳定的化合物。根据组成合金组元数目的多少,合金可分成二元合金、三元合金或多元合金等。例如,铁碳合金就是二元合金。

合金中化学成分、结构、性能相同,并与其他部分有明显界面分开的均匀部分称为相。合金为液态时称为液相,为固态时称为固相。合金在固态下可以形成均匀的单相合金,也可以是由几种不同的相组成的多相合金。

固态金属与合金经过试样制备,在金相显微镜下观察到的,具有一定形态特征的微观形貌图像,称为显微组织。合金中的各种相是组成合金的基本单元,而合金组织则是合金中各种相的综合体。一种合金的力学性能不仅取决于它的化学成分,更取决于它的显微组织。金属材料通过热处理可以在不改变化学成分的前提下获得不同的组织,从而获得不同的力学性能。

如图2-17、图2-18所示,显微组织为单相的合金称为单相合金,显微组织为多相的合金称为多相合金。构成合金组织的各个相称为合金组织的相。相组成物的晶体结构称为合金的相结构。

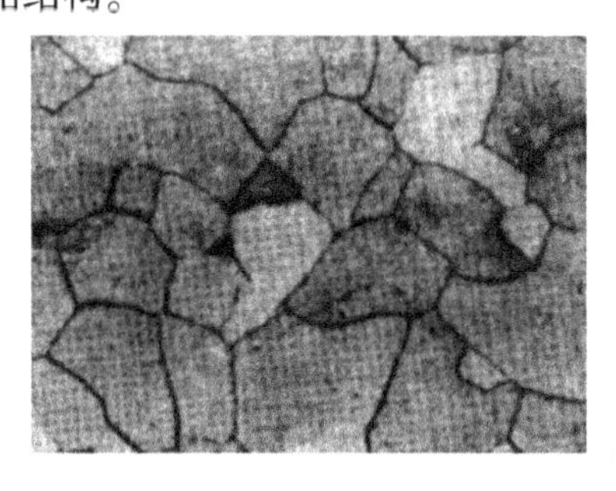

图2-17 单相合金的显微组织

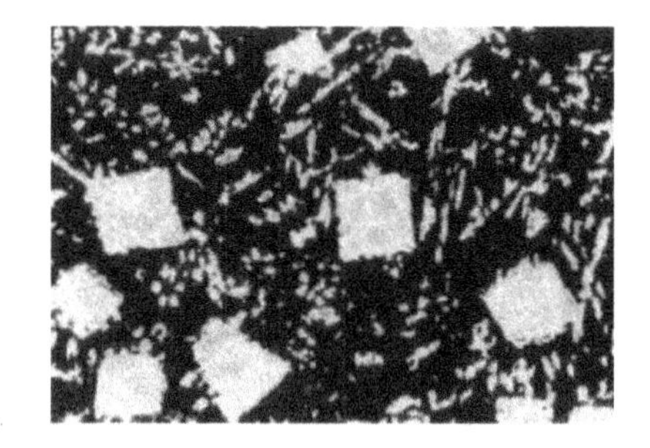

图2-18 多相合金的显微组织

2)合金的相结构

根据构成合金的各组元之间相互作用的不同,固态合金的相结构可分为固溶体和金属化合物两大类。

(1)固溶体。

在固态合金中,溶质原子溶入溶剂晶格形成的均匀相称为固溶体。固溶体中,能保留住晶格结构的组元元素称为溶剂,晶格结构消失的组元称为溶质。即固溶体仍然保持溶剂的晶体结构,而溶质以原子状态分布在溶剂晶格中。溶质原子融入到溶剂中的量越多,则称溶剂溶解溶质原子的能力越强。固溶体有三个基本特点:仍然是晶体;该晶体的结构不因为溶质原子的溶入而改变;溶质原子与溶剂原子在原子尺度上随机混合。在固溶体中,溶质在溶剂中的溶解度是在一定范围内变化的。按照溶质原子在溶剂晶格中所处的位置不同,固溶体又可分为置换固溶体和间隙固溶体两类。

①置换固溶体。

溶质原子占据溶剂点阵中一些溶剂原子的位置(相当于置换了一些溶剂原子)所形成的固溶体称为置换固溶体,如图 2-19a)所示。在合金中,锰、铬、硅、镍等原子一般都与铁形成置换固溶体。例如,不锈钢中的 Cr、Ni 原子置换部分 γ-Fe 原子形成置换固溶体。

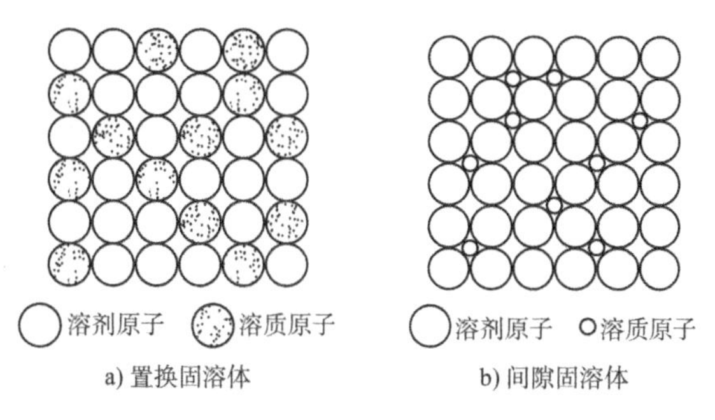

图 2-19　固溶体的两种类型

形成置换固溶体时,溶质原子在溶剂中的溶解度主要取决于两者原子直径的差别、在元素周期表中的相互位置和晶格类型。一般说来,在周期表中位置靠近、晶格类型相同的元素,原子半径相差越小则溶解度越大,两个组元甚至能以任何比例无限互溶,这种置换固溶体称为无限固溶体。例如,Cu 和 Ni 都是面心立方晶格,Cu 的原子直径为 2.55×10^{-10}m,Ni 的原子直径为 2.49×10^{-10}m,是处于同一周期并且相邻的两个元素,所以 Cu 和 Ni 可以形成无限固溶体。而 Cu 和 Zn、Cu 和 Sn 只能形成有限固溶体。如图 2-20 所示为无限固溶体的形成过程。

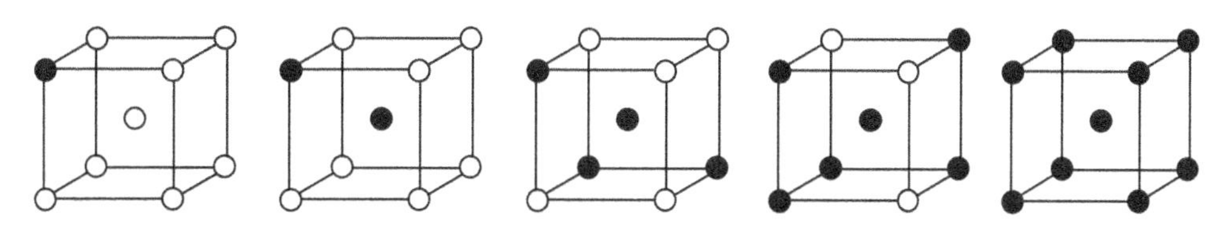

图 2-20　无限置换固溶体中两组元原子相互置换示意图

②间隙固溶体。

溶质原子占据溶剂原子的间隙位置而形成的固溶体称为间隙固溶体,如图 2-19b)所示。实验证明,当溶质原子与溶剂原子的直径比小于 0.59 时才能形成间隙固溶体。因此,形成间隙固溶体的溶质元素都是原子半径小于 0.1nm 的非金属元素,如 H、C、O、N 等。

间隙固溶体仍然具备固溶体的三个基本特点。间隙固溶体的溶解度主要取决于间隙原子半径与溶剂点阵间隙半径之间的差别。相差越大,溶解度越小。例如,半径为 0.077nm 的碳在面心立方结构的 γ-Fe(最大间隙半径为 0.0535nm)中的最大溶解度为

2.11%(质量),形成的间隙固溶体为奥氏体。而碳在体心立方结构的α-Fe(最大间隙半径为0.0364nm)中的最大溶解度仅为0.0218%(质量),形成的间隙固溶体为铁素体。

由于间隙原子的溶入引起较大的点阵畸变,间隙固溶体的溶解度一般都比较小。间隙原子的溶入一般都使点阵常数增加。因为溶剂晶格间隙大小是有限的,当溶质的溶入超过一定数量时,溶剂的晶格就会变得不稳定,溶质原子不能继续溶解,所以间隙固溶体只能是有限固溶体。

③固溶体的性能。

固溶体虽然保持了溶剂的晶体结构,但由于溶质原子的大小总是与溶剂有所不同,所以形成固溶体时要产生晶格畸变,且溶质原子溶入的量越多,固溶体的晶格畸变就越大,这将会造成位错移动的阻力增大,从而引起材料强度、硬度升高,塑性、韧性降低;电阻、矫顽力升高,导电性降低。这种现象就是前面所说的固溶强化,它是强化金属材料的重要方法之一,在生产上得到广泛应用。例如,往Cu中加入19%的Ni,可使合金的σ_b由220MPa提高到400MPa,硬度由44HBW提高到70HBW,而延伸率仍然保持在50%左右。所以对综合力学性能要求较高的结构材料,其基体相都是固溶体。

(2)金属化合物。

合金中溶质含量超过其在溶剂中的溶解度时将出现新相,这个新相可能是一种晶格类型和性能完全不同于任意合金组元的化合物。又因它具有一定的金属性质,故称金属化合物。如碳钢中的Fe_3C、黄铜中的CuZn等。如果新相没有金属特性,则称为非金属化合物,如碳素钢中的FeS和MnS。

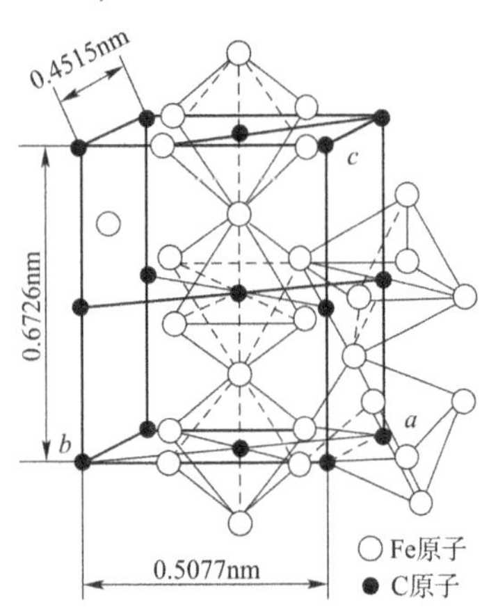

图2-21 Fe_3C的晶体结构

金属化合物一般具有复杂的晶体结构,Fe_3C的晶体结构如图2-21所示。

①金属化合物的分类。

金属化合物的种类很多,常见的有以下三种类型:

a.正常价化合物。组成正常价化合物的元素是严格按照原子价规律结合的,化合物的成分固定,可用化学式表示。如Mg_2Si、Mg_2Sn等。

b.电子化合物。电子化合物不遵循原子价规律,而是按照一定的电子浓度比组成一定晶格结构的化合物。如铜锌合金中的CuZn等。

c.间隙化合物。间隙化合物一般由原子直径较大的过渡族金属元素(Fe、Cr、Mo、W、V等)和原子直径较小的非金属元素(H、C、N、B等)组成。如合金钢中Fe_3C、VC等各种类型的碳化物,都是间隙化合物。

②金属化合物的性能。

金属化合物的特点是熔点高,硬而脆。当它呈细小颗粒均匀分布在固溶体基体上时,将使合金的强度、硬度及耐磨性明显提高,这种现象称为弥散强化。因此,金属化合物在合金中常作为强化相存在。它是许多合金钢、有色金属和硬质合金的重要组成相。金属化合物在强化合金的同时也会降低塑性和韧性。

2.1.2　陶瓷材料的内部结构

陶瓷是由离子键或共价键结合的复杂化合物。陶瓷晶体按结合键类型可分为离子晶体和共价晶体,其中离子晶体占绝大多数。

2.1.2.1　离子晶体结构

1)结构类型

离子晶体的结构类型很多,几种常见类型如下:

NaCl 结构:属于它的有 NaCl、MgO、NiO、FeO、MnS 等。

CsCl 结构:属于它的有 CsCl、CsBr 等,其晶体结构为体心立方结构,Cs^+ 离子和 Cl^- 离子分别占据立方晶胞的体心和角上。

六方 ZnS 结构:属于它的有 ZnS、ZnO、BeO 等。

CaF_2结构:属于它的有 CaF_2、ZrO_2、ThO_2、UO_2等。

Al_2O_3结构:属于它的有 Al_2O_3、Cr_2O_3、Ti_2O_3等,其晶体结构如图 2-22 所示。这种结构中有些位置上是空的。

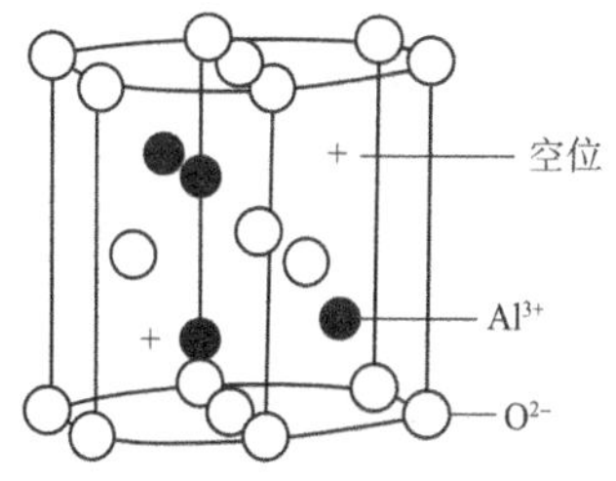

图 2-22　Al_2O_3晶体结构

除上面介绍的几种之外,离子晶体还包括多元氧化物 ABO_3、AB_2O_2、A_2BO_4等,这类离子晶体的结构更为复杂。

2)配位多面体

离子晶体是由正负离子堆垛而成的。由于得到电子,负离子半径比正离子半径要大。因此,离子晶体可看成由负离子堆垛成晶格,正离子充填于负离子晶格的间隙位置。为了降低能量,正负离子会尽可能密排,即一个正离子周围有尽可能多的负离子。正离子周围最近邻的负离子数称为正离子配位数,这些负离子连同处于它们中心的正离子构成配位多面体。

配位多面体是离子晶体的基本结构单元,也就是说,离子晶体的整体结构由这些结构单元组合而成。例如,NaCl 晶体可看成是由六个 Cl^- 离子构成的正八面体连接而成,Na^+ 离子位于每个正八面体的中心。决定结构单元自身特性及结构单元之间连接方式的是鲍林提出的如下三个原则:

(1)在离子晶体中,正离子周围形成一个负离子配位多面体,正负离子间的平衡距离取决于离子半径之和,正离子的配位数取决于正负离子的半径比。

(2)若 Z^+、Z^- 分别为正负离子价数,n 为正离子配位数,则离子晶体中每个负离子同时属于 $n\ Z^-/Z^+$ 个配位多面体。

(3)在一个配位结构中,公共棱特别是公共面的存在,会降低结构稳定性。

在离子晶体中,硅酸盐占很大比例。决定硅酸盐结构的是 SiO_4^{4-} 四面体及其组合形式。由 SiO_4^{4-} 四面体组合而成的结构单元决定了硅酸盐的结构,各种结构单元如下:

(1)岛状结构单元。这种结构单元就是 SiO_4^{4-} 四面体本身,各 SiO_4^{4-} 四面体间无共用 O^{-2}离子,连接 SiO_4^{4-} 四面体的是其他正离子。例如在 Mg_2SiO_4 中,连接方式为 O—Mg—O。岛状结构单元见图 2-23a)。

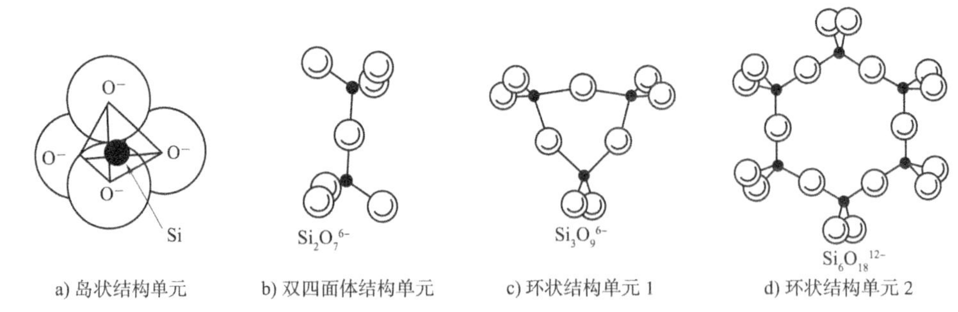

图 2-23　有限结构单元

(2)双四面体结构单元。其结构如图 2-23b)所示。这种结构单元记为 $Si_2O_7^{6-}$。

(3)环状结构单元。当每个 SiO_4^{4-} 中有两个 O^{2-} 离子为其他 SiO_4^{4-} 所共有时,形成环状结构单元,其结构如图 2-23c)、d)所示。

(4)链状结构单元。当环状结构单元含无限多个 SiO_4^{4-} 四面体时,就变成无限伸长的直链状结构单元。其结构如图 2-24a)所示。

(5)层状结构单元。当每个 SiO_4^{4-} 中有三个 O^{2-} 离子为其他 SiO_4^{4-} 所共有时,形成层状结构单元。其结构如图 2-24c)所示。

应该指出,还有一种介于链状结构与层状结构之间的混合结构单元,其结构如图 2-24b)所示。这种结构单元的特点是一部分 SiO_4^{4-} 中有 2 个 O^{2-} 离子为其他 SiO_4^{4-} 所共有,另一部分 SiO_4^{4-} 中有 3 个 O^{2-} 离子为其他 SiO_4^{4-} 所共有。

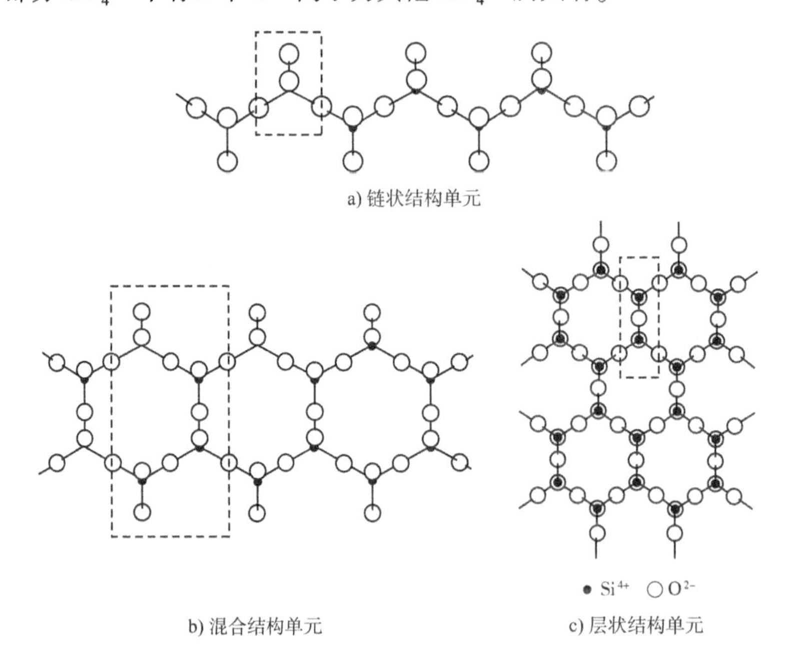

图 2-24　无限结构单元

2.1.2.2　共价晶体结构

常见的共价晶体大多是由金刚石派生出来的,例如:

金刚石型,属于它的有金刚石、硅、锗等。

立方 ZnS 型,属于它的有 SiC、AgI 等。

白硅石 SiO_2是典型的 AB_2型共价键晶体,其结构如图 2-25 所示,硅原子与金刚石中的碳原子排列方式相同,每两个硅原子中间有一个氧原子。

2.1.3 高分子材料的内部结构

高分子材料以高分子化合物为主要部分,适当加入添加剂构成。高分子材料不但有重量轻、耐腐蚀及电绝缘等优点,而且易加工、原料丰富、价格低廉。虽然有机高分子物质的相对分子质量大,并且结构复杂多变,但组成高分子的大分子链都是由一种或几种简单的低分子有机化合物以共价键重复连接而成的,就像一根链条是由众多链环连接而成一样。高分子化合物的结构大致可分为高分子链结构和高分子凝聚态结构。

2.1.3.1 基本概念

材料的性能取决于材料的结构,因此,高分子的性能取决于高分子的结构。研究表明,高分子材料的结构有如下一些主要特点。

1)链式结构

各种天然高分子、合成高分子和生物高分子都具有链式结构,即高分子是由多价原子彼此以主价键结合而成的长链状分子。长链中的结构单元数很大(10^3 ~ 10^5个),一个结构单元相当于一个小分子。例如,聚乙烯高分子是由乙烯结构单元重复连接而成,其结构如图 2-26 所示。

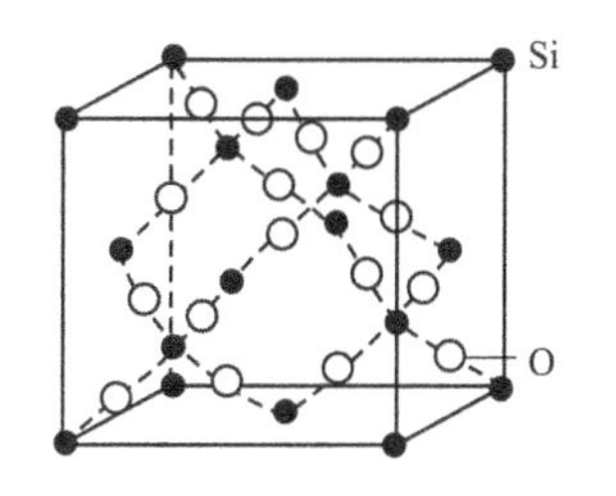

图 2-25 白硅石 SiO_2的结构

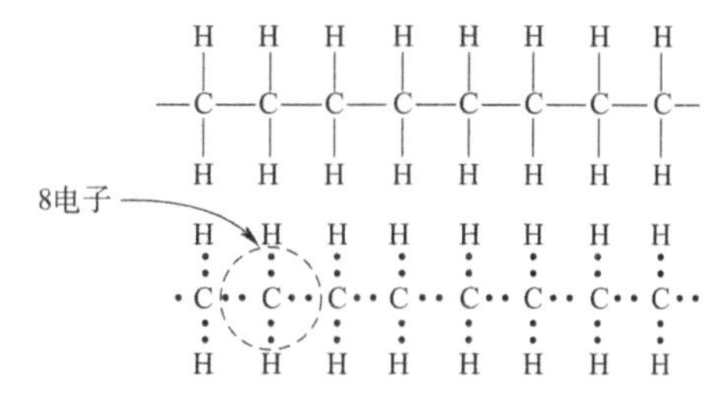

图 2-26 聚乙烯结构示意图

为了方便起见,可将聚乙烯写为$\left[CH_2—CH_2\right]_n$,其中$\left[CH_2—CH_2\right]$称为结构单元,也称链节;n 为结构单元的重复数,称为聚合度。高分子长链可以由一种结构单元组成(称为均聚物),也可以由几种结构单元组成(称为共聚物)。

2)链的柔性

由单键键合而成的高分子主链一般都具有一定的内旋转自由度,结构单元之间的相对转动使得分子链呈卷曲状,这种现象称为高分子链的柔性。

3)多分散性

高分子的合成反应是一个随机过程,反应产物一般由长短不一的高分子链所组成,即不同高分子的链长度可以不同,这一现象称为高分子的多分散性。

4)凝聚态结构的复杂性

高分子链靠分子内和分子间的范德华力堆砌在一起,可呈晶态或非晶态。高分子的晶态有序度比小分子物质(金属或陶瓷)的晶态有序度低得多,而高分子的非晶态有序度比小分子物质的非晶态有序度高很多。高分子链具有独特的堆砌方式,分子链的空间形状可以是卷曲的、折叠的或伸直的，还可能形成螺旋结构。

5)交联网状结构

某些类型的高分子链之间能以化学键相互连接，称为交联，形成高分子网。显然，交联程度对这类高分子的力学性能有重要影响。长链分子堆砌在一起即使不能产生交联，也可能存在链的缠结，缠结点可看成能移动的交联点。

2.1.3.2　高分子链结构

高分子链结构主要指单根高分子链的结构状态。

1)近程结构

高分子链的近程结构包括链结构单元的化学组成、构型、形状等问题。

(1)链结构单元的化学组成。

高分子链结构单元的化学组成决定了链的形状和性质，进而影响到高分子的性能。几种主要的高分子链结构单元如图2-27所示。

(2)空间构型。

大分子链中的原子或原子团在空间的排列形式称为空间构型，有如图2-28所示的三种。如取代基在大分子主链上前后排列顺序不同，或者在大分子主链两侧排列的位置不同，均会对高聚物性能产生影响。如取代基 $-CH_3$ 在主链两侧作不规则分布的所谓无规立构聚丙烯在室温时为液体，而取代基 $-CH_3$ 全部在主链一例的所谓全同立构聚丙烯则可作塑料和纤维。此外，主链侧取代基的大小不同、极性不同，均会对性能产生很大影响。由低分子化合物合成为高分子化合物的反应称为聚合反应，其有加聚和缩聚两种类型。

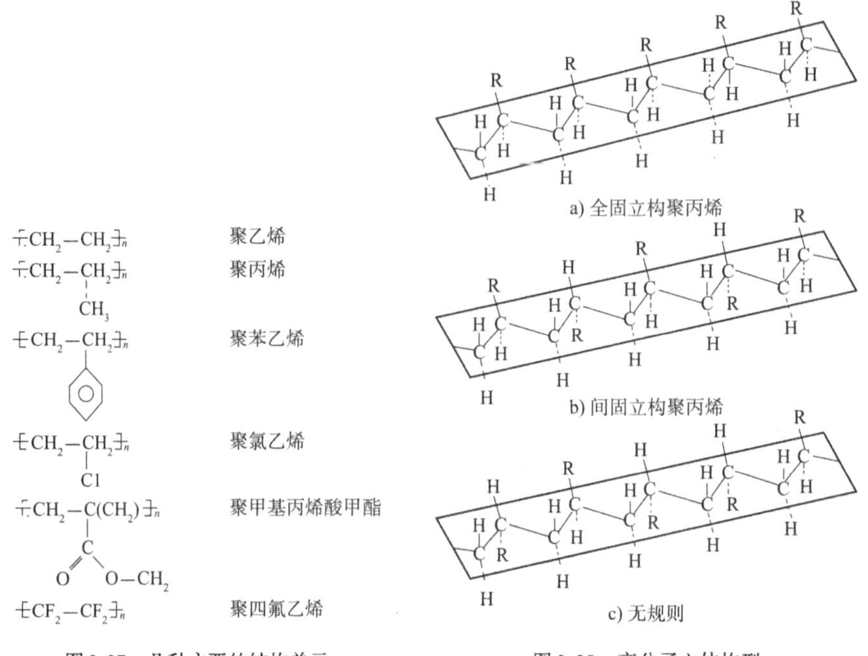

图2-27　几种主要的结构单元

图2-28　高分子立体构型

(3)链的形状。

单个高分子化合物的形状如图2-29所示。

线形分子结构是由许多链节组成的长链，通常是卷曲线形。具有这类结构的高聚物弹性、塑性好，硬度低，常可被溶剂溶解和受热熔化，为“可溶可熔”，如热塑性塑料。支链形分子结构在主链上带有支链。由于支链的存在，使分子链不易形成规则排列，分子之间作用力下降，分子链易卷曲，从而提高了高聚物的弹性和塑性，降低了结晶度、成形加工温度及强度。体(网)形分子结构的分子链之间有许多链节以共价键互相交联。这类结构的高聚物硬度高、有一定耐热性及化学稳定性、脆性大、无弹性(橡胶除外)和塑性，常为“不溶不熔”，如热固性塑料。

2)远程结构

高分子具有链状结构。一般高分子是直径为零点几纳米，长度为几百甚至几万纳米的长链分子。高分子长链很容易卷曲在一起，称为无规线团。高分子长链能以不同程度卷曲的特性称为柔性。长链分子的柔性是高分子特有的属性，它是决定高分子形态的主要因素，对高分子的力学性能及物理性能有非常重要的影响。

(1)高分子的大小。

高分子的大小可以用分子量或聚合度来表示。

由于高分子的聚合过程比较复杂，使生成物的分子量有一定分布，因此分子量不是均一的，高分子分子量的这种特性称为多分散性。由于高分子的分子量只有统计的意义，所以用统计平均值表示。平均分子量对高分子材料的力学性能和加工性能有重要影响。

高分子的大小还可以用聚合度表示。聚合度是决定高分子性能的重要参数。以乙烯为例，随着聚合度的提高，由气体变为液体、软蜡状、脆性固体、最后变成坚韧的塑料。

(2)高分子链中单键内旋转和链的柔顺性。

大分子链的主链都是通过共价键连接起来的，它有一定的键长和键角，如 C-C 键的键长是 0.154nm，键角为 109.5°，在保持键长和键角不变的情况下它们可以任意旋转，这就是单键的内旋转，如图 2-30 所示。

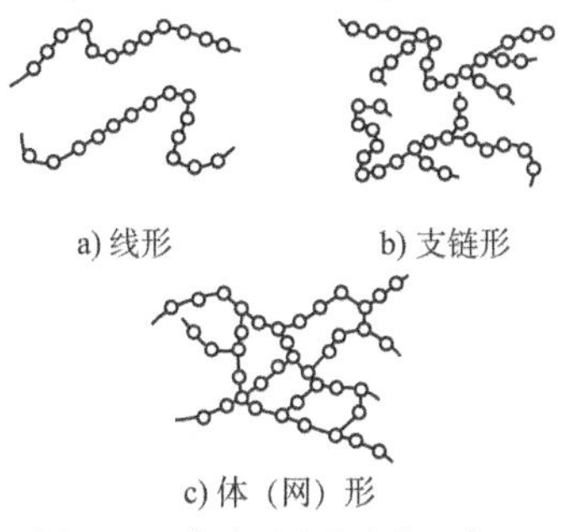

图 2-29 高分子链的形状示意图

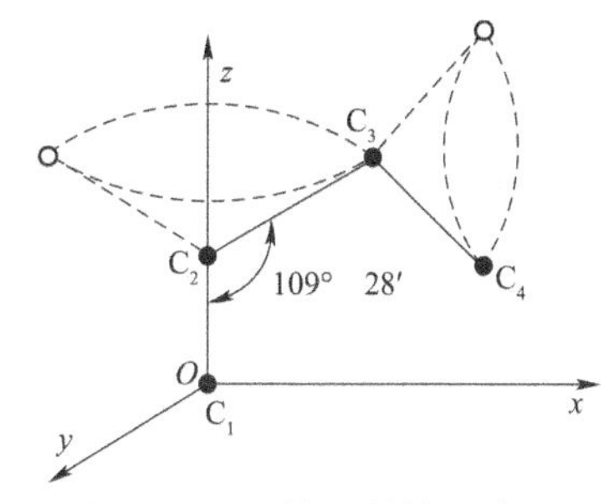

图 2-30 C-C 键的内旋转示意图

单键内旋转的结果，使原子排列位置不断变化。大分子链很长，由于热运动，每个单键都在内旋转，而且频率很高(如室温下乙烷分子可达 10^{11} ~ 10^{12} Hz)，就必然造成大分子的微观形态瞬息万变。这种由于单键内旋转所引起的原子在空间占据不同位置所构成的分子链的各种形象，称为大分子链的构象。大分子链的空间形象变化频繁，构象多，就像一团随便卷在一起的细钢丝一样，对外力有很大的适应性，即受力时可以表现出很大的伸缩能力。大分子这种因单键内旋而改变其构象，从而获得不同卷曲程度的特性称为大分子链的柔顺性，这也是聚合物有弹性的原因。

当大分子主链全部由单键组成时，分子的柔顺性差；当主链中含有芳杂环时，柔顺性也差;主链侧的侧基极性大、体积大时,柔顺性也差;温度升高时,分子热运动加剧,柔顺增加。

2.1.3.3 高分子凝聚态结构

高分子以其链式结构区别于各种各样的小分子。高分子链凝聚在一起时,形成的凝聚态结构也必然有其特点。高分子链凝聚态的形成是高分子链之间相互作用的结果,其中最重要的作用是范德华力,氢键在很多高分子材料中也常起重要作用。对于交联高分子材料,分子链之间通过化学键联结在一起,形成明显的三维网络结构。

同小分子物质(如冰)一样,在高分子材料中,分子间作用力的强弱也可以用结合能来表示。对小分子物质,其结合能近似等于升华热。然而,由于高分子不能汽化,故无法测定升华热,因此,结合能的确定只能用高分子在不同溶剂中的溶解能力来间接估计。结合能密度(单位体积的结合能)在 300J/cm^3 以下的高分子,都是非极性高分子,分子间的作用力主要是比较弱的色散力,分子链属于柔性链,具有高弹性,可用作橡胶材料。结合能密度在 400J/cm^3 以上的高分子,由于分子链上有强极性基团,或者分子间形成氢键,相互作用很强,因此,有较好的力学强度和耐热性,加上易于结晶和取向,可作为优良的纤维材料。结合能密度在 300~400J/cm^3 的高分子,相互作用介于两者之间,适于作为塑料。

1)高分子非晶态

非晶态小分子物质可以是液体或非晶固体,其结构特征是近程有序而远程无序。高分子在非晶态时,则可以为液体、高弹体或玻璃体。它们共同的结构特征也是近程有序而远程无序。高弹体是受力时能表现出高弹性的非晶态高分子。

大量实验证明,在非晶态的高分子中,高分子链为无扰的高斯线团,相互贯穿的高分子线团密集在一起,密集程度与分子量有关。分子量越大,相互贯穿的高斯线团数越多。

2)高分子晶态

高分子链凝聚在一起是可以结晶的。只要高分子链本身具有必要的规则结构,在适当条件下就会结晶。结晶高分子的晶体结构和结晶程度对力学性能、电学性能及光学性能都有本质的影响。

(1)高分子晶体的点阵结构。

X 衍射实验证明,在很多结晶高分子中,高分子链确实堆砌成远程有序的晶体结构。因为由长链分子组合而成,高分子晶体具有以下特点:在晶体中,分子链相互平行;晶体结构更为复杂;不能形成立方晶格;结晶条件的变化可能会影响分子链的构象,从而在同一种高分子中产生不同的晶格。

(2)高分子链结晶形态。

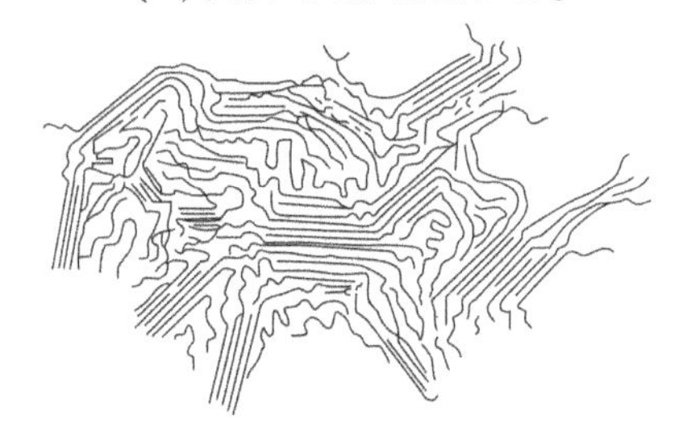
图 2-31 结晶高分子的樱状微束模型

在实际的高分子材料中,完全结晶是很少见的。一般的结晶高分子是由结晶部分和非结晶部分共同组成的。结晶部分由许多分散的小晶体组成,每个高分子链可以穿越若干个小晶体及小晶体间的非晶区。分子链在小晶体中相互平行,而在非晶区中是随机的。不同小晶体的取向也是随机的。上述状态就是所谓樱状微束模型或两相模型,如图 2-31 所示。

(3)高分子合金。

与纯金属间能形成合金类似,不同的高分子共混后,能得到高分子合金。高分子合金可以使材料获得单一高分子所不具备的优良综合性能。例如,聚苯乙烯为脆性塑料,当加入5% ~20%橡胶时,其冲击强度甚至可提高几十倍。

高分子合金的制备方法有两种:一种是化学共混,包括接枝共聚、嵌段共聚和相穿共聚等;二是物理共混,包括机械共混、熔融共混合溶液浇铸共混等。

2.2　晶体材料的相图与组织形成

晶体材料的温度、压力或成分连续变化到某一特定值时,相结构会发生突变,从一种结构变为另一种,如液—固相变。具有相同组成的晶体材料在不同的温度和压力条件下可以得到不同的相结构,形成不同的组织,进而会导致性能出现差异。

2.2.1　纯金属的结晶

2.2.1.1　金属结晶的基本概念

金属从液相转变为晶态固相的过程称为结晶(也称液固相变或凝固)。这是一个原子从不规则的排列向规则排列的晶态转变的过程。研究金属结晶过程的基本规律,对改善金属材料的组织和性能,都具有重要的意义。

研究表明,液态下的金属内部,原子可以在小范围内呈近似于固态结构的规则排列,即存在一些短程有序的原子集团。这种原子集团是不稳定的,而且是随机分布,瞬时出现又瞬时消失。金属由液态转变为固态的结晶过程,实质上就是原子由不稳定的近程有序状态过渡为稳定的长程有序状态的过程。广义地讲,金属从一种原子排列状态过渡为另一种原子规则排列状态的转变都属于结晶过程。金属从液态过渡为固体晶态的转变称为一次结晶,而金属从一种固体晶态过渡为另一种固体晶态的转变称为二次结晶。

2.2.1.2　过冷现象和过冷度

纯金属都有一个固定的熔点(或结晶温度),因此纯金属的结晶过程总是在一个恒定的温度下进行。将纯金属加热熔化成液体,然后使其缓慢冷却,并从高温开始测量其温度—时间关系,可以得到如图2-32所示的冷却曲线,其中T_0是熔点,T_n是实际开始结晶的温度。

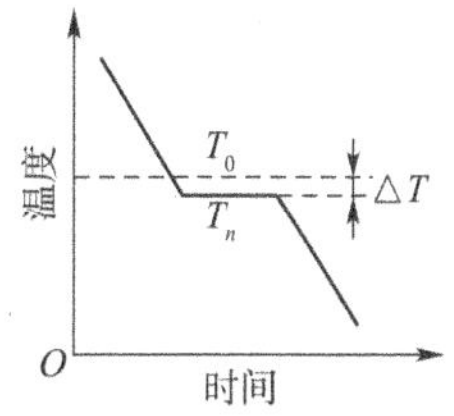

图2-32　纯金属结晶的冷却曲线

由曲线可见,冷却到T_n之前,液态金属的热量不断散失,因此温度下降;冷却到T_n附近时,液态金属内部开始出现一定数量的固相,由于液固相变要释放相变潜热,因此冷却曲线停止下降;在随后的过程中,更多的固相产生,释放的热量更大,直至在T_n平台上建立起热平衡,即向环境散失的热量等于液体内部液固相变潜热;当凝固结束时(在平台的末端),液态金属全部变为固态,相变潜热释放完毕,此时热平衡被打破,冷却曲线继续下降。从图中可以看出,纯金属实际开始结晶的温度T_n总是低于熔点T_0,这种现象称为过冷。$\Delta T = T_0 - T_n$称为过冷度。

实际上金属总是在过冷的情况下进行结晶的,但同一种金属结晶时的过冷度不是一个恒定值,它还受冷却速度和金属纯度的影响。冷却速度越快,金属的纯度越高,结晶时的过冷度就越大。

2.2.1.3 结晶的过程

金属的结晶都要经历晶核的形成和晶核的长大两个过程。如图2-33所示。实验观察表明,结晶开始后,先自液体中产生一些稳定的微小晶体,称为晶核,然后这些晶核不断长大,同时在液体中又不断产生新的稳定晶核并长大,直到全部液体结晶未固体为止,最后形成由许多外形不规则的晶粒所组成的多晶体。研究表明,形核和长大都各自有不同的几种方式。

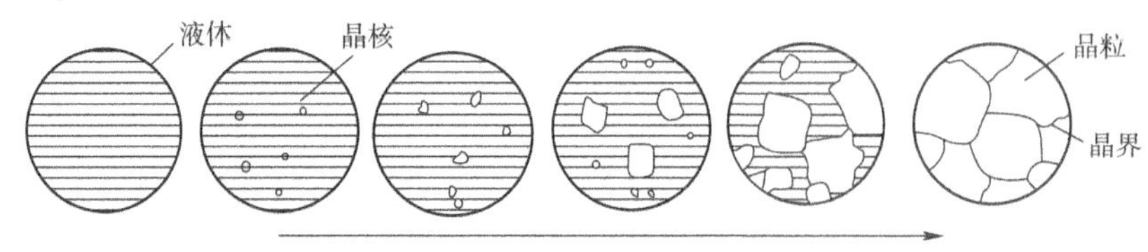

图2-33 金属结晶过程示意图

1)晶核的生成

研究表明:在液态金属中存在两种晶核,自发形核和非自发形核。

(1)自发形核。在液态金属中,存在着大量尺寸不同的短程有序原子集团。在结晶温度以上它们是不稳定的,但是当温度降低到结晶温度以下,液体中一些超过一定尺寸的短程有序原子集团开始变得比较稳定,不再消失,成为结晶的核心。这种从液体内部自发生成的结晶核心叫作自发晶核。能够自发长大的最小自发晶核称为临界晶核。

(2)非自发形核。液态金属依附在一些未熔微粒表面所形成的晶核称为非自发晶核,这些未熔微粒可能是液态金属中原来就存在的杂质,也可能是人为加入的物质。按照形核时能量有利的条件分析,只有当这些未熔微粒的晶体结构和晶格参数与金属的晶体结构相似和相当时才能成为非自发核心的基底,液态金属容易在其上生出晶核。

虽然在液态金属中自发形核和非自发形核是同时存在的,在实际金属的结晶过程中,非自发形核比自发形核更重要,往往起优先和主导作用。

2)晶核的长大

晶核生成以后,晶核即开始长大。晶核长大的实质是原子由液体向固体的表面转移。由于结晶条件的不同,晶体主要是按以下两种方式生长,如图2-34所示。

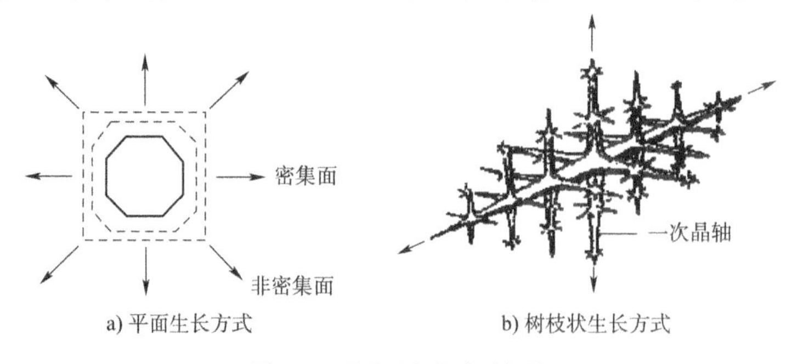

图2-34 晶体生长方式示意图

(1)平面生长方式。在平衡条件下或在过冷度较小的情况下,纯金属晶体主要以其结晶表面向前平移的方式长大,即进行所谓平面式的长大。晶体的平面长大方式在实际金属的结晶中是比较少见的。晶体的长大应服从表面能最小的原则。在结晶表面的前沿,晶体沿不同方向的长大速度是不同的,以沿原子最密排面的垂直方向的长大速度最慢,而非密排面的长大速度较快,所以,平面式长大的结果,晶体获得表面为原子最密面的规则形状。在这种方式长大的过程中,晶体一直保持规则的形状,只是在许多晶体彼此接触之后,规则的外形才遭到破坏。

(2)树枝状生长方式。当过冷度较大,特别是液态金属内存在非自发晶核时,金属晶体往往按树枝状的形式长大。在晶核生长的初期,晶粒可以保持晶体规则的几何外形;但在晶体继续生长的过程中,由于晶体的棱边和顶角处的散热条件优于其他部位,能使结晶时放出的结晶潜热迅速逸出,此处晶体优先长大并沿一定方向生长出空间骨架。这种骨架如同树干,称为一次晶轴。在一次晶轴伸长和变粗的同时,在一次晶轴的棱边又生成二次晶轴、三次晶轴,四次晶轴等,从而形成一个树枝状晶体,称为树枝状晶,简称枝晶,如图2-34a)所示。在金属结晶过程中,由于晶核是按树枝状骨架方式长大的,当其发展到与相邻的树枝状骨架相遇时,就停止扩展。但是此时的骨架仍处于液体中,故骨架内将不断长出更高次的晶轴。同时,之前生长的晶轴也在逐渐加粗,使剩余的液体越来越少,直至晶轴之间的液体结晶完毕,各次晶轴互相接触形成一个充实的晶粒。

实际金属的结晶多为树枝晶结构。在结晶过程中,如果液体的供应不充分,金属最后凝固的树枝晶之间的间隙不会被填满,晶体的树枝状就很容易显露出来。例如,在许多金属的铸锭表面常能见到树枝状的浮雕。

这个形核和长大的过程是一切物质进行结晶的普遍规律。多晶体中一个晶粒是由一个晶核长成的,相邻晶粒之间的界面称为晶界。若一块晶体只由一个晶核长成,只有一个晶粒,则称之为单晶体。单晶体一般只作为功能材料,例如半导体的单晶硅等。单晶体材料在半导体工业中占据着十分重要的地位。实际使用的金属材料通常都是多晶体。

2.2.1.4 金属晶粒的大小与控制

晶粒的大小称为晶粒度。金属中晶粒的大小是不均匀的,一般用晶粒的平均直径或平均面积来表示晶粒度。生产中大都采用晶粒度等级来衡量晶粒的大小。标准晶粒度分为8级,1级晶粒度最粗(晶粒平均直径为0.25mm),8级最细(晶粒平均直径为0.022mm)。晶粒度等级通常是在放大100倍的金相显微镜下观察金属断面,对照标准晶粒度等级图来比较评定的。结晶时的冷却速度越大,过冷度越大,晶核越多,晶粒越细;材料的纯度越低,增加了人工晶核数,故晶核越多,晶粒越细。

实验证明,在一般的情况下,晶粒越细,金属的强度、塑性和韧性就越好,见表2-2。这是因为:在常温下,金属的晶粒越细,单位体积的晶界数量就越多,晶界对塑性变形的抗力越大,同时晶粒的变形也越均匀,致使强度、硬度越高,塑性、韧度越好。因此,在常温下使用的金属材料,通常晶粒越细,其强韧性越好;而在高温下,因晶界为不稳定的高能量状态,使在高温下的稳定性变差,则晶粒越细,其高温性能就越差。

晶粒大小对纯铁力学性能的影响　　表 2-2

晶粒直径(μm)	σ_b(MPa)	δ(%)
70	184	30
25	216	40
1.6	270	50

因此,细化晶粒是提高金属力学性能的最重要途径之一。工程上,利用细化晶粒的方式来提高材料室温强韧性的方法称为细晶强化(面缺陷的增加,是细晶强化的主要原因)。对固态金属,可用热处理及塑性变形来细化晶粒,而对液态金属的结晶,则主要采用下面的一些方法来细化晶粒。

金属结晶后单位体积中的晶粒数目 Z,与结晶时的形核率 N(单位时间、单位体积中形成的晶核数目)和晶核的长大速度 G 存在着以下的关系:

$$Z \propto \sqrt{\frac{N}{G}}$$

由上式可看出,若要控制金属结晶后晶粒的大小,必须控制结晶过程中的形核率和晶体生长速度这两个因素,主要途径有:

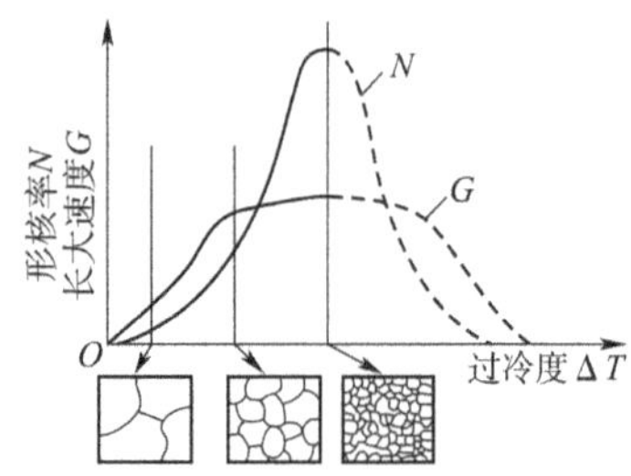

图 2-35　晶粒大小与形核率 N 和长大速度 G 的关系

(1)增加过冷度。图 2-35 所示是形核速率 N 和晶粒长大速度 G 与过冷度 ΔT 的关系。由图可见,随过冷度的增大,N 和 G 值增大,且 N 的增长速率大于 G 的增长速率。因此,提高过冷度可以增加单位体积内晶粒的数目,使晶粒细化。但当过冷度过大或温度过低时,原子的扩散能力降低,形核的速率反而减小。

增大过冷度的主要办法是提高液体金属的冷却速度。在铸造生产中,可以通过改变各种铸造条件来提高金属凝固时的冷却速度,从而增大过冷度。常用的方法有提高铸型导热能力、降低金属液的浇注温度等。

(2)变质处理。当金属的体积比较大时,难以获得较大的过冷度,而且对于形状复杂的铸件,冷却速度也不能过快。在实际生产中为了得到细晶粒的铸件,多采用变质处理。变质处理是在液体金属中加入能非自发形核的物质,这种物质称为变质剂。变质剂的作用在于增加晶核的数量或者阻碍晶核长大。例如,在冶金过程中,用钛、锆、铝等元素做脱氧剂的同时,也能起到细化晶粒的作用。在铸造铝硅合金时,加入钠盐,使钠附着在硅的表面,阻碍粗大片状硅晶体的形成,也可以使合金的晶粒细化。

(3)振动或搅拌。金属结晶时,如对液态金属采取机械振动、超声波振动、电磁振动或机械搅拌等措施,可以造成枝晶破碎细化,而且破碎的枝晶还起到新生晶核作用,增加了形核率 N,使晶粒得到细化。

2.2.1.5　金属的同素异构转变

大多数金属在固态时只有一种晶格类型,其晶格类型不随温度而改变。少数金属(如铁、锡、钛等)在固态时,其晶格类型会随温度而改变,这种现象称为同素异构(或异晶)转变。其中,从液态变为固态的过程称为结晶(一次结晶),从一种固态变为另一种固态的过程称重结晶(二次或三次结晶)。一般情况下,材料的相变是一形核、长大的原子扩散或聚集过程,并伴有相变潜热的产生或吸收,以及体积的变化。纯铁冷却曲线及重结晶的组织示意图如图2-36所示,其中的磁性转变仅改变晶格的尺寸,而不改变晶格的类别。

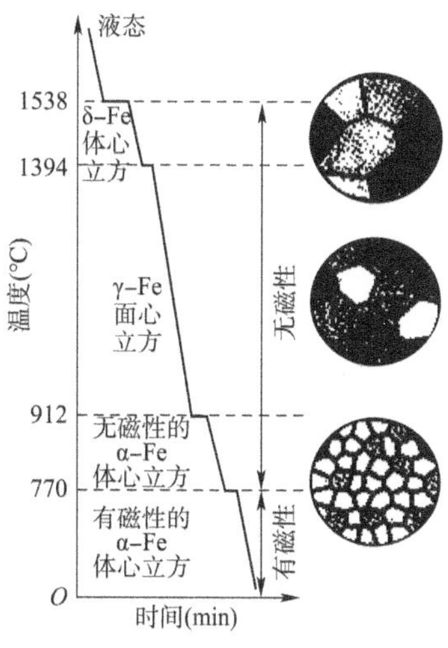

图2-36　纯铁的同素异构转变

2.2.2　合金的结晶

合金结晶的一般规律和纯金属相似,结晶时同样要求液相中存在一定过冷度,结晶过程同样经历形核和长大两个阶段。但是,由于合金本身成分的原因,在结晶过程中也表现出一些与纯金属不同的特点,其结晶过程及结晶产物相对复杂得多,其结晶过程常用合金相图来分析。

2.2.2.1　二元合金相图的基本知识

1)相图的基本概念

体系:选出来作为研究对象的物质集团称为体系。

组元:体系中不再进一步化学分解的最小物质称为组元。例如,H_2O、SiO_2、金属原子等都是组元。单元系指只有一种组元的体系,多元系则有两个(或两个以上)组元。

相:体系内部物理和化学性质完全相同的部分称为一相。不同相之间有明显的界面,称为相界面。若两个部分的结构不同,则它们必为不同的相;若两个部分结构相同,但化学成分随空间坐标连续变化,则仍将它们看成同一相,但这是一个内部非平衡的相。只有一种相的体系称为单相系,有两个或两个以上相的体系称为多相系。

状态:体系物理和化学性质的综合体现。

平衡就是不发生变化。平衡是一个相对概念,在热力学中,平衡的相对性具体指:

(1)在同一相的内部,一部分与另一部分之间的平衡,这时各个部分的状态不随时间和空间变化(即处处完全一致)。

(2)某一相与其他相之间的平衡。

平衡过程:在变化过程中,若状态始终非常接近平衡状态,则称为平衡过程。

单相平衡态:所有物理、化学性质既不随空间坐标变化又不随时间变化的状态。

由两种或两种以上的组元按不同的比例配制成一系列不同成分的所有合金称为合金系,如Al-Si系合金、Fe-C-Si系合金等。为了研究合金的组织与性能之间的关系,就必须了解合金中各种组织的形成及变化规律。合金相图就是用图解的方法表示合金系中合金的状态、组织、温度和成分之间的关系。

相图又称为平衡相图或状态图,用来表示合金系中合金的状态、组织、温度和成分之间关系的图解。它是表明合金系中不同成分合金在不同温度下,是由哪些相组成以及这些相之间平衡关系的图形。利用合金相图可以知道各种成分的合金在不同的温度下有哪些相,各相的相对含量、成分以及温度变化时可能发生的变化。掌握这些相转变的基本规律，就可以知道合金的组织状态，并能预测合金的性能，也可根据要求研制新的合金。

在生产实践中，状态图可以作为制订合金铸造、锻造及热处理工艺的重要依据。例如，铸造时必须确定熔化及浇注的温度，锻造时必须确定合理的加热温度及始锻、终锻温度，合金进行热处理的可能性，以及如何制订合理的热处理工艺等，都可在合金状态图中找到一定的理论依据和工艺参考（数据）。

2）二元合金相图的建立

二元合金相图是以试验数据为依据，在以温度为纵坐标，以组成材料的成分或组织为横坐标的坐标图中绘制的线图。试验方法有多种，最常用的是热分析法。现以 Cu-Ni 二元合金系为例，对相图建立步骤作简要说明。

（1）配制一系列不同成分的 Cu-Ni 合金。

（2）将合金分别加热熔化、然后随炉冷却，作出各成分合金的冷却曲线。并找出各冷却曲线上的临界点（即转折点和平台）的温度值。

（3）画出温度—成分坐标系，在相应成分垂直线上标出临界点温度。

（4）将物理意义相同的点连成曲线，并根据已知条件和实际分析结果写上数字、字母和各区域内的组织或相的名称，即得完整的 Cu-Ni 二元合金平衡相图（或状态图）。图 2-37所示为按上述步骤建立的 Cu-Ni 二元合金状态图的示意图。

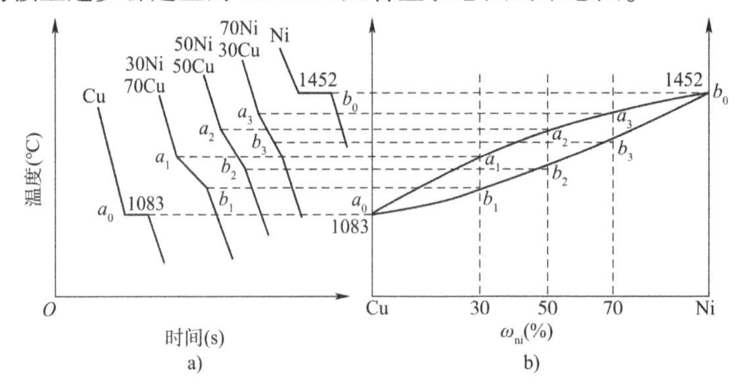

图 2-37　建立 Cu-Ni 平衡相图的示意图

相图上的每个点、线、区均有一定的物理意义。例如 A、B 点分别为 Cu 和 Ni 的熔点。图中有两条曲线，上面的曲线为液相线，代表各种成分的铜镍合金在冷却过程中开始结晶的温度；下面的曲线为固相线，代表各种成分的铜镍合金在冷却过程中结晶终了的温度。液相线和固相线将整个相图分为三个区域，液相线以上为液相区（L），固相线以下为固相区（α），液固相线之间的为两相共存区域（L + α）。

3）杠杆定律

在两相区结晶过程中，两相的成分和相对量都在不断地变化，杠杆定律就是确定状态图中两相区内平衡相的成分和相对质量的重要工具。现仍以 Cu-Ni 二元合金为例，如图 2-38 所示。要想知道图中成分为 χ 的合金 Ⅰ 在 t 温度时液、固两相的成分，可以通过 t 作一水平线段 arb，交液、固相线于 a、b 两点，a、b 两点的横坐标 χ_L、χ_α 分别表示 t 温度时液、固两平衡相的成分（含 Ni 量）。那么两相的相对质量各是多少呢？

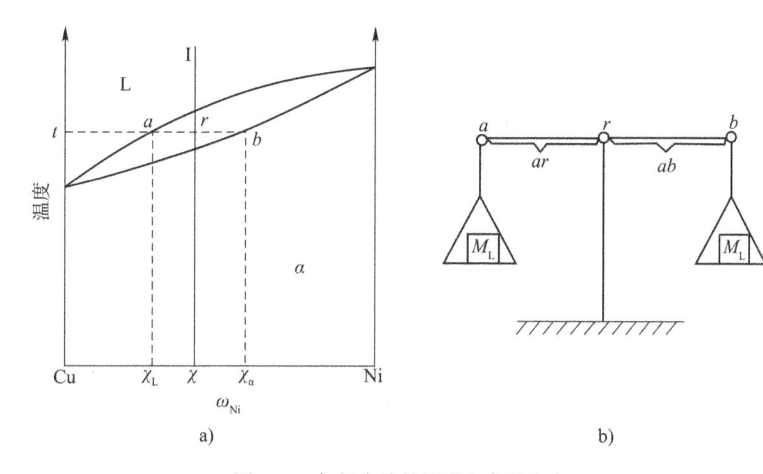

图 2-38 杠杆定律的证明和力学比喻

设合金的总质量为 1(100%),在温度为 t 时液相 L 的质量为 M_L,固相 α 的相对质量为 M_α,有:

$$M_L + M_\alpha = 1$$

另外,合金 Ⅰ 中所含 Ni 的质量χ应等于液相 L 中 Ni 的质量与固相 α 中 Ni 的质量之和,则有:

$$M_L \cdot \chi_L + M_\alpha \cdot \chi_\alpha = \chi \cdot 1$$

由以上两式可得:

$$M_L = (\chi_\alpha - \chi)/(\chi_\alpha - \chi_L) = rb/ab$$

$$M_\alpha = (\chi - \chi_L)/(\chi_\alpha - \chi_L) = ar/ab$$

$$M_L/M_\alpha = rb/ar$$

可以看出,以上所得两相质量间的关系同力学中杠杆原理十分相似,因此称为杠杆定律。杠杆定律不仅适用于液、固两相区,也适用于其他类型的二元合金的两相区。但是,杠杆定律仅适用于两相区。

2.2.2.2 二元合金相图的基本类型

前述的 Cu-Ni 二元合金相图是一种最简单的相图,实际上,许多材料的相图都是比较复杂的,但其相图的建立方法都是相同的。分析统计表明,各种相图不外乎是由几种基本类型的相图组合而成的。

1)二元匀晶相图

二元合金系中的两组元在液态和固态下均能无限互溶,并由液相结晶出单相固溶体的相图称为匀晶相图。二元合金中的 Cu-Ni、Au-Ag、Fe-Ni 及 W-Mo 等都具有这类相图。现以 Cu-Ni 二元合金相图为例进行分析。

(1)相图分析。在图 2-39a)中只有两条曲线,其中曲线 AL_1B 称为液相线,是各种成分的 Cu-Ni 合金在冷却时开始结晶的温度线或加热时合金完全熔化的温度线;而曲线 $A\alpha_4B$ 称为固相线,是各种成分合金在冷却时结晶终了的温度线或加热时开始熔化的温度线。显然,液相线以上全为液相 L,称为液相区;固相线以下全为固相 α(为铜、镍组成的无限固溶体)，称为固相区；液相线与固相线之间，则为液－固两相区(L＋α)。A 为纯 Cu 的熔点(1083℃)；B 为纯 Ni 的熔点(1452℃)。

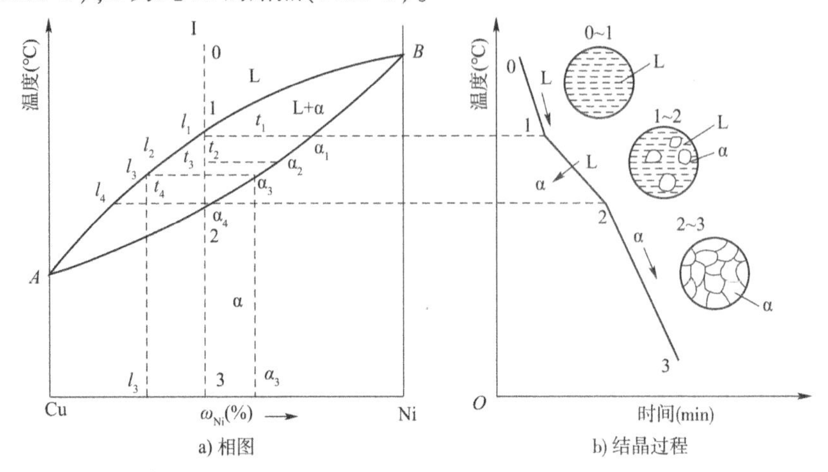

图 2-39　Cu-Ni 匀晶相图分析示意图

(2)合金的结晶过程。现以合金 I 为例，讨论合金的结晶过程。如图 2-39a)所示，当它从高温冷却时，首先呈单相液体。当合金由液态缓冷至与液相线相交 t_1 时，开始从液相中结晶出固溶体 α 相。即进入固－液两相区。由于是平衡凝固，在两相区内可以用杠杆定律计算每一相的相对量。在两相区内冷却时，α 相的量不断增多，成分是沿固相线由高镍量向低镍量变化(即 α_1-α_2-α_3-α_4)。液相 L 的量不断较少，液相的成分是沿液相线向低镍量的方向变化(即 l_1-l_2-l_3-l_4)。最后冷至固相线 t_4 时，液相消失，全部成为单相 α 固溶体。

合金的结晶过程是在一个温度区间内进行的，合金中各个相的成分及其相对量都在不断地变化。例如，合金 I 在 t_3 温度时，由 L＋α 两个平衡相组成，通过 t_3 温度作水平线，此水平线与液相线的交点 l_3 即为 L 相的成分(含镍量 l_3%)，与固相线的交点 α_3 即为 α 相的成分(含镍 α_3%)，此时成分为 α_3 的 α 相与成分为 l_3 的 L 相平衡共存，“自由能”相等。合金在整个冷却过程中相的变化可由下式表示：L－L＋α－α。

在整个结晶过程中，液相和固相的成分通过原子的扩散不断改变，液相的成分沿液相线变化，固相的成分沿固相线变化。但是只有在极其缓慢地冷却的条件下，使原子有足够的时间扩散，才能得到成分均匀的固溶体。否则，将会产生化学成分的偏析现象。

2)二元共晶相图

通常把在一定温度下，由一定成分的液相同时结晶出成分一定的两个固相的过程称为共晶转变。合金系的两组元在液态下无限互溶，在固态下有限互溶，并在凝固过程中发生共晶转变的相图称为二元共晶相图。Pb-Sb、Al-Si、Pb-Sn、Ag-Cu 等二元合金均有这类的相图。现以 Pb-Sn 二元合金相图为例来说明。

(1)相图分析。如图 2-40 所示的 Pb-Sn 二元合金相图为典型的二元合金共晶相图。图中 *A* 点为 Pb 的熔点，*B* 点为 Sn 的熔点。*AEB* 线为液相线，*AMENB* 线为固相线。*MF* 线表示 Sn 溶于 Pb 中形成的 α 固溶体的溶解度曲线；*NG* 线表示 Pb 溶于 Sn 中形成的 β 固溶体的溶解度曲线。L、α、β 相是该合金系的三个基本相。α 相是以 Pb 组元为溶剂、Sn 组元为溶质所形成的有限固溶体,β 相是以 Sn 组元为溶剂、Pb 组元为溶质所形成的有限固溶体。相图中有三个单相区 L、α、β;三个两相区 L + α、L + β 及 α + β;还有一个三相共存区(即 *MEN* 线,L + α + β)。

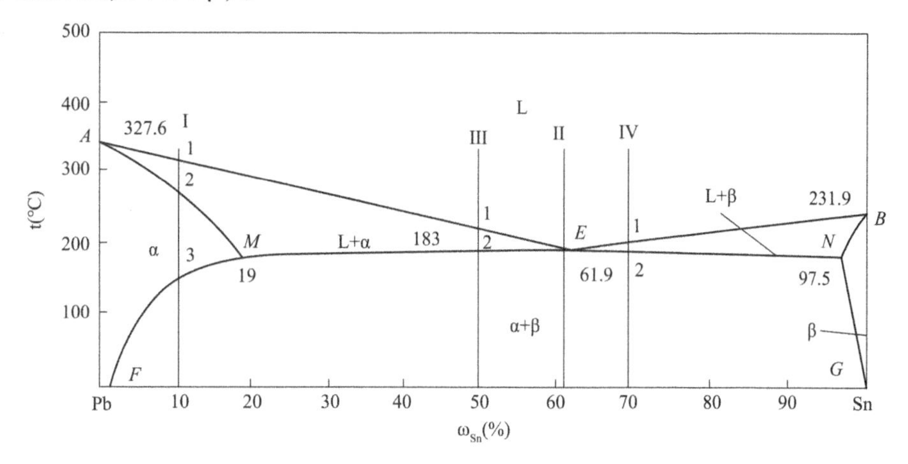

图 2-40 Pb-Sn 二元合金相图

MEN 线为三相平衡线。在该恒定温度下,E 点成分的液相发生共晶反应,同时结晶出两种成分和结构不同的 α、β 固相。其反应式为:

$$L_E \overset{t_E}{\longleftrightarrow} \alpha_M + \beta_N$$

共晶转变的产物是两个固相的机械混合物,称为共晶体或共晶组织。由图 2-40 可见,只要是成分在 *MN* 线之间的合金,在结晶过程中,都要在此温度产生共晶反应。*E* 点称为共晶点,成分对应于共晶点的合金称为共晶合金,*E* 点对应的温度称为共晶温度。水平线称为共晶线。成分位于 *E* 点左边的合金称为亚共晶合金;位于 *E* 点右边的合金称为过共晶合金。

(2)合金的结晶过程。下面分别介绍合金成分为Ⅰ、Ⅱ、Ⅲ、Ⅳ的结晶过程。

合金Ⅰ的结晶过程如图 2-41 所示,该合金是亚共晶合金。该合金从液态缓冷至 1 点时,开始由液相中结晶出 α 固溶体,在 1 至 2 点之间属于匀晶结晶过程,冷至 2 点后,液体全部结晶为均一的 α 固溶体。当冷至 3 点以下后,Sn 在 α 固溶体中的溶解度逐渐减小,Sn 开始以 β 固溶体的形式从 α 相中析出。这种由 α 相中析出 β 固溶体的过程称为二次结晶。结晶出的相称为二次相,用 $\beta_{Ⅱ}$ 表示。此时 α 相的成分将随温度的降低沿 MF 线变化,冷至室温时,该合金的组织为 $\alpha + \beta_{Ⅱ}$,它们的相对量可以用杠杆定律计算出来。

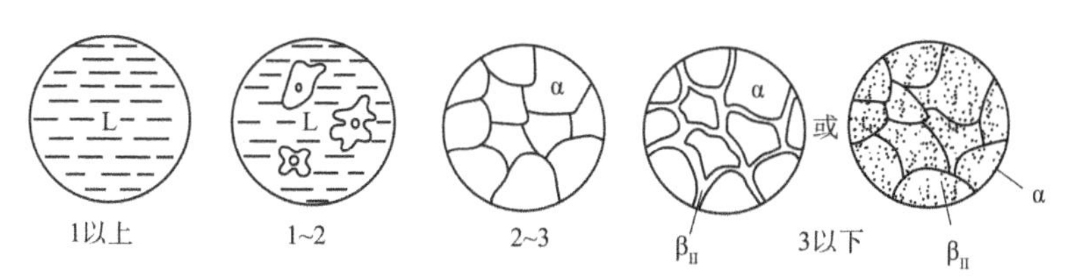

图 2-41 Pb-Sn 亚共晶合金Ⅰ平衡凝固示意图

合金Ⅱ称为共晶合金,图 2-42 所示为其结晶过程示意图。合金在 *MEN* 线以上为液态,冷至 E 点共晶温度时发生共晶转变,这一过程是在恒温下进行,直至凝固结束。生成的共晶体由 α 和 β 两个固溶体组成,它们的相对量可以用杠杆定律计算得出。当共晶合金继续冷却时,合金将从 α 相和 β 相中分别析出 β_{II} 相和 α_{II} 相。共晶组织中析出的二次相常与共晶组织中的同类相混在一起,在金相显微镜下很难分辨,一般可忽略不计。因此,共晶合金的室温组织为 α + β。Pb-Sn 共晶合金组织如图 2-43 所示。

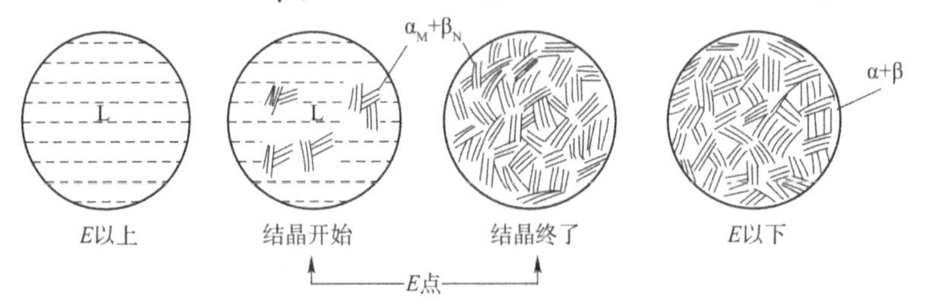

图 2-42　Pb-Sn 共晶合金Ⅱ平衡凝固示意图

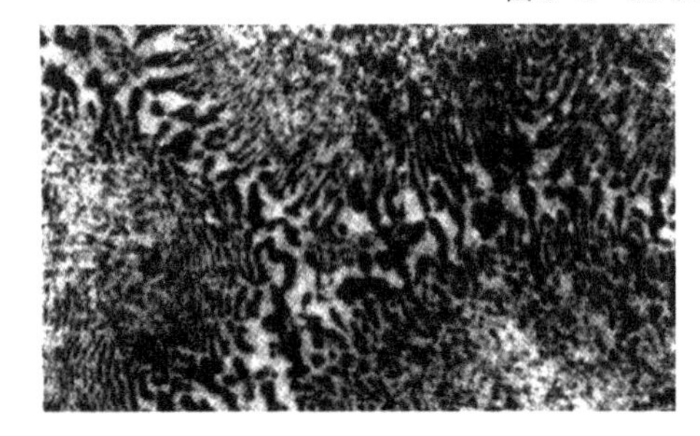

图 2-43　Pb-Sn 共晶合金组织

凡是位于 M 点和 E 点之间的合金均称为亚共晶合金。合金Ⅲ也是亚共晶合金,其结晶过程如图 2-44 所示。当该合金从液态冷却至 1 点时,开始从液体中析出 α 固溶体。随着温度的下降,α 相逐渐增多,当温度降至 2 点时,剩余液体的成分正好为 E 点的成分,于是发生共晶转变生成 α + β 共晶组织。先结晶出的初晶 α 相不参与转变,被保留下来。在 2 点以下继续冷却时,初晶 α 相析出 β_{II} 相。所以合金Ⅲ在室温下的金相组织为(α + β) + α + β_{II}。

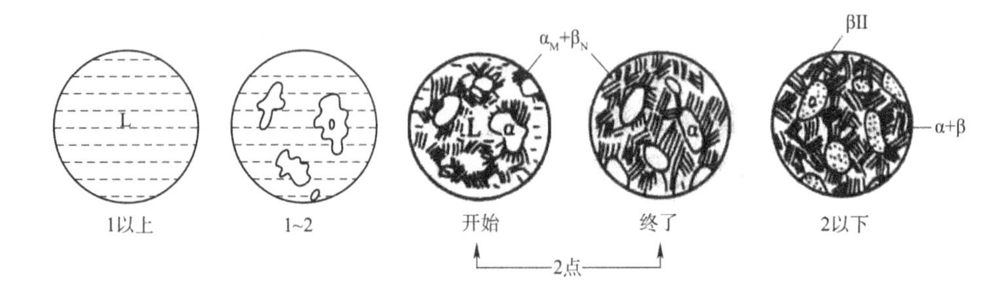

图 2-44　Pb-Sn 亚共晶合金Ⅲ平衡凝固示意图

凡是位于 E 点和 N 点之间的合金均称为过共晶合金。合金Ⅳ即为过共晶合金。该合金从液态冷至 1 点温度之后,开始从液相中析出 β 相。在 1 至 2 点之间,随着温度的下降,结晶出的 β 相增多,液相成分沿着 BE 线向 E 点靠近,β 相的成分沿着 BN 线变化。当温度降至 2 点时,发生共晶转变生成 α + β 共晶组织,而 β 相不参与反应被保留了下来。在 2 点以下继续冷却时,在初晶 β 相中析出 α_{II} 相。所以,合金Ⅳ的室温组织为(α + β) + β + α_{II}。

综上所述,从相的角度来说,Pb – Sn 合金结晶的产物只有 α 和 β 两相,α 和 β 称为相组成物。按相来填写相图各区域则如图 2-40 所示。虽然合金结晶所得各种组织均只为两相,但在显微镜下可以看到各具有一定的组织特征,它们都称为组织组成物。组织不同,则性能也不同。按组织来填写的相图则如图 2-45 所示,这样填写的合金组织与显微镜看到的金相组织是一致的,更为明确具体。

3)二元包晶相图

通常把在一定温度下,已结晶的一定成分的固相与剩余的一定成分的液相发生转变生成另一种固相的过程称为包晶转变。两组元在液态下无限互溶,固态下有限互溶,并发生包晶转变构成的相图,称为二元包晶相图。常用的 Fe-C、Cu-Zn、Cu-Sn、Pt-Ag 等合金相图中,均包括这种类型的相图。下面就以 Pt-Ag 相图中的包晶反应部分为例来进行说明。

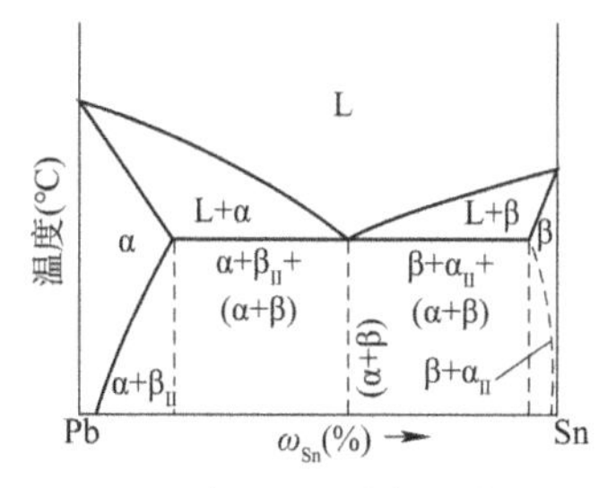

图 2-45 按组织组成物来填写的 Pb-Sn 相图

(1)相图分析。如图 2-46 所示,ACB 为液相线,DE 和 PF 线分别为 Ag 在 Pt 中的 α 固溶体和 Pt 在 Ag 中的 β 固溶体的溶解度曲线。Ag 在 α 相(以 Pt 为基的固溶体)中的最大溶解度为 10.5%,Pt 在 β 相(以 Ag 为基的固溶体)中的最大溶解度为 57.6%。图中有三个单相区(L 相、α 相、β 相)和三个两相区(L + α、L + β 及 α + β)。水平线 *DPC*(1186℃)为三相共存线,也是包晶反应线,*P* 点就是包晶点,成分在 *DC* 之间的所有合金冷却到这个温度时都会发生三相平衡的包晶转变:

$$L_C + \alpha_D \xrightarrow{1186℃} \beta_P$$

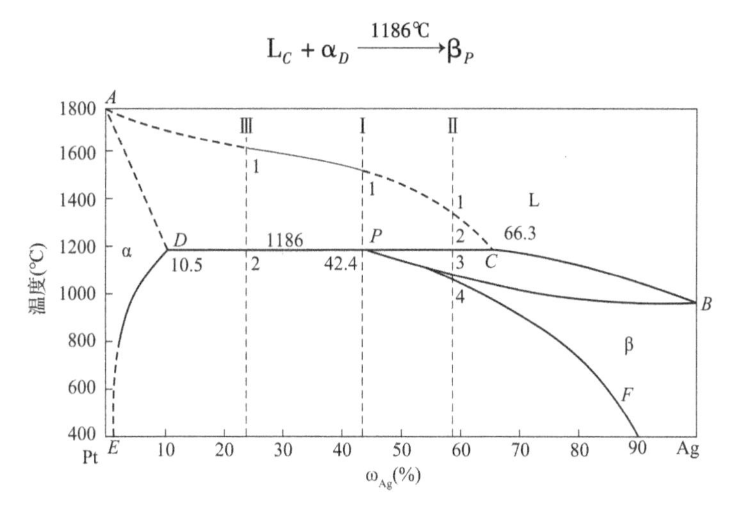

图 2-46 Pt-Ag 二元包晶相图

(2)合金的结晶过程。现以图示中包晶点成分的合金 I 为例分析其结晶过程。当合金从液态冷却至 1 点时,合金开始从液相中析出 α 固溶体。随着温度的降低,α 相成分沿着 *AD* 线变化,液相成分沿着 *AC* 线变化,α 相数量不断增加。液相数量不断减少,此阶段为匀晶结晶过程。当合金冷却至包晶转变温度时(1186℃),先析出的初晶 α 相(成分达到 D 点)与剩下的液相(成分达到 C 点)发生包晶反应,即 $L_C + \alpha_D \xrightarrow{1186℃} \beta_P$,全部生成 β 固溶体。在继续冷却时,由于 Pt 在 β 相中的溶解度随着温度下降而减少,将不断地从 β 相中析出 α_{II} 相。因此,该合金的室温组织为 $\alpha_{II} + \beta$(图 2-47)。

包晶反应的具体结晶过程如图 2-47 所示,反应产物 β 是在液相 L 和固相 α 的交界面上形核、成长,先形成一层 β 相外壳。此时三相共存,而且新相 β 对外不断消耗液相,向液相中长大,对内不断“吃掉”α 相,向内扩张,直到液相和固相任一方或双方消耗完了为止,包晶反应才告结束。由于是一相包着另一相进行反应.所以称为包晶反应。

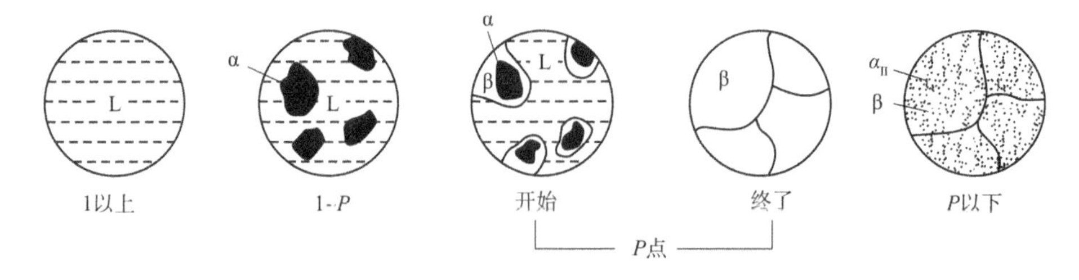

图 2-47　Pt-Ag 二元包晶转变结晶过程示意图

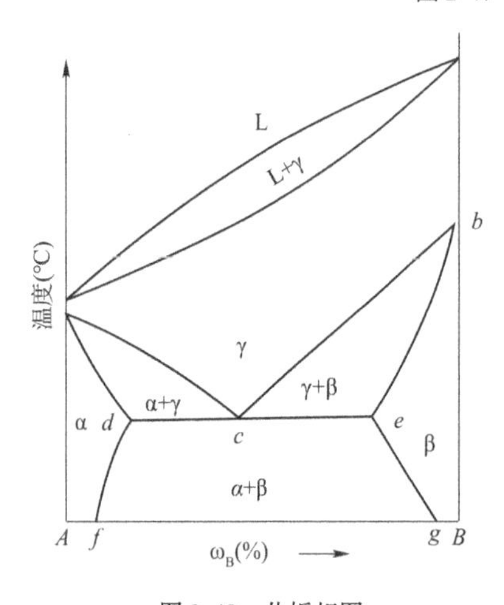

图 2-48　共析相图

4)共析转变相图

在恒定的温度下,一个具有特定成分的固相分解为另外两个与母相成分不相同的固相的转变称为共析转变,发生共析转变的相图称为共析相图,如图 2-48 所示。相图中 c 点为共析点,dce 线为共析转变线。当具有 c 点成分的母相冷至共析转变温度时,发生如下反应:$\gamma_c \xrightarrow{\text{共析温度}} \alpha_d + \beta_e$。

和共晶反应不同的是,共析转变的母相是固相而不是液相,因此共析反应具有以下特点:

(1)由于固态中的原子扩散比液态困难很多,故共析反应需要更大的过冷倾向,因而使得成核率较高,得到的两相机械混合物(共析体)也比共晶体更加弥散、细小。

(2)共析反应常因母相与子相的比容不同而产生容积的变化,从而引起较大的内应力。

2.2.2.3　相图与合金性能的关系

从上面关于二元合金及其相图的讨论可知,合金的使用性能取决于合金的成分和组织,合金的工艺性能取决于其结晶特点,而相图直接反映了合金的成分和平衡组织的关系。因此,具有平衡组织的合金的性能与相图之间存在着一定的联系。可以利用相图大致判断不同成分合金的性能变化,为正确地配制合金,选材和制订相应的工艺提供依据。

1)合金的使用性能与相图的关系

图 2-49 所示为具有匀晶相图、包晶相图、共晶或共析相图、稳定化合物相图的合金系的力学性能(强度、硬度)和物理性能(电导率)随成分而变化的一般规律。如图所示,当合金形成单相固溶体时,随溶质溶入量的增加,合金的硬度、强度升高,而电导率降低,呈现透镜形曲线变化,在合金性能与成分的关系曲线上有一极大值或极小值[图 2-49a)]。

当合金形成两相混合物时,随成分变化,合金的强度、硬度、电导率等性能在两组成相的性能之间呈现线性变化[图 2-49b)、c)]。对于共晶成分或共析成分的合金,其性能还与两组成相的致密程度有关,组织越细,性能越好,如图 2-49c)、d)的虚线所示。当合金形成稳定化合物时,在化合物处性能出现极大值或极小值[图 2-49d)、e)]。

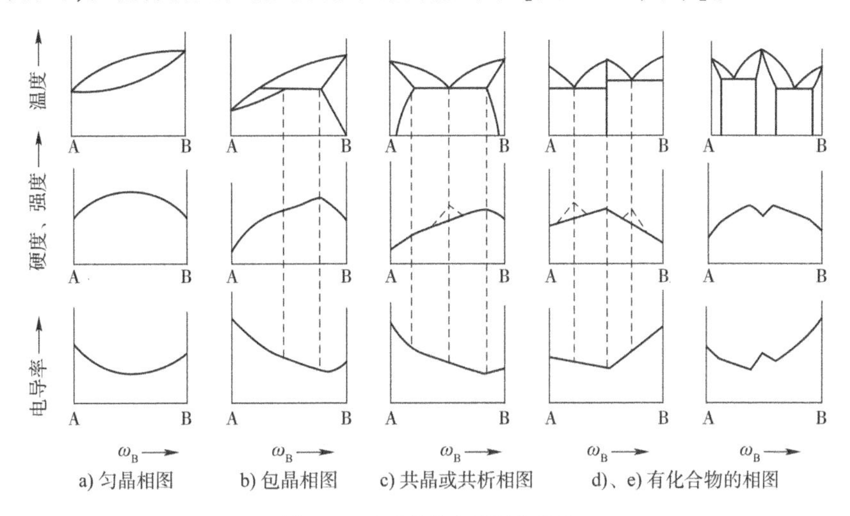

图 2-49 合金性能与相图的关系

2)合金的工艺性能与相图的关系

合金的工艺性能与相图也有着密切联系。例如,铸造性能(包括流动性、缩孔分布、偏析大小)与相图中液相线和固相线之间的距离密切相关。液相线与固相线之间的距离越宽,形成枝晶偏析的倾向越大,同时先结晶的树枝晶阻碍未结晶的液体流动,则流动性越差,分散缩孔越多。图 2-50 表明铸造性能与相图的关系。由图可见,固溶体中溶质含量越多,铸造性能越差;共晶成分的合金铸造性能最好,即流动性好,分散缩孔少,偏析程度小,所以铸造合金的成分常选共晶成分或接近共晶成分。又如压力加工性能好的合金是相图中的单相固溶体。因为固溶体的塑性变形能力大,变形均匀;而两相混合物的塑性变形能力差,特别是组织中存在较多脆性化合物时,不利于压力加工,所以相图中两相区合金的压力加工性能差。再如相图中的单相合金不能进行热处理,只有相图中存在同素异构转变、共析转变、固溶度变化的合金才能进行热处理。

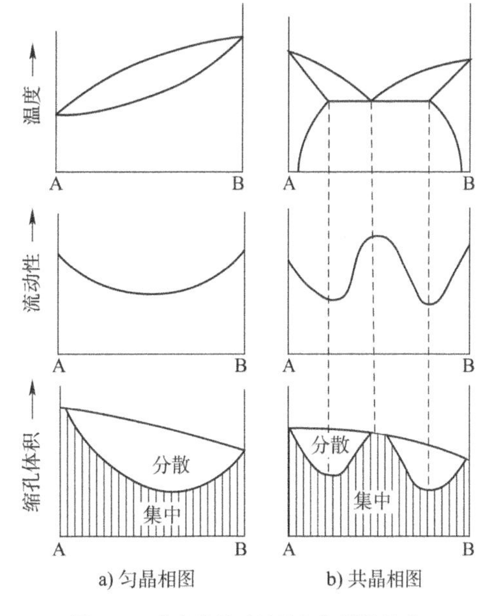

图 2-50 合金的铸造性能与相图的关系

2.2.3 铁碳合金相图

纯铁的强度很低,不能制作受力的零构件。若在其中加入少量的碳以后,其性能可明显提升。碳钢和铸铁就是以铁和碳为主要成分的合金，也是工业中应用范围最广的金属材料，通常称之为铁—碳合金。铁碳合金相图是研究钢铁材料的有力工具，是研究碳钢和铸铁成分、温度、组织和性能之间关系的理论基础，也是制订各种热加工工艺的依据。在铁碳合金中，铁与碳可以形成 Fe_3C、Fe_2C、FeC 等一系列化合物，而稳定的化合物可以作为一个独立的组元。因此，一般所说的铁碳合金相图，实际上是指铁—渗碳体（Fe—Fe_3C）相图，如图 2-51 所示。

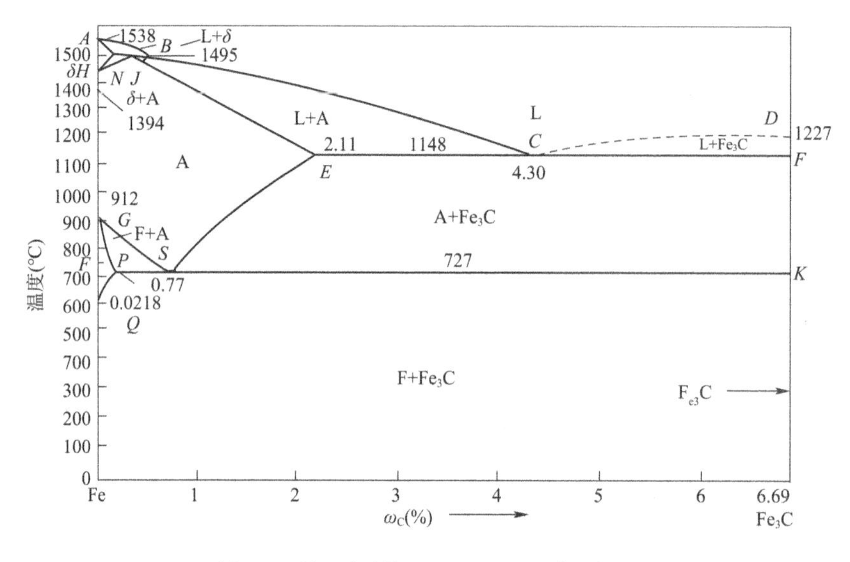

图 2-51　铁—渗碳体（Fe—Fe_3C）二元合金相图

2.2.3.1　铁碳合金中的相和组织组成物

Fe 和 Fe_3C 是组成 Fe—Fe_3C 相图的两个基本组元。由于铁与碳之间相互作用的不同，使得铁碳合金固态下的相结构也有固溶体和金属化合物两类。属于固溶体相的有铁素体和奥氏体，属于金属化合物相的有渗碳体。

1）铁素体

纯铁在 912℃以下为具有体心立方晶格的 α-Fe。碳溶于 α-Fe 中形成的间隙固溶体称为铁素体，以符号 F 或者 α 表示，晶体结构如图 2-52a）所示。由于 α-Fe 是体心立方晶格结构，它的晶格间隙很小，因而溶碳能力极低，在 727℃是溶碳量最大，达到 0.0218%。随着温度的下降，铁素体的溶碳量逐渐减小，在室温时几乎为零。因此，铁素体性能几乎和纯铁相同，强度、硬度不高，但具有良好的塑韧性。其力学性能指标如表 2-3 所示。

工业纯铁和几种铁碳合金的成分、组织及硬度　　表 2-3

材料名称	工业纯铁	ω_C为 0.45% 的铁碳合金	ω_C为 0.77% 的铁碳合金	ω_C为 1.20% 的铁碳合金
组织及相对量	100% 铁素体	44% 铁素体 +56% 珠光体	100% 珠光体	93% 珠光体 +7% 渗碳体
硬度	80HBS	140HBS	180HBS	260HBS

铁素体的显微组织与纯铁相同，呈明亮的多边形晶粒组织，如图 2-53 所示。有时因

各晶粒位向不同,受腐蚀程度略有差异,因而明暗稍有不同。

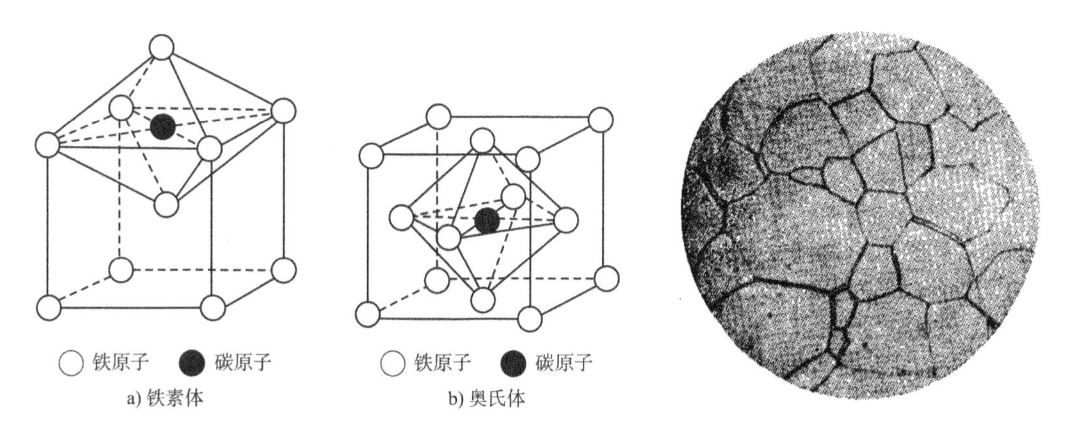

图 2-52　晶体结构示意图　　　　图 2-53　铁素体的金相显微组织图

2)奥氏体

碳溶于 γ-Fe 中形成的间隙固溶体称为奥氏体,其晶体结构如图 2-52b)所示,以符号 A 或者 γ 表示。γ-Fe 是面心立方晶格结构,其晶格间隙要比体心立方晶格结构的 α-Fe 大,所以溶碳能力更大。γ-Fe 在 1148℃时溶碳量最大,达到 2.11%。随着温度的下降,溶碳量逐渐减小,在 727℃时达到最低,为 0.77%。

奥氏体的性能与其溶碳量及晶粒大小有关,一般奥氏体的硬度为 170 ~ 220HBW,延伸率 δ 为 40% ~50%,易于锻压成形。高温下奥氏体的显微组织如图 2-54 所示,其晶粒也呈多边形状,晶界较平直,且晶粒内常有孪晶出现。奥氏体为非铁磁性相组织。

3)渗碳体

渗碳体的分子式为 Fe_3C,其晶格结构如图 2-55 所示,是一种具有复杂晶格结构的间隙化合物。渗碳体的碳质量分数为 6.69%;熔点为 1227℃;没有同素异构转变。Fe_3C 有磁性转变,在 230℃以下具有弱磁性,在 230℃以上则失去磁性。Fe_3C 硬度高达 800HBW,而塑性和冲击韧度则几乎为零,脆性极大。

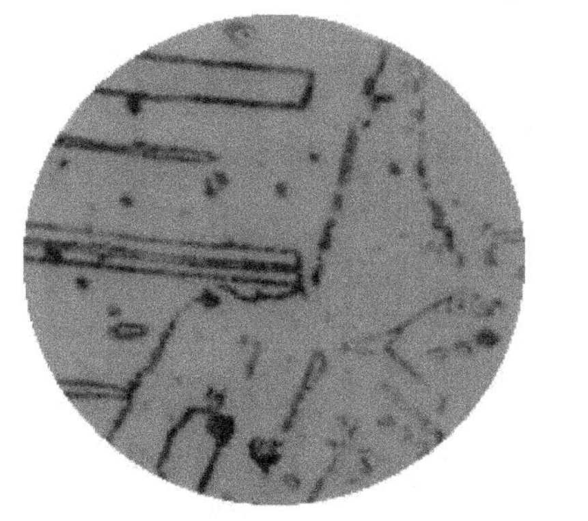

图 2-54　奥氏体的金相显微组织图

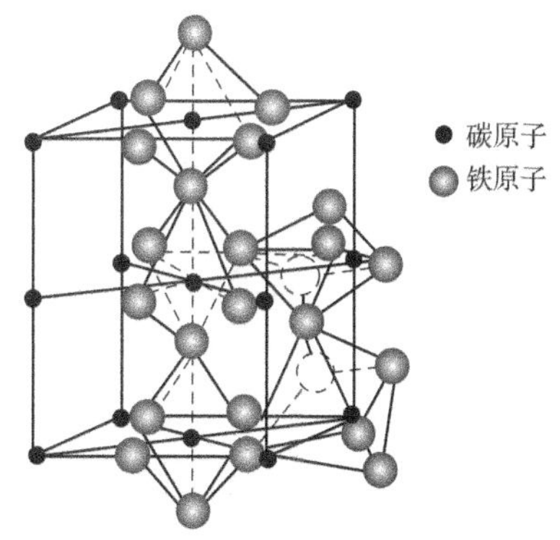

图 2-55　渗碳体晶格结构

渗碳体不易受硝酸酒精溶液的腐蚀,在显微镜下呈白亮色,但在碱性苦味酸钠溶液下腐蚀呈现黑色。渗碳体的显微组织形态很多,在钢和铸铁中与其他相共存时呈片状、粒状、网状或板状等,如图 2-56 所示。渗碳体是碳钢的主要强化相,其形状与分布对钢的性能影响很大。如果它在铁碳合金中以网状、粗大片状或作为基体出现时,将导致材料脆性增加;如果它在铁碳合金中以细小片层状或粒状出现时,将对材料起强化作用。

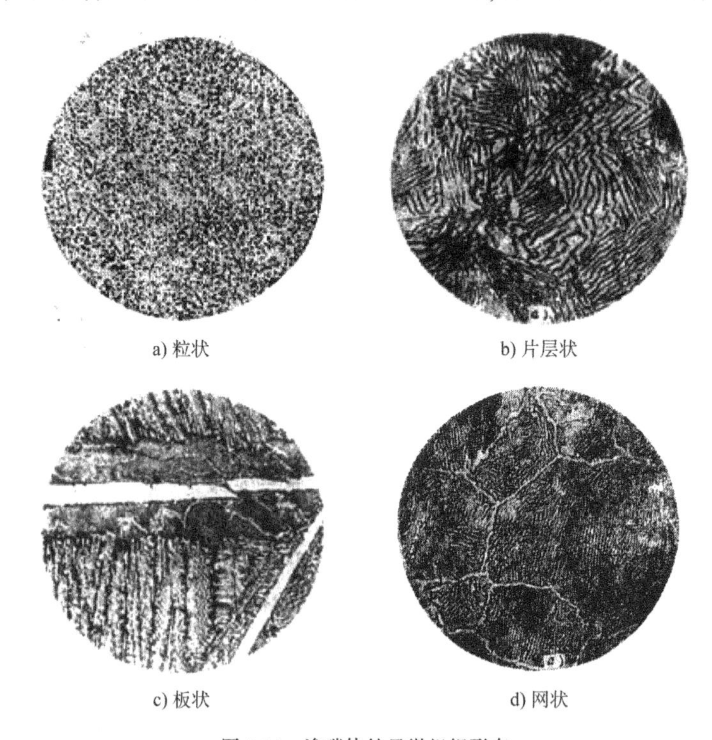

a) 粒状　　b) 片层状

c) 板状　　d) 网状

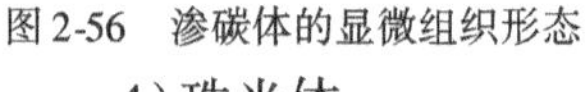

图 2-56　渗碳体的显微组织形态

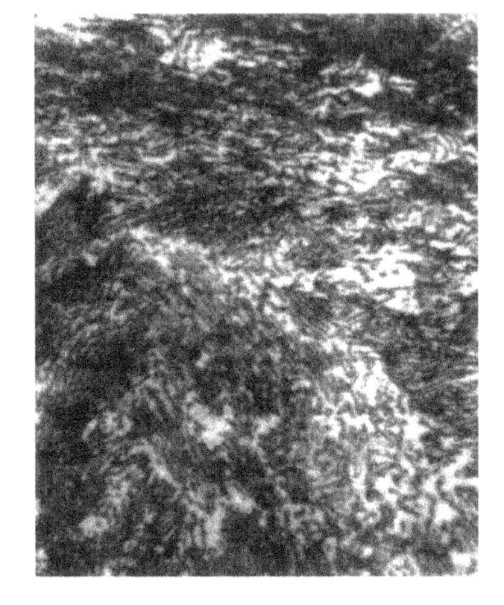

图 2-57　珠光体的金相显微组织图

4)珠光体

珠光体是铁素体和渗碳体组成的两相机械混合物,常用符号 P 表示。珠光体的力学性能介于铁素体和渗碳体之间,具有良好的力学性能,其抗拉强度 σ_b 约为 750MPa,硬度为 180HBW,延伸率 δ 约为 20%。珠光体的显微组织图如图 2-57 所示。

5)莱氏体

莱氏体是奥氏体和渗碳体组成的两相机械混合物,常用符号 L_d 表示。它存在于高温区(727 ~ 1148℃),在 727℃以下时变成珠光体和渗碳体的混合物,称为低温莱氏体,用符号 L_d' 表示。由于莱氏体中含有大量的渗碳体,所以塑韧性很差,是一种硬而脆的组织。

如前所述,相是指系统中具有同一聚集状态、同一化学成分、同一结构并以界面相互隔开的均匀组成部分。例如,水和油混合在一起为两相,相互以界面隔开。上述的铁素体、奥氏体、渗碳体都是铁碳合金中的基本相。它们可以独立存在,也可以相互组合形成混合物。例如,在一定的条件下,渗碳体和铁素体组成的片层状的两相混合物—珠光体;

渗碳体和奥氏体组成的两相混合物—莱氏体。这些独立存在的铁素体、奥氏体、渗碳体、珠光体、莱氏体都称为铁碳合金中的组织组成物。组织组成物就是指构成显微组织的独立部分,它可以是单相,也可以是两相混合物或三相混合物。组织组成物的类型、数量、大小、形态、分布不同,就构成不同的显微组织。因此,分析材料的显微组织必须考虑两个方面:一是该组织组成物的类型(铁素体、珠光体等);二是组织组成物的数量、大小、形状和分布。

图2-51所示为以相组成物表示的铁—碳合金相图,由此可知,铁—碳合金相图中共有五个基本相,即液相L、铁素体相F、高温铁素体相δ、奥氏体相A及渗碳体相Fe_3C。这五个基本相形成五个单相区,从而也就得出了如图所示的七个两相区。而图2-58所示是以组织组成物表示的铁—碳合金相图。

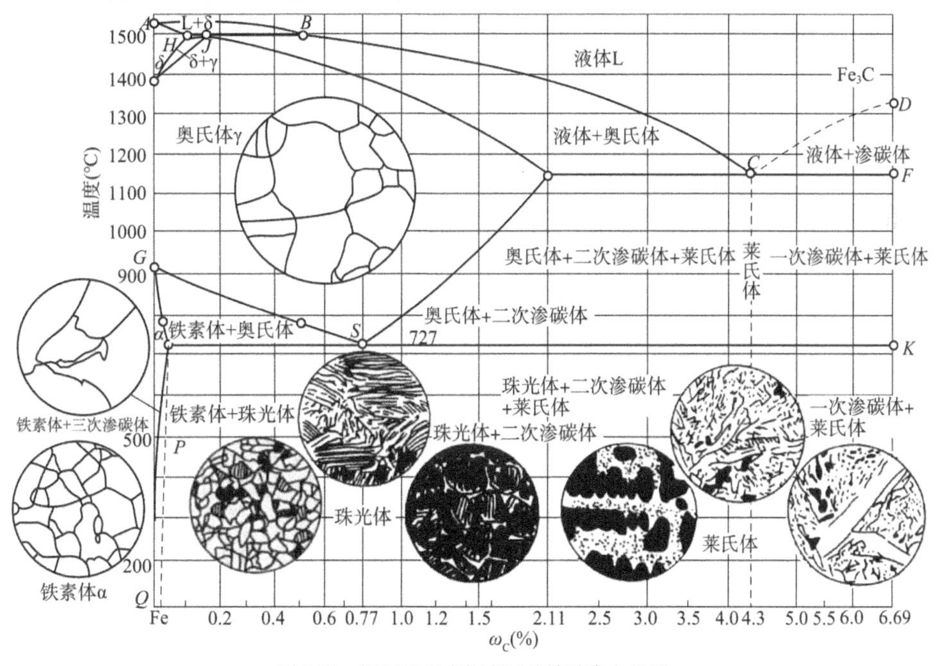

图2-58　以组织组成物表示的铁碳合金相图

由于纯铁有同素异构转变以及α-Fe和γ-Fe溶碳能力有所不同,当成分、温度和冷却速度改变时,铁碳合金的组织也会改变。因此,成分、温度和冷却速度是决定铁碳合金组织的重要因素,须综合考虑它们对组织的影响。$Fe\text{-}Fe_3C$相图就是研究在缓慢冷却即平衡条件下,铁碳合金的相和组织与温度、成分之间关系的重要工具。

2.2.3.2　铁碳合金相图分析

相图中各主要点的温度、碳的质量分数及意义见表2-4。

$Fe\text{-}Fe_3C$相图中各主要点的温度、碳的质量分数及意义　　表2-4

点的符号	温度(℃)	ω_C(%)	说　明
A	1538	0	纯铁熔点
B	1495	0.53	包晶反应时液态合金的溶度
C	1148	4.30	共晶点,$L_C \leftrightarrow \gamma_E + Fe_3C$

续上表

点的符号	温度(℃)	ω_C(%)	说　明
D	1227	6.69	渗碳体熔点
E	1148	2.11	碳在 γ-Fe 中的最大溶解度
F	1148	6.69	渗碳体
G	912	0	α-$Fe \leftrightarrow \gamma$-$Fe$ 同素异构转变点(A_3)
H	1495	0.09	碳在 δ-Fe 中的最大溶解度
J	1495	0.17	包晶点,$L_B + \delta_H \leftrightarrow \gamma_J$
K	727	6.69	渗碳体
N	1394	0	γ-$Fe \leftrightarrow \delta$-$Fe$ 同素异构转变点(A_4)
P	727	0.0218	碳在 α-Fe 中的最大溶解度
S	727	0.77	共析点,$\gamma_S \leftrightarrow \alpha_P + Fe_3C$
Q	室温	0.0008	碳在 α-Fe 中的溶解度

相图中各主要线的意义为:

①*ABCD* 线为液相线,*AHJECF* 线为固相线。

②*HJB* 线:恒温转变线(1495℃),发生包晶转变 $L_B + \delta_H \leftrightarrow \gamma_J$,转变产物为奥氏体。此转变仅发生在碳质量分数为0.09% ~0.53% 的铁碳合金中。

③*ECF* 线:恒温转变线(1148℃),发生共晶转变 $L_C \leftrightarrow \gamma_E + Fe_3C$,其转变产物是奥氏体和渗碳体的机械混合物,即莱氏体。含碳量 2.11% ~6.69% 的铁碳合金都发生这种转变。

④*PSK* 线:恒温转变线(727℃),也称为共析线或共析温度,常用符号 A_1 表示。发生共析转变 $\gamma_S \leftrightarrow \alpha_P + Fe_3C$,其转变产物是铁素体和渗碳体的机械混合物,即珠光体。所有碳质量分数超过0.02% 的铁碳合金都发生这个转变。

⑤*GS* 线:又称 A_3线,冷却时奥氏体中开始析出铁素体或加热时铁素体全部溶入奥氏体的转变线。

⑥*ES* 线:也称 A_{cm} 线,碳在奥氏体中的溶解度曲线。在 1148℃时,溶解度最大为2.11% 。随着温度降低,溶解度逐渐减小,在 727℃时只能溶解 0.77% 。所以碳质量分数大于 0.77% 的铁—碳合金自 1148℃冷至 727℃时,由于奥氏体碳溶解度的减小,均会从奥氏体中沿晶界析出渗碳体(网状),称为二次渗碳体 Fe_3C_{II},以区别于从液体中经 *CD* 线析出的一次渗碳体 Fe_3C。

⑦*PQ* 线:碳在铁素体中的溶解度曲线。在 727℃时,碳在铁素体中的最大溶解度为0.0218% 。随着温度的下降,溶解度进一步减小,室温下碳的溶解度仅为 0.0008% 。一般铁—碳合金自 727℃冷至室温时,将由铁素体中析出渗碳体,称为三次渗碳体 Fe_3C_{III}。

上述各线将相图划分为五个单相区:L、δ、A、F、Fe_3C;七个两相区:L + δ、L + A、L + Fe_3C、δ + A、A + F、A + Fe_3C、F + Fe_3C;三个三相共存点:*J* 点(L + δ + A)、*C* 点(L + A + Fe_3C)、*S* 点(A + F + Fe_3C)。

2.2.3.3 典型铁碳合金结晶过程分析

铁碳合金按其碳质量分数及室温平衡组织可分为三类。

(1)工业纯铁($\omega_C<0.0218\%$)——组织为铁素体和少量三次渗碳体($F+Fe_3C_{Ⅲ}$)。

(2)钢(ω_C:0.0218%~2.11%),其中又分为三类:

亚共析钢($\omega_C<0.77\%$)——组织为铁素体和珠光体(F+P)。

共析钢(ω_C为0.77%)——组织为珠光体(P)。

过共析钢($\omega_C>0.77\%$)——组织为珠光体和二次渗碳体($P+Fe_3C_{Ⅱ}$网状)。

(3)白口铸铁(ω_C:2.11%~6.69%),其中又分为三类:

亚共晶白口铸铁($\omega_C<4.3\%$)——组织为珠光体、二次渗碳体和莱氏体($P+Fe_3C_{Ⅱ}+L_d'$)。

共晶铸铁(ω_C为4.3%)——组织为莱氏体(L_d')。

过共晶铸铁($\omega_C>4.3\%$)——组织为一次渗碳体和莱氏体($Fe_3C_Ⅰ+L_d'$)。

上述分类中,ω_C为2.11%的E点具有重要意义,它是钢和铸铁的理论分界线。下面以几种典型的铁碳合金为例,如图2-59所示,分析其结晶过程和在室温下的显微组织。

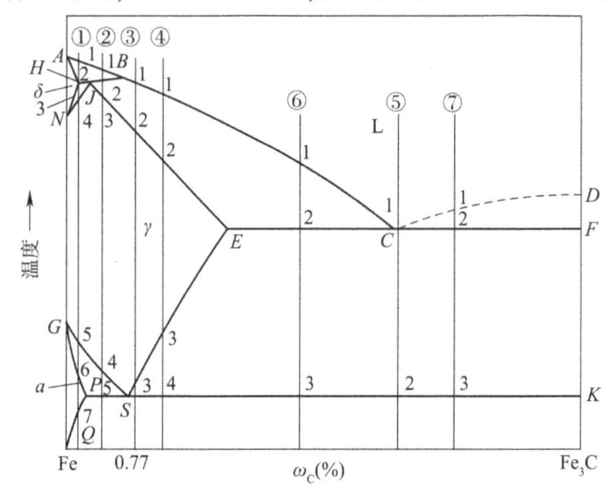

图2-59 Fe-Fe_3C相图上几种典型合金的位置

1)ω_C为0.77%的共析钢

此合金为图示2-59中的合金3,结晶过程如图2-60所示。在1、2点之间合金按照匀晶转变结晶出奥氏体γ,在2点结晶结束,全部转变为奥氏体。从2点到3点的温度范围内,合金的组织不变,直至冷到3点(727℃)时,在恒温下发生共析转变:$\gamma_{0.77}\xrightarrow{727℃}\alpha_{0.0218}+Fe_3C$,转变结束时全部为珠光体。珠光体中的渗碳体称为共析渗碳体,呈片层状。当温度继续下降时,珠光体中铁素体相溶碳量减少,其成分沿固溶度线PQ变化,析出三次渗碳体$Fe_3C_{Ⅲ}$,它常和共析渗碳体长在一起,彼此分辨不出,且数量较少,可忽略。

共析钢的室温显微组织如图2-61所示。它是由层状铁素体与渗碳体组成的。珠光体中铁素体与渗碳体的相对量可以用杠杆定律来求出:

$$F_P=\frac{SK}{PK}=\frac{6.69-0.77}{6.69-0.0218}\times100\%=88.7\%$$

$$Fe_3C = \frac{PS}{PK} = \frac{0.77 - 0.0218}{6.69 - 0.0218} \times 100\% = 11.3\%$$

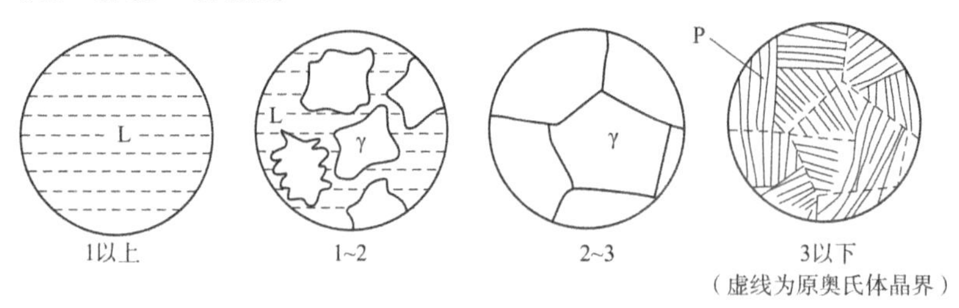

图 2-60　ω_C为 0.77% 的共析钢的结晶过程示意图

图 2-61　共析钢的室温组织 ×500

由于珠光体中渗碳体的数量少于铁素体，因此片状珠光体中渗碳体的层片较铁素体的层片更薄。在较低金相显微镜下观察时，由于渗碳体的边缘线无法分辨，结果只能看到白色基底的铁素体和呈黑色线条的渗碳体。当显微镜放大倍数足够高，分辨能力又强时，则可看到渗碳体是有黑色边缘围着的白色窄条。

2）ω_C为 0.4% 的亚共析钢

此合金为图 2-59 示中的合金 2，结晶过程如图 2-62 所示。合金在 1-2 点之间按照匀晶转变结晶出 δ 铁素体。冷至 2 点（1495℃）时，δ 铁素体的成分 ω_C为 0.09%，溶液的成分 ω_C为0.53%，此时在恒温下发生包晶转变：$\delta_{0.09} + L_{0.53} \xrightarrow{1495℃} \gamma_{0.17}$。包晶转变结束时还有过剩的液相存在，冷却到 2～3 点之间液相继续转变为奥氏体，所有的奥氏体成分均沿着 JE 线变化。冷至 3 点合金全部由 ω_C为 0.4% 的奥氏体组成。冷到 4～5 点之间发生同素异构转变 $\gamma \rightarrow \alpha$，奥氏体和铁素体的成分分别沿着 GS 线和 GP 线变化。当温度到达 S 点（727℃）时，奥氏体成分达到 S 点（ω_C为 0.77%），发生共析转变：$\gamma_{0.77} \xrightarrow{727℃} \alpha_{0.0218} + Fe_3C$，形成珠光体。此时原先析出的铁素体保持不变，称为先共析铁素体，其成分 ω_C为0.0218%，所以共析转变结束后，合金的组织为铁素体和珠光体。当温度继续下降时，铁素体的溶碳量沿着 PQ 线变化，析出三次渗碳体，其量很少，同样可忽略。

ω_C为 0.4% 的亚共析钢的室温组织为铁素体和珠光体，如图 2-63 所示。图中黑色部分为珠光体，白色部分为铁素体。铁碳相图中所有亚共析钢的组织都是由铁素体和珠光体组成，其差别仅在于两者的相对量不同。根据杠杆定律计算可得，凡碳质量分数距共析成分越近的亚共析钢，组织中珠光体数量则越多。通常可以根据显微组织中珠光体所占的面积估算出亚共析钢中碳质量分数：C% = P% ×0.77%。式中，C% 表示钢的碳质量分数，P% 表示珠光体所占的面积百分比。同理，根据亚共析钢中碳质量分数，也可以估计出亚共析钢组织中珠光体所占的面积。显然，碳质量分数越高，组织中珠光体所占的面积会越大。

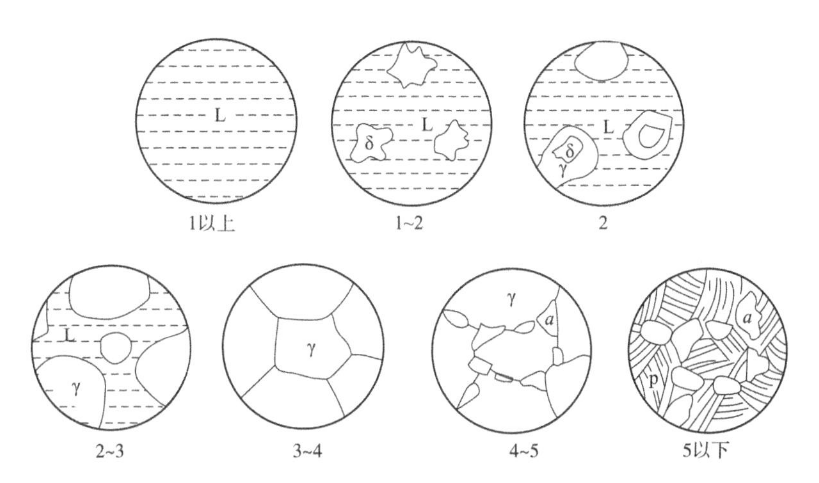

图2-62　ω_C为0.4%的亚共析钢结晶过程示意图

3) ω_C为1.2%的过共析钢

此合金为图2-59示中的合金4，结晶过程如图2-64所示。合金在1～2点之间按照匀晶转变结晶出奥氏体γ，2点结晶结束，合金为单相奥氏体。3～4点之间从奥氏体中析出二次渗碳体，二次渗碳体沿着奥氏体晶界析出，因此呈网状分布，奥氏体成分沿着ES线变化，当冷却至4点(727℃)时其成分为S点(ω_C为0.77%)，在恒温下发生共析转变：$\gamma_{0.77} \xrightarrow{727℃} \alpha_{0.0218} + Fe_3C$。此时先析出的二次渗碳体保持不变，称为先共析渗碳体。所以共析转变结束后的组织为网状二次渗碳体和珠光体，即室温下的组织，如图2-65所示。

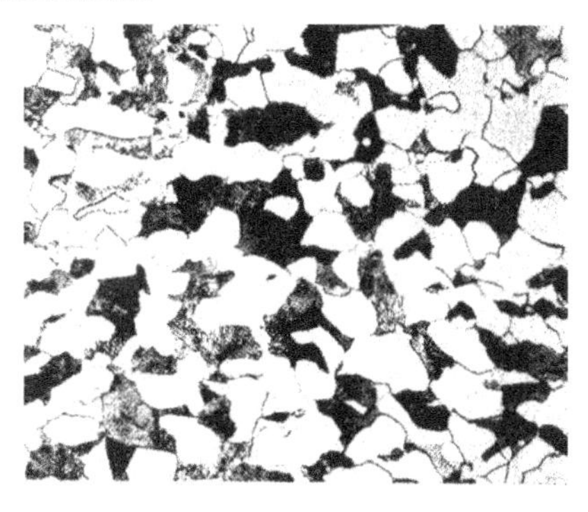

图2-63　ω_C为0.4%的亚共析钢的室温组织×500

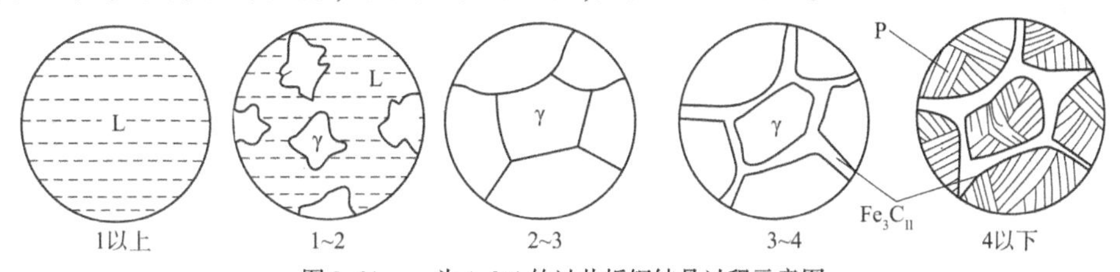

图2-64　ω_C为1.2%的过共析钢结晶过程示意图

图2-65　ω_C为1.2%的过共析钢的室温组织×500

4)ω_C为4.3%的共晶白口铸铁

此合金为图示2-59中的合金5,结晶过程如图2-66所示。合金溶液冷却到1点(1148℃)时,在恒温下发生共晶转变:$L_{4.3} \xrightarrow{1148℃} \gamma_{2.11} + Fe_3C$,转变结束时,全部为莱氏体,其中的奥氏体称为共晶奥氏体,而渗碳体称为共晶渗碳体。1~2点之间从共晶奥氏体中析出二次渗碳体,二次渗碳体通常依附在共晶渗碳体上,不能分辨。当温度降低至2点(727℃)时,共晶奥氏体成分为S点(ω_C为0.77%),此时在恒温下发生共析转变:$\gamma_{0.77} \xrightarrow{727℃} \alpha_{0.0218} + Fe_3C$,形成珠光体,而共晶渗碳体不发生变化。2~室温之间三次渗碳体析出,室温组织为低温莱氏体,它是由珠光体和渗碳体组成,用L_d'表示。而共析转变之前的莱氏体是由奥氏体和渗碳体组成的,用L_d表示,两者形貌相同。

共晶白口铸铁的室温组织为低温莱氏体,其中黑斑区域为珠光体,白色部分为渗碳体,如图2-67所示。

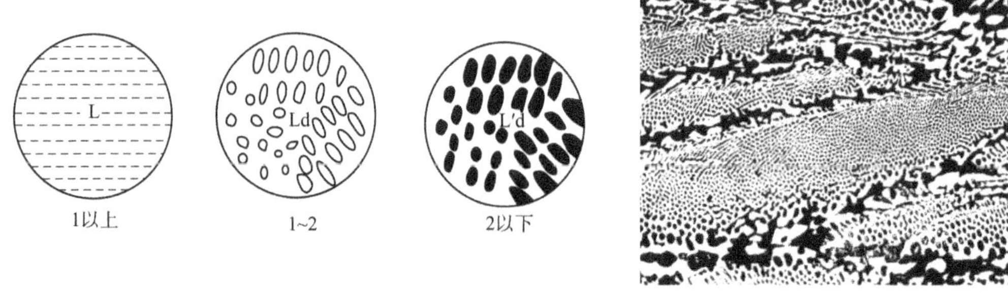

图2-66　ω_C为4.3%的共晶白口铸铁结晶过程示意图

图2-67　共晶白口铸铁的室温组织×200

5)ω_C为3.0%的亚共晶白口铸铁

此合金为图示2-59中的合金6,结晶过程如图2-68所示。1~2点之间合金溶液按照匀晶转变结晶出初生奥氏体。当温度到达2点时,初生奥氏体成分为E点(ω_C为2.11%),液相成分为C点(ω_C为4.3%),在恒温下发生共晶转变:$L_{4.3} \xrightarrow{1148℃} \gamma_{2.11} + Fe_3C$,形成莱氏体,此时初生奥氏体保持不变。共晶转变结束时的组织为初生奥氏体和莱氏体。在2~3点之间,初生奥氏体和共晶奥氏体中不断析出二次渗碳体,当温度达到3点时(727℃),所有奥氏体的成分均为0.77%,发生共析转变:$\gamma_{0.77} \xrightarrow{727℃} \alpha_{0.0218} + Fe_3C$,形成珠光体。此时共晶渗碳体和二次渗碳体保持不变。

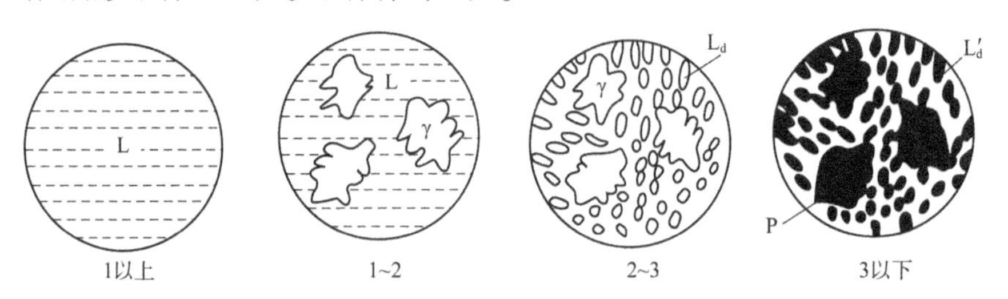

图2-68　ω_C为3.0%的亚共晶白口铸铁结晶过程示意图

所以亚共晶白口铸铁的室温组织为珠光体、二次渗碳体和莱氏体,如图2-69所示。图中大块黑色组织部分为珠光体和二次渗碳体,由初生奥氏体转变而来,其余部分为莱氏体。由初生奥氏体析出的二次渗碳体很细小，常常依附在共晶渗碳体上，放大倍数不高的情况下难易分辨。

6）ω_C为5.0%的过共晶白口铸铁

此合金为图示2-59中的合金7，结晶过程如图2-70所示。合金在1～2点之间结晶出一次渗碳体，当继续冷却至2点温度时，液相成分为C点（ω_C为4.3%），在恒温下发生共晶转变：$L_{4.3}\xrightarrow{1148℃}\gamma_{2.11}+Fe_3C$，形成莱氏体。在2～3之间冷却时，奥氏体中同样要析出二次渗碳体，并在3点的温度，发生共析转变：$\gamma_{0.77}\xrightarrow{727℃}\alpha_{0.0218}+Fe_3C$，形成珠光体。所以过共晶白口铸铁的室温组织为一次渗碳体和低温莱氏体，如图2-71所示。图中亮白色板条状的组织为一次渗碳体，基体为低温莱氏体。

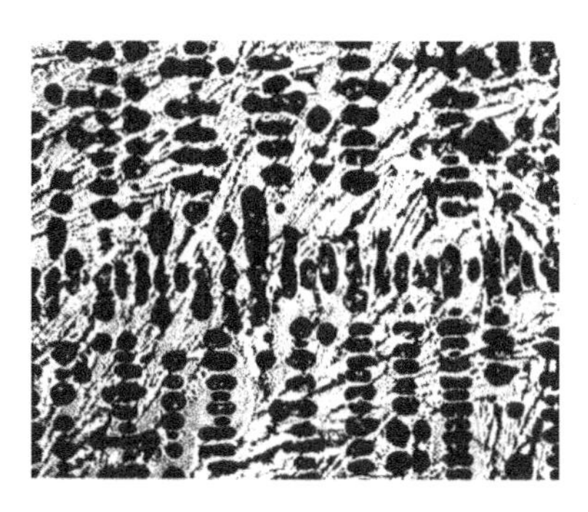

图2-69　ω_C为3.0%的亚共晶白口铸铁的室温组织×250

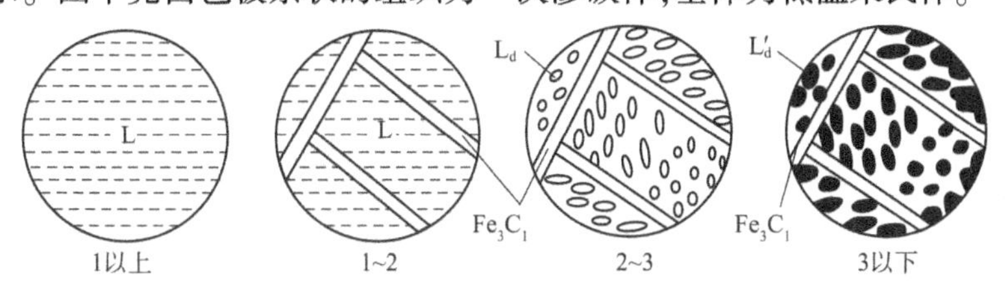

图2-70　ω_C为5.0%的过共晶白口铸铁结晶过程示意图

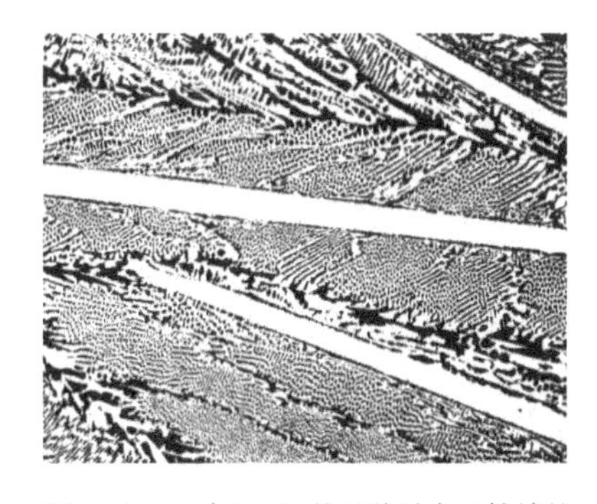

图2-71　ω_C为5.0%的过共晶白口铸铁的室温组织×100

2.2.4　材料的组织与性能

2.2.4.1　金属材料的组织与性能

1）碳质量分数与铁碳合金的组织之间的关系

从前述的分析结果可以得出结论：不同碳质量分数的铁碳合金其室温组织是不同的。随着碳的质量分数的增加，铁碳合金的组织发生如下一系列变化：

$$\alpha+Fe_3C_Ⅲ\rightarrow\alpha+P\rightarrow P\rightarrow P+Fe_3C_Ⅱ\rightarrow P+Fe_3C_Ⅱ+L_d'$$

工业纯铁　亚共析钢　共析钢　过共析钢　亚共晶白口铸铁

$$\rightarrow L_d'\rightarrow Fe_3C_Ⅰ+L_d'$$

共晶白口铸铁　过共晶白口铸铁

运用杠杆定律进行计算，可以求得在平衡条件下，碳质量分数与铁碳合金的组织组成物及相组成物之间的定量关系，其关系归纳如图2-72所示。

应当指出，提高铁碳合金中的碳质量分数不仅增加组织中渗碳体的相对量，而且渗碳体的形态和分布情况也有所变化。变化情况如下：

$Fe_3C_Ⅲ$（沿铁素体晶界分布的薄片状）－共析Fe_3C（分布在铁素体内的层片状）－$Fe_3C_Ⅱ$（沿奥氏体晶界分布的网状）－共晶Fe_3C（为莱氏体的基体）－$Fe_3C_Ⅰ$（分布在莱氏体上的粗大片状）。碳的质量分数和渗碳体的形态分布不同对铁碳合金的性能影响很大。

2）碳质量分数与铁碳合金的性能之间的关系

室温下铁碳合金由铁素体和渗碳体两个相组成。铁素体为软韧相；渗碳体为硬脆相。当两者以层片状组成珠光体时，会同时兼具两者的优点，即珠光体呈现出较高的硬度、强度和良好的塑性、韧性，见表2-5。

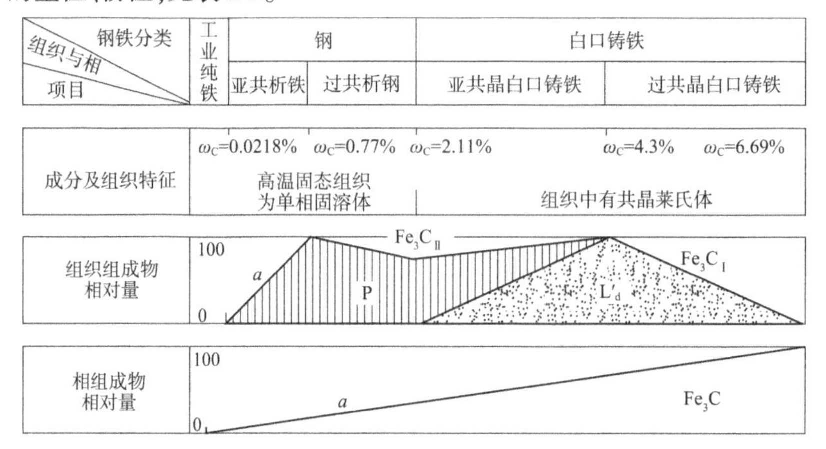

图2-72　铁碳合金相组成物和组织组成物的相对量与碳的质量分数的关系

铁碳合金平衡组织中几种组织组成物的力学性能　　表2-5

组织组成物	σ_b(MPa)	硬　度	δ(%)	A_k(J)
铁素体(α)	230	80HBS	50	160
渗碳体(Fe_3C)	30	800HBS	≈0	≈0
珠光体(P)	750	180HBS	20～25	24～32

渗碳体是铁碳合金中的强化相。工业纯铁中渗碳体含量极小，其强硬度很低，不能制作受力的零件，但它具有优良的铁磁性，可作为铁磁材料。碳钢具有良好的力学性能和压力加工性能，经过热处理后其力学性能可以大幅度提高，工业中应用广泛。碳钢中渗碳体含量越多，分布越均匀，其强度越高，图2-73所示是碳的质量分数对碳钢的力学性能的影响。由图可见，当钢中碳的质量分数小于0.9%时，随着钢中碳质量分数的增加，钢的强度、硬度直线上升，而塑性、韧性不断下降；当钢中碳质量分数大于0.9%时，因为网状渗碳体的存在，不仅使得钢的塑性、韧性进一步降低，而且强度也有明显下降。为了保证工业上使用的钢具有足够的强度，并具有一定的塑韧性，钢中的碳质量分数一般都不应超过1.3%～1.4%。由于碳质量分数大于2.11%的白口铸铁中存在较多的渗碳体，在性能上显得特别硬而脆，难易切削加工，且不能锻造，故除作少数耐磨零件外，在机械制造业中很少应用。

3）铁碳合金相图的应用

（1）为选材提供成分依据。

铁碳相图反映了铁碳合金的组织、性能随成分变化的规律，因此在选择材料时，铁碳相图是很重要的工具。例如，一般的机械零件和建筑结构主要选用低碳钢和中碳钢来制造，若零构件要求塑性、韧性好，则应选用$0.10\% < \omega_C < 0.25\%$的低碳钢；若零构件要求强度、塑性、韧性都较好，例如轴等，则应选用ω_C为0.25%～0.60%的中碳钢；而一般弹簧应选用ω_C为0.60%～0.85%的钢。对于各种工具，对其力学性能一般是要求硬度高，耐磨性好，所以主要选用ω_C为0.60%～1.30%的高碳钢来制造，其中需要具有足够的硬度

和一定的韧性的冲压工具，可选用 ω_C 为 0.7% ~0.9% 的钢制造；需要具有很高硬度和耐磨性的切削工具和测量工具，一般选用 ω_C 为 1.0% ~1.3% 的钢来制造。

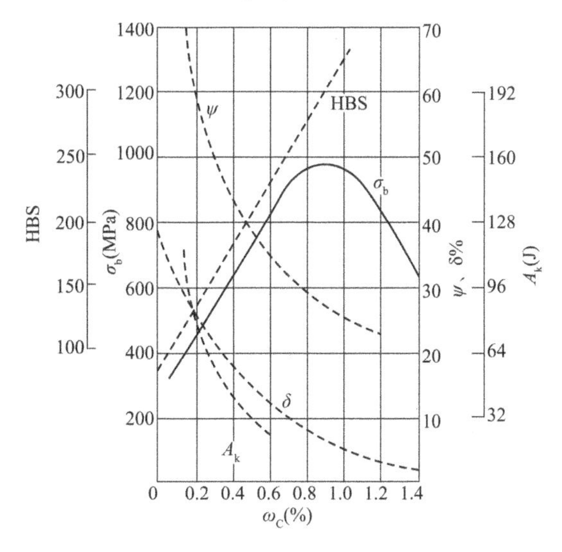

图 2-73　碳的质量分数对缓冷碳钢力学性能的影响

白口铸铁中由于存在硬脆的莱氏体组织，具有很高的硬度和脆性，既难以切削加工，也不能锻造，因此，白口铸铁应用很少。但因其具有很高的抗磨损能力，可用于制作需要耐磨而不受冲击载荷的零件，例如，拔丝模、轧辊和球磨机的铁球等，此外，白口铸铁还可用作生产可锻铸铁的毛坯。

(2)为制订热加工工艺提供依据。

铁碳相图总结了不同成分的铁碳合金在缓慢冷却时组织随温度的变化规律，因此，可作为制订铸造、锻造、焊接和热处理等热加工工艺的依据。

铸造方面，根据铁碳合金相图可以找出不同成分的钢和铸铁的熔点，确定铸造温度。如图 2-74 所示。随着合金中碳质量分数的增加，合金的熔点越来越低，所以铸钢的熔化温度和浇注温度要比铸铁高很多。一般根据相图上液相线和固相线之间的距离估计铸造性能的好坏，距离越小、铸造性能越好，由相图可见，纯铁、共晶成分或者接近共晶成分的铸铁，不仅结晶温度低，其结晶温度范围亦很小。因此，这些合金的铸造性能比铸钢好，在铸造生产中被广泛应用。共晶成分的铸铁常用来浇注铸件，其流动性好，分散缩孔小，显微偏析少。

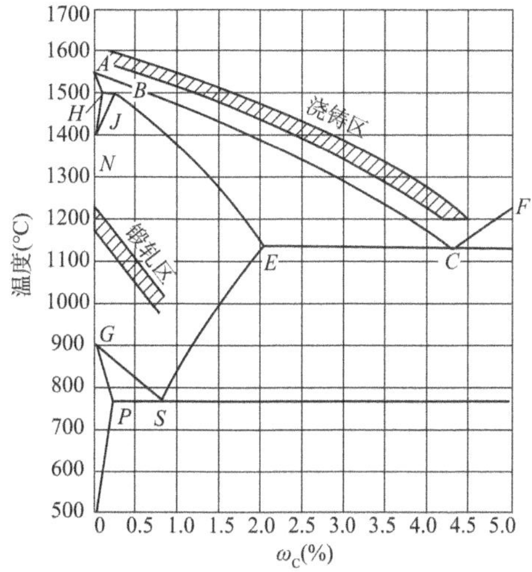

图 2-74　Fe-Fe_3C 相图与铸锻工艺的关系

锻造方面，根据相图可以确定锻造温度，如图2-74 所示。钢处于奥氏体组织状态时，强度低、塑性好，有利于塑性变形。因此，锻造或轧制温度必须选择在单相奥氏体区的适当温度范围内进行。始轧和始锻温度不能过高，以免钢材发生严重氧化和过烧(奥氏体晶界熔化)。一般将温度控制在固相线以下100～200℃。终轧和终锻温度也不能过高,以免奥氏体晶粒粗大;但也不能过低,以免钢材塑性差导致产生裂纹。一般来说,亚共析钢的终轧和终锻温度为稍高于 $GS(A_3)$ 线;过共析钢稍高于 $PSK(A_1)$ 线。实际生产中各种碳钢的始轧和始锻温度为1150～1250℃,终轧和终锻温度为750～850℃。

焊接方面,焊接时,焊缝与母材之间各个区域的加热温度是不同的。因此,整个焊缝区会出现不同的组织,引起性能不均匀,可以根据相图来分析碳钢的焊接组织,并采用适当的热处理方法调整和改善焊缝组织以减轻或者消除组织不均匀性和焊接应力。

对热处理来说,铁碳相图更为重要。热处理工艺的加热温度都是以相图上的临界温度线 A_1、A_3、A_{cm} 为依据来制订的,这部分内容在热处理章节中将作详细讨论。

总而言之,金属材料的成分—组织—性能三者之间存在着相互依赖、相互影响的因果关系,而性能决定着用途。

2.2.4.2 陶瓷和高分子材料的组织与性能

1)陶瓷材料的组织与性能

如前所述,陶瓷材料的许多性能既取决于它的化学矿物组成,也与它的显微组织密切相关,其组成相可分为固溶体和化合物两大类,但其具体内容和组织组成物要比金属的金相组织复杂得多。陶瓷材料中除了晶体相外,还有非晶体的玻璃相和气相,它们对陶瓷材料的性能均起重要的作用。

陶瓷材料通常由多种晶体组成,有主晶相、次晶相及第三晶相等。主晶相的性能往往标志着陶瓷的物理、化学性能。如刚玉陶瓷具有机械强度高、电绝缘性能优良、耐高温、耐化学腐蚀等优良性能,其原因在于主晶相为 A_2B_3 型(刚玉型)的 Al_2O_3,其晶体结构紧密,离子键结合强度高。

玻璃相对陶瓷的性能也有不利的影响:由于其组成不均匀,会使材料的物理、化学性能不均匀;玻璃相的机械强度比晶相低一些,热稳定性也差一些,在较低温度下便开始软化。鉴于上述原因,在对陶瓷材料的力学、化学及电性能要求较高的情况下,应尽可能减少玻璃相的数量或改变玻璃相的组成,以改善性能。

陶瓷材料的性能与气孔的含量、形状、分布有着密切的关系。气孔使陶瓷材料的强度、密度、热导率、抗电击穿强度下降,介电损耗增大。

2)高分子材料的组织与性能

聚合物的性能与其聚集态有密切的联系。晶态聚合物,由于分子链规则排列而紧密,分子间吸引力大,分子链运动困难,故其熔点、相对密度、强度、刚度、耐热性和抗熔性等性能好,但透明度降低;非晶态聚合物,由于分子链无规则排列,分子链的活动范围大,故其弹性、伸长率、韧度及透明等性能好;部分结晶聚合物性能介于上述二者之间;随着结晶度增加,熔点、相对密度、强度、刚度、耐热性、抗熔性及化学稳定性均提高,弹性、伸长率、韧度、透明性则会降低。

线型(含支链型)高聚物一般是可溶可熔的,有较高弹性及热塑性,可反复使用。而体型高聚物则具有较好耐热性、难溶性,较高的硬度和热固性(不溶不熔),但弹性、塑性低,易老化,不可反复使用,且随交联密度的增加,弹性下降,而硬度增加(如硫化橡胶)。

思　考　题

1. 什么是晶体、单晶体、多晶体、晶体结构、点阵、晶格、晶胞？

2. 什么是过冷度？为什么结晶需要过冷度？它对结晶后晶粒大小有何影响？

3. 什么是同素异晶转变？纯铁在常压下有几次同素异晶转变？各具有何种晶体结构？

4. 实际金属的晶体结构有哪几种缺陷？它们对材料性能的影响？

5. 固溶体和金属间化合物在结构和性能上有什么主要差别？

6. 简述亚共析钢的结晶过程，说明冷却后的最终室温组织？

7. 根据下表，比较填写铁素体、奥氏体、珠光体、渗碳体、莱氏体的特点。

名　称	晶体结构	表示方法	碳质量分数	显微组织	力学性能	其　他
铁素体						
奥氏体						
珠光体						
渗碳体						
莱氏体						

8. 碳含量和组织对铁碳合金性能的影响规律？

第3章　金属的形变强化处理

钢和其他金属材料的一个重要特性就是具有塑性,能够在外力作用下发生塑性变形。钢材和绝大部分钢制零件都是经过各种压力加工而成形的。例如,钢厂将钢锭锻造、轧制、挤压、拉拔成各种型钢、钢板、钢管、钢丝、钢带。机械制造厂用锻造生产各种零件的毛坯,或用冲压、挤压等工艺使零件成形。塑性变形的目的不仅使钢材或钢制零件获得规定的形状和尺寸,更重要的是改变钢的组织和性能。因此,研究金属塑性变形以及变形金属在加热过程中所发生的变化,对充分发挥金属材料的力学性能具有重要的意义。

3.1　金属塑性变形的本质

实际使用的金属构件大多都是多晶体,多晶体的塑性变形过程比较复杂。为了研究多晶体的塑性变形,应该先研究金属单晶体的塑性变形。

3.1.1　金属单晶体的塑性变形

金属单晶体塑性变形的基本形式有滑移和孪生,在大多数情况下滑移是金属塑性变形的一种主要方式。

1)滑移与滑移带

晶体在切应力的作用下,其中一部分沿着一定晶面上的晶向相对于另一部分发生滑动(图3-1),这种现象称为滑移。产生滑移的晶面和晶向分别称为滑移面和滑移方向。

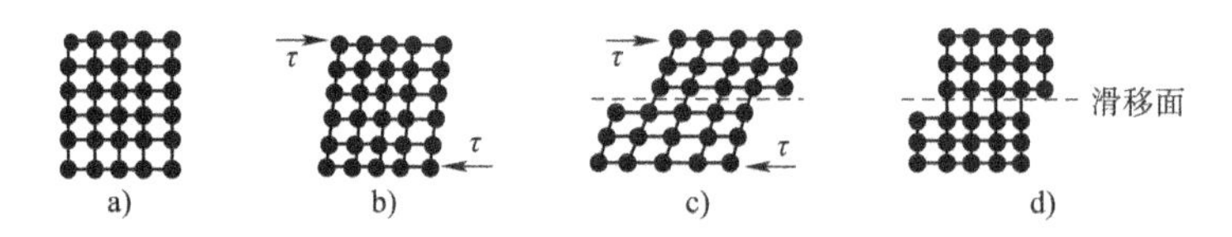

图3-1　单晶体变形过程

用外力 F 拉伸金属单晶体试样时,假设 F 与滑移面法线的夹角为 ψ ,外力 F 对该滑移面的作用力可分解为垂直于此面的分力 F_1 和平行于此面的分力 F_2(图3-2),该晶面对应的应力为正应力 σ 和剪切应力 τ。正应力 σ 只能使试样弹性伸长,当 σ 足够大时试样将发生断裂。剪切应力 τ 则使试样沿该晶面滑移。

实验证明,在外力一定的条件下,滑移面法线与外力 F 的夹角 ψ 呈45°时,滑移最容易进行,这种位向称为软位向。当滑移面与外力平行($\psi=0$)或垂直($\psi=90°$)时,晶体不可能滑移,这种位向称为硬位向。使晶体开始滑移的最小剪切应力称为临界切应力,用τ_k表示。影响晶体临界切应力的因素主要有金属的类型、成分、温度和变形速度等。

用金相显微镜观察被拉伸的金属单晶体试样表面时,可以见到试样的表面有许多呈一定角度阶梯状的互相平行的线条,这些平行的线条称为滑移带(图3-3)。一个滑移带实际上是由一束平行滑移线组成。晶体的塑性变形就是众多大小不同的滑移带的综合效果的宏观上的体现。

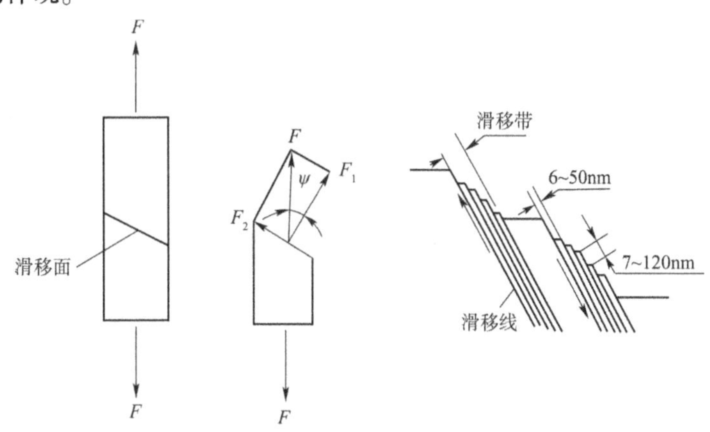

图3-2 外力在晶面上的分解　　图3-3 滑移线和滑移带

对变形后的晶体作x射线衍射结构分析后发现,金属的晶体结构类型并没有发生变化,滑移带两侧的晶体取向亦未改变。因此,晶体在滑移过程中并未改变晶体的结构和晶格的取向,仅是晶体在切应力的作用下,一部分沿着某一滑移面上的某一晶向相对于另一部分发生滑动而已。

2)滑移系

一个滑移面和该面上的一个滑移方向构成一个滑移系。每一个滑移系表示金属晶体在产生滑移时,滑移动作可能采取的一个空间位向。晶体中的滑移系数目等于滑移面和滑移面上滑移方向数目的乘积。在其他条件相同时,金属晶体中的滑移系越多,该金属的塑性就越好。

三种常见金属晶体结构的滑移面及滑移方向如图3-4所示。

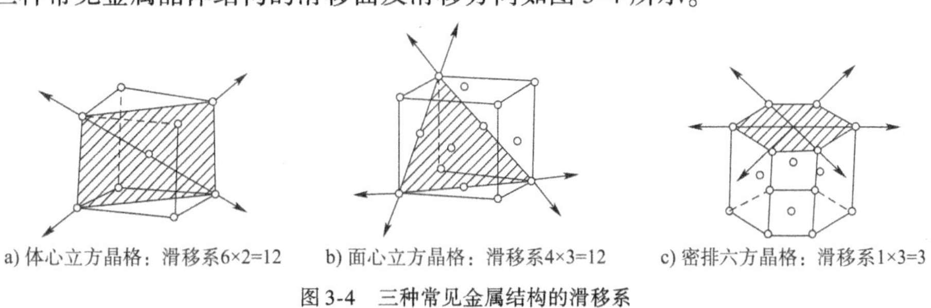

a)体心立方晶格：滑移系6×2=12　b)面心立方晶格：滑移系4×3=12　c)密排六方晶格：滑移系1×3=3

图3-4 三种常见金属结构的滑移系

从图3-4中可以看出,滑移面总是原子排列最密的晶面,而滑移方向也总是原子排列最密的方向。这是因为晶体中原子密度最大的晶面上,原子的结合力最强,而面与面之间的距离却最大,所以其面与面之间的结合力最弱,最容易滑动。同理,沿原子密度最大的方向滑动时,阻力也最小。

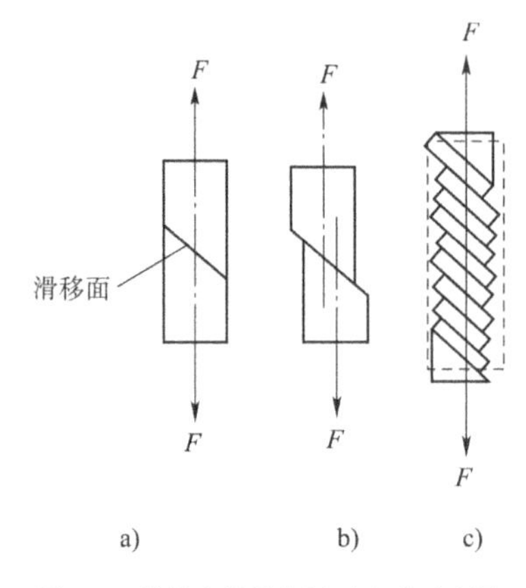

图 3-5　晶体在拉伸作用下变形示意图

3)滑移时晶面的转动

在单晶体试样拉伸过程中,由于发生滑移后的晶体使试样两端拉力不再处于同一直线上(图 3-5),因此产生一个力矩迫使滑移面产生趋向与外力平行的方向转动,使试样两端拉力重新作用于一条直线上。因此,金属单晶体在拉伸过程中除了发生滑移外,也同时发生转动。

4)滑移的机理

最早曾设想滑移的过程是晶体的一部分相对于另一部分作整体刚性滑移,如图 3-1 所示。但是由此计算出的滑移所需最小切应力与实际测量的结果相差很大。经多年研究证明,由于晶体中存在着位错,滑移实质上是位错在滑移面上运动的结果。如图 3-6 所示,晶体滑移面左侧有一个正刃型位错,在剪切应力的作用下,该位错沿着滑移面逐步由左至右运动,当其运动出晶体时便在右侧表面形成了滑移量为一个原子间距大小的台阶。若大量位错在该滑移面上移动出晶体时,就会在晶体表面产生滑移量达几百纳米的宏观可见的台阶。

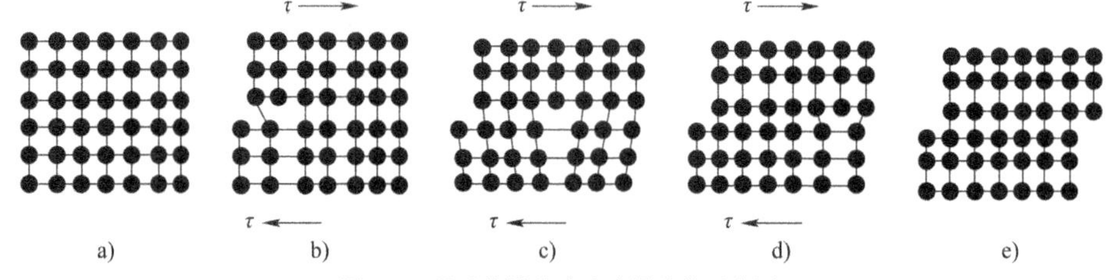

图 3-6　通过位错移动造成滑移的示意图

位错在晶体中移动时所需的剪切应力很小,因为当位错中心前进一个原子间距时,一齐移动的只是位错中心的少数原子,而且其位移量都不大,形成逐步滑移,这就比一齐移动所需的临界剪切应力要小得多,这称为“位错的易动性”。

滑移所需的临界剪切应力 τ_k实际上是滑移面内一定数量的位错移动时所需要的剪切应力。τ_k的大小取决于位错滑动时所要克服的阻力,这些阻力对单晶体来说,主要由晶体内位错的密度及其分布特征所决定。如果晶体内存在少量的位错,滑移易于进行,因此,金属晶体的强度也就比较低。但是,当位错数目超过一定范围时,随着位错密度的增加,由于位错之间以及位错与其他缺陷之间存在着相互的牵制作用,使位错的运动受阻,结果金属的强度和硬度又逐渐增加。金属材料的冷加工硬化现象就是在加工过程中,金属内部位错密度的增大而引起的金属材料硬化。

综上所述,金属单晶体塑性变形的实质是在剪切应力作用下位错连续运动,使金属沿一定的滑移面和滑移方向发生位移。这对我们正确认识和深入理解金属的塑性变形,以及变形对金属性能的影响都有非常重要的意义。

3.1.2　金属多晶体(实际金属)的塑性变形

工程上使用的金属材料几乎都是多晶体。多晶体是由许多形状、大小、取向各不相同晶体—晶粒所组成,其中每个晶粒的变形方式与单晶体一样。但是由于多晶体各晶粒之间位向不同和晶界的存在,使其塑性变形比单晶体要复杂得多。

1)晶粒位向对变形的影响

由于多晶体中各晶粒的位向不同,滑移系与外力的取向也各不相同,在外力的作用下,不同位向的晶粒和同一晶粒内不同的滑移系获得的应力状态和应力大小也各不相同。因此,不同的晶粒或是同一晶粒内的不同部位变形的先后顺序和变形量是不相同的。由于相邻晶粒之间存在位向差,当一个晶粒发生变形时,周围的晶粒如不发生塑性变形,则必须产生弹性变形来与之协调。这样,周围晶粒的弹性变形就成为该晶粒继续塑性变形的阻力。所以,由于晶粒间相互约束,多晶体金属抗塑性变形的能力就大大提高。而且晶粒越细,相同体积内晶粒越多,晶粒位向对金属塑性变形的影响就越显著。

2)晶界对变形的影响

多晶粒是通过晶界结合成的一个整体,晶界原子排列比较紊乱,又是杂质聚集的地方,必然会阻碍位错的运动,使滑移变形难以进行。如果将图3-7所示的两个晶粒的试样进行拉伸变形时,发现变形后的试样在晶界处呈竹节状,这说明晶界附近变形抗力较大。因此,多晶体的塑性变形抗力比同种金属的单晶体大得多。

3)多晶体金属的变形过程

在多晶体中,各晶粒是在彼此互相制约下发生着不同程度的变形。如图3-8所示为多晶体在外力的作用下,处于软位向的a、b晶粒优先产生滑移变形,而相邻的晶粒c则处于硬位向,不能产生滑移变形,只能以弹性变形相平衡。由于晶界附近点阵畸变和相邻晶粒位向的差异,使变形晶粒中位错移动难以穿过晶界传至相邻晶粒,致使位错在晶界处聚集。只有进一步增大外力,变形才能继续进行。随着变形度加大,晶界处聚集的位错数目不断增多,应力集中也逐渐增加。当应力集中达到一定程度后,相邻晶粒中的位错源开始移动。变形就是这样从一批晶粒扩展到另一批晶粒,同时,一批晶粒在变形过程中逐步由软位向转动到硬位向,其变形越来越困难。另一批晶粒又从硬位向转动到软位向,参加滑移变形。

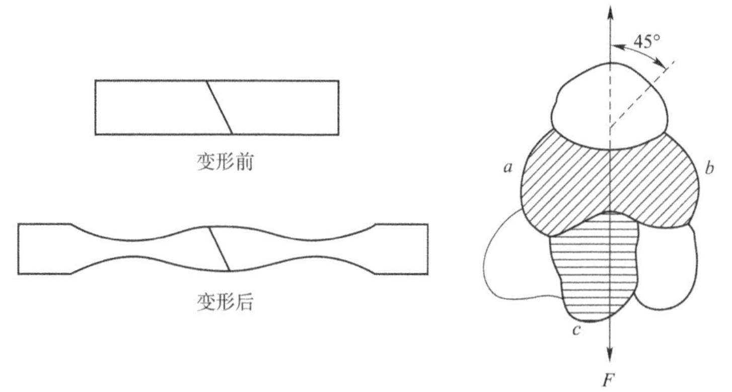

图3-7　双晶粒拉伸变形示意图　　图3-8　多晶体变形过程示意图

由上述可知,多晶体的塑性变形,是在各晶粒互相影响,互相制约的条件下,从少量晶粒开始,分批进行,逐步扩大到其他晶粒;从不均匀的变形逐步发展到均匀的变形。

由上可知,金属的晶粒越细小,晶界面积就越大,每个晶粒周围具有不同取向的晶粒数目也越多,其塑性变形的抗力(即强度、硬度)就越高;同时,晶粒越细,在一定体积内的晶粒数目越多,则在同样的变形量下,变形分散在更多晶粒内进行,变形也就越均匀,减少了应力集中,使塑性、韧度也较好。因此,细晶粒金属比粗晶粒金属具有更好的塑性、韧性、强度和硬度。实际生产中,用细化晶粒提高金属性能的方法称为细晶强化。

3.2 塑性变形对金属组织和性能的影响

冷塑性变形指金属在室温或较低的温度下发生的永久变形。金属的晶体结构不同,其塑性变形的难易也不同:面心立方金属(如铜)最易塑性变形,塑性最好,体心立方金属(如铁)次之;密排六方金属(如镁)的塑性最差。金属材料经冷塑性变形后,不仅改变了它的形状和尺寸,而且其内部组织结构和性能也随之发生了一系列的变化。如经过热处理的高碳钢丝经冷拉制成的高强度弹簧钢丝,比一般钢材的强度高 4 ~6 倍。

3.2.1 塑性变形对金属组织的影响

金属材料在经历冷塑性变形之后,在组织结构上会发生明显的变化,表现如下:

1)形成纤维组织

如图 3-9 所示,金属在发生塑性变形时,随着外形的不断变化,金属内部的晶粒形状也由原来的等轴晶粒变为沿变形方向延伸的畸变晶粒,进而使晶粒显著伸长成为细条状的纤维形态,甚至金属中的夹杂物也沿着变形的方向被拉长,这种组织称为冷加工纤维组织。

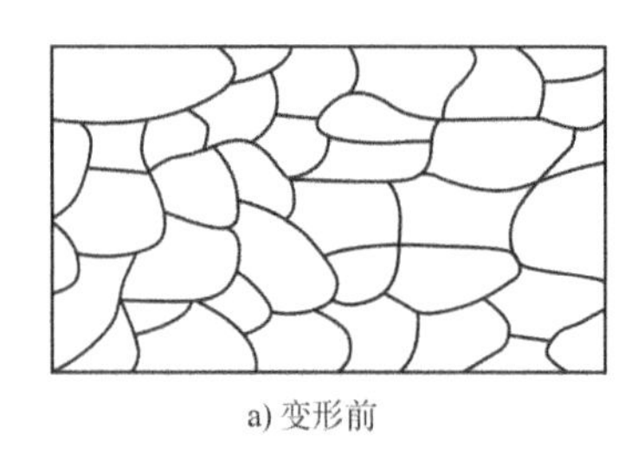
a) 变形前

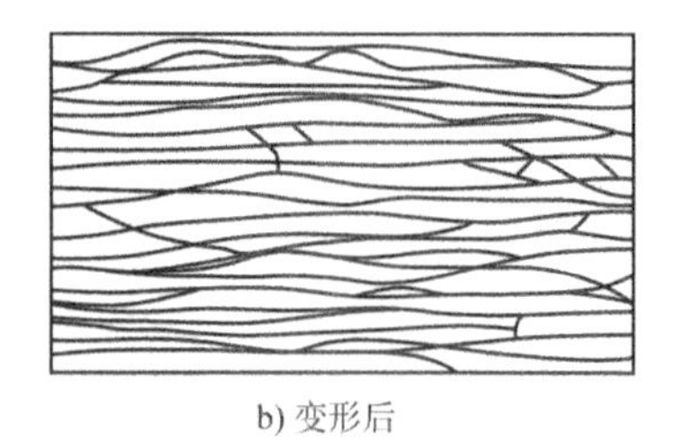
b) 变形后

图 3-9 变形前后晶粒形状变化示意图

如图 3-10 所示,工业纯铁试样经轻微变形后,铁素体晶体仍保持等轴状,而在晶粒表面出现滑移带。若将其继续变形,随着变形度的增加,滑移带逐渐增多,铁素体晶粒被拉长成细条状或纤维状,称为纤维组织。

形成纤维组织后,金属的性能会出现明显的各向异性,如其纵向(沿纤维的方向)的强度和塑性远大于其横向(垂直纤维的方向)的强度和塑性。

2)亚结构细化

塑性变形不仅使晶粒外形发生变化,晶粒内部还破碎成许多位向差小于1°的小晶块,这种小晶块称为亚晶粒,这种结构被称为亚结构,如图3-11所示。亚晶粒的边界是晶格畸变区,堆积有大量的位错,塑性变形程度越大,形成的亚晶粒越多,亚晶界也就越多,位错密度随之增大。研究表明,亚晶界的存在使晶体的变形抗力增加,是引起加工硬化的重要因素之一。

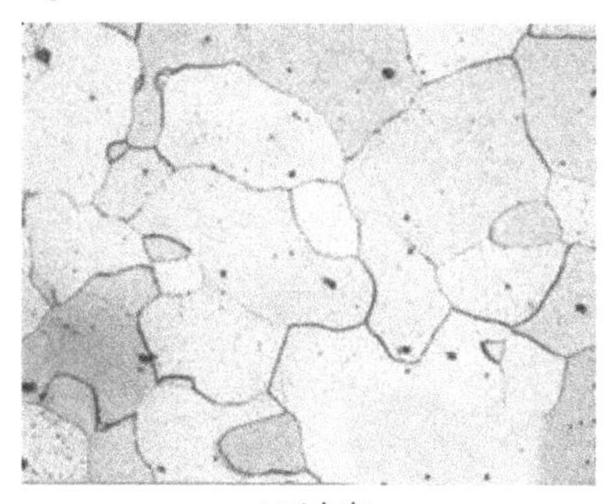

a) 正火态

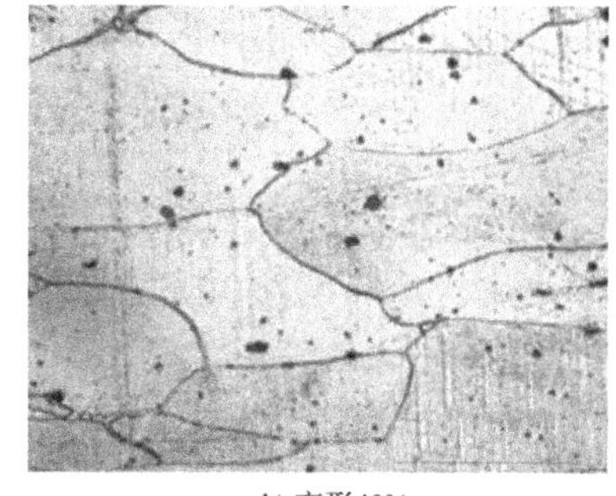

b) 变形40%

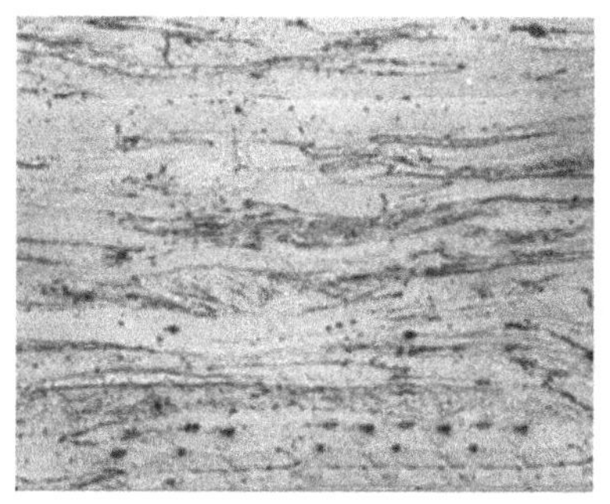

c) 变形80%

图3-10 工业纯铁在塑性变形前后的组织变化

3)出现择优取向

在塑性变形过程中,各晶粒不仅沿着受力方向发生伸长,同时按一定趋向发生转动。当变形量达到70%以上时,原来取向各不相同的各个晶粒会转动到取得接近一致的位向,这种现象称为择优取向,形成的有序化的方向性结构称为形变织构,如图3-12所示(图中立方体为晶格示意)。

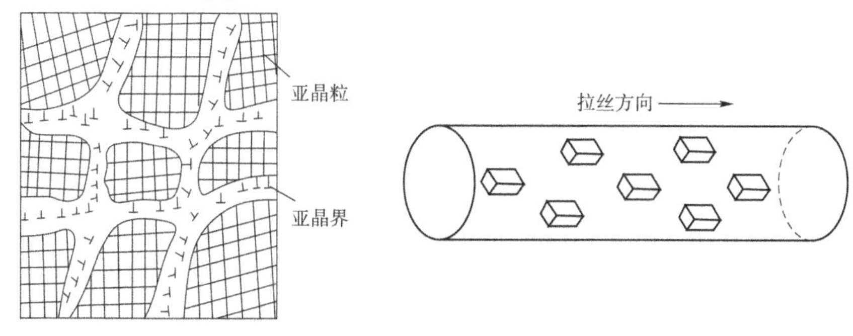

图3-11 金属变形后的亚结构示意图　　图3-12 拉丝时变形织构示意图

金属中出现变形织构后具有明显的各向异性。在某些情况下,可以利用这种各向异性,提高材料的性能。例如,在轧制变压器铁芯的硅钢片时,由于各向异性会使得材料的

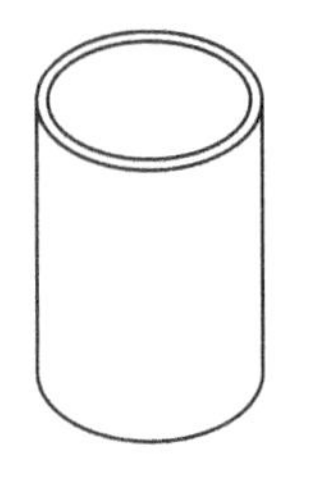
a) 无织构

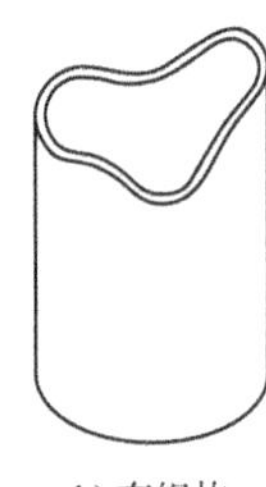
b) 有织构

图 3-13 因变形织构造成的“制耳”

磁导率沿着轧制方向显著提升，磁滞损耗大大降低，极大地提高了变压器的效率。但是各向异性有时也会对生产过程产生不利的影响。例如，用具有织构的冷轧薄钢板冲制杯形工件时，由于钢板上各方向上的塑性伸长率不同，因而在拉深后出现制耳现象，使杯口边缘不齐，杯壁厚薄不均，如图 3-13 所示。

3.2.2 塑性变形对金属性能的影响

由于塑性变形过程中材料内部原子排列发生畸变，引起晶格扭曲，晶粒破碎为亚晶粒，晶格缺陷（空位、位错、晶界、亚晶界）增多，因而其性能也发生明显变化。

1）加工硬化

金属在塑性变形过程中，随着变形程度增加，强度、硬度上升，塑性、韧性下降，这种现象称为加工硬化（也称形变强化或冷作硬化）。由前述金属塑性变形的实质可知，金属变形过程主要是通过位错沿着一定的晶面滑移实现的。在滑移过程中，位错密度大大增加，位错间又会相互干扰相互缠结，造成位错运动阻力增加，同时亚晶界增多，这些组织上的变化都会导致变形抗力增大，进而产生加工硬化现象。

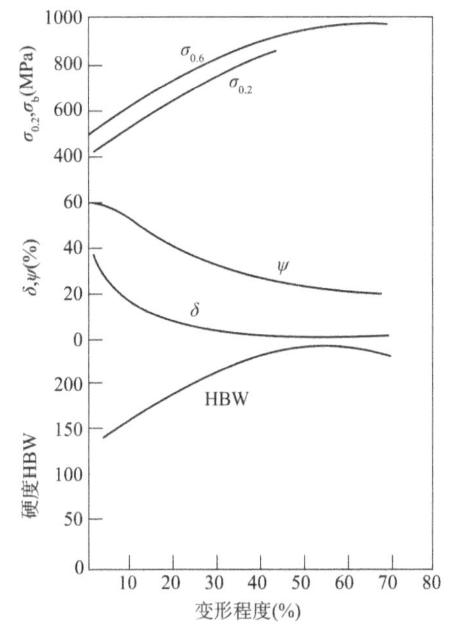

图 3-14 碳质量分数为 0.3% 的碳钢冷轧后力学性能的变化

如碳质量分数为 0.3% 的碳钢，当变形伸长率为 20% 时，抗拉强度由原来的 500MPa 升高到约 700MPa，而当伸长率为 60% 时，抗拉强度值可升高到 900MPa 以上，如图 3-14所示。

又如图 3-15 表示了工业纯铁和低碳钢的加工硬化。纯铁和和低碳钢经 70% 变形度的冷轧变形后，它们的抗拉强度均比未经变形时的数值增加 400 ~ 500MPa。当碳钢中渗碳体为细片状时，加工硬化效果最大，例如，当把碳质量分数为 1.0% 的高碳钢处理成细片状珠光体，变形度达 80% 时，钢的抗拉强度比未经变形的数值增加 1100 ~ 1200MPa。高强度钢丝就是将碳质量分数为 1.0% 的高碳钢处理成细片状珠光体，然后冷拔变形 90% 以上，其抗拉强度值高达 3000MPa。

加工硬化现象具有重要的实际意义。首先，它是提高金属材料强度、硬度和耐磨性的重要方法之一，尤其是对纯金属以及不能用热处理方法强化的合金更为重要。上述高碳钢丝就是加工硬化的典型实例。又如不锈钢、高锰钢、形变铝合金、压力加工铜合金等经冷塑性变形后其强度成倍地增加。其次，利用加工硬化还能使得金属各部分相继发生塑性变形，使变形更加均匀。图 3-16 为拔丝示意图，钢丝被拉的一端由于塑性变形而变细并产生加工硬化，强度增加，不再继续变形。这时变形转移到还未变形的粗端，其通过拔丝模时可继续变形,从而获得粗细均匀的钢丝。

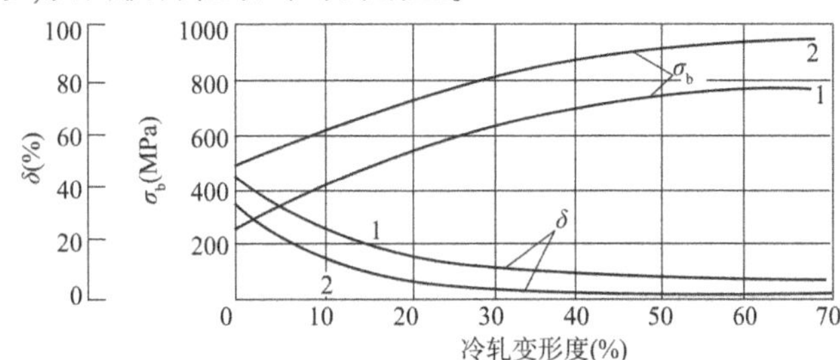

图 3-15　工业纯铁和低碳钢的加工硬化

1-工业纯铁;2-低碳钢

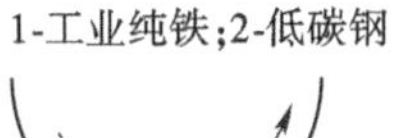

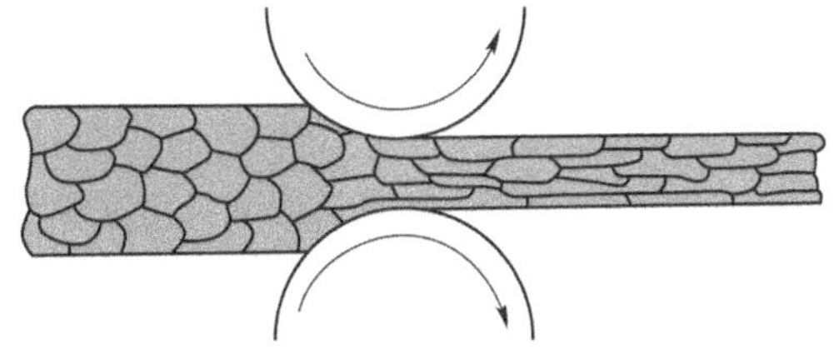

图 3-16　拔丝示意图

加工硬化还可以提高构件在使用过程中的安全性。金属构件在使用过程中,局部可能会出现应力集中或过载现象,这些部位就会发生少量的塑性变形,同时发生硬化现象,结果过载部位的变形会自行停止,应力集中可以自行减弱,与其承受的应力达到新的平衡,从而在一定程度上提高了构件的安全性。

加工硬化也有不利的一面,如使材料在冷轧时的动力消耗增大,也给金属继续变形造成困难。因此,在金属的冷变形和加工过程中,必须进行中间热处理来消除加工硬化现象。

2)产生残余内应力

在金属塑性变形过程中,大约有 10% 的能量转化为内应力而残留在金属中,使其内能增加。这些残留于金属内部且平衡于金属内部的应力称为残余内应力。它是由于金属在外力作用下各部分发生不均匀的塑性变形而产生的。内应力一般可分为以下三种类型。

(1)宏观内应力(第一类内应力)。金属材料在塑性变形时,由于各部分变形不均匀,使整个工件或在较大的宏观范围内(如表层与心部)产生的残余应力。一般冷塑性变形后产生的宏观内应力数值不大,只占整个工件内应力的一小部分。即使变形量很大,也只有 1% 左右。

(2)微观内应力(第二类内应力)。它是金属经冷塑性变形后,由于晶粒间或晶粒内各亚晶粒之间因变形不均匀而形成的微观内应力。这类应力占有量不超过内应力总量的 10%,有时可达几百兆帕。当工件内存在微观内应力而又承受外力作用时,在某些部位的应力可能极大,以致会使工件在不大的外力作用下产生微裂纹,甚至断裂。

(3)晶格畸变(第三类内应力)。冷塑性变形引起金属内部产生大量的位错和空位,使一部分原子偏离平衡位置而造成晶格畸变,这种因晶格畸变而产生的残余应力叫晶格畸变应力。这类应力占内应力总量的90%左右，是存在于变形金属中主要的残余内应力。它使金属的硬度、强度升高，同时使塑性和抗腐蚀能力下降。

内应力的大小与形变条件有关。变形量大、变形不均匀、变形时温度低、变形速率大等都能使内应力增加。内应力对金属材料的性能会产生不良影响，第一类内应力所占比例虽然不大，但当其放置一段时间后会因其松弛或应力重新分布而引起金属自动变形，严重时会引起工件开裂。第二类内应力使金属产生晶间腐蚀，所以塑性变形后的金属应进行消除应力退火处理，以消除或降低这部分内应力。第三类内应力则是产生加工硬化的主要原因。

因此，对尺寸精度要求高的零件或者防止应力腐蚀的零件，在冷塑性变形后必须进行去应力退火。例如，用冷拔钢丝卷制弹簧，在冷卷成形后要加热至250～300℃保温，以降低内应力并使其定型。

但在有些情况下残余内应力也是有益的，可利用零件中的残余内应力提高使用寿命。例如，对承受交变载荷的零件进行喷丸强化或者滚压强化处理，使得其表面产生一层极薄的塑性变形层。零件经喷丸或滚压后，在表面变形层中产生残留压应力，显著提高疲劳强度。例如，汽车钢板弹簧经喷丸强化处理后其使用寿命可以提高2.5～3倍；45钢曲轴轴颈经滚压强化处理后可使得其弯曲疲劳强度由原来的80MPa提升到125MPa。

3）物理、化学性能上的变化

金属的塑性变形也使得金属的某些物理性能和化学性能发生了变化，例如，使电阻增大、零件尺寸不稳定和降低零件耐蚀性能等。

3.3 冷塑性变形后金属在加热过程中组织和性能的变化

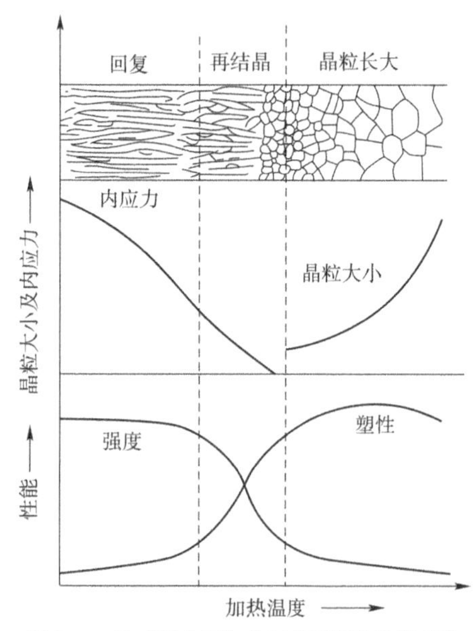

图3-17　冷变形金属加热时的组织和性能变化

金属在低温下经历了塑性变形后，内部缺陷显著增加，发生了晶格畸变和晶粒破碎现象，处于组织不稳定状态。在室温下，金属原子的活动能力不大，这种亚稳定状态可以维持相当长时间而不发生变化。一旦温度升高，例如，将经历冷变形的金属加热到$0.5T_m$以上的高温，金属原子可以获得足够的活动能力，金属内的缺陷会发生一系列使系统自由能降低的组织和性能上的变化。

冷变形后的金属在加热中，随着温度的升高或加热时间的延长，其组织和性能一般要经历回复、再结晶、晶粒长大三个阶段的变化。在此过程中组织和性能上的变化如图3-17所示。

3.3.1　回复

回复是冷变形金属退火时率先进行的过程。在回复阶段,虽然晶界不发生变化,如图3-17所示。但是空位趋于减小,位错趋于重新排列或者减少。

回复的微观机制取决于温度。根据回复温度的高低可分为低温回复、中温回复和高温回复。

1)低温回复

低温回复发生在较低的温度($0.1T_m \sim 0.3T_m$),以过饱和空位趋于平衡空位浓度为主。具体的方式有:①空位迁移到界面而消失。②空位与自间隙原子结合而消失。③空位与刃型位错结合而消失。④空位聚集成空位片,然后崩塌成位错环而消失。

空位的消失对物理性能影响很大,尤其对电阻影响较大,但对力学性能的影响并不大。

2)中温回复

中温回复的温度稍高一些($0.3T_m \sim 0.5T_m$),其主要过程是:

(1)位错滑移导致的位错重新排列。

(2)异号位错通过会聚而对消。若两个异号位错同在一个滑移面上,它们的会聚需要较小的热激活能,因此,可以在较低的温度下发生;若两个异号位错不在一个滑移面上,它们在会聚前首先需要攀移或者交滑移,这就需要很大的热激活能,故只能发生在较高的温度。

3)高温回复

高温回复主要发生在$0.5T_m$以上。主要是指如图3-18所示的多边形化。若冷变形后同号刃型位错如图3-18a)所示的方式分布,则会使得晶体弯曲。为了降低弯曲晶体的应变能,刃型位错会发生攀移加滑移而形成如图3-18b)所示的分布状态,这一过程称为多边形化。由于多边形化依赖刃型位错的攀移,因此,在高温下进行。多边形化使得同号刃型位错沿着垂直于滑移面的方向排列,从而导致晶体内出现小角度晶界,称为亚晶界。亚晶界之间的区域称为亚晶。由于亚晶界是小角度晶界,所以亚晶间的位向差很小,一般为3°以下。

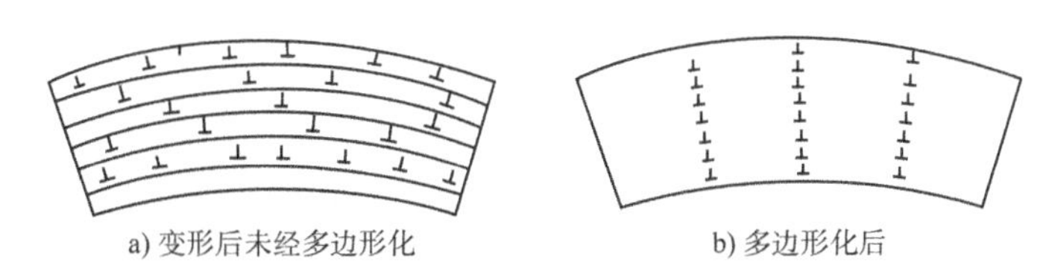

a) 变形后未经多边形化　　b) 多边形化后

图3-18　单晶体多边形化过程示意图

当同号刃型位错在同一滑移面上时,它们的应变相互叠加,因此,总应变能大于各个刃型位错单独存在时的应变能之和;当排列成图示3-18b)时,同一亚晶界上不同刃型位错产生的应变会部分抵消掉,因此,总应变能远小于各个刃型位错单独存在时的应变能之和。实际上也就是说,多边形化会使得位错呈有序分布,位错间作用力小了,晶格畸变程度减轻了,系统总应变能降低,晶体过渡为较为稳定的状态。

不难看出，回复机制实际是按照缺陷的易动程度划分的。此外，低温下出现的回复过程，诸如空位浓度下降等，也会在高温下进行，而且是率先进行。

总之，由于回复过程温度较低，金属的晶粒大小和形状并没有发生明显的变化。金属加工硬化后的强度、硬度和塑性等力学性能基本不变，但是残余内应力和电阻显著下降，应力腐蚀现象也基本消除。因此，冷变形金属若要在消除残余内应力的同时仍然保持冷变形强化状态的话，就可以采取回复处理，进行一次250～300℃的低温退火，也称为去应力退火。

3.3.2 再结晶

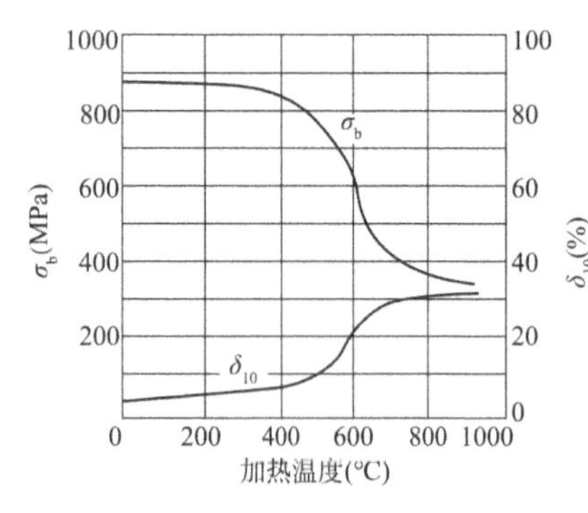

图3-19 冷压力加工纯铁在加热时力学性能的变化

从图3-17可以看出，再结晶是伸长晶粒重新变为等轴晶粒的过程。由于晶粒伸长是冷变形的结果，所以伸长晶粒内部含有大量的缺陷。若重新变为等轴状晶粒，其内部的缺陷也会重新回到冷变形之前的水平。比如，位错密度降低，金属中的内能下降，冷变形造成的加工硬化消失，金属的性能又恢复到金属变形前的性能（图3-19）。这个阶段就称为再结晶或者再结晶退火。再结晶退火主要应用于金属材料冷压力加工工艺过程中，使冷压力加工得以进一步进行。例如，冷拔钢丝，在最后成形前往往要经过数次中间再结晶退火。

由于冷变形金属在再结晶过程中形成的细小等轴状晶粒也是通过生核和晶粒长大方式进行的，而且再结晶生成的新晶粒的晶格类型与金属变形前的晶格类型完全一样，因此，再结晶过程不属于相变过程。

1）再结晶机制

再结晶过程分为形核与长大。

（1）形核。

冷变形金属经过回复后，其内部存在一些由于多边形化而产生的无应变亚晶。除此之外，无应变亚晶还可以在冷变形过程中直接产生。再结晶核心就是在这些无应变亚晶的基础上形成的。下面分析再结晶核心的形成过程。

从图3-18b）可看出，亚晶被小角度的亚晶界所包围。由于几何及能量原因，小角度晶界的迁移能力较弱，如果通过某种机制使得小角度晶界转变为迁移能力较强的大角度晶界，则大角度晶界所包围的亚晶能迅速长大。由小角度晶界转变为大角度晶界的具体方式有以下两种。

①亚晶合并。两个相邻的亚晶必有一个公共边界（如图3-20中的*C-H*亚晶界）。若位错从该亚晶界移出而进入到其他晶界（如*C-D*、*F-G*、*A-J*等），则这两个亚晶就合并成为一个亚晶，即它们的位向一致。这一过程要求亚晶调整位向（图3-20b）。由于位向调整，合并后的大亚晶与其他亚晶中某一个的位向差有可能增大。两个已合并大亚晶如果相邻，它们会进一步合并成更大的亚晶，结果造成与其他亚晶界角度差的进一步加大，直至

形成大角度晶界。

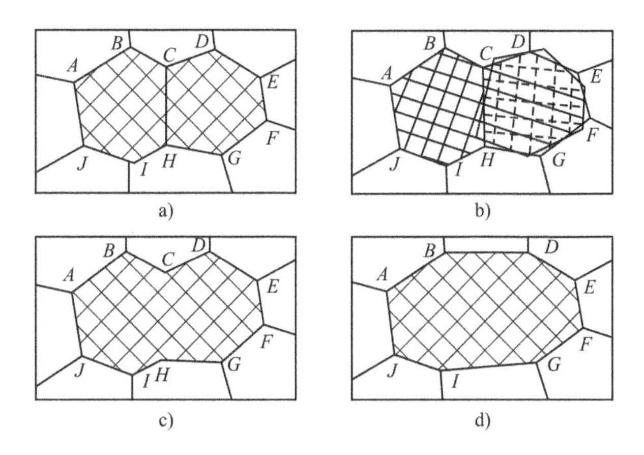

图3-20 亚晶合并示意图

②亚晶界移动。在回复过程中,一个晶粒内并非所有区域都产生多边形化,有些区域仍然保持高应变状态,因此化学势高一些。由于化学势的差别,多边形化区域(化学势较低)会吞食高应变区域,即亚晶界向高应变区移动,结果造成某些亚晶界逐步变为大角度晶界。除此之外,若两个相邻亚晶大小不同,由于界面能的作用,大亚晶的附加化学势低一些,因此,大亚晶会吞食小亚晶,即亚晶界向小亚晶移动,其结果也会造成某些亚晶界逐步变为大角度晶界。

明确了以上概念后,就可以定义再结晶核心,它是带大角度晶界的无应变大亚晶。不难看出,再结晶核心与相变时的新相核心有明显差别。

(2)长大。

再结晶核心形成后会进一步长大。虽然再结晶核心是在一个晶粒内形成的,但它的长大却可以延伸到其他晶粒之中。也就是说,长大过程会破坏原来的晶界,使得冷变形造成的伸长晶粒重新变为等轴状晶粒。长大过程的驱动力就是大角度晶界两侧的化学势差,一侧是化学势较低的亚晶,而另一侧是化学势较高的晶粒(因为缺陷密度较高)。总之,再结晶是对冷变形金属彻底改造的过程。与回复过程相比,再结晶所消除的冷变形缺陷更多,故再结晶伴随的性能,特别是与位错相关的性能变化往往更大,冷变形金属强度的下降主要就是在再结晶阶段。

2)再结晶的主要影响因素

在介绍再结晶影响因素之前,先给出再结晶温度的定义:对经历大变形(70%以上)的金属,保温一小时就能实现完全再结晶的最低温度称为再结晶温度。由于完全再结晶很难界定,通常取95%。因此,再结晶温度就是保温一小时就能实现95%再结晶的最低温度。

再结晶程度可用光学显微镜测量,因为未再结晶晶粒是伸长的,而已再结晶晶粒是等轴的。再结晶的主要影响因素有以下几种。

(1)温度。加热温度越高,再结晶速度越快,即产生同样程度再结晶所需的时间越短。

(2)冷变形程度。冷变形程度,又称变形度,对再结晶的影响比较复杂。

当变形度较小时,金属内部缺陷增加较少,故不发生再结晶。也就是说,存在临界变形度,若小于该值,金属不发生再结晶(图3-21)。临界变形度与材料特性及退火温度有关,通常在2% ~8%的范围内。

当超过临界变形度时,变形度越大,金属内部的缺陷越多,再结晶的驱动力越大,故再结晶速度越快,再结晶温度越低(图3-22)。同时,随着变形度的增大,晶格缺陷越多,畸变越严重,再结晶晶核数目也越来越多,因此,再结晶后的晶粒细且均匀。但是,当变形度超过某一较大的数值后,它的进一步增加不再影响再结晶速度,即不再影响再结晶温度(图3-22)。

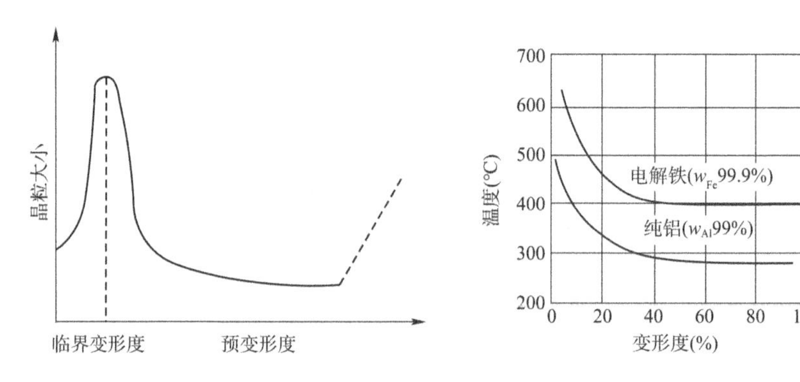

图3-21 再结晶后晶粒度和预变形的关系　　图3-22 金属再结晶温度与变形度的关系

再结晶后的晶粒大小是非常重要的组织参数,它主要受变形度和退火温度的影响(图3-23)。当略大于临界变形度时,再结晶后的晶粒尺寸最大,即晶粒最粗大,其原因是此时再结晶核心很少。这种粗大晶粒对力学性能是不利的,因此,在冷变形中,变形加工度应尽可能避开临界值。从图3-23中还可以看出,退火温度不但影响临界变形度,而且影响临界变形度对应的再结晶后的晶粒尺寸。

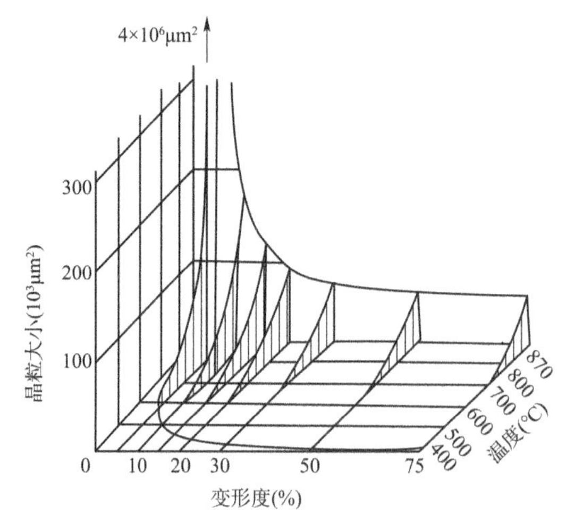

图3-23 再结晶温度、晶粒大小与变形度之间的关系

(3)原始晶粒尺寸。冷变形前的原始晶粒越细,金属的原始晶界面积越大。这样的

金属受到冷变形时,其内部缺陷增加较多。因此,原始越细,再结晶速度越快。此外,内部缺陷越多,再结晶核心越多,再结晶结束时的晶粒越细。

(4)微量溶质原子。微量溶质原子的存在会阻碍再结晶的进行,从而提高再结晶温度。例如,纯铜中加入0.01% Ag时,50%再结晶温度会从140℃提高到205℃。微量溶质原子的影响来源于它与位错或者界面的交互作用。例如,溶质原子可能偏聚到刃型位错的下方,从而降低系统应变能。而对刃型位错来说,这种偏聚使得刃型位错不容易攀移,故阻碍再结晶的进行。

(5)第二相颗粒。上面的分析都是针对单相金属的。若金属内存在第二相颗粒,这些颗粒的大小及分布也会影响再结晶。实验发现,当颗粒间距 λ 较大($\lambda \geq 1\mu m$)且颗粒本身直径 d 较大($d \geq 0.3\mu m$)时,再结晶被促进;当颗粒间距 λ 较小($\lambda < 1\mu m$)且颗粒本身直径 d 较小($d < 0.3\mu m$)时,再结晶被阻碍。

3.3.3　晶粒长大

再结晶完成后,晶粒重新变为等轴状,它们的进一步长大称为晶粒长大(图3-17)。晶粒长大虽然也是大角度晶界的迁移过程,但迁移的驱动力与再结晶不同。再结晶的驱动力是大角度晶界两侧晶粒内的化学势差;而晶粒长大的驱动力是晶界能,因为晶粒长大使晶界面积下降。由于小晶粒的附加化学势较高,而大晶粒的较低,因此,晶粒长大是大晶粒吞食小晶粒的过程。

影响晶粒长大的主要因素有温度、第二相颗粒、晶粒间的位向差和微量溶质等。显然,温度越高,晶粒长大速度越快。实验表明,某些金属的晶粒长大到一定程度就停止了。产生这种现象的原因就是金属内部存在第二相颗粒。理论分析表明,当存在半径为 r、体积分数为 f 的第二相颗粒时,晶粒长大的极限平均直径为:$D_{min} = 4r/3f$。晶粒间的位向差越大,即越趋于大角度晶界,晶界的迁移速率越大。有些溶质会与晶界发生交互作用,从而降低晶界的活动能力,即降低长大速度。例如,纯Pb中若加0.002% Sn,300℃下晶界移动速度可以降低两个数量级。

上面所说的晶粒长大都是正常长大,即晶粒比较均匀地长大。在某些情况下,个别晶粒异乎寻常地长得很大,而绝大部分晶粒变化很小,这种现象称为异常长大,也称二次再结晶(图3-21)。二次再结晶产生的原因主要是因为再结晶织构和第二相颗粒。

多晶体金属经历大的形变后,晶粒不但会沿形变方向伸长,不同晶粒的位向也会趋于相互平行。也就是说,随机排列的晶粒发生了择优取向,这种现象称为形变织构。经过再结晶后,晶粒的择优取向依然存在(称为再结晶织构)。由于再结晶织构,晶粒之间的位向差很小,因此,绝大部分晶界是不易迁移的小角度晶界,只有少数晶界仍然保持大角度。这些大角度晶界的移动造成了二次再结晶。

第二相颗粒的存在有时会强烈阻碍晶界的移动,这种作用称为钉扎。当加热到高温时,尺寸比较小的第二相颗粒有可能率先溶解,造成该处晶界优先移动,即产生二次再结晶。例如,Fe—3% Si合金经50%冷变形,在不同温度下退火一小时,加MnS而产生二次再结晶的晶粒尺寸可为正常值的50倍。

晶粒的异常长大将使金属材料组织性能恶化,使材料的强度、塑性、韧性下降,尤其对塑性、韧性的影响更为明显。所以冷变形金属的再结晶退火温度应该严格控制在再结晶温度范围内，而且保温时间不宜过长，以获得细而均匀晶粒组织。

3.4 金属的热塑性加工

3.4.1 热加工和冷加工的区别

对于大尺寸或难于冷加工变形的金属材料，生产上往往采用热加工变形，如锻造、轧制等。热加工变形是将材料加热到再结晶温度以上的一定温度进行压力加工，这时将会同时发生加工硬化和再结晶软化两个过程。因此，再结晶温度是热加工与冷加工的分界线。高于再结晶温度的压力加工为热加工，而低于再结晶温度的压力加工为冷加工。例如，铁的最低再结晶温度为450℃，所以铁在400℃以下的加工变形属于冷加工；铅、锡的再结晶温度高于室温，所以即使它们在室温下进行塑性变形加工，这种加工也属于热加工。

金属在高温下强度降低而塑性提高，所以热加工的主要优点是材料容易变形，加工耗能少。原因就是在热加工的过程中，金属内部同时进行着加工硬化和再结晶软化这两个相反的过程。受热加工工件温度的影响，有时在热加工过程中，加工硬化与再结晶软化这两个因素不能完全抵消掉。例如，当变形程度大而加热温度低时，由变形所引起的强化因素占主导。随着加工过程的进行，金属的强度和硬度上升，塑性逐渐下降，金属内部的晶格畸变也得不到完全恢复，变形阻力越来越大，甚至会使得金属破裂。反之，若变形程度较小而加热温度较高时，由于再结晶软化和晶粒长大占主导，就会使得金属的晶粒越来越粗大，造成金属性能下降。因此，在热加工过程中，保持工件的温度在一定范围内是十分重要的。

由于冷加工变形会导致加工硬化，加大金属的变形抗力。所以若继续进行冷加工，则需要进行中间退火处理工序，重新软化后才能继续进行加工。

金属在热加工过程中表面会发生氧化，使工件表面较粗糙，尺寸精度较低。所以热加工一般是用来制造一些截面比较大、加工变形量大的半成品。而冷加工能保证工件具有较高的尺寸精度和表面粗糙度，冷加工的过程中，材料同时得到了强化处理。有时经过冷加工后甚至可以直接获得成品。

3.4.2 热加工对金属组织和性能的影响

金属材料经过热加工之后，其组织和性能会发生明显的变化。

1）细化晶粒尺寸，提高金属力学性能

钢的热加工是在奥氏体状态下进行的，首先将钢加热到单相奥氏体状态。各种碳钢的具体加热温度根据铁碳合金相图来选取。然后进行轧制或者锻造，这时奥氏体同时经历加工硬化和再结晶软化两个过程，如图3-24所示。热加工的变形度、变形温度和时间以及冷却速度影响着热加工之后奥氏体晶粒的大小，从而影响钢的室温组织和性能。

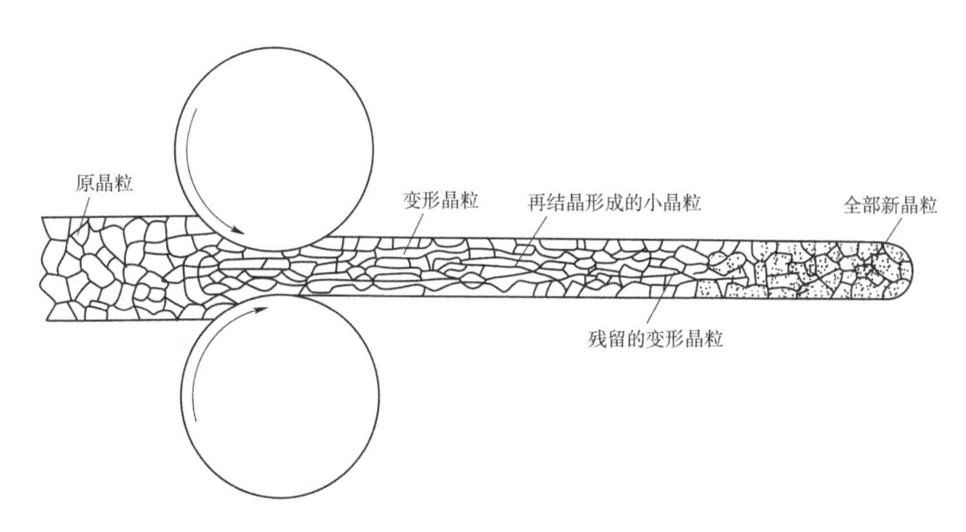

图 3-24　钢在热轧时奥氏体的变形和再结晶

如果选择正确的热加工工艺，比如温度、时间、变形度、冷却速度等，可以使得亚共析钢得到均匀和细小的铁素体和珠光体组织，共析钢得到细片状珠光体组织，过共析钢得到二次渗碳体均匀分布在细片状珠光体基体上的组织。近年来发展起来的控制轧制钢板就是采用加大热加工变形度，降低终轧温度，轧后快速冷却，并在钢中加入 V、Nb 等微量元素等措施来有效地阻止奥氏体晶粒长大，这样便可获得极细小的奥氏体晶粒，从而使得轧钢具有优良的力学性能。

2）锻合内部缺陷，改善晶粒的组织和性能

对于铸态金属，粗大的树枝晶经塑性变形及再结晶而变成等轴晶粒组织；对于经轧制、锻造或挤压的钢坯或型材，在以后的热加工过程中通过塑性变形与再结晶，其晶粒组织一般也可以得到改善。铸态金属内部往往还存在一些铸造缺陷，如缩孔与缩松、化学成分偏析、气孔、夹杂、裂纹等。通过热加工可以把大部分的缩松、气孔和微裂纹在加工过程中焊合，提高了金属的致密度。通过锻造或轧制，金属内部的晶内偏析、金属中粗大的碳化物和非金属夹杂物被打碎并均匀分布，改善了它们对金属基体的削弱作用，使得由这类钢锻制的工件在以后的热处理中硬度分布均匀，提高了工件的使用寿命和性能。

3）形成纤维组织

在热加工过程中，金属内部的粗大枝晶和铸态组织中的各种夹杂物在高温下都具有一定的塑性，使得其沿着金属的变形流动方向伸长，形成纤维组织。宏观观察显示这些夹杂物沿着变形方向分布形成锻造流线。锻造流线使得金属的性能产生明显的各向异性，通常是沿着流线方向的强度、塑性和韧性高，抗剪强度低。而垂直于流线方向上的情况则与之相反，见表 3-1。因此，在热加工时，可以将零件承受的最大拉应力的方向尽量与流线平行，而承受冲击力或者外加剪切应力的方向与流线垂直。例如，图 3-25 为 45 钢锻造曲轴与切削加工曲轴流线分布图。由于锻造曲轴的流线分布合理，因而 45 钢锻造成的曲轴力学性能要比切削加工曲轴的力学性能好很多。

$\omega_C = 0.45\%$的钢经热轧后力学性能与流线方向的关系　　　　表 3-1

试样方向	σ_b(MPa)	$\sigma_{0.2}$(MPa)	δ(%)	ψ(%)	α_k($J \cdot cm^{-2}$)
纵向	715	470	17.5	62.8	62
横向	672	440	10.0	31.0	30

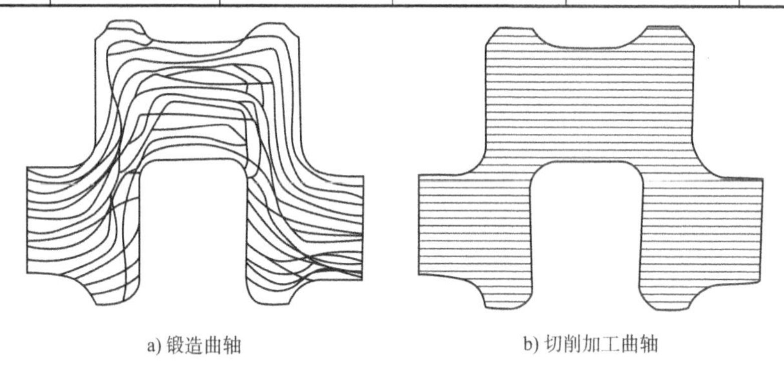

a) 锻造曲轴　　　　b) 切削加工曲轴

图 3-25　曲轴的流线分布

4)形成带状组织

当低碳钢中非金属杂质比较多时,在热加工后的缓慢冷却过程中,先共析铁素体可能依附于被拉长的夹杂物析出铁素体带,并将碳排到附近的奥氏体中,使得奥氏体中的碳含量逐渐提高,最后转变为珠光体。因此,沿着杂质富集区析出的铁素体首先形成条状,珠光体分布在条状铁素体之间,这种铁素体和珠光体沿着加工变形方向成层状平行交替的条带状组织,称为带状组织,如图 3-26 所示。

图 3-26　钢中的带状组织

带状组织使得材料产生各向异性,特别是横向塑性和冲击韧性会明显下降。在热加工工艺过程中常用交替改变方向的办法来消除这种带状组织。采用热处理的办法,如高温加热、长时间保温以及提高热加工后的冷却速度,使得碳原子的长距离扩散来不及充分进行等措施,也可以减轻或者消除带状组织。

思　考　题

1. 什么是加工硬化现象?它给生产带来哪些好处和困难呢?
2. 什么是冷加工和热加工?钢经冷加工和热加工后的组织和性能有什么不同?

第4章　钢的热处理和表面改性处理

热处理是改善金属材料性能的一种重要加工工艺。它是将金属或者合金材料在固态下通过加热、保温和冷却，改变钢的内部组织结构，从而改善钢性能、获得所需性能的一种热加工工艺(图4-1)。机械零部件经过适当的热处理工艺，可以调整材料的工艺性能和使用性能，充分发挥材料性能的潜力，以满足机械零部件在加工使用中对性能上的要求。此外，热处理加工工艺在机械零部件加工制造中也占有重要地位和作用。热处理工艺可以消除材料在铸造、锻造、焊接等工序中造成的诸多缺陷，细化晶粒尺寸、消除晶内偏析、降低残余内应力和硬度、改善机械加工性能。

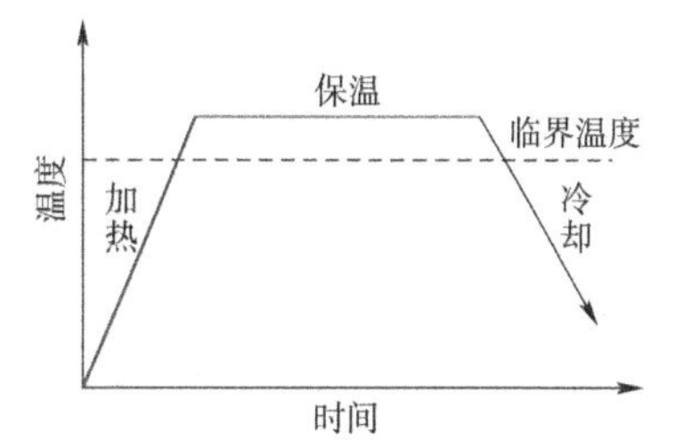

图4-1　热处理工艺曲线示意图

钢的热处理主要有普通热处理和表面热处理。普通热处理包括退火、正火、淬火和回火；表面热处理包括表面淬火和表面化学热处理。随着现代工业的发展，机械零部件表面性能要求越来越高，传统的热处理技术很难满足所有要求。为了提高机械零部件质量，当前，已经广泛运用表面热处理改性技术来提高材料性能，以增强产品的市场竞争力。

钢经过热处理之后性能发生变化的原因是由于钢经过不同的加热和冷却过程，其内部组织结构发生了变化。因此，为了正确制订热处理工艺措施，保证热处理质量，就需要学习了解钢在不同的加热和冷却条件下的组织和性能转变情况。

4.1　钢在加热时的组织转变

加热是热处理要进行的第一步工序。由铁碳合金相图可知，有两种本质不同的加热，一种是低于A_1(727℃)温度加热，另一种是高于A_1温度加热，在这两种不同的加热条件下钢材发生的组织转变是完全不同的，本节讨论的是钢加热到高于A_1温度时所发生的组织转变。任何成分的钢加热到高于A_1温度时，都会发生珠光体向奥氏体的转变。将共析钢、亚共析钢和过共析钢分别加热到高于A_1、A_3和A_{cm}以上时，都完全转变为单相奥氏体，这一过程就称为奥氏体化。加热时奥氏体化的程度及晶粒大小，对其冷却转变过程及最终的组织和性能都有很大的影响。钢只有处于奥氏体状态之后才能通过不同的冷却方式转变为不同的组织，进而获得不同的所需性能。

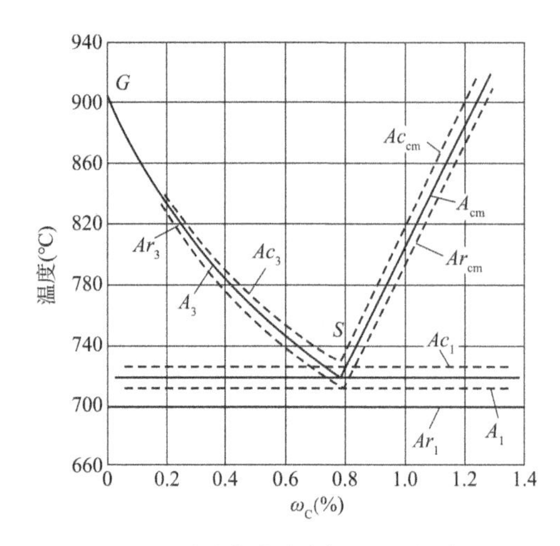

图 4-2　钢在加热或冷却时，临界温度在相图中的变化

在实际的热处理过程中，按照热处理工艺的要求，加热和冷却都是按照一定的速率进行的，因此相变是在非平衡条件下进行的，必然会有滞后，即存在一定的过热度和过冷度。在加热时，钢发生奥氏体转变的实际温度比相图中的 A_1、A_3、A_{cm} 要高，分别用 Ac_1、Ac_3、Ac_{cm} 来表示。同样，在冷却时，奥氏体分解的实际温度要比 A_1、A_3、A_{cm} 低，分别用 Ar_1、Ar_3、Ar_{cm} 来表示，如图 4-2 所示。

4.1.1　奥氏体的形成

1)共析钢的奥氏体形成过程

根据铁碳合金相图可知，共析钢在室温的平衡组织为珠光体。当加热到 Ac_1 温度以上时，会发生珠光体向奥氏体的转变：

$$F_{0.02\%c} + Fe_3C_{6.69\%c} \rightarrow A_{0.77\%c}$$

这个转变过程是由化学成分、晶格类型都不相同的两个相转变成为另一个成分和晶格类型的新相，在这个转变过程中要发生晶格改组和碳原子的重新分布，这些变化需要通过原子扩散来完成，因此奥氏体的形成属于扩散型转变。其基本过程包括形核、长大、残留渗碳体溶解和奥氏体成分均匀化四步，如图 4-3 所示。

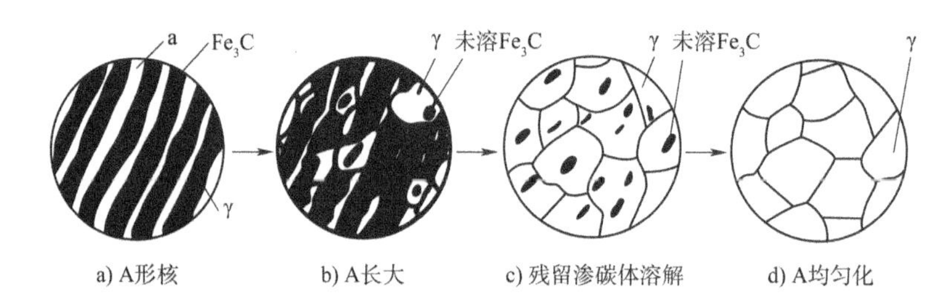

图 4-3　共析钢奥氏体形成过程示意图

(1)奥氏体晶核的形成。

奥氏体首先在铁素体与渗碳体的相界面处形核，这是因为在相界处，原子排列紊乱，能量较高，能满足晶核形成的结构、能量和浓度条件。形核是通过同素异构转变(α→γ)和渗碳体的溶解来实现的。

(2)奥氏体晶核的长大。

在奥氏体晶核形成后，它一面与铁素体相接，另一面和渗碳体相接，并在浓度上建立起平衡关系。由于和渗碳体相接的界面碳浓度更高，而和铁素体相接的界面碳浓度相对较低，使得奥氏体晶粒内部存在着碳的浓度梯度，进而引起碳不断从渗碳体界面通过奥氏体晶粒向低碳浓度的铁素体界面扩散。为了保持原来相界面碳浓度的平衡，奥氏体晶粒不断向铁素体和渗碳体两方面长大，直至铁素体全部转变为奥氏体为止。

(3)残留渗碳体的溶解。

由于 α→γ 的转变速度大于渗碳体的溶解速度，当铁素体完全转变为奥氏体时，还尚有一部分渗碳体未溶解，这部分未溶渗碳体将随着加热时间的延长而逐步溶解。

(4)奥氏体成分均匀化。

当渗碳体刚溶解完毕时，奥氏体的成分是不均匀的，在原来渗碳体处含碳量较高，而在原来铁素体处含碳量较低。只有经过足够长时间的保温，通过碳原子扩散才能使得奥氏体的成分逐渐均匀化，最终得到成分均匀的单相奥氏体等轴晶粒，其含碳量为0.77%。

2)亚共析钢和过共析钢的奥氏体形成过程

亚共析钢和过共析钢中的奥氏体形成过程与共析钢基本相同。只是由于亚共析钢中存在先共析铁素体，过共析钢中存在先共析二次渗碳体，所以当温度加热到 Ac_1 温度线以上时，它们首先发生珠光体向奥氏体的转变，接着还要分别发生先共析铁素体转变为奥氏体和先共析二次渗碳体溶入奥氏体的过程。根据铁碳合金相图可知，对于亚共析钢，当温度升高到 Ac_3 温度线以上时，才能得到单一的奥氏体组织。对于过共析钢，只有温度升高到 Ac_{cm} 线以上时，才能得到单一的奥氏体组织。

3)影响奥氏体形成的因素

奥氏体形成速度与加热温度、加热速度及钢的原始组织有关。

(1)加热温度：加热温度越高，过热度越大，奥氏体晶核数目越多，同时碳的扩散速度越快，则奥氏体晶核的长大速度就越大，奥氏体形成速度便越快。因此，提高加热温度可加速珠光体向奥氏体的转变。

(2)加热速度：加热速度越快，发生转变的温度越高，转变的温度范围越宽，完成转变所需要的时间也就越短，因此提高加热速度可加速珠光体向奥氏体的转变过程。

(3)钢中碳的质量分数：随着钢中碳的质量分数的增加，铁素体和渗碳体的相界面越多，奥氏体形成速度便越快。层片状珠光体比粒状珠光体的相界面多，细片状珠光体比粗片状珠光体的相界面多，所以层片状珠光体比粒状珠光体更容易奥氏体化，而细片状珠光体又比粗片状珠光体更容易发生奥氏体转变。

(4)合金元素：钢中的合金元素不改变奥氏体形成的基本过程，但是显著影响奥氏体形成速度。因为合金元素可以改变钢的临界温度，影响碳的扩散速度，合金元素本身也在扩散和重新分布，因此合金钢的奥氏体形成速度一般都比碳钢要慢。所以在热处理过程中，合金钢的加热保温时间要比碳钢更长些。

4.1.2　奥氏体的晶粒大小

奥氏体的晶粒大小对后续的冷却转变以及转变所获得的组织和性能都有着重要的影响。获得尺寸细小的晶粒始终是热处理的最终目标。奥氏体有三种不同概念的晶粒度。

1)奥氏体的起始晶粒度

是指珠光体刚刚转变为奥氏体的晶粒大小。起始晶粒度一般都非常细小，在继续加热或者保温过程中还会继续长大。

2)奥氏体的本质晶粒度

生产中发现，不同牌号的钢，其奥氏体晶粒的长大倾向是不同的。如图4-4所示，有

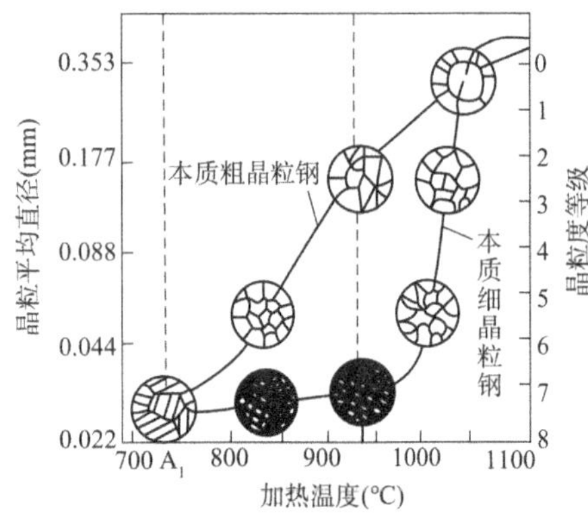

图4-4　钢的本质晶粒度示意图

些钢的奥氏体晶粒随着加热温度升高会迅速长大;而有些钢的奥氏体晶粒则不容易长大,只有加热到更高的温度时才开始迅速长大。一般将前者称为本质粗晶粒钢,将后者称为本质细晶粒钢。所以,本质晶粒度只是表示钢在加热时奥氏体晶粒长大的倾向,并不表示奥氏体实际晶粒的大小。通常用Al脱氧的钢或者含有Nb、Ti、V等元素的钢都是本质细晶粒钢,这是由于这些元素容易形成AlN、Al_2O_3、NbC、TiC、VC等不易溶解的小粒子,分布于奥氏体晶界上,能阻碍奥氏体晶粒长大。但是当加热温度很高时,这些化合物会聚集长大或者溶解消失,从而失去阻止晶界迁移的能力,奥氏体晶粒就会突然长大。而用Si、Mn脱氧的钢则为本质粗晶粒钢,由于其晶界上不存在细小的化合物粒子,奥氏体晶粒容易长大。

钢的本质晶粒度在热处理生产中具有重要的意义。因为有些热处理工艺需要在高温条件下长时间加热才能实现,例如渗碳需要在900~950℃温度下加热保温5~8h,这就需要采用本质细晶粒钢以获得细小的奥氏体晶粒。因为本质细晶粒钢在930℃以下,当温度升高时,晶粒尺寸都不会有明显的增大。此外,焊接本质细晶粒钢时,其焊缝热影响区的过热程度要比本质粗晶粒钢轻微得多。因此,在设计机械零部件时,注意凡是需要经过热处理或者焊接的零件一般尽量选用本质细晶粒钢,可以减小过热倾向。

为了区别奥氏体的晶粒度,GB/T 6394—2017中规定,将钢加热到930℃保温3~8h,冷却后制成金相样品,在放大100倍的显微镜下与标准晶粒度等级图(图4-5)进行比较,确定该试样的晶粒度,标准将奥氏体的晶粒度分为8级。数字越大,晶粒越细。晶粒度在1~4级范围内的钢称为本质粗晶粒钢,在5~8级范围内的钢称为本质细晶粒钢。

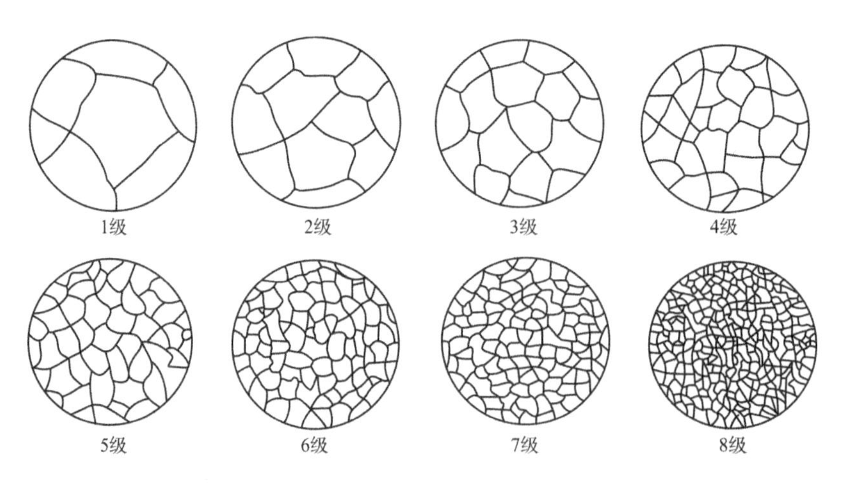

图4-5　标准晶粒度等级

3)奥氏体的实际晶粒度及其影响因素

是指在实际加热条件下得到的奥氏体晶粒度。奥氏体转变刚完成时,晶粒是比较细小的。若继续升高温度或者在较高温度条件下长时间保温，则奥氏体晶粒会自发地合并长成较大的晶粒，这就是奥氏体晶粒的长大。可见，加热温度和保温时间对奥氏体晶粒的长大有着显著影响。加热温度越高，保温时间越长，晶粒长得越大。加热温度一定时，随着保温时间的延长，晶粒也会不断长大，但当保温时间超过一定限度后，奥氏体晶粒就几乎不会再长大而趋于相对稳定。若加热时间很短，即使在较高的加热温度下，也能得到细小的奥氏体晶粒。这种在具体加热条件下所得到的奥氏体晶粒大小称为奥氏体的实际晶粒度。

此外，加热速度也影响着奥氏体的实际晶粒度。加热速度越快，奥氏体晶粒长大倾向越小，奥氏体晶粒越细小。所以工业生产上常采用短时快速加热工艺，以获得超细晶粒。

钢内部的化学成分也影响着奥氏体的晶粒度大小。增加奥氏体中的碳含量会增大奥氏体的晶粒长大倾向。对于亚共析成分的钢，随 ω_C 增加，A 晶粒长大的倾向增大；对于过共析成分的钢，随 ω_C 增加，A 晶粒长大的倾向减小。原因就是过共析钢中呈颗粒状的 Fe_3C 有阻碍晶粒长大的作用。当钢中含有形成稳定碳化物、氮化物的合金元素，如 Cr、F、Ti、W、Mo 等时，这些碳化物和氮化物弥散分布于奥氏体晶界上，阻碍奥氏体晶粒长大。而 P、Mn 等则有加速奥氏体晶粒长大的倾向。

奥氏体的实际晶粒度对钢冷却后的组织和性能有显著影响。一般来说，奥氏体晶粒越细小，冷却后的组织也细小，其强度、塑性和韧性就越好。反之，奥氏体晶粒粗大时，以同样条件冷却后的组织也粗大。粗大的奥氏体晶粒会导致钢的力学性能降低，特别时韧性下降，甚至在淬火时会形成裂纹。当加热时奥氏体晶粒大小超过规定尺寸时就会成为一种加热缺陷，称之为“过热”。过热是指由于加热温度过高而产生的晶粒变粗的现象，因过热而导致的粗大晶粒组织，称为过热组织。因此，若是重要的工件，比如高速切削刀具，淬火时都要对奥氏体晶粒度进行金相评级，以保证淬火后工件具有足够的强度和韧性。

应当指出，除“过热”组织外，钢在加热时还会产生“氧化”和“脱碳”等组织缺陷。采用脱氧良好的盐浴加热或者采用高温短时快速加热等方法都可使得氧化和脱碳程度降低，但防止氧化和脱碳得根本方法还是真空热处理或者可控气氛热处理，这在本章后续内容中加以介绍。

4.2 钢在冷却时的组织转变

根据前述学习得铁碳合金相图可知，钢在加热和保温后，将其冷却至临界点（A_1、A_3、A_{cm}）以下时，奥氏体就会处于热力学不稳定状态，要发生分解和转变。但是在实际冷却过程中，处于临界点以下的奥氏体并不会立即发生转变，这种在临界点以下尚未发生转变的不稳定奥氏体称为过冷奥氏体（图 4-6）。

过冷奥氏体在不同温度下经过不同时间后开始发生转变，并转变为不同产物，描述过冷奥氏体的“温度—时间—转变产物”三者之间关系的曲线称为奥氏体转变图。过冷奥氏体可以在等温条件下转变，也可以在连续冷却条件下进行转变（图 4-7）。因此奥氏体转变图分为等温转变图画和连续冷却转变图。

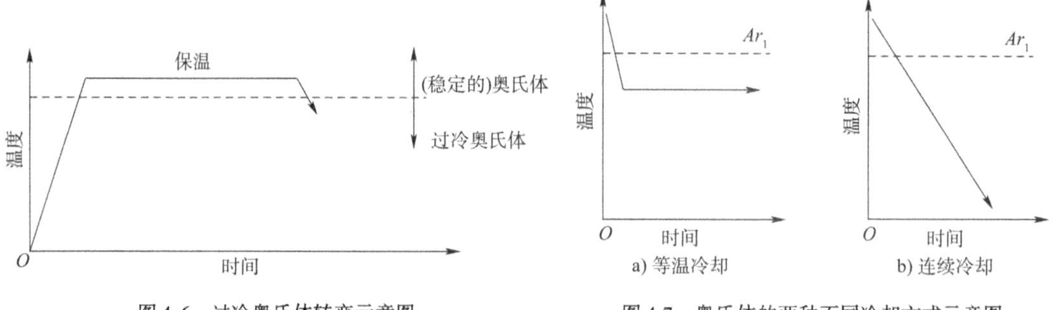

图 4-6　过冷奥氏体转变示意图　　　　图 4-7　奥氏体的两种不同冷却方式示意图

4.2.1　过冷奥氏体的等温冷却转变

1) 奥氏体等温冷却转变图的测定原理

等温冷却转变就是把奥氏体迅速冷却至 Ar_1 以下某一温度保温，待其完全转变后再冷至室温的一种冷却方法。它是研究过冷奥氏体转变的基本方法。现以共析钢为例说明奥氏体等温冷却转变图的测定原理。首先将共析钢制成 ϕ10mm×1.5mm 的薄片试样，分为几组，每组数个试样，将它们同时加热到高于 A_1 温度的某一温度，得到均匀的奥氏体，然后将各组试样分别迅速放入低于 A_1 温度以下的不同温度（如 700℃、650℃、600℃、550℃等）的恒温盐浴中保温，同时记录时间，每隔一定时间取出一块试样，立即于水中淬火。然后测量试样硬度并在显微镜下观察其组织，找出各个等温温度下的转变开始时间和转变结束时间，并画在“温度—时间”的坐标系中，将所有的转变开始点和转变结束点分别连接起来，便形成了奥氏体转变开始线和奥氏体转变终了线，如图 4-8 所示。图示即为过冷奥氏体等温冷却转变图，也称为“TTT”曲线，由于其形状类似 C 字母，故又称“C 曲线”，它表明了过冷奥氏体转变温度、转变时间和转变产物这三者之间的关系。

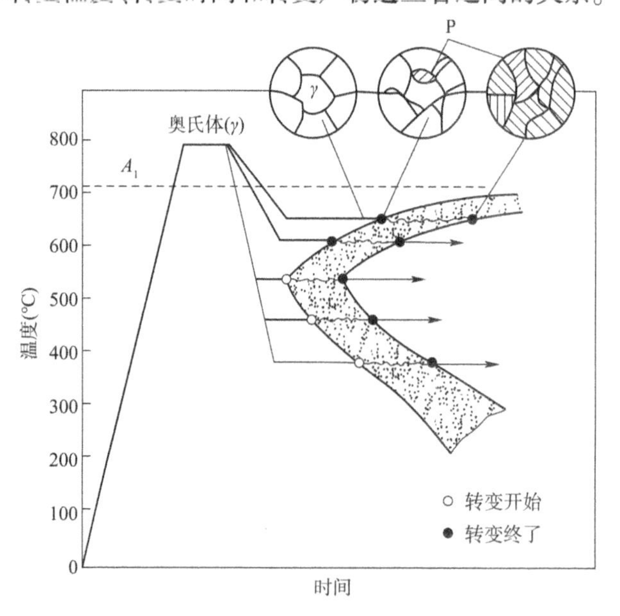

图 4-8　共析钢 C 曲线测定原理示意图

2)奥氏体等温冷却转变图分析

以图4-9所示的共析钢的过冷奥氏体等温冷却转变图为例进行分析。

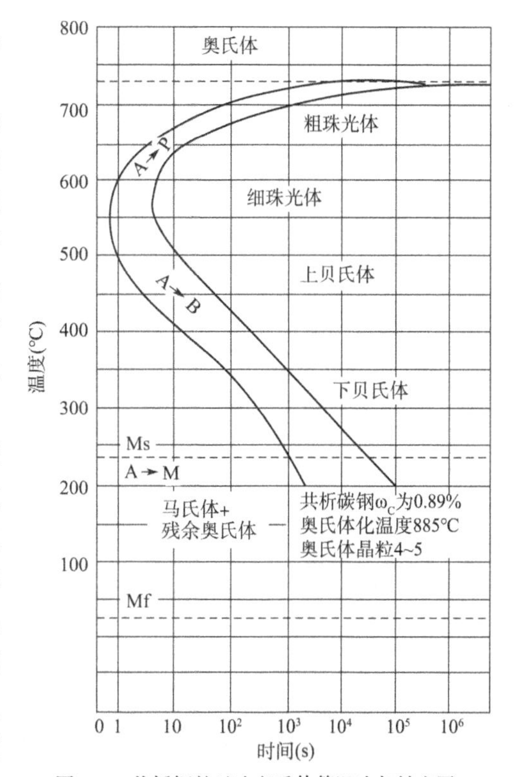

图4-9　共析钢的过冷奥氏体等温冷却转变图

图中左边一条线为转变开始线,右边一条线为转变终了线,它们分别表示转变开始时间和转变终了时间随着等温温度的变化。在图的下面还有两条水平线,上面一条为马氏体开始转变的温度线,以Ms表示;下面一条为马氏体转变终了的线,以Mf表示。这两条线均与冷却速度无关,所以在奥氏体转变图上是水平线。

由图可以看出,A_1线以上是奥氏体的稳定区,A_1线以下奥氏体不稳定,要发生转变,但这种转变不是立即发生,而是经过一段时间之后,转变开始前的这段时间就称为过冷奥氏体的孕育期。孕育期和转变速度是随着等温温度而变化的。在曲线的鼻尖处(550℃)孕育期最短,过冷奥氏体稳定性最小,转变速度最快。在鼻尖以上部分(A_1 ~550℃),随着等温温度的降低,过冷度增加,孕育期变短,转变速度变快。在鼻尖以下部分(550℃ ~Ms之间),随着等温温度的降低,虽然过冷度增加,但孕育期增长,转变速度变慢。过冷奥氏体的孕育期和转变速度随着等温温度变化的这种规律是由两种因素造成的。一个是转变的驱动力,即奥氏体和转变产物的自由能差,它随着等温温度的降低而增大,从而加快转变速度。另一个是原子的扩散能力,它随着等温温度的降低而减弱,从而减慢转变速度。因此,在鼻尖点(550℃)以上,原子扩散能力较强,但是转变的驱动力较小;而在鼻尖点以下,虽然转变的驱动力足够大了,但是原子的扩散能力下降,此时受原子扩散能力的制约,转变速度变慢。因此,鼻尖处的转变速度是最快的,此时转变条件最佳。

此外由图可见,转变类型也是随着等温温度在变化的。A_1 ~550℃时为珠光体转变;550℃ ~Ms时为贝氏体转变;Ms ~Mf时为马氏体转变。

3)过冷奥氏体等温冷却转变产物的组织和性能

(1)珠光体转变。

珠光体向奥氏体的转变就是前面介绍过的共析转变,它也是以形核和核心长大,并通过原子扩散和晶格重构的过程来完成的,如图4-10所示。

当奥氏体冷却至A_1 ~550℃的某一温度保温时,首先会在奥氏体晶界处优先形成片状渗碳体核心,如图4-11a)所示。由于渗碳体中碳的质量分数(ω_C% =6.69%)比奥氏体(ω_C% =0.77%)高得多,因此它需要从周围的奥氏体中吸收碳原子才能长大,这样就造成附近的奥氏体贫碳,为铁素体的形核创造了条件,于是在渗碳体两侧通过晶格改组形成铁素体,如图 4-11b)所示。铁素体的长大使得周围奥氏体中碳量升高,这又促进了新的渗碳体片的形成。随着渗碳体的长大,又产生新的铁素体片,如此反复进行,便形成了铁素体和渗碳体片层相间的珠光体区域。与此同时又有新的晶核形成并长大,如图 4-11c)所示,直到各个珠光体区域彼此相碰,奥氏体全部消失为止。

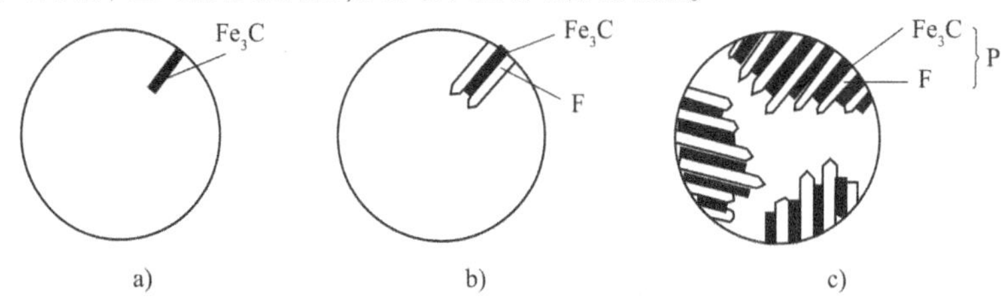

a) b) c)

图 4-10 珠光体形成过程示意图

奥氏体高温转变产物都是片层相间的珠光体,但是由于转变温度和冷却速度的不同,原子扩散能力及驱动力不同,其片层间距也不同。一般转变温度越低,层间距越小;冷却速度越大,层间距越小。

一般将珠光体型组织分为珠光体(P)、索氏体(S)和托氏体(T),它们的显微组织如图 4-11 所示。片层较粗的 a)是珠光体,片层较细的 b)是索氏体,片层极细的 c)是托氏体。

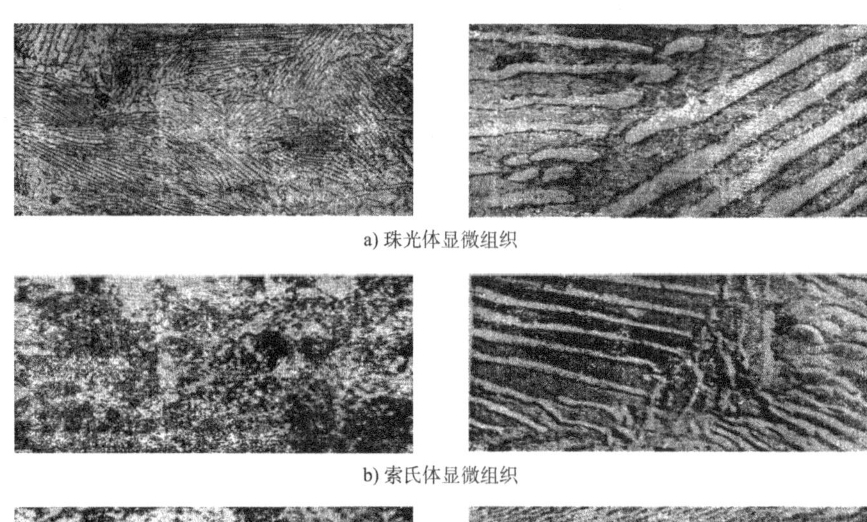

a) 珠光体显微组织

b) 索氏体显微组织

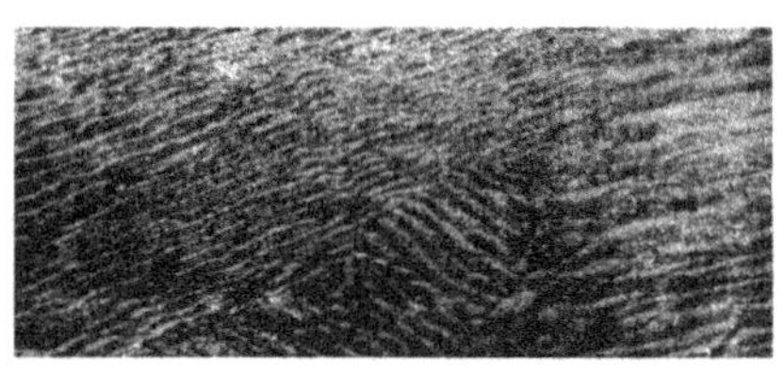

c) 托氏体显微组织

图 4-11 珠光体型组织

从珠光体型组织图中可以看出,它们从组织上没有本质区别,都是铁素体和渗碳体组成的片层相间的机械混合物组织,只是片层间距不同。表 4-1 所示为不同的珠光体型组织形成的温度、片层间距和性能。

珠光体型组织的形成温度、片层间距和性能 表 4-1

组 织 类 型	形成温度(℃)	片层间距(μm)	硬度(HRC)
珠光体(P)	A_1 ~650	>0.4	5~20
索氏体(S)	650~600	0.2~0.4	20~30
托氏体(T)	600~550	<0.2	30~40

由表 4-1 可以看出，奥氏体转变温度较高，即过冷度较小时，铁、碳原子容易扩散，获得的珠光体片层间距就较大。转变温度越低，过冷度越大时，获得的珠光体片层间距就越细小。同理，冷却速度越快时，铁、碳原子来不及扩散，珠光体片层间距就越细小；冷却速度越慢时，铁、碳原子有充分的时间进行扩散，珠光体片层间距就越粗大。

珠光体的力学性能也随着片层间距的变小而提高。很显然，珠光体片层间距越细小，其强度、硬度越高，同时塑性、韧性也有所增加。以硬度为例，P 的硬度为 5~20HRC，S 的硬度为 20~30HRC，T 的硬度为 30~40HRC。所以珠光体和索氏体组织都较易进行机械加工，而托氏体只能进行磨削加工。又例如冷拔高碳钢丝就利用了这点性能优势，先等温处理成索氏体组织，再冷拔变形 80% 以上，其强度可达 3000MPa 以上而不会断裂。

(2)贝氏体转变。

过冷奥氏体在 550℃ ~ Ms 时的中温区等温转变的产物称为贝氏体，用字母 B 表示。贝氏体转变也是形核和长大的过程，但是它和上述的珠光体转变有所不同。在中温转变区，转变温度较低，过冷度大，这时只有碳原子有一定的扩散能力，因此贝氏体转变属于半扩散型转变。在这个温度下，有一部分碳原子在铁素体中已经不能析出，形成过饱和的铁素体。由于碳化物的形成时间增长，渗碳体也不能呈片状析出了。因此，贝氏体是由含碳过饱和的铁素体与渗碳体组成的机械混合物。

根据形成温度和转变产物组织形态的不同，贝氏体主要有上贝氏体和下贝氏体两种，其形成过程示意图如图 4-12 所示。在 550~350℃ 温度之间形成的称为上贝氏体，用 $B_{上}$ 表示；在 350℃ ~ Ms 温度之间形成的称为下贝氏体，用 $B_{下}$ 表示。上贝氏体的铁素体中轻度含 C 过饱和，下贝氏体的铁素体中 C 的过饱和度较大。

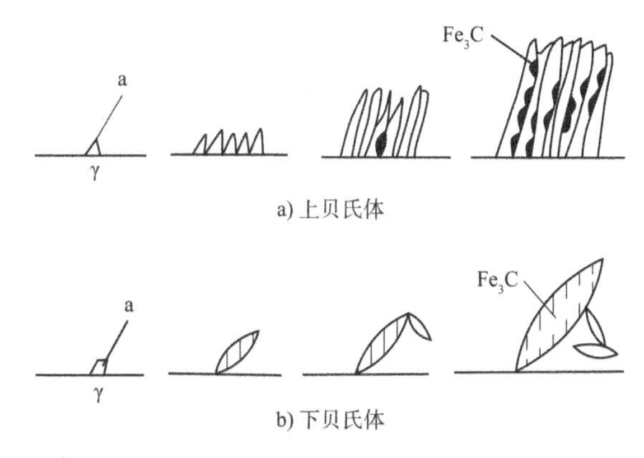

图 4-12 贝氏体形成过程示意图

上贝氏体的形成过程如图 4-12a) 所示。首先沿着奥氏体晶界形成含碳过饱和的铁素体晶核并长大。在 550~350℃ 温度区间内，碳原子还有一定的扩散能力，铁素体片长大时，碳原子能出铁素体中扩散出去，使得周围的奥氏体富碳。当铁素体片间的奥氏体中的碳浓度达到一定值时,便从中析出小条状或小片状的渗碳体,断续地分布在铁素体片之间。其显微组织如图4-13所示。上贝氏体呈羽毛状,它是由许多互相平行的过饱和铁素体片和分布在片间的断续细小的渗碳体组成混合物。

a) 金相组织

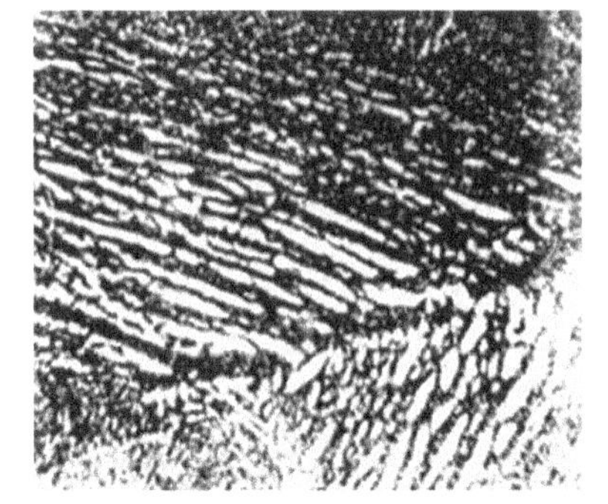

b) 电镜组织

图4-13　上贝氏体的显微组织

上贝氏体的硬度较高,可达40~45HRC。但是由于其铁素体条比较宽,且呈条状断续分布于铁素体板条间,故抗塑性变形能力比较低,渗碳体分布在铁素体条之间容易引起脆断。因此,上贝氏体强度较低,塑性和韧性都很差,是实际生产中应避免出现的组织,在机械零部件生产中应用较少。

下贝氏体的形成过程如图4-12b)所示。铁素体晶核首先在奥氏体晶界上畸变较大处形成,然后沿着奥氏体一定方向呈针状长大。由于350℃~Ms温度较低,碳原子扩散能力较小,已不能长距离扩散,只能在铁素体中沿着一定晶面以细碳化物粒子的形式析出。其显微组织如图4-14所示,可见下贝氏体呈针叶状,它是由针叶状的过饱和铁素体和分布在其中的极细小渗碳体粒子组成的混合物。电镜组织显示在F板条内分布着细小、弥散的粒状或短条状Fe_3C。

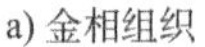

a) 金相组织

b) 电镜组织

图4-14　下贝氏体的显微组织

由于下贝氏体组织中的针状铁素体细小且无方向性,碳的过饱和度较高,渗碳体细小、弥散,且均匀分布在铁素体针内,具有弥散强化的效果,所以它的强度和硬度高,可达50~60HRC,并且具有良好的塑性和韧性,即具有良好的综合力学性能。生产中经常对中碳合金钢和高碳合金钢选用等温淬火热处理工艺获得下贝氏体组织以提高钢的强度、硬度,同时保持一定的塑性和韧性。

(3)马氏体转变。

①马氏体的形成过程及晶体结构。

过冷奥氏体以大于临界冷却速度 v_k 冷却到 Ms 点(230℃)以下时,将发生马氏体转变。与上述的珠光体和贝氏体转变不同,马氏体转变不是在恒温下进行的,而是在连续冷却过程中在 Ms ~ Mf 温度范围内进行的,由于转变温度很低,铁和碳原子都失去了扩散能力,因此马氏体转变属于非扩散型转变。

马氏体转变也是一个形核和长大的过程。其形成过程如图 4-15 所示。当过冷奥氏体冷却到 Ms 点时,马氏体针叶便会沿着奥氏体晶界、孪晶界、滑移面或者晶内晶格畸变较大的地方形核并迅速长大,由于转变驱动力很大,晶核长大速度极快,大约 10^{-7}s,它们很快横贯整个奥氏体晶粒或者很快彼此相碰而立即停止长大,这时需要继续降低温度才能有新的马氏体针叶形成,就这样不断的连续冷却,新的马氏体针叶不断形成,直至达到 Mf 温度点,转变结束。

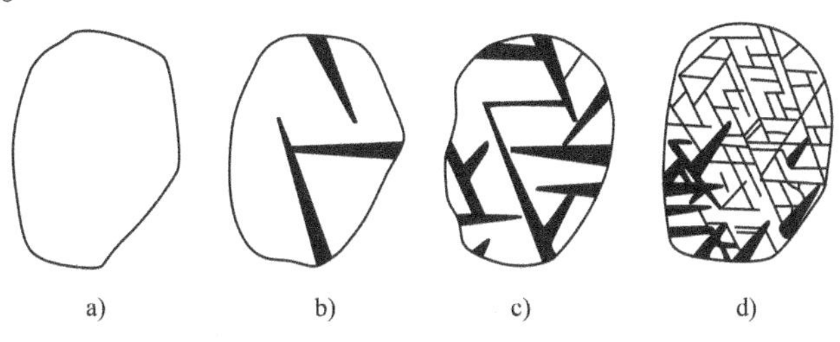

图 4-15 马氏体针叶的形成过程示意图

由于马氏体的转变温度很低,铁和碳原子不能扩散,实际上马氏体是以一种特殊的所谓"共格切变"的方式快速长大,即铁原子整体地沿着奥氏体晶面移动一定位置,并随即做轻微调整,由面心立方晶格畸变成为体心立方晶格,而碳原子来不及重新分布,被迫保留在新组成的晶胞中。由于溶解度的不同,马氏体中的碳总是过饱和的,这些碳原子溶于 α - Fe 晶格的间隙位置,使 c 轴伸长。因此,马氏体的晶格结构为碳溶解在体心立方晶格 (-Fe 中形成的过饱和间隙固溶体,如图 4-16 所示),马氏体中含碳量越高,其正方度 c/a 越大,晶格畸变越严重。

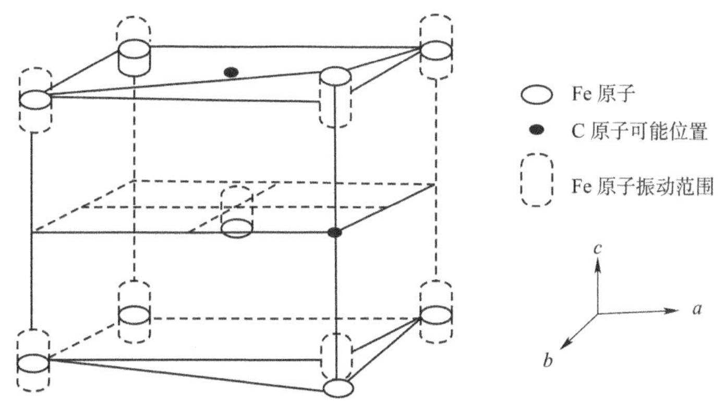

图 4-16 马氏体晶格示意图

②马氏体的组织形态及其影响因素。

马氏体的组织形态与钢的成分、原始奥氏体晶粒的大小及形成条件有关。其组织形态主要有两类:板条状马氏体和针状马氏体。

板条状马氏体一般出现在低碳钢中,因此又称为低碳马氏体。它是由许多成群的、大致平行的板条组成,如图 4-17 所示,板条的空间形态为椭圆断面的柱状体。高倍透射电镜观察表明,板条状马氏体的板条中含有高密度的位错,因此又称为位错马氏体。

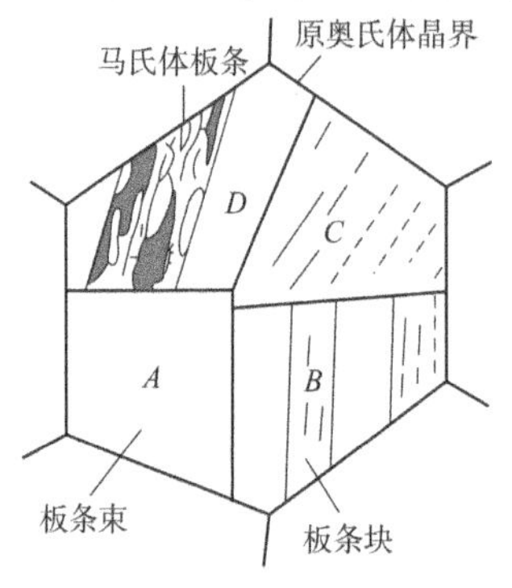

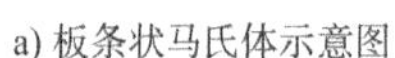

a) 板条状马氏体示意图

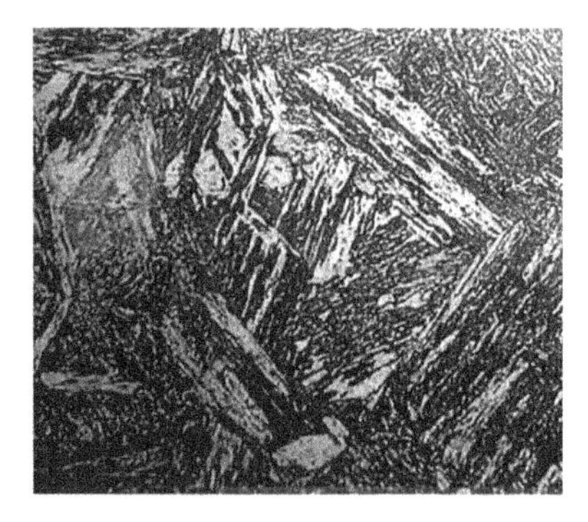

b) 板条状马氏体500×

图 4-17　板条状马氏体的组织形态

低碳板条马氏体中碳的过饱和度小,淬火应力低,不存在显微裂纹。同时其亚结构为分布不均匀的位错,低密度的位错区为位错提供了活动余地,所以板条马氏体的硬度较高,强韧性也好,已得到了广泛的应用。

针状马氏体一般出现在高碳钢中,因此又称为高碳马氏体。它的形态特征呈针片状或竹叶状,周围往往存在着残余奥氏体。针片的空间形态呈双凸透镜状,又称为片状马氏体,如图 4-18 所示。高倍透射电镜观察表明,针状马氏体的针片中含有大量的精细孪晶,因此又称为孪晶马氏体。马氏体"针"或"片"的最大尺寸取决于原始奥氏体的晶粒度。最早形成的针片往往贯穿整个晶粒,后形成的针片大小将受到已形成的针片的限制。因此,原始奥氏体晶粒越细小,则马氏体片也越细小。

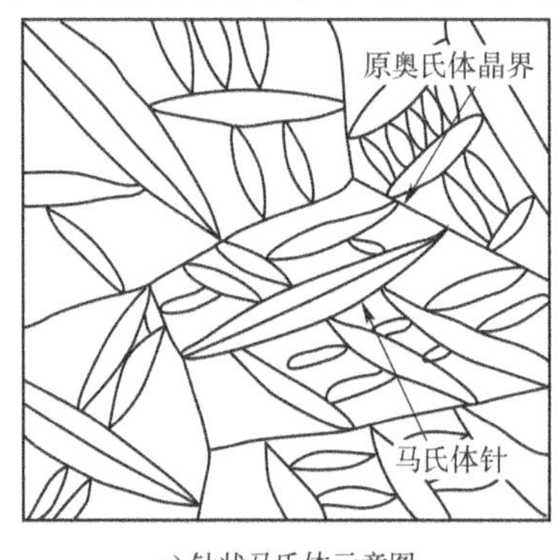

a) 针状马氏体示意图

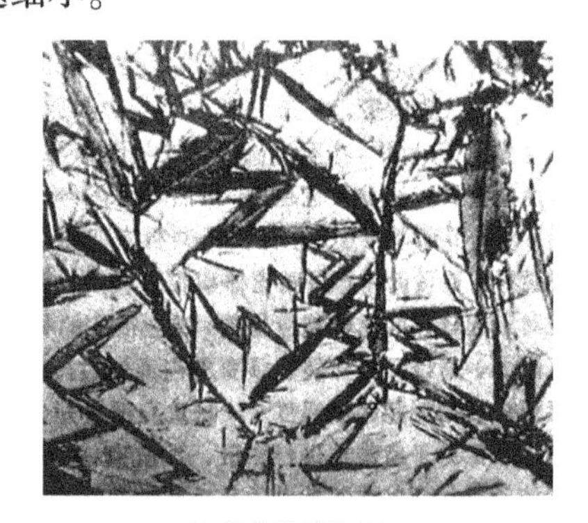

b) 针状马氏体400×

图 4-18　针状马氏体的组织形态

高碳针状马氏体碳的质量分数高,晶格畸变严重,淬火应力较大,往往存在许多显微裂纹。其内部的微细孪晶破坏了滑移系,所以塑性和韧性都很差。

马氏体形态的主要影响因素是其形成温度,而形成温度又主要取决于奥氏体的含碳量。

当 $\omega_C\% < 0.2\%$,马氏体转变后的组织中几乎全部是板条马氏体;当 $\omega_C\% > 1\%$,马氏体转变后的组织中几乎全部是针状马氏体；当 $0.2\% < \omega_C\% < 1\%$，马氏体转变后的组织中既有板条马氏体，也有针状马氏体。马氏体组织形态与含碳量的关系如图4-19所示。

③马氏体的性能。

马氏体的性能主要取决于含碳量和组织形态。马氏体含碳量对其性能的影响如图4-20所示。含碳量越高，马氏体晶格畸变越严重，其强度、硬度越高，但脆性越大，塑性、韧性越差。所以高碳针状马氏体"硬而脆"。钢中获得马氏体组织是强化钢铁材料的重要手段之一。但值得注意的是：含碳量越高的钢材淬火后，马氏体强硬度升高越显著；含碳量 $<0.2\%$ 的钢材淬火后，马氏体硬度升高不明显，淬火的意义不大。组织形态也影响着马氏体的性能。针状马氏体硬度大，塑性和韧性差；板条马氏体韧性较好，并且具有足够的强度。所以低碳板条马氏体"强而韧"。

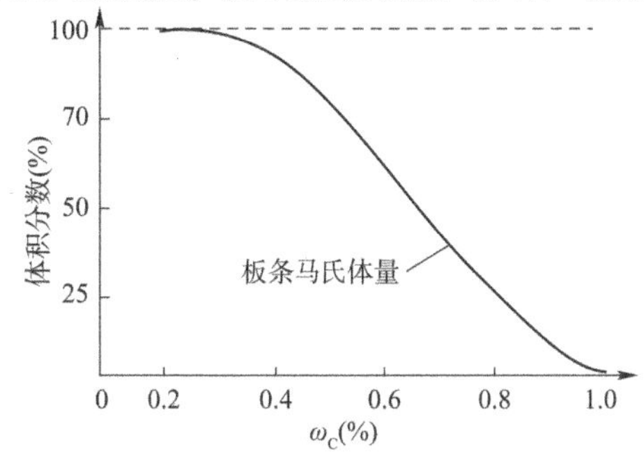

图4-19 马氏体组织形态与含碳量的关系示意图

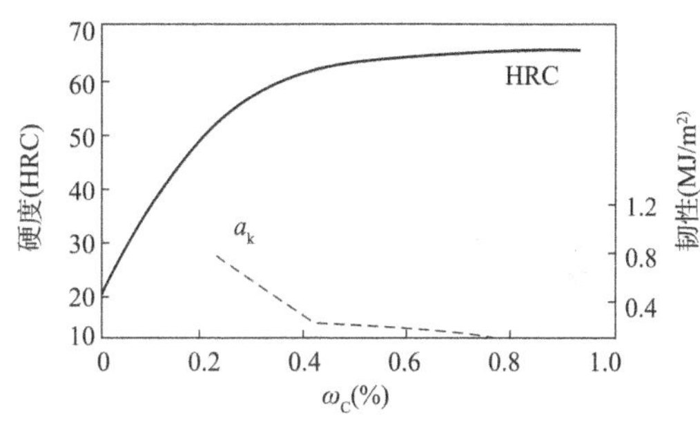

图4-20 马氏体的硬度、韧性与含碳量的关系

总之，由于马氏体是含碳过饱和的固溶体，其晶格畸变严重歪扭，内部又存在大量的位错或孪晶。各种强化因素综合作用后，其硬度和强度大幅度提高，而塑性和韧性急剧下降，碳的质量分数越高，强化作用越显著。

在设计机械零部件时，对于要求高硬度、高耐磨性的零部件应选用高碳钢或高碳合金钢淬火成高碳针状马氏体；对于要求较高强度和较高韧性的零部件，则宜选用低碳钢或低碳合金钢淬火形成低碳板条马氏体。近年来，低碳马氏体的应用得到了很大发展，用低碳合金钢淬火成低碳板条状马氏体代替中碳合金调质钢不仅可大幅度减轻零部件质量，延长使用寿命，而且能改善工艺性能和提高产品质量。目前已广泛应用在石油钻井的吊环、吊钳、吊卡和汽车上的高强度螺栓等零件。

特别提示：马氏体的硬度不等于淬火钢的硬度。马氏体的硬度由含碳量决定，淬火钢的硬度则与马氏体转变结束后钢中马氏体的相对量和未转变组织的相对量有关，即随淬火钢中未转变组织的相对量增多，淬火钢硬度降低。

④马氏体转变的特征。

a. 马氏体转变速度极快，时间 $<10^{-7}$s。过冷奥氏体在Ms点以下瞬间形核并长大成为马氏体。转变是在Ms～Mf温度范围内连续降温的过程中进行的，即随着温度的降低不断有新的马氏体晶核形成并瞬间长大。停止降温，马氏体的生长也停止。由于马氏体形成速度很快，后形成的马氏体会冲击先形成的马氏体，导致形成微裂纹，使马氏体变脆。

b. 马氏体转变为非扩散转变，是碳在α-Fe中的过饱和固溶体。过饱和的碳在铁中造成很大的晶格畸变，产生很强的固溶强化效应，使马氏体具有很高的硬度。马氏体中含碳越多，其硬度越高。奥氏体转变为马氏体时，晶格由面心立方转变为体心正方晶格，结果使马氏体的体积增大，在钢中引起较大的淬火应力，导致淬火工件的变形和开裂。

c.马氏体转变的不完全性。马氏体转变的开始温度和终了温度（Ms 和 Mf）的位置取决于奥氏体的含碳量，奥氏体的含碳量越高，Ms 和 Mf 点越低，如图 4-21 所示，当奥氏体中的碳含量超过 0.5% 时，Mf 点已降到 -100℃。如果淬火只冷却至室温，那么就有一定量的奥氏体未转变成马氏体，这部分被保留下来的奥氏体称为残余奥氏体（A_R）。残留奥氏体量随碳质量分数的增加而增加（图 4-22），有时为了减少淬火至室温后钢中保留的残留奥氏体量，可将其连续冷到 0℃以下（通常冷到 -78℃或该钢的 Mf 点以下），这种工艺称为冷处理。对于中、低碳钢，如果淬火冷却至室温，残余奥氏体少或者没有；但对于高碳钢，如果淬火只冷却至室温，残余奥氏体的数量较多，将对材料性能造成不利影响，因为残余奥氏体是不稳定的，容易分解进而造成钢材性能的不稳定。高碳钢特别要注意这个问题，应通过热处理工艺尽可能地减少残余奥氏体量。

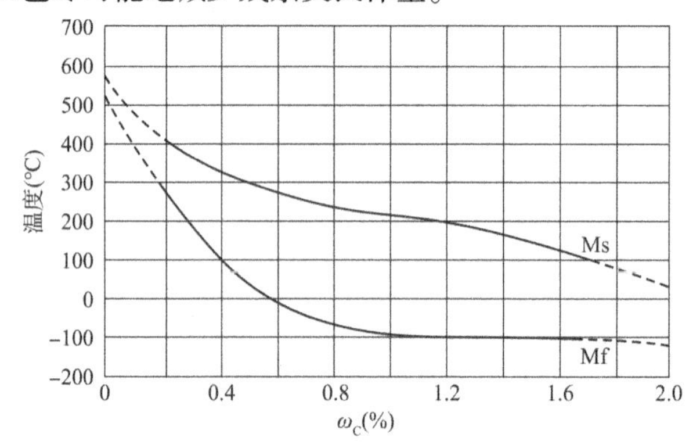

图 4-21　奥氏体碳的质量分数对 Ms 和 Mf 点的影响

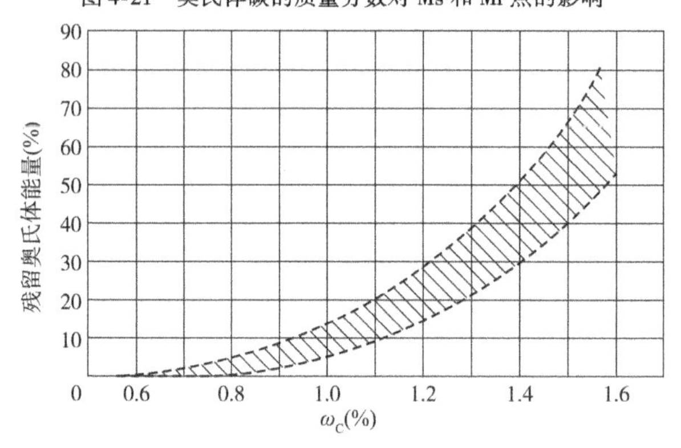

图 4-22　残余奥氏体量和奥氏体中含碳量的关系

4）影响奥氏体等温冷却转变图的主要因素

奥氏体等温冷却转变图的形状和位置对奥氏体转变速度和转变产物的性能以及热处理工艺都具有十分重要的意义。C 曲线的影响体现在：C 曲线是向左移，还是向右移；C 曲线是否发生形状的变化，如变成上下两个 C 曲线，过冷奥氏体越稳定，C 曲线越向右移。

影响奥氏体等温转变图的因素主要是奥氏体中的含碳量、合金元素和加热条件。

（1）含碳量。

亚共析钢、共析钢和过共析钢的等温冷却转变图如图 4-23a）、b）、c）所示。从图中可以看出，亚共析钢和过共析钢的奥氏体等温冷却转变图与共析钢的相似，也存在高温区的珠光体转变、中温区的贝氏体转变和低温区的马氏体转变。所不同的是，亚共析钢和过共析钢等温冷却转变图的“鼻尖”上部区域分别多出一条先共析铁素体和渗碳体的析出线。这表明了亚共析钢在珠光体转变前先有铁素体析出，过共析钢则先有渗碳体析出。

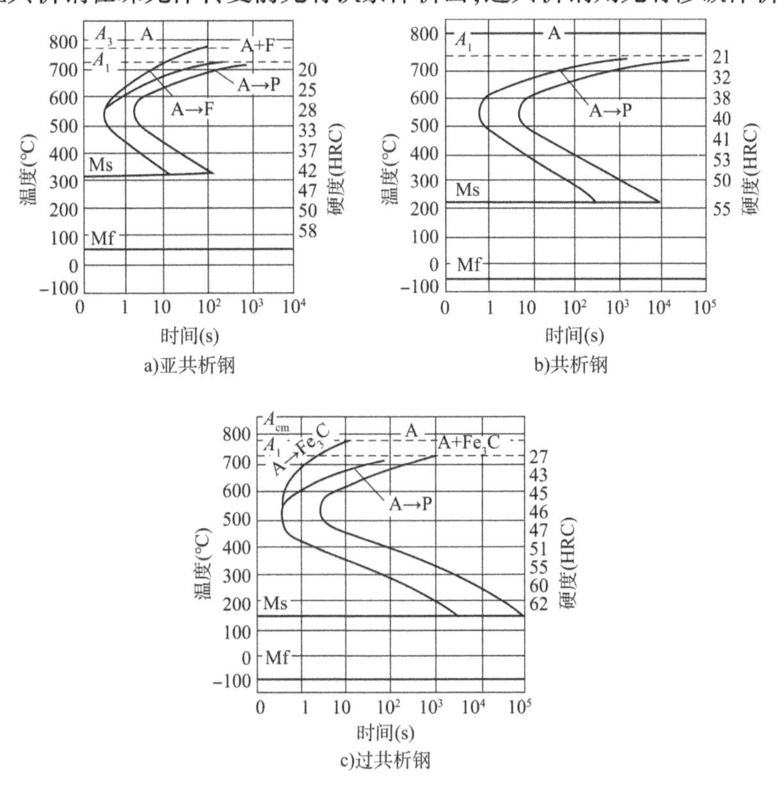

图4-23　亚共析钢、共析钢及过共析钢的奥氏体等温冷却转变图比较

由图中还可看出，亚共析钢的等温转变图随着碳的质量分数的增加而向右移，过共析碳钢的等温转变图随着碳的质量分数的增加而向左移。所以在碳钢中，以共析钢过冷奥氏体最稳定，等温转变图最靠右边。

此外，随着含碳量的增加，碳钢奥氏体等温冷却转变图上的Ms和Mf点逐渐降低。奥氏体等温转变图上Ms和Mf的降低将使钢淬火至室温后的残余奥氏体量增加。例如，共析钢的Mf点为-50℃时，淬火后室温下保留3%～6%的残余奥氏体；过共析钢的Mf点降低至-100℃时，淬火后室温下会保留8%～15%的残余奥氏体。残余奥氏体是不稳定的。大量的残余奥氏体会降低钢的硬度，因此，高碳钢和高碳合金钢在淬火至室温后必须进行“冷处理”，将钢件放入干冰酒精等制冷剂中继续冷却到0℃以下甚至更低的温度，使残余奥氏体完全转变为马氏体，以提高硬度。

(2)合金元素。

除了钴以外，所有的合金元素溶入奥氏体中都可增加过冷奥氏体的稳定性，使等温转变图右移。其中非碳化物形成元素或弱碳化物形成元素(如Si、Ni、Cu、Mn等)只改变等温转变图的位置，不改变其形状。而碳化物形成元素(如Cr、Mo、W、V等)不仅使等温转变图的位置发生变化，还改变形状。图4-24所示即为合金元素Cr对等温冷却转变图的影响。而除了Al和Co之外，其他合金元素溶入奥氏体之后都会使得奥氏体等温转变图上 Ms 和 Mf 降低。

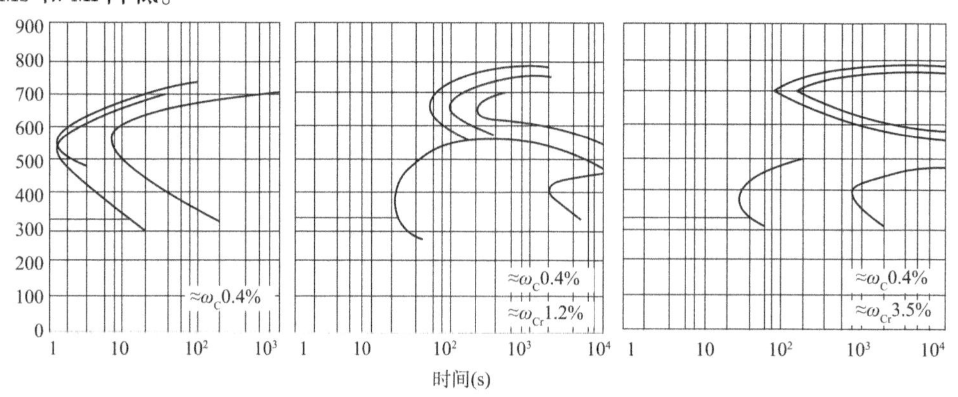

图 4-24　合金元素 Cr 对等温转变图的影响

(3)加热条件。

加热条件包括加热温度和保温时间。加热温度越高,保温时间越长,碳化物溶解得越完全,奥氏体的成分越均匀,同时晶粒粗大,晶界面积越小。这一切都有利于过冷奥氏体的稳定性,使等温转变图向右移。

4.2.2　过冷奥氏体的连续冷却转变

等温“C”曲线是等温冷却获得的,等温冷却是常用的研究方法,但不是实际热处理生产冷却方式。在实际热处理生产中,基本都是采用连续冷却方式。

1)过冷奥氏体的连续冷却转变图

描述过冷奥氏体连续冷却时的温度—时间—转变曲线称为连续冷却转变图,简称 CCT 图。它是用实验方法测定的,实验方法为将一组试样加热到奥氏体后,以不同的冷却速度连续冷却,测出其奥氏体转变开始点和终了点的温度和时间,并在温度—时间对数坐标系中,分别连接不同冷却速度的开始点和终了点,便可得到连续冷却转变图,如图 4-25 所示,该图为共析钢的连续冷却转变图。

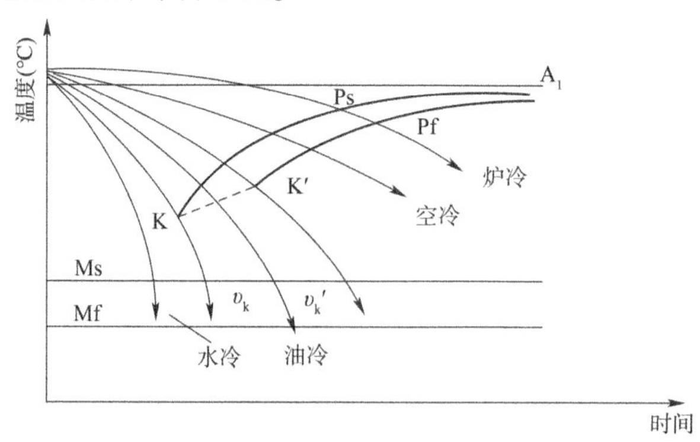

图 4-25　共析钢的连续冷却转变图

如图 4-24 所示,图中的 Ps 和 Pf 分别为过冷奥氏体转变为珠光体的开始线和终了线,两线之间为转变的过渡区,KK′线为珠光体转变的终止线,即当冷却速度线碰到 KK′线时,过冷奥氏体就不再继续向珠光体转变,而一直保持到 Ms 点以下才开始发生马氏体转变。

所以，共析钢在连续冷却过程中，无贝氏体转变，也没有贝氏体组织出现。同样，过共析钢的连续冷却转变图中也没有贝氏体转变，但值得一提的是，亚共析钢就不同，过冷奥氏体在连续冷却时在一定的温度范围内会部分转变成贝氏体。

2）连续冷却转变图和等温冷却转变图的比较和应用

奥氏体的连续冷却转变图与等温冷却转变图既有区别，又有联系。图4-25所示为共析钢连续冷却转变图与其等温冷却转变图的比较图。其中虚线为连续冷却转变图。从图中可看出，连续冷却时过冷奥氏体的稳定性增加，完成珠光体转变的温度更低，时间更长。此外，连续冷却过程中没有贝氏体转变过程，得不到贝氏体组织。

目前，等温冷却转变图比较容易测定，其资料比较充分。而连续冷却转变图的测定比较困难，相关的图资料比较缺乏。因此在实际热处理时，常参照奥氏体的等温转变图来定性估计连续冷却转变过程，根据冷却速度线与奥氏体的等温转变图相交的位置即可大致估计在某种冷却速度下转变获得的组织和性能。以图4-26中的共析钢的冷却为例。图中 v_1 相当于炉冷（退火）的情况，转变产物为粗片状珠光体组织（P）；v_2 相当于在空气中冷却（正火）的情况，转变产物为索氏体组织（S）；v_3 相当于在风扇吹风状态下冷却的情况，转变产物为托氏体组织（T）；v_4 相当于油中冷却（油淬）的情况，在到达连续冷却转变曲线的珠光体转变终止线 KK′线之前，奥氏体部分转变为托氏体，从 KK′线到 Ms 点，剩余的奥氏体停止转变，直到 Ms 点以下，才开始马氏体转变。直至 Mf 点，马氏体转变完成，得到的组织为马氏体和托氏体（M + T）的混合组织，如果冷却到 Ms 点和 Mf 点之间，则得到的组织为马氏体、托氏体和残余奥氏体（$M + T + A_R$）的混合组织。v_5 相当于在水中冷却（水淬）的情况，冷却速度线不与奥氏体等温转变图相交，在 A_1 ~ Ms 点温度范围内奥氏体不发生转变，只有冷却到 Ms 点以下时才发生马氏体转变，得到的组织是马氏体和残余奥氏体（$M + A_R$）的混合组织。

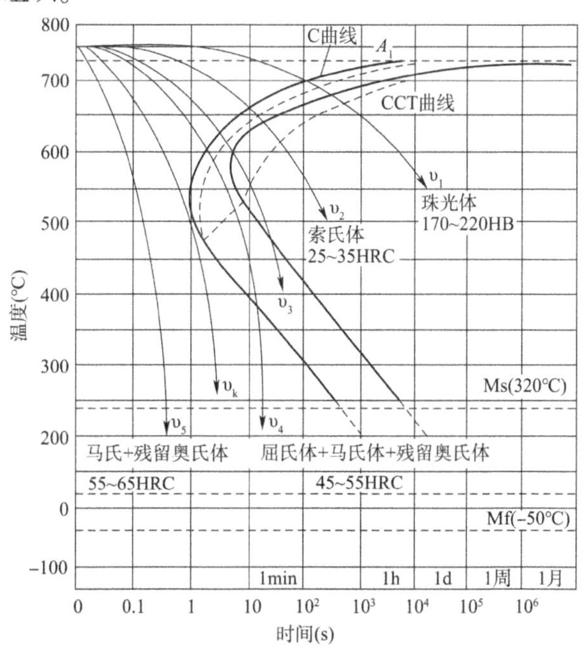

图4-26 共析钢连续冷却转变图（虚线）和等温冷却转变图（实线）的比较

图中 v_k 冷却速度线恰好与奥氏体等温转变图中的转变开始线相切，它表示奥氏体在冷却过程中中途不发生转变，而直接转变为马氏体组织的最小冷却速度，称之为“临界冷却速度”。共析钢以大于 v_k 的速度冷却时，由于遇不到珠光体转变线，得到的组织全部为马氏体。v_k 越大，越易得到马氏体。显然，v_k 与奥氏体等温转变图的位置有关，奥氏体等温转变图越右移，则 v_k 越小，在较慢的冷却速度下也能得到马氏体组织，这对热处理的工艺操作具有十分重要的现实意义。比如，用碳钢做成零件，由于它的奥氏体等温转变图靠左，v_k 很大，必须在水中冷却才能得到马氏体组织，若零件形状较复杂的话，极其容易造成零件开裂。如果用合金钢做成零件，其奥氏体等温转变图靠右，v_k 较小，在油中冷却便能得到马氏体组织。油的冷却速度较慢，故零件产生的热应力较小，不容易产生变形和开裂，这就是合金钢性能更加优越的原因之一。

连续冷却转变曲线能准确地反映在不同的冷却速度下，转变温度、时间及转变产物之间的关系，可直接用于制定热处理工艺规范。一般手册中给出的连续冷却转变图中除有曲线的形状和位置之外，还会给出该钢在几种不同的冷却速度下所经历的不同转变过程以及得到的组织和硬度，还可以清楚地看出该钢的临界冷却速度等，这些都是制订淬火方法和选择淬火介质的重要依据。

4.3 钢的普通热处理工艺

钢的普通热处理工艺是将工件整体进行加热、保温和冷却，以使其获得均匀的组织和性能的操作，共包括退火、正火、淬火和回火四种。普通热处理工艺是机械制造过程中不可缺少的工序。对于重要的机械零部件，其制造工艺路线常采用铸造(或锻造)—退火(或正火)—粗加工—淬火—回火—精加工—成品，其中退火或正火作为预先热处理，用以消除铸造或锻造等热加工工件中存在的晶粒粗大、组织不均匀、成分偏析和残余内应力过大等缺陷，而淬火和回火作为最终热处理，用以完善组织和性能。对于一些普通的以及不太重要的机械零部件，其制造工艺路线常采用铸造(或锻造)—退火(或正火)—切削加工—成品，其中退火和正火也可以作为最终热处理工序，通过适当的退火和正火后，工件的组织细化，成分均匀，具有较好的力学性能和切削加工性能。

4.3.1 退火

退火是将钢加热到一定温度并保温一定时间，然后随炉缓慢冷却的一种热处理工艺。

退火的主要目的有：调整硬度以便进行切削加工，适于机加工的硬度为 170 ~ 230HB；消除残余内应力，防止工件淬火时变形或开裂；细化晶粒，改善组织；获得粒(球)状珠光体，为最终热处理(淬火和回火)作组织准备。

退火工艺分类方法很多。其中按照加热温度的不同可分为两大类：一类是临界温度(Ac_1 或 Ac_3)以上的退火，称为“相变重结晶退火”，这一类退火的目的和作用是以改变组织和性能为目的，获得以珠光体为主的组织，并使钢中的珠光体、铁素体和碳化物等组织形态及分布达到要求。包括完全退火、等温退火和球化退火等。另一类是加热到临界温度(Ac_1或Ac_3)以上的退火,称为“低温退火”,这一类退火的目的和作用是不以组织转变为目的,使钢的不平衡状态过渡到平衡状态。包括再结晶退火和去应力退火等。各种钢的退火工艺加热温度范围如图4-27所示。

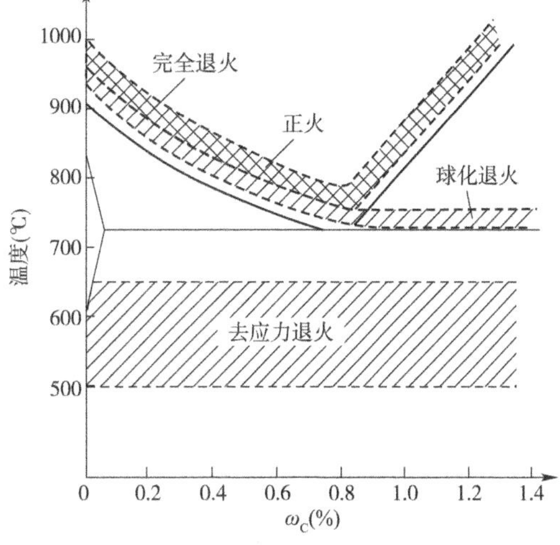

图4-27 钢的退火和正火的加热温度范围

1)完全退火

完全退火一般简称为“退火”,是将钢加热到Ac_3以上30~50℃后,保温一定时间,然后随炉缓慢冷却以获得近似平衡组织的热处理工艺。“完全”的意思是指加热温度为临界点Ac_3以上30~50℃,加热完成后获得的组织为完全奥氏体组织。

完全退火主要用于亚共析钢和合金钢的铸件、锻件及热轧型材等,有时也用于焊接结构件。其目的是改善组织、细化晶粒、降低硬度以改善切削加工性能和消除残余应力。经完全退火(冷却)后得到的组织是铁素体加珠光体。完全退火一般作为一些对强度要求不高的零件的最终热处理,或作为某些重要零件的预备热处理。过共析钢不能采用完全退火,因为加热到Ac_m以上而后缓慢冷却时过共析钢会出现网状渗碳体,使钢的韧性大大降低。

完全退火的缺点是退火所需时间非常长,尤其是对于某些奥氏体稳定性比较高的合金钢,往往需要几十小时,甚至数天时间,因此生产周期长,生产效率低。

2)等温退火

将钢材或钢制工件加热到高于Ac_3(亚共析钢)或Ac_1~Ac_m之间(过共析钢)的温度,保温后快速冷却到低于Ar_1以下的某个温度,等温保持足够时间,使珠光体转变完毕,然后出炉空冷,此种工艺称为等温退火。可见,等温退火的目的及加热过程与完全退火相同。“等温”的含义是指:在珠光体区的某一温度下等温,奥氏体转变为珠光体组织。在等温转变之前和之后可以稍快地进行冷却。

等温退火可以得到比完全退火更为均匀的组织和性能,同时还能有效地消除锻造应力,而工艺周期却比完全退火缩短了大约一半(特别是对于合金元素含量比较多的钢),等温退火可以有效地缩短工件在炉内停留时间,提高生产效率。图4-28所示为高速钢普通退火与等温退火的比较图。

3)球化退火

球化退火主要用于共析和过共析成分的碳钢及合金钢。它是将钢件加热到Ac_1(实际加热时珠光体转变为奥氏体的最低温度)以上30~50℃,保温一定时间后随炉缓慢冷至600℃以下出炉空冷,钢中的片层状渗碳体和网状二次渗碳体发生球化,得到硬度更低韧性更好的球状珠光体组织,即在铁素体基体上分布着细小均匀的球状渗碳体(图4-29)。球化退火的目的是降低硬度、均匀组织、改善切削加工性,并为以后淬火作准备,减小工件淬火变形和开裂。

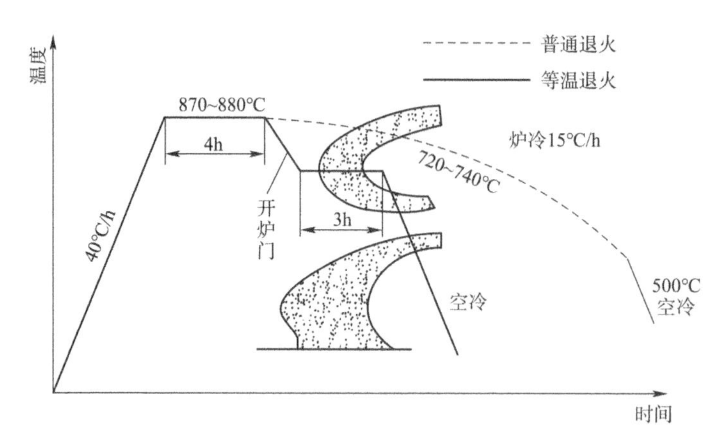

图4-28 高速钢普通退火与等温退火的比较

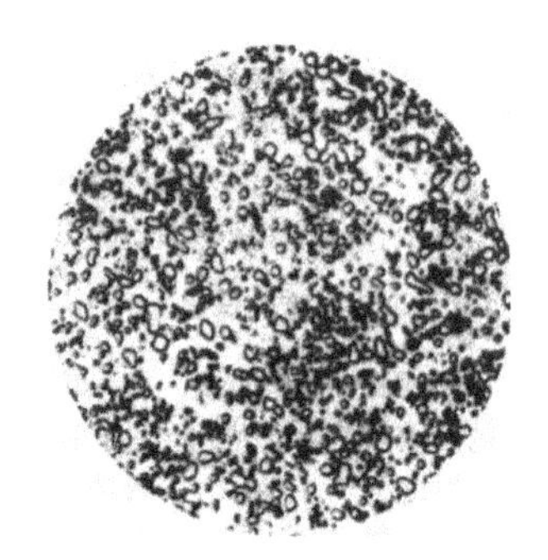

图4-29 过共析钢球化退火的显微组织

4)去应力退火

去应力退火又称低温退火。是将冷变形后的金属加热到再结晶温度以下保温,然后缓慢冷却(炉冷)至200~300℃出炉空冷的热处理工艺。去应力退火常用于消除铸、锻、焊工件的残余内应力,提高工件的尺寸稳定性,而仍保留加工硬化效果。在实际生产中,去应力退火工艺的应用要比上述定义广泛得多。热锻轧、铸造、各种冷变形加工、切削或切割、焊接、热处理,甚至及其零部件装配后,在不改变组织状态、保留冷作和热作或表面硬化的条件下,将工件加热至Ac_1以下某一温度,保温一定时间,然后缓慢冷却以消除内应力,减小变形开裂倾向的热处理工艺统称为去应力退火。

5)再结晶退火

再结晶退火是与去应力退火类似的一种低温退火工艺。其工艺过程是将冷变形后的金属加热在再结晶温度以上150~250℃,保持适当的时间后缓慢冷却,使变形晶粒重新形核,转变为均匀细小的等轴晶粒,同时消除加工硬化。此时强度、硬度显著降低,塑性、韧性明显升高,内应力基本消除,并最终恢复到冷变形前状态。其目的是消除加工硬化、降低硬度、提高塑性与韧性,以改善切削加工性。

4.3.2 正火

将钢加热到Ac_3(对于亚共析钢)或Ac_m(对于过共析钢)点以上30~50℃,保温一定时间后,在空气中冷却,从而得到珠光体类组织的热处理工艺称为正火。正火后的组织:碳含量<0.6%时,组织为$F_{少}+S$;碳含量>0.6%时,组织为S。与退火的明显区别是正火的冷却速度较快,正火后形成的组织要比退火组织细(如图4-30中45钢退火和正火后的显微组织所示),因而使钢的硬度和强度有所提高。

亚共析钢正火的主要目的是细化晶粒、消除组织中的缺陷。由于冷却速度较快,正火组织中珠光体片层较细,提高了钢的强度和硬度。过共析钢正火的主要目的是抑制或消除网状渗碳体,有利于球化退火的进行。

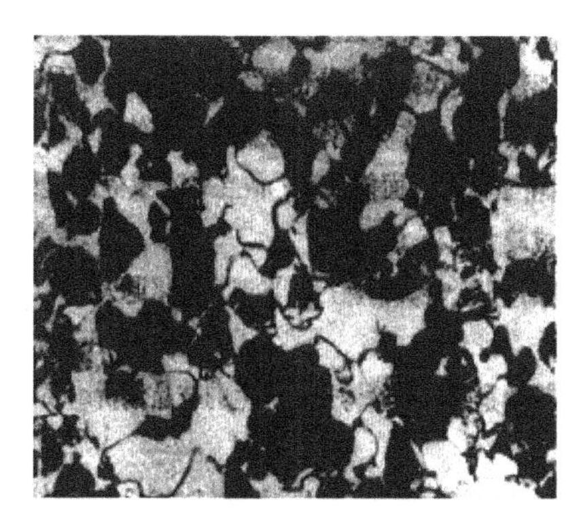
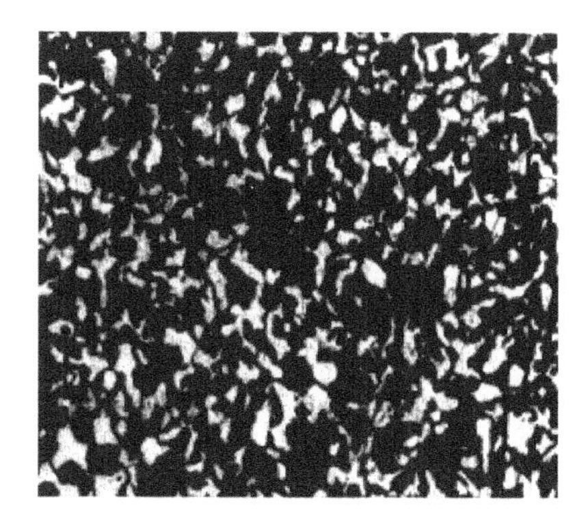

图4-30　45钢退火(左图)与正火(右图)后的显微组织

普通结构零件的正火处理可作为最终热处理。低碳钢或低碳合金钢正火后可提高硬度,改善切削加工性能。合金钢在调质处理前均进行正火处理,以获得细密而均匀的组织。

正火由于比退火生产周期短,设备利用率高,节约能源,因此得到了广泛的应用。

由以上讨论可以看出,退火和正火在某种程度上有相似之处,在设计时要考虑不同情况加以选择,主要从以下两方面。

①切削加工性。低碳钢硬度低,切削加工时切屑不易断开而黏刀,刀刃容易损坏,加工后零件表面粗糙度值大,通过正火可以适当提高硬度以利于切削加工,故低碳钢和低碳合金钢以正火作为预先热处理;高碳钢硬度高,难以切削加工,刀具易磨损,通过退火可以适当降低硬度,以利于切削加工,故高碳结构钢和工具钢及中碳以上合金钢均采用退火作为预先热处理;中碳钢和中低碳合金钢采用退火和正火均可以作为预先热处理,但从经济上考虑,正火比退火的生产周期短,耗能少,且操作简便,尽可能以正火代替退火。

②从使用性能考虑,如果工件的性能要求不高,则以正火为最终热处理以提高力学性能。但如果工件形状复杂,则应采用退火作为最终热处理,以防止形成裂纹。

4.3.3　淬火

1)淬火的定义和目的

淬火是将钢件加热到Ac_3(亚共析钢)或Ac_1(共析和过共析钢)以上30~50℃,保温一定时间后快速冷却(一般为油冷或水冷)以获得马氏体或下贝氏体组织的热处理工艺。淬火的目的是:获得马氏体或下贝氏体组织,提高金属材料的强度和硬度,增加耐磨性,避免产生变形和开裂,工具、轴承等工件一般用高碳钢制造,并淬火得到马氏体(部分下贝氏体),再配以低温回火,以提高其硬度和耐磨性;获得优异的综合力学性能,齿轮(心部)、轴类、结构件等重要机器零件,都要求具有良好的综合力学性能,即高强度和高韧性,一般用中、低碳钢制造并淬火得到马氏体,再进行高温回火;获得某些特殊的物理和化学性能,例如不锈钢、耐热钢、磁钢等,都可通过淬火使之得到一定的物理或化学性能。淬火通常属于最终热处理,是钢的最重要的热处理工艺。

2)淬火的工艺参数

(1)淬火温度的选择。

利用铁碳合金相图,可以确定碳素钢的淬火温度,如图4-31所示。对亚共析钢,适宜的淬火加热温度为Ac_3以上30~50℃,淬火后可获得细小均匀的马氏体组织。如果淬火加热温度不足(<Ac_3),则淬火后的组织中将会出现铁素体,造成硬度不足、强度降低。若淬火加热温度过高,淬火后获得粗大的马氏体组织,零件的力学性能变坏,同时淬火应力增大容易引起零件变形和开裂。

对于共析钢、过共析钢淬火温度为Ac_1以上30~50℃。淬火后的组织为细小均匀的马氏体组织和粒状渗碳体的混合组织(图4-32)。残留奥氏体较少,钢的硬度和耐磨性都比较高。如果淬火加热温度过高(>Ac_{cm}),将获得粗大的马氏体组织,同时引起较严重的变形或开裂,而且由于二次渗碳体全部溶解,使奥氏体的含碳量过高,从而降低了Ms点,增加了淬火钢中的残余奥氏体数量,使钢的硬度和耐磨性降低。如果淬火温度过低,则可能得到非马氏体组织,钢的硬度达不到要求。

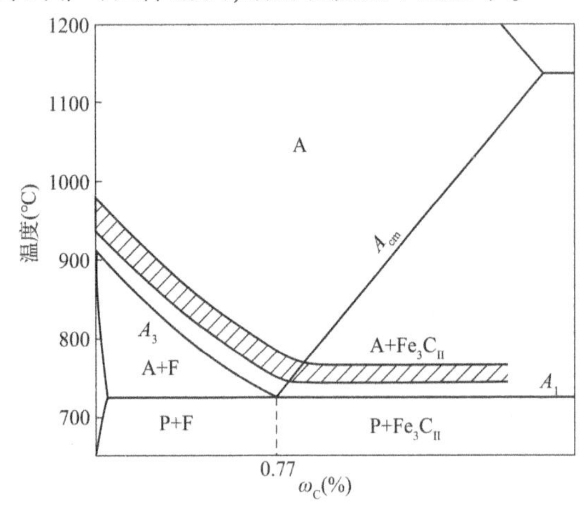

图4-31　碳钢的淬火加热温度范围

图4-32　过共析钢的正常淬火组织

对于合金钢来说,由于多数合金元素(Mn、P除外)对奥氏体晶粒长大有阻碍作用,合金钢的奥氏体孕育期更长,C曲线更靠右,因而合金钢淬火温度比碳钢高。有时可达临界温度以上70~100℃。

(2)加热保温时间的确定。

加热保温时间受钢的化学成分、工件尺寸形状、加热炉类型等多种因素的影响。在保证工件热透和内部组织充分转变的前提下,应尽量缩短加热保温时间,以提高生产率,降低能源消耗,减少氧化脱碳,提高热处理质量。加热时间由升温时间和保温时间组成。确定加热时间的原则:保证工件内外温度一致,奥氏体化过程充分,奥氏体均匀细小。确定加热时间的依据:通常根据经验公式估算或通过实验确定。

3)淬火介质

淬火介质有两个方面的问题:冷却速度越大,越容易获得马氏体。但同时冷却速度大,产生的淬火内应力也大,工件变形和开裂的倾向程度高。生产实践表明,工件的大量淬火质量缺陷不是来自加热过程,而是源于淬火冷却过程,与淬火冷却介质的选择和控制密切相关。

从C曲线可知，要淬火得到马氏体，当冷却至“鼻尖”温度前（650℃以上）冷却要较慢，以充分降低热应力。在“鼻尖”温度附近（400～650℃）具有较大的冷却能力，避免产生非马氏体组织。在Ms点附近（400℃以下）冷却要尽量缓慢，以减少马氏体转变时产生的组织应力。所以理想的冷却曲线应只在C曲线鼻尖处（400～650℃）快速冷却，而在Ms附近（400℃以下）尽量缓冷，以达到既获得马氏体组织，又减小内应力的目的。理想淬火冷却曲线如图4-33所示。但目前还没有找到理想的淬火介质。

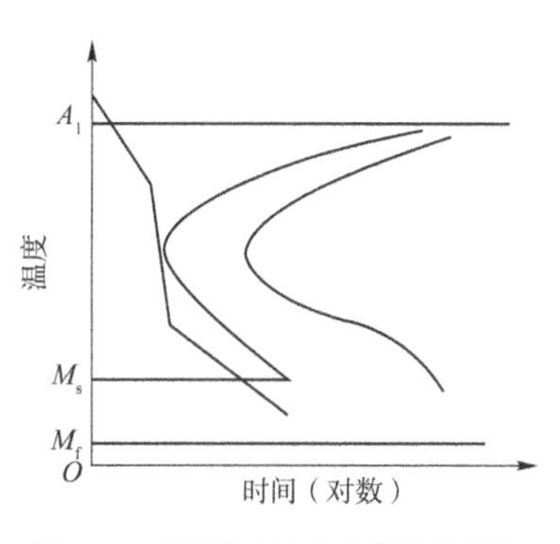

图4-33　理想淬火冷却曲线的示意图

最常用的淬火冷却介质是水和油。水在650～550℃范围冷却能力较大，在300～200℃范围更大，容易引起零件变形或开裂，主要用于形状简单，截面较大的碳钢零件的淬火。水中加入NaCl、NaOH和聚乙烯醇等，可改变水的冷却能力，具体见表4-2。

常用淬火介质的冷却能力　　表4-2

淬火冷却介质	冷却速度（℃/s）	
	650～550℃	300～200℃
水（18℃）	600	270
水（50℃）	100	270
10% NaCl＋水	1100	300
10% NaOH＋水（18℃）	1200	300
矿物油	100～200	20－50
0.5%聚乙烯醇＋水	介于油水之间	180

淬火用油为各种矿物油（或植物油），在200～300℃范围冷却能力较低，有利于减少工件的变形。但在550～650℃范围的冷却能力却不够大，不利于碳钢的淬硬，所以油一般可作为合金钢或者小尺寸的碳钢的淬火冷却介质。淬火时油温对其冷却能力影响很大，一般油温越高，其黏度越低，流动性增大而冷却能力提高，生产中30～80℃为宜。此外，还有硝盐浴、碱浴、聚乙烯醇水溶液和三硝水溶液等，它们的冷却能力介于水和油之间，适用于油淬不硬而水淬开裂的碳钢零件，用于形状复杂件的分级淬火和等温淬火。

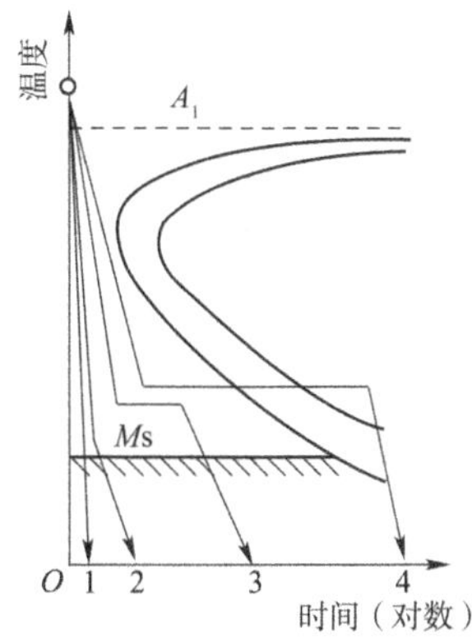

图4-34　不同淬火方法示意图
1-单液淬火；2-双液淬火；3-分级淬火；4-等温淬火

4）常用的淬火方法

常用的淬火方法有单液淬火、双液淬火、分级淬火和等温淬火等，以满足不同淬火工艺的需要。采用不同的淬火方法也可弥补介质的不足。图4-34所示为几种不同淬火方法的工艺。

（1）单液淬火。

单液淬火是将奥氏体化的工件放入一种介质中冷却至室温的操作方法。例如碳素钢在水中淬火或合金钢在油中淬火。单液淬火法操作简单,易实现自动化,应用较广。其缺点是水淬变形开裂倾向大,油淬冷却能力低,大件淬不硬。单液淬火主要用于尺寸不大、形状简单的工件。淬火后的组织为马氏体。

(2)双液淬火。

双液淬火是将奥氏体化的工件先在一种冷却能力较强的介质中冷却,当工件冷至300℃左右时,再在另一种冷却能力较弱的介质中冷却。例如水淬后油冷、水淬后空冷。双液淬火的优点是淬火应力小,减小了变形和开裂的可能性;其缺点是不易控制在水中停留的时间,对操作技术要求较高。双液淬火主要用于形状复杂的高碳钢及尺寸较大的合金钢工件。淬火后的组织为马氏体。

(3)分级淬火。

分级淬火是先将奥氏体化的工件淬入温度稍高于Ms点的盐浴(或碱浴)中,保温适当的时间,待工件内外都达到介质温度后出炉空冷。分级淬火可以较好地克服单液淬火法的缺点,并弥补双液淬火法的不足,淬火内应力小,变形与开裂倾向小。其缺点是硝盐浴和碱浴的淬冷能力较弱,因此只适用于尺寸较小、要求变形小、尺寸精度高的工件。淬火后的组织为马氏体。

(4)等温淬火。

等温淬火是将奥氏体化的工件淬入温度稍高于Ms点的盐浴中,保温足够时间,直到过冷奥氏体完全转变为下贝氏体,然后出炉空冷。等温淬火的优点是内应力小、变形与开裂倾向小、经等温淬火零件具有良好的综合力学性能,适用于形状复杂、精度高、并要求具有较高硬度及冲击韧性的小件,如弹簧、板牙、小齿轮等,也可用于较大截面的高合金钢零件的淬火;其缺点是生产周期长,生产效率低。

分级淬火与等温淬火有些相似,但实质却不同。主要区别是分级淬火的时间很短,随后空冷时发生马氏体转变;而等温淬火的等温时间长,以保证完成贝氏体的转变。下贝氏体组织和回火马氏体组织相比,在碳量相近硬度相当的情况下,前者比后者具有较高的塑性与韧性。所以无须再进行回火。

(5)冷处理。

为了尽量减少钢中残余奥氏体的数量以获得最大数量的马氏体,淬火后应进行冷处理,即把淬冷至室温的钢继续冷却到$-70\sim-80$℃(或更低的温度),并保持一段时间,使残余奥氏体在继续冷却中转变为马氏体。这样一方面可以提高钢的硬度和耐磨性,另一方面可以稳定工件的尺寸,防止在使用中变形,这对于高精度的量具、滚动轴承、精密零件等尤为重要。冷处理必须在淬火后立即进行,否则会引起残余奥氏体的稳定化。冷处理时获得低温的办法,通常是采用干冰和酒精的混合剂或冷冻机冷却。只有特殊的冷处理才置于-103℃的液化乙烯或-192℃的液态氮中进行。另外,冷处理件温度回升到室温后应立即回火,否则在内应力作用下工件会开裂。

5)淬透性

(1)淬透性的概念。

淬火的目的是获得马氏体,为了使工件获得马氏体组织,淬火时的冷却速度必须大于临界冷却速度$v_{临}$。碳钢的$v_{临}$较大,常选用冷却速度较大的淬火介质如水、盐水等。合金

钢的 $v_{临}$ 较小，常选用冷却速度较小的淬火介质如油等。但在实际生产中，淬火时工件表面和心部冷却速度不同，表面比心部冷得快。截面较小的工件表面和心部都能满足 $v > v_{临}$，均能获得马氏体。而截面较大的工件仅能在表面满足 $v > v_{临}$，获得马氏体，其心部则因 $v < v_{临}$，获得索氏体或托氏体。通常规定工件表面至半马氏体层（马氏体量占 50%）之间的区域为淬硬层，它的深度叫淬硬层深度。钢的淬透层如图 4-35 所示。

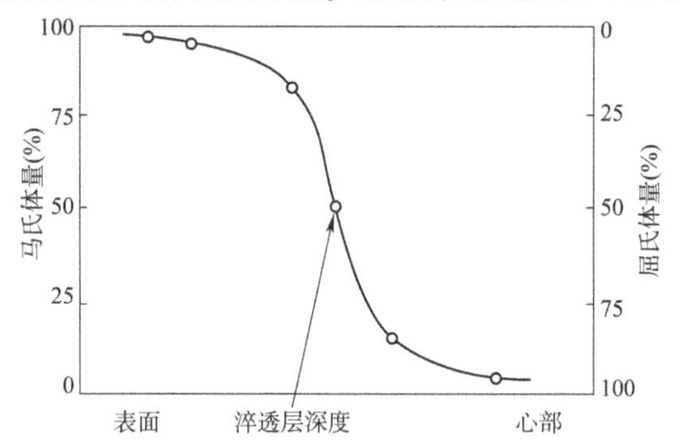

图 4-35 钢的淬透层示意图

工件尺寸越大，淬火后马氏体层深度（即淬硬层深度）越浅。对于用不同钢材制成的截面尺寸完全相同的工件，由于它们的奥氏体等温转变图不同，$v_{临}$ 不同，获得淬硬层的能力也不同，$v_{临}$ 小的工件能获得大的淬硬层深度。人们把钢在淬火时获得淬硬层的能力称为淬透性（图 4-36）。淬硬层越深，钢的淬透性越好。

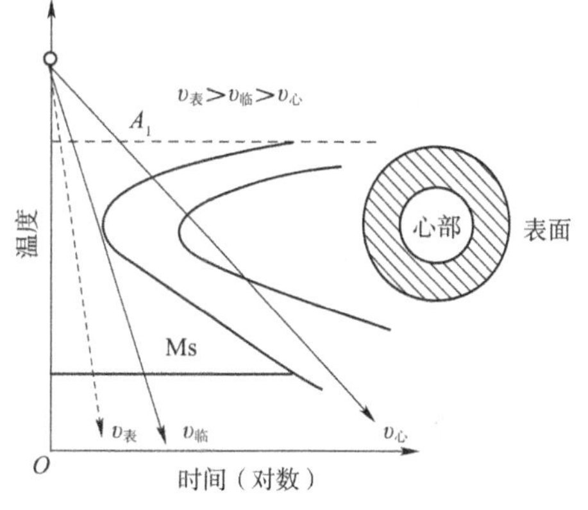

图 4-36 表面与心部不同冷却速度及未淬透工件示意图

（2）淬透性的测定方法。

为了便于比较各种钢的淬透性，必须在统一标准的冷却条件下来测定和比较，测定淬透性的方法很多，最常用的方法有两种。

①临界直径法。它是将同一种钢的不同直径的圆棒加热至单相奥氏体区，然后在同一淬火介质（水或油）中冷却，测出其能全部淬成马氏体的最大直径 D_0 即为临界直径，如图 4-37 所示。图中未画影线的部分为淬硬层，D_0 越大，淬透性越好。这样就可以根据不同钢在同一淬火介质（水或油）中的临界直径来比较它们的淬透性大小。

图 4-37 不同截面的钢淬火时淬硬层深度的变化

②顶端淬火法。这是国内外普遍采用的方法,如图4-38所示。它是将一个标准尺寸的试棒加热至单相奥氏体区后放在支架上,从它的一端进行喷水冷却(图4-38a),然后在试棒表面从端面起依次测定硬度,便可得到硬度随距顶端距离的变化曲线,称之为淬透性曲线(图4-38b)。各种常用钢的淬透性曲线都可以在手册中查到。比较钢的淬透性曲线便可比较出不同钢的淬透性。从图4-38b)可见,40Cr钢的淬透性大于45钢。

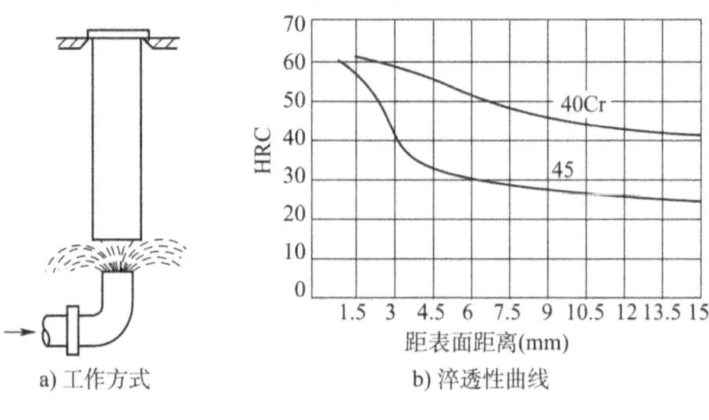

图4-38　顶端淬火法

(3)影响淬透性的因素。

凡是能提高过冷奥氏体的稳定性,使C曲线右移,从而降低临界冷却速度的因素,都能提高钢的淬透性。

①含碳量。在正常加热条件下,亚共析钢的C曲线随含碳量的增加向右移,临界冷却速度降低,淬透性增大;过共析钢的C曲线随含碳量增加向左移,临界冷却速度增大,淬透性降低。

②合金元素。除钴以外,大多数合金元素溶入奥氏体后均使C曲线向右移,降低了临界冷却速度,提高了钢的淬透性。

③奥氏体化温度。提高奥氏体化温度将使奥氏体晶粒长大,成分更均匀化,从而减小了形核率,使过冷奥氏体更稳定,C曲线向右移,提高了钢的淬透性。

④钢中未溶第二相。未溶入奥氏体的碳化物、氮化物及其他非金屑夹杂物,由于能促进奥氏体转变产物的形核,降低过冷奥氏体的稳定性,使淬透性降低。

需要指出的是,工件淬火时实际得到的淬透层深度,不仅取决于钢的淬透性,而且还受工件本身尺寸大小和淬火介质冷却能力的影响。显然工件尺寸越大,实际冷却速度就越小,故淬透层越浅。又如,在不同介质(水或油)中淬火,由于冷却能力不同. 工件得到的淬透层深度也不同。所以,同一种钢制成的工件,水淬要比油淬、小件要比大件的淬透层深。但决不能说水淬比油淬、小件比大件的淬透性好。只有在相同尺寸、形状及淬火条件下,才可以依据淬透层的深度来判定钢的淬透性好坏。

(4)淬透性的应用。

钢的淬透性对设计选材十分重要,设计人员应根据工件的尺寸大小、工作条件和性能要求选择有合适淬透性的钢。大截面的零件和动载荷下工作的零件,以及承受拉力和压力的重要零件,例如螺栓、拉杆、锻模、锤杆等常常要求表面和心部性能一致,应选用淬透性高的钢,以使工件全部淬透;承受弯曲和扭转的轴类零件,由于其心部力学性能对零件的使用寿命无明显影响,可选用淬透性稍低的钢,以获得一定深度的淬硬层,通常淬硬层深度为工件半径或厚度的1/4～1/2即可。有些工件则不能或者不宜选用淬透性高的钢，例如焊接工件，若选用淬透性高的钢，就容易在焊缝热影响区内出现淬火组织，造成工件变形合开裂。又如承受强力冲击和复杂应力的冷墩凸模，工作部分常因全部淬硬而脆断。再如齿轮可用较低淬透性钢经表面淬火获得一定深度淬硬层，若用高淬透性的钢淬火易使整个齿淬透，而导致工作过程中断齿。

6)淬硬性

钢的淬硬性是指钢在淬火后的马氏体组织所能达到的最高硬度。钢的淬硬性主要取决于马氏体中的含碳量，也就是淬火前奥氏体的含碳量。而钢的淬透性是指钢淬火后获得淬透层深度的能力，取决于钢本身。表4-3所示为几种典型钢种淬透性与淬硬性的比较。

几种典型钢种淬透性与淬硬性的比较　　表4-3

钢　种	牌　号	含碳量(%)	淬　透　性	淬　硬　性
碳素结构钢	20	0.2	小	低
碳素工具钢	T12	1.2	小	高
合金结构钢	20Cr2Ni4	0.2	大	低
合金工具钢	W18Cr4V	0.8	大	高

4.3.4　回火

1)回火的定义和目的

淬火钢硬度高、脆性大，存在着淬火内应力。工件淬火后，淬火马氏体和残余奥氏体都是亚稳定组织。在一定条件下，经过一定时间，它们有可能分解，向平衡组织转变。淬火钢的回火正是促使这种转变易于进行。回火就是将淬火钢加热到Ac_1以下某一温度，经适当保温后冷却到室温的一种热处理工艺。

回火工艺使马氏体发生转变，并控制转变的程度以获得不同的回火组织，使钢具有不同的性能以满足不同零件的使用要求。回火的目的有以下几点。

①降低脆性，消除或减小应力。零件淬火后存在着很大的内应力和脆性，如不及时回火往往会使零件变形、开裂。

②获得所要求的力学性能。淬火钢硬度高、脆性大，为了满足各类零件及工具的使用要求，可以配合适当的回火来调整硬度，减小脆性，得到所需的力学性能。

③稳定工件尺寸。淬火马氏体和残余奥氏体是极不稳定的组织，回火处理可以促使其充分转变到一定程度并使组织结构稳定化，保证零件在以后的使用过程中不再发生尺寸和形状的改变。

④对于退火难以软化的某些合金钢，在淬火(或正火)后常采用高温回火，使钢中碳化物适当聚集，降低硬度，以利于进行切削加工。

2)淬火钢在回火过程中的组织和性能变化

(1)组织变化。

一般来说，随回火温度升高，淬火钢的组织变化可分为四个阶段，现以共析钢为例加以讨论。

①80 ~ 200℃为马氏体分解阶段。在淬火马氏体基体上析出薄片状细小ε碳化物(分子式为$Fe_{2.4}C$,密排六方结构),马氏体中碳的过饱和度降低,但仍为碳在α-Fe中的过饱和固溶体,通常把这种过饱和α+ε碳化物的组织称为回火马氏体。在此过程中,内应力逐步减小。

②200 ~ 300℃残留奥氏体分解为过饱和α+碳化物。

③250 ~ 400℃马氏体分解完成。A中含碳量降低到正常饱和状态,ε碳化物转变为极细的颗粒状渗碳体。在此过程中,内应力大大降低。

④400℃以上为渗碳体颗粒聚集长大并形成球状,铁素体发生回复和再结晶。

综上所述,回火温度不同,钢的组织也不同。在300℃以下回火时,得到由具有一定过饱和度的α和ε碳化物组成的回火马氏体组织,用$M_{回}$表示。回火马氏体易腐蚀为黑色针叶状,但其硬度与淬火马氏体相近,图4-39是淬火马氏体与回火马氏体的显微组织。在300 ~ 500℃范围内回火,得到由针叶状铁素体与极细小的颗粒状渗碳体共同组成的回火托氏体组织,可用$T_{回}$表示,如图4-40a)所示。$T_{回}$的硬度虽然比$M_{回}$低,但因渗碳体极细小,铁素体只发生回复而未再结晶,仍保持针叶状,故仍具有较高的硬度和强度,特别是具有较高的弹性极限和屈服强度以及一定的塑性和韧性。在500 ~ 650℃范围内回火时,得到等轴状铁素体和球状渗碳体组成的回火索氏体组织,用$S_{回}$表示,如图4-40b)所示。由于渗碳体颗粒聚集长大并球化及铁素体再结晶,故与$T_{回}$相比,它们不但组织形态不同,而且$T_{回}$具有更优异的综合力学性能。例如在硬度相同时,$T_{回}$比$S_{回}$具有更高的强度和塑性、韧性。这是因为$T_{回}$的渗碳体为颗粒状或者球状,$S_{回}$的渗碳体为片状。

a) 淬火马氏体

b) 回火马氏体

图4-39 淬火马氏体和回火马氏体的显微组织

a) 回火托氏体

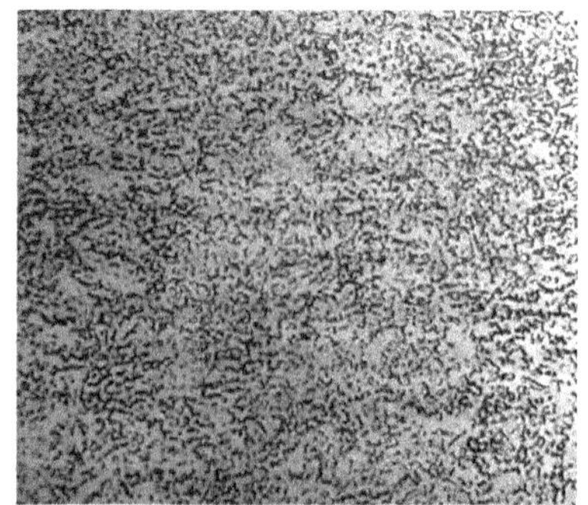

b) 回火索氏体

图4-40 回火托氏体和回火索氏体的显微组织

(2)性能变化。

回火过程中,马氏体的碳的质量分数、残留奥氏体量、内应力和碳化物尺寸的变化如图4-41所示。淬火钢经不同温度回火后,其力学性能与回火温度的关系如图4-42所示。由图可见,总的变化趋势是:随着回火温度的升高,内应力降低,强度和硬度降低,塑性和韧性升高。所以要使钢具备所需性能,必须正确选择回火温度。

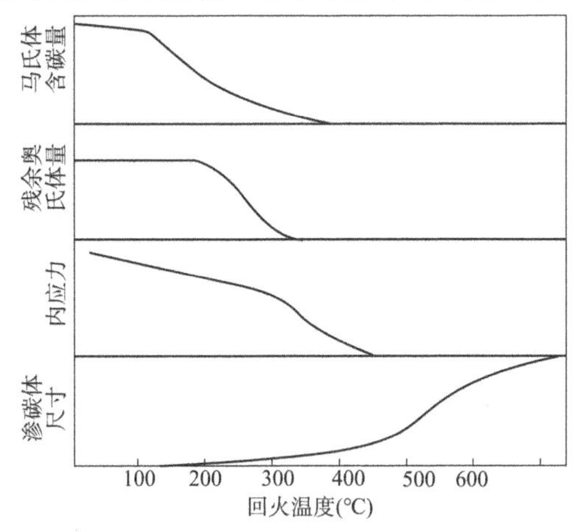

图4-41　回火过程中马氏体碳的质量分数、残留奥氏体量、内应力和碳化物尺寸的变化

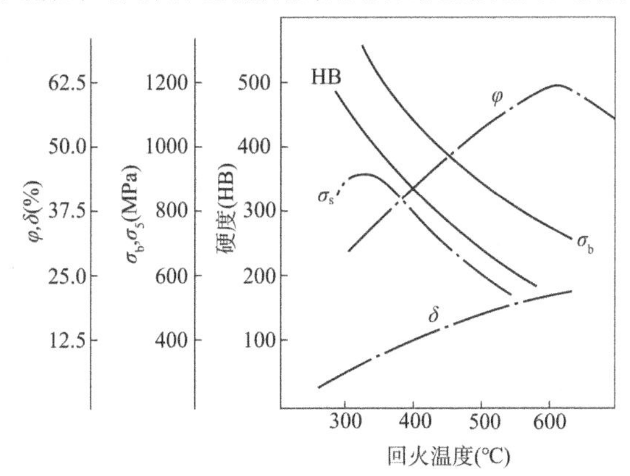

图4-42　40钢回火温度与力学性能之间的关系曲线图

3)回火的种类及应用

根据回火加热温度的不同,将回火分为低温回火、中温回火和高温回火三类。具体选择哪一种回火类型要根据工件的使用性能要求来确定。

(1)低温回火(150～250℃)。

低温回火后的组织为回火马氏体,硬度一般为58～64HRC。其主要目的是在保持高硬度、高耐磨性的前提下,适当降低脆性及淬火内应力。主要用于要求高硬度及耐磨的各种高碳钢和合金钢的工具、模具、量具、滚动轴承以及渗碳淬火件、表面淬火件等。

(2)中温回火(350～500℃)。

中温回火后的组织为回火托氏体,硬度一般为35～45HRC。其主要目的是获得高的弹性极限和屈服极限,同时具有良好的韧性,因此主要用于各种弹簧、其他弹性零件以及热锻模具。

(3)高温回火(500～650℃)。

高温回火的组织为回火索氏体,其硬度一般为25～35HRC。一般习惯将淬火加高温回火相结合的热处理工艺称为调质处理。钢在该温度回火后,既有一定强度和硬度,又有良好的塑性和韧性,即具有较好的综合力学性能。因此调质处理广泛应用于中碳调质钢制造的各种重要的零件,如连杆螺栓、曲轴、半轴和齿轮等。

调质处理后的力学性能与正火相比,不仅强度高,而且塑性和韧性也较好。这是因为调质后得到的回火索氏体中的渗碳体呈颗粒状,而正火得到的索氏体中的渗碳体则呈片状,颗粒状的渗碳体对阻止断裂过程中裂纹的扩展比片状渗碳体更有利。表4-4所示即为45钢经不同热处理后的性能比较。

45钢经不同热处理后的性能比较 表4-4

热处理方法	力学性能				
	σ_b(MPa)	σ_s(MPa)	δ(%)	ψ(%)	A_k(J)
退火(炉冷)	600～700	300～350	15～20	40～50	32～48
正火(空冷)	700～800	350～450	15～20	45～55	40～64
淬火(水冷)+低温回火	1500～1800	1350～1600	2～3	10～12	16～24
淬火(水冷)+高温回火	850～900	650～750	12～14	60～66	96～112

4)钢的回火脆性

淬火钢随着回火温度的升高,在某些温度范围内有冲击韧性下降的现象,称为钢的回火脆性。按出现回火脆性的温度范围,可分为低温回火脆性和高温回火脆性。低温回火脆性和高温回火脆性又分别称为第一类回火脆性和第二类回火肮性。

(1)低温回火脆性。

淬火钢在250～400℃之间回火时出现的回火脆性,称为低温回火脆性。几乎所有的钢都存在这类脆性,是一种不可逆的回火脆性。其产生的原因目前还不清楚,一般采取不在此温度范围内回火,以避免这类回火脆性的产生。

(2)高温回火脆性。

一些合金钢,尤其是含Ni、Cr、Mn等合金元素的合金钢,淬火后在400～550℃回火时出现的脆性现象,称为高温回火脆性。关于高温回火脆性的原因,一般认为是Sb、Sn、P等杂质元素在原奥氏体偏聚,钢中的Ni、Cr、Mn等合金元素促进杂质的偏聚,而且这些元素也向晶界偏聚,从而加大了这类回火脆性的倾向。对有高温回火脆性的钢,高温回火后宜快冷来抑制回火脆性。在钢中加入W、Mo等合金元素也可以有效地抑制这类回火脆性的产生。

4.4 材料的表面改性处理

机械制造中很多机器零件是在动载荷和摩擦条件下工作的,例如汽车和拖拉机齿轮、曲轴、凸轮轴、精密机床主轴等,它们要求其表面具有高硬度和高耐磨性,以保证高精度,而心部具有足够的塑性和韧性,以防止脆性断裂。显然,仅靠选材和普通热处理无法满足性能要求。若选用高碳钢淬火并低温回火,硬度高,表面耐磨性好,但心部韧性差;若选用中碳钢只进行调质处理，心部韧性好，但表面硬度低，耐磨性差。解决的途径是选择合适的钢进行表面改性处理。表面改性处理的主要方式有表面淬火和表面化学热处理。

4.4.1 表面淬火

机器零件（如发动机内的齿轮、凸轮轴、曲轴等）在工作过程中，经常会受到扭转、弯曲、冲击、疲劳等交变载荷作用，其表面要比心部承受更高的应力，因此要求表面具有高的硬度和耐磨性，而心部具有足够的塑性和韧性。采用什么热处理工艺能满足这些零件的性能要求呢？钢的表面淬火便可以。表面淬火是指在不改变钢的化学成分及心部组织情况下，利用快速加热将表层奥氏体化后进行淬火以强化零件表面的热处理方法。

表面淬火目的有如下方面。

①使表面具有高的硬度、耐磨性和疲劳极限。

②心部在保持一定的强度、硬度的条件下，具有足够的塑性和韧性，即表硬里韧。表面淬火特别适用于承受弯曲、扭转、摩擦和冲击的零件。

碳的质量分数在0.4%～0.5%的优质碳素结构钢是最适宜于表面淬火。这是由于中碳钢经过预先热处理（正火或调质）以后再进行表面淬火处理，即可以保持心部原有良好的综合力学性能，又可使表面具有高硬度和耐磨性。表面淬火也可用于高碳工具钢、低合金工具钢以及球墨铸铁等。

对于结构钢而言，表面淬火的预备热处理工艺为调质或正火。前者性能高，用于要求高的重要件，后者用于要求不高的普通件。调质和正火的目的是为表面淬火作组织准备和获得最终心部组织。表面淬火后，一般需进行低温回火，温度不高于200℃，目的为减少淬火应力和降低脆性，保留淬火高硬度、耐磨性。表面淬火＋低温回火后的表层组织为$M_{回}$；心部组织为$S_{回}$（调质）或F＋S（正火）。

根据加热方法不同，表面淬火法主要有：感应加热表面淬火、火焰加热表面淬火、激光加热表面淬火等。

4.4.1.1 *感应加热表面淬火*

感应加热是利用交变电流在工件表面感应巨大涡流，使工件表面迅速加热并进行快速冷却的淬火工艺。具体来说，它是利用通入交流电的加热感应器在工件中产生一定频率的感应电流，感应电流的集肤效应使工件表面层被快速加热到奥氏体区后，立即喷水冷却，工件表层获得一定深度的淬硬层。电流频率越高，淬硬层越浅。

1）感应加热的基本原理

在感应线圈中通以高频率的交流电，线圈内外即产生高频交变磁场。若把钢制工件置于感应线圈内，在高频磁场的作用下，钢的内部将产生感应电流，在本身电阻的作用下工件被加热。这种感应电流密度在工件的横截面上分布是不均匀的，即在工件表面电流密度极大，而心部电流密度几乎为零，这种现象称为集肤效应。频率越高，加热层越薄。感应加热的速度很快，几秒钟内即可使工件表面温度上升至800～1000℃，而心部仍接近室温。当表层温度达到淬火温度时，立即喷水冷却，使工件表层淬硬，基本原理如图4-43所示。电流频率越高，电流透入深度越小，加热层也越薄，调节频率，可得到不同的淬硬层深度。

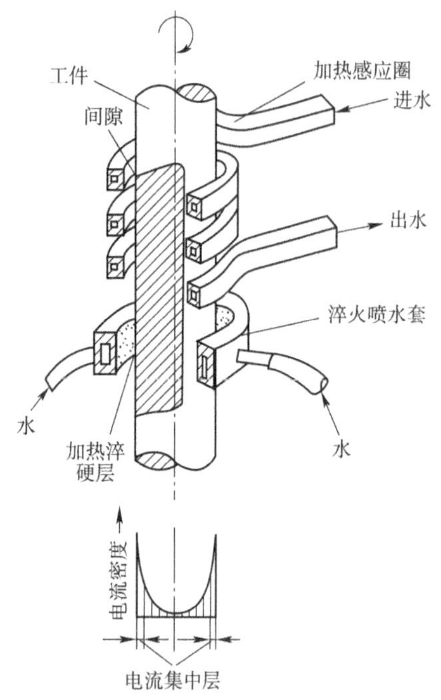

图 4-43 感应加热表面淬火示意图

2)感应加热淬火的分类和选用

感应加热淬火的淬硬层深度除与加热功率、加热时间有关外,还取决于电流的频率。频率越高,淬硬层越浅。生产中常用的感应加热淬火设备按输出频率高低可分为高频、中频和工频三大类。生产中一般根据工件尺寸大小及淬硬层深度要求来选择合适的频率。

(1)高频感应加热淬火。

频率为 250 ~ 300kHz,淬硬层深度为 0.5 ~ 2mm。适用于要求淬硬层深度较浅的中、小型零件,如中小模数齿轮、小轴类零件等。

(2)中频感应加热淬火。

频率为 2500 ~ 8000Hz,淬硬层深度为 2 ~ 10mm。适用于淬硬层深度要求较深的大、中型零件,如直径较大的轴类和较大模数的齿轮等。

(3)工频感应加热淬火。

频率为 50Hz,淬硬层深度为 10 ~ 15mm。适用于要求淬硬层很深的大型零件,如直径大于 300mm 的冷轧辊、火车及起重机车轮、钢轨及轴类零件等。此外,钢铁的锻造加热、棒材和管材的正火、调质也可采用工频感应加热淬火。

3)感应加热淬火的特点

与普通淬火相比,感应加热淬火具有以下特点。

①感应加热速度快。由于加热速度快,使得组织转变在更高的温度下进行,转变的温度范围扩大,转变的时间也相应地缩短,通常达到淬火温度只需要几秒或几十秒。一般感应加热淬火温度可达 Ac_3 以上 80 ~ 150℃。

②感应加热淬火后工件表面得到极细的隐晶马氏体组织,使得表面的硬度比普通淬火高,脆性也较低,并具有较高的疲劳强度。

③表面淬火后,工件的表层残余压应力较高,可提高工件的疲劳强度。小工件可提高 2 ~ 3 倍,大工件也可提高 20% ~ 30%。

④工件表面不容易氧化和脱碳,且变形也小。

⑤淬硬层深度易于控制,淬火操作易于实现机械化和自动化,劳动条件好、生产率高。

上述特点使得感应加热淬火在工业上得到广泛应用,例如汽车、拖拉机的曲轴、凸轮轴等零件都采用感应加热淬火。该工艺对于大批量的流水生产的零件极为适合。但是设备较贵,安装、调试及维修比较困难。另外形状复杂的零件的感应器不易设计制造,造价也较高。

4)感应加热淬火的工艺

感应加热淬火原则上可用于通过淬火进行强化的金属材料,实际生产中多用于碳的质量分数为 0.4% ~ 0.5% 的中碳钢和中碳合金结构钢,如 40、45、40Cr 钢等。一般中碳钢和中碳合金结构钢经预先热处理(正火或调质)后感应淬火,心部可保持较高的综合力学性能,而表面具有较高的硬度和耐磨性。

感应淬火常用冷却介质有水、油及水溶性淬火介质等。水是感应淬火中最常用的淬火介质,适用于碳钢及铸铁。油一般用于合金钢浸液冷却。水溶性淬火介质就其加入溶质的不同,大体分为无机盐及有机聚合物两类,生产中最广泛使用的是聚乙烯醇水溶液,常用浓度为0.05% ~0.3%,液温为20 ~45℃。这种介质可以浸液或喷射冷却,主要适用于碳素结构钢、工具钢、低合金结构钢和轴承钢。由于其冷却速度比水低,比油高,因此能解决有些零件淬裂问题,如花键轴、齿轮等淬火已广泛采用聚乙烯醇水溶液。

与普通淬火件一样,感应加热淬火件一般也要进行回火。为了保证表面较高的硬度和剩余压应力,一般只进行低温回火。为了保证表面淬火后工件表面保留较高的剩余压应力,回火温度比普通加热淬火件要低,一般不高于200℃,回火时间为1 ~2h。除在普通加热炉中进行回火外,还可采用自回火和感应加热回火。

4.4.1.2　火焰加热表面淬火

火焰加热表面淬火是将乙炔—氧(最高温度3000℃)或煤气—氧(最高温度2400℃)的混合气体燃烧的火焰喷射到工件表面,使表面快速加热至奥氏体区,立即喷水冷却,使表面淬硬的工艺操作。其基本原理如图4-44 所示。调节喷嘴到工件表面的距离和移动速度,可获得不同厚度的淬硬层。

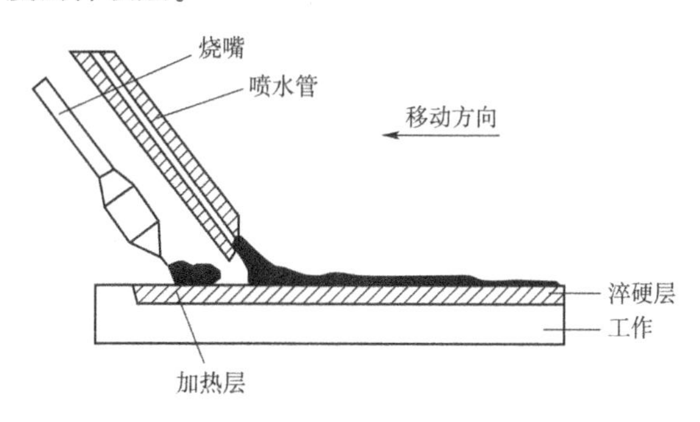

图4-44　火焰加热表面淬火示意图

火焰加热表面淬火零件的常用材料为中碳钢和中碳合金结构钢(合金元素质量分数<3%),如35、45、40Cr、65Mn 等,还可用于灰铸铁、合金铸铁等铸铁件。火焰加热表面淬火的淬硬层一般为2 ~6mm,它具有工艺及设备简单、操作灵活、成本低等优点。但生产率低,零件表面存在不同程度的过热,质量不稳定。主要适用于单件、小批量生产的特大或特小件、异型工件等,如大齿轮、轧辊、顶尖、凹槽、小孔等的局部表面淬火。

4.4.1.3　激光加热表面淬火

激光加热表面淬火是在20 世纪70 年代出现了大功率激光器之后才发展起来的一种具有广阔应用前景的新技术。它是将高功率密度的激光束照射到工件表面,使表面层快速加热到奥氏体区,依靠工件本身热传导迅速自冷而获得一定淬硬层的工艺操作。

激光加热表面淬火的特点有如下方面。

①加热时间短,相变温度高,形核率高,淬火得到隐晶马氏体组织,因而表面硬度高,耐磨性好。

②加热速度快,表面氧化与脱碳极轻,同时靠自冷淬火,不用冷却介质,工件表面清洁,无污染。

③工件变形小。特别适于形状复杂的零件,尤其是零件的拐角、沟槽、盲孔等部位的局部热处理。

激光束的功率密度越大和扫描速度越慢,淬硬层越深。已广泛应用于汽车和拖拉机的汽缸、汽缸套、活塞环、凸轮轴等零件。但激光淬火的设备昂贵,大规模应用受到限制。

4.4.2 化学热处理

化学热处理是将钢件置于一定温度的活性介质中,通过加热、保温和冷却使一种或几种元素渗入它的表面,改变其化学成分和组织,达到提高钢件表层的耐磨性、耐蚀性、抗氧化性能以及疲劳强度目的的热处理工艺。

它与前面讲过的一般热处理不同,一般热处理是通过改变钢的组织来最终改变钢的性能,而化学热处理则是通过改变钢表面的化学成分和组织来改善表面的性能,而与表面淬火相比,化学热处理的特点是不仅使工件的表面层有组织变化,而且还使成分有变化。这就使得同一材料制作的零件经过化学热处理后,心部和表面可以获得显著不同的组织和性能。例如汽车、拖拉机变速器齿轮要求表面具有高的强度、硬度和耐磨性,同时心部要具有足够的强韧性以耐冲击,此时若选用一般热处理就无法满足要求,只有选择渗碳+淬火+回火工艺才行。因此可以说要在同一零件的表面和心部拥有不同的成分和性能,选择化学热处理也是十分有效的方法。

化学热处理的基本过程有如下方面。

①介质分解。加热分解化合物介质,释放出欲渗入元素的活性原子,如 $CH_4 \rightarrow [C] + 2H_2$,分解出的[C]就是具有活性的原子。

②吸收。活性原子被工件表面吸收,吸收的条件是被处理材料对这种活性原子具有一定得溶解度或能形成化合物。

③原子扩散:工件表面吸收的元素原子浓度逐渐升高,在浓度梯度的作用下不断向工件内部扩散,形成具有一定厚度的渗层。一般原子在金属中扩散速度比较慢,往往成为影响化学热处理速度的控制因素。因此,对一定介质而言,渗层的厚度主要取决于加热温度和保温时间。

钢的化学热处理种类及工艺很多,根据渗入元素的不同,目前在生产中,最常用的化学热处理工艺是渗碳、渗氮和碳氮共渗。

4.4.2.1 渗碳

渗碳是将工件置于渗碳介质中,在一定的温度下使其表面层渗入碳原子的化学热处理工艺。渗碳可以使工件的表面具有高硬度和高耐磨性,并具有较高的疲劳极限,而心部仍保持良好的塑性和韧性。渗碳主要用于表面磨损严重,并在较大冲击载荷、交变载荷、较大的接触应力条件下工作的零件,如装备变速器齿轮、活塞销、套筒、摩擦片及轴类等。

渗碳件一般采用低碳钢或低碳合金钢,如20、20Cr、20CrMnTi等。渗碳层厚度一般为0.5~2.5mm,渗碳层的碳浓度一般控制在1%左右。

1）渗碳方法

根据渗碳介质的不同，渗碳可分为固体渗碳、气体渗碳和液体渗碳。常用的是气体渗碳和固体渗碳。

（1）气体渗碳法。

气体渗碳是将工件置于密封的气体渗碳炉内，加热使其奥氏体化，然后向炉内滴入渗碳剂或直接通入渗碳气氛，使碳原子渗入到工件表层，进而提高工件表层碳质量分数的渗碳方法。其示意图如图4-45所示。渗碳工艺参数：渗碳温度为920～950℃；渗碳时间取决于渗碳层厚度和渗碳温度。

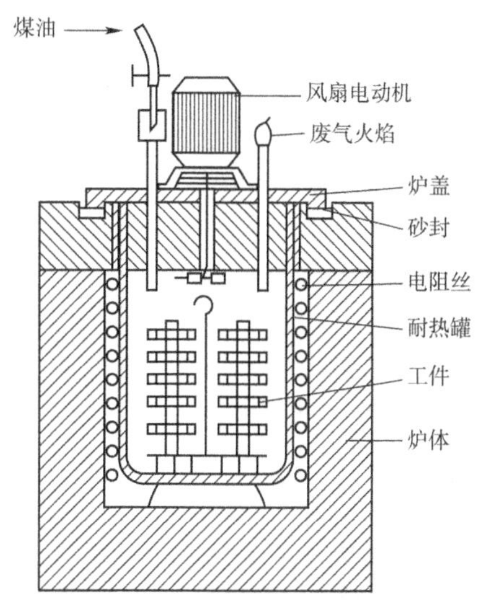

图4-45　气体渗碳法示意图

气体渗碳的渗剂为气体（煤气、液化气等）或有机液体（煤油、甲醇等）。其优点是温度及介质成分易于调整，碳浓度及渗层深度也易于控制，并容易实现直接淬火。气体渗碳适用于各种批量、各种尺寸的工件，因而在生产中得到广泛应用。

（2）固体渗碳法。

固体渗碳是把工件埋在装有固体渗碳剂的箱子里，密封后将箱子放在炉内加热到900～950℃，保温一定时间后出炉，随箱冷却或打开箱盖取出工件直接淬火。

固体渗碳剂选用的有木炭、焦炭等，生产中主要使用木炭。固体渗碳的主要优点是设备简单、适应性大，对渗碳任务不多而又无专门渗碳设备的中小工厂非常适用；渗剂来源丰富，生产成本较低；操作简便，技术难度不大。主要缺点是劳动强度大；渗剂粉尘污染环境；渗碳箱透热时间长，渗碳速度慢，生产效率低，同时不便于进行直接淬火；渗碳质量不易控制。它适用于单件、小批量生产，尤其适用于盲孔及小孔零件的渗碳。

2）渗碳后的热处理

渗碳后的零件要进行淬火和低温回火处理，常用的淬火方法有三种，如图4-46所示。

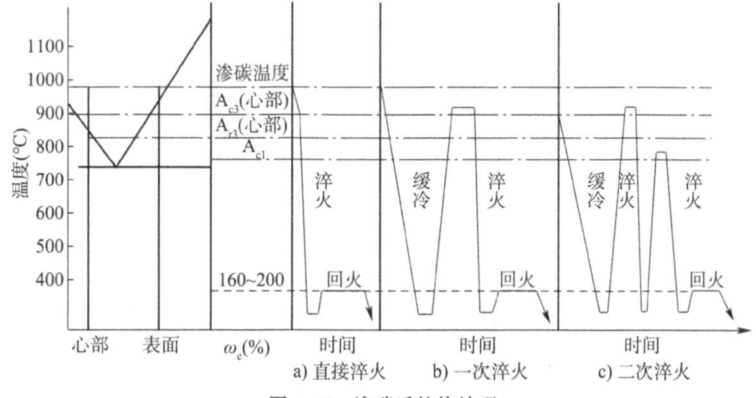

图4-46　渗碳后的热处理

（1）直接淬火。

直接淬火法是将工件自渗碳温度预冷到略高于Ar_3的温度后立即淬火。这种方法工艺简单、经济、脱碳倾向小,生产率高。但由于渗碳温度高,奥氏体品粒粗大,淬火后马氏体粗大,残余奥氏体较多,所以工件表面耐磨性较低,变形较大。该方法一般只用于合金渗碳钢或耐磨性要求比较低和承载能力低的工件。为了减小变形,渗碳后常将工件预冷至830~850℃后再淬火。

(2)一次淬火。

一次淬火法是工件渗碳后缓冷到室温,再重新加热到临界点以上保温淬火。对心部组织性能要求较高的工件,一次淬火加热温度为Ac_3以上,主要是使心部晶粒细化。对于承载不大而表面性能要求较高的工件,加热温度为Ac_1以上30~50℃,使表面晶粒细化,而心部组织变化不大。

(3)二次淬火。

二次淬火法适用于本质粗晶粒钢或要求表面耐磨性高、心部韧性好的重负荷零件。第一次淬火加热到Ac_3以上30~50℃,目的是细化心部组织并消除表面的网状渗碳体。第二次淬火加热到Ac_1以上30~50℃,目的是细化表面层组织,获得细马氏体和均匀分布的粒状渗碳体。二次淬火法工艺复杂、生产周期长、成本高、变形大,一般只用于少数要求表面耐磨性好和心部韧性高的零件。

渗碳淬火后要进行低温回火(150~200℃),以消除淬火应力,提高韧性。

3)渗碳后的组织和性能特点

渗碳后,渗碳层表面含碳量为0.85%~1.05%。渗碳层厚度为0.5~2.5mm。

渗碳层组织:从表面至心部依次为:过共析→共析→亚共析→心部。表层为P+网状Fe_3C_{II};心部为F+P;中间为过渡区。低碳钢渗碳缓冷后的组织如图4-47所示。

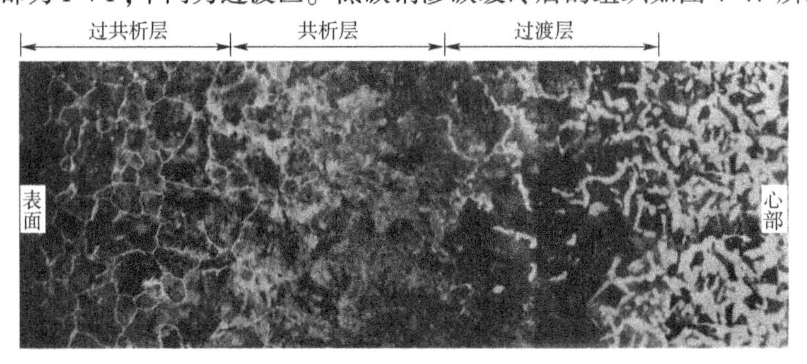

图4-47　低碳钢渗碳缓冷后的组织

渗碳缓冷后,应重新加热到Ac_1+30~50℃后淬火+低温回火。在零件的表层和心部分别得到高碳和低碳的组织。此时表层组织为$M_{回}$+颗粒状碳化物+A′(少量)(图4-48a);心部组织为$M_{回}$+F(淬透时)(图4-48b)或者F+S(未淬透时)。总之,钢渗碳、淬火、回火后的性能:①表面硬度高,达58HRC~64HRC以上,耐磨性较好;心部韧性较好,硬度较低,可达30HRC~45HRC。②疲劳强度高,表层体积膨胀大,心部体积膨胀小,结果在表层中造成压应力,使零件的疲劳强度提高。

4.4.2.2　渗氮

渗氮是向钢的表面渗入氮原子的过程。其目的是提高工件表面硬度、耐磨性、疲劳强度和耐蚀性以及热硬性(在600~650℃温度下仍保持较高硬度)。使钢渗氮的方法很多,如气体渗氮、液体渗氮、离子渗氮等,这里主要介绍工业中应用最广泛的气体渗氮。

a) 表层组织

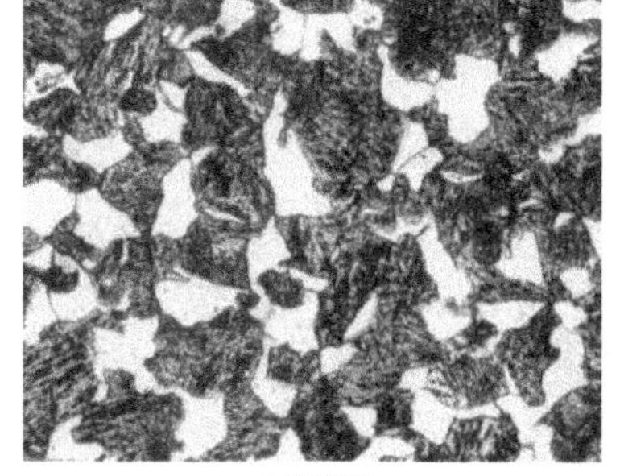
b) 心部组织

图4-48 渗碳淬火后的组织

气体渗氮是将工件放入充有氨气的炉中,在500~560℃温度下加热、保温,氨气分解出活性氮原子被工件表面铁素体吸收并向内部扩散,形成一定深度的渗氮层。渗氮后工件表面氮浓度高,形成了高硬度的氮化物 $Fe_2N(\varepsilon)$ 和 $Fe_4N(\gamma)$,其硬度为1000~1100HV,耐磨性和耐蚀性好。渗氮工件在渗氮前一般需经调质处理,获得回火索氏体组织,以保证工件心部具有良好的综合力学性能,渗氮后不再进行淬火回火处理。因此,渗氮后工件表层组织为氮化物 $Fe_2N(\varepsilon)$ 和 $Fe_4N(\gamma)$,过渡区组织为 $Fe_4N(\gamma)$ + 含氮铁素体 + 渗碳体,心部组织为回火索氏体。把从工件表面到过渡区终止处的深度作为渗氮层深度,一般为0.15~0.75mm。与渗碳相比,渗氮温度低、变形小、渗层薄、硬度高、耐磨性好、疲劳强度高.并具有一定耐蚀性和热硬性。其缺点是生产周期长(30~50h)、渗氮层脆性大、需使用含Al、Cr、Mo等元素的合金钢。渗氮主要应用于在交变载荷下工作的,并要求耐磨和尺寸精度高的重要零件。如高速传动精密齿轮、高速柴油机曲轴、高精度机床主轴、镗床镗杆、压缩机活塞杆等,也可用于在较高温度下工作的耐磨、耐蚀、耐热零件,如阀门、排气阀等。

对于渗氮零件。其设计技术条件应注明渗氮层深度、表面硬度、渗氮部位、心部硬度等。对轴肩或截面改变处应有 $R \geq 0.5$mm 的圆角以防止渗氮层脆裂。渗氮零件的工艺路线为锻造→退火→粗加工→调质→精加工→去应力退火→精磨→渗氮→精磨或研磨→成品。

4.4.2.3 碳氮共渗

碳氮共渗是同时向钢的表面渗入碳、氮原子的过程,它是将工件放入充有渗碳介质(如煤油、甲醇等)和氨气的炉中,在840~860℃下加热、保温,共渗介质分解出活性炭、氮原子被工件表面奥氏体吸收并向内部扩散,形成一定深度的碳氮共渗层。与渗碳相比,碳氮共渗温度低、速度快、零件变形小。在840~860℃保温4~5h就可获得深度为0.7~0.8mm的共渗层。经淬火+低温回火处理后,工件表层组织为细针状回火马氏体+颗粒状碳氮化合物 Fe_{II}(C、N)十少量残余奥氏体,具有较高的耐磨性和疲劳强度及抗压强度,常应用于低碳合金钢制造的重、中负荷齿轮,近年来国内外都在发展深层碳氮共渗以代替渗碳,效果很好。

练上所述,所有表面热处理方法有一个共同目的,就是提高工件的表面硬度、耐磨性及疲劳强度,但它们又有各自的特点,这就需要根据零件的工作条件加以选用。以齿轮为例,对于齿面硬度要求为45～55HRC的齿轮,若模数大,例如矿山、冶金机械上的大型齿轮,应选用中碳合金钢如40Cr钢制造,进行火焰加热表面淬火或中频感应加热单齿表面淬火,若模数较小,例如机床上的齿轮,则用中碳钢如40、45钢制造,进行高频感应加热表面淬火,对于齿面硬度要求为58～62HRc并承受较大冲击力的齿轮,例如汽车、拖拉机的交速器齿轮,则选用低碳合金钢如20CrMnTi钢制造,进行渗碳和淬火十低温回火处理。对于齿面硬度要求为65～73HRC的齿轮,例如冲击力小的高速传动精密齿轮,则选用38CrMoAl4钢或18CrNiWA钢渗氮处理。

就表面淬火和化学热处理对比而言,表面淬火只改变表面组织,主要应用于中碳钢以及铸铁件,能承受一般程度的摩擦磨损作用。化学热处理不仅改变表面组织,而且还改变表面成分,主要应用于低中碳合金钢,能承受强烈的摩擦磨损和冲击作用。化学热处理的强化档次高于前者,心表性能优于前者,承受的工作条件更加恶劣。

几种表面热处理工艺的综合比较见表4-5。

几种表面热处理工艺的比较 表4-5

处理方法	表面淬火	渗碳	渗氮	碳氮共渗
处理工艺	表面淬火+低温回火	渗碳+淬火+低温回火	渗氮	碳氮共渗+淬火+低温回火
生产周期	很短,几秒到几分钟	长,约3～9h	很长,20～50h	短,约1～2h
表层深度(mm)	0.5～7	0.5～2	0.3～0.5	0.2～0.5
硬度(HRC)	58～63	58～63	65～70	58～63
耐磨性	较好	良好	最好	良好
疲劳强度	良好	较好	最好	良好
耐蚀性	一般	一般	最好	较好
热处理后变形	较小	较大	最小	较小
应用举例	机床齿轮、轴(曲轴、花键轴、凸轮轴)、机床导轨、柱塞、轧辊、链轮	汽车、拖拉机变速器齿轮、活塞销、链条、摩擦片及轴类爪型离合器	高速传动的精密齿轮、镗床、磨床主轴、高速柴油机曲轴、抗热耐腐蚀阀门	精密机床主轴、丝杠

应当指出,本节所介绍的各种热处理方法同样适用于铸铁的热处理,这里不再重述。

思 考 题

1. 钢丝在冷拔过程中为什么要进行中间退火?如何选择中间退火温度?试说明中间退火过程中组织和性能上有什么样的变化?

2. 用冷拔高碳钢丝缠绕螺旋弹簧,最后要进行何种退火处理?为什么?

3. 热处理的定义和分类是什么?

4. 退火的主要目的是什么?生产上常用的退火操作有哪几种?退火操作的应用范围有哪些?

5. 退火和正火的主要区别是什么?生产中应如何选择正火及退火?

6. 淬火的目的是什么?亚共析钢和过共析钢淬火加热温度应如何选择?试从获得的组织和性能等方面加以说明。

7. 马氏体的定义、组织形态和性能特点是什么?

8. 珠光体型组织的异同之处有哪些?

9. 有两个含碳量为1.2%的碳钢薄试样,分别加热到780℃和860℃并保温相同时间,使之达到平衡状态,然后以大于v_K的冷却速度至室温。试问:①哪个温度加热淬火后马氏体晶粒较粗大?②哪个温度加热淬火后马氏体含碳量较多?③哪个温度加热淬火后残余奥氏体较多?④哪个温度加热淬火后未溶碳化物较少?⑤你认为哪个温度加热淬火后合适?为什么?

10. 按回火温度高低,回火可分为哪几类?主要的温度区间、回火后得到的组织、性能和用途是什么?

11. 一批45钢小轴因组织不均匀,需采用退火处理。拟采用以下几种退火工艺:①缓慢加热至700℃,经长时间保温后随炉冷至室温;②缓慢加热至840℃,经长时间保温后随炉冷至室温;③缓慢加热至1100℃,经长时间保温后随炉冷至室温。试说明上述三种工艺会导致小轴组织发生何变化?若要得到大小均匀的细小晶粒,选何种工艺最合适?

12. 对钢进行表面热处理的目的是什么?比较表面淬火、渗碳、渗氮处理在用钢、处理工艺、表层组织、性能、应用范围等方面的差别。

第5章 常用机械工程材料

5.1 工业用钢

5.1.1 碳钢

碳钢和铸铁是应用最为广泛的金属材料,因为它们的基本组元是铁和碳,所以称为铁碳合金。含碳量低于2.11%的二元铁碳合金称为碳素钢,简称碳钢。在实际使用的碳钢中,由于冶炼的原因,都多少地含有硅、锰、磷、硫等杂质。

5.1.1.1 碳钢的分类

根据碳钢的成分、冶炼质量及用途的不同,可以有如下几种分类方法。

1)按钢的成分分类

①低碳钢。含碳量小于0.25%。

②中碳钢。含碳量为0.25%~0.6%。

③高碳钢。含碳量大于0.6%。

2)按钢的材质分类

根据钢的冶炼质量,也即根据钢中所含有害杂质的多少,可分为:

①普通碳素钢。钢中硫、磷含量分别不大于0.05%和0.045%;

②优质碳素钢。钢中硫、磷含量均不大于0.35%。

3)按钢的用途分类

①碳素结构钢。这类钢主要用于制造各种金属结构(如桥梁、锅炉等)和机器零件(如螺钉、齿轮等)。它包括普通碳素钢及优质碳素钢两类。这类钢多数是低碳和中碳钢。

②碳素工具钢。这类钢主要用于制造各种工具、模具及量具,其含碳量较高,都是高碳钢。

5.1.1.2 碳钢的牌号和用途

1)碳素结构钢

普通碳素钢是碳素结构钢中的一大类,也称为普通碳素结构钢。这类钢的碳含量及硫、磷杂质含量限制较宽,冶炼质量较差。这类钢的牌号是按国家标准《碳素结构钢》(GB/T 700—2006)制订的,碳素结构钢的牌号表示方式由Q、屈服强度数值、质量等级符号(分A、B、C、D四级)和脱氧方法(F为沸腾钢、Z为镇静钢、TZ为特殊镇静钢,若为Z或

TZ 则予以省略)四部分组成。例如,Q235-A · F 表示屈服强度为 235MPa、沸腾钢、A 级结构钢。普碳钢属工程结构用钢,是普通级别的碳钢,以型材、板材、管材形式供货,用于机械、桥梁、船舶、建筑等结构件。其成本较低,它的选材界定不严,有时也用来制作不重要的轴、销等机械零件。

表 5-1 所示为普通碳素结构钢及应用举例。主要牌号有 Q195、Q215、Q235、Q275。这些钢的含碳量均小于 0.24%,硫、磷含量及非金属夹杂较多,可焊性、塑性好。不进行专门热处理,热轧空冷态下使用。使用状态下的组织为铁素体和珠光体。

碳素结构钢牌号和应用举例 表 5-1

碳素结构钢牌号	应用举例
Q195	承受载荷不大的金属结构件、铆钉、垫圈、地脚螺栓、冲压件及焊接件
Q215A	
Q215B	
Q235A	金属结构件、钢板、钢筋、型钢、螺栓、螺母、短轴、心轴;Q235C、Q235D 可用于制作重要焊接结构件
Q235B	
Q235C	
Q235D	
Q275A	键、销、转轴、拉杆、链轮、链环片等
Q275B	
Q275C	
Q275D	

2)优质碳素结构钢

优质碳素结构钢含有害杂质(磷、硫)较少,S、P 含量均小于等于 0.035%,钢的纯净度、均匀性及表面质量都比较好。这类钢的牌号、化学成分是符合国家标准《优质碳素结构钢》(GB/T 699—2015)规定。

优质碳素结构钢虽然是优质钢,但它也是碳钢,造价相对也较低。其可用于制作机器零件,但在实际使用中,它的选材界定也不太严格,以制作机械零件为主,个别牌号也能用来制作工程结构件(金属结构件)。其中,08、10 牌号的塑韧性、可焊性好,常冷轧成酸洗板;经过冷冲压制作仪表外壳、机器外罩、各种机械车辆驾驶室处壳等金属结构件;15、20 牌号的塑韧性、可焊性好,也用来制作焊接容器等金属结构。

根据化学成分的不同,优质碳素结构钢又可分为普通含锰量钢和较高含锰量钢两类。

(1)普通含锰量的优质碳素结构钢。

所谓普通含锰量,对于含碳量小于 0.25% 的钢,其含锰量为 0.35% ~0.65%,对于含碳量大于等于 0.25% 的钢,含锰量为 0.5% ~0.8%。

这类钢的钢号用两位数字来表示,这数字代表了钢中的含碳量,并以 0.01%(万分之一)为单位。例如 45 钢,即表示平均含碳量为 0.45% 的钢;08 钢则表示平均含碳量为 0.08% 的钢。

(2)较高含锰量的优质碳素结构钢。

所谓较高含锰量,对于含碳量为 0.15% ~0.6% 的钢,其含锰量为 0.7 ~1%,对于含碳量大于 0.6% 的钢,含锰量为 0.9% ~1.2%。其钢号表示方法是在代表含碳量的两位数字后面附加化学符号“Mn”或汉字“锰”。例如20Mn、50Mn等。较高含锰量钢与相应的普通含锰量钢相比,具有更高的强度和硬度。

机械制造中广泛采用优质碳素结构钢制造各种比较重要的机器零件。这类钢多数经过热处理后使用。优质碳素结构钢的力学性能和用途见表5-2所列。

优质碳素结构钢的力学性能和用途 表5-2

牌号	力学性能					应用举例
	σ_s(MPa)	σ_b(MPa)	δ_5(%)	ψ(%)	α_K(J)	
	≥					
08	195	325	33	60	—	这类低碳钢由于强度低,塑性好,易于冲压和焊接,一般用于制造受力不大的零件,如螺栓、螺母、垫圈、小轴、销子等。经过渗碳或氰化处理可用于制作表面要求耐磨、耐腐蚀的零件
10	205	335	31	55	—	
15	225	375	27	55	—	
20	245	410	25	55	—	
25	275	450	23	50	71	
30	295	490	21	50	63	这类中碳钢的综合力学性能和切削加工性均较好,可用于制造受力较大的零件,如主轴、曲轴、齿轮、连杆、活塞销等
35	315	530	20	45	55	
40	335	570	19	45	47	
45	355	600	16	40	39	
50	375	630	14	40	31	
55	380	645	13	35	—	这类钢有较高的强度、弹性和耐磨性,主要用于制造凸轮、弹簧、钢丝绳等
60	400	675	12	35	—	
65	410	695	10	30	—	
70	420	715	9	30	—	

3)碳素工具钢

这类钢都是高碳钢,因而其脆性较大。为了降低其脆性,将钢中增加脆性的有害杂质硫、磷限制在更低的范围,《工模具钢》(GB/T 1299—2014)规定:P≤0.035%;S≤0.03%,对于高级优质钢则:P≤0.03%;S≤0.02%。其钢号是以“碳”或“T”字后面附加数字来表示的。数字表示钢中的平均含碳量,以0.1%(千分之一)为单位。例如T8(或碳8)、T12(或碳12)即分别表示平均含碳量为0.8%和1.2%的碳素工具钢。若为高级优质碳素工具钢,则在钢号末尾再加“A”或“高”字,如T12A等。

5.1.2 合金钢

合金钢就是在碳钢中加入合金元素所得到的钢种。常用的合金元素有:Si、Mn、Cr、Ni、W、Mo、V、Ti、Nb、Zr、Al、Co、B、Re(稀土元素)等。合金元素的含量可低至万分之几,如B;也可高达百分之几十,如Ni、Cr、Mn等。合金钢的种类很多,根据钢的用途,可分类如下:

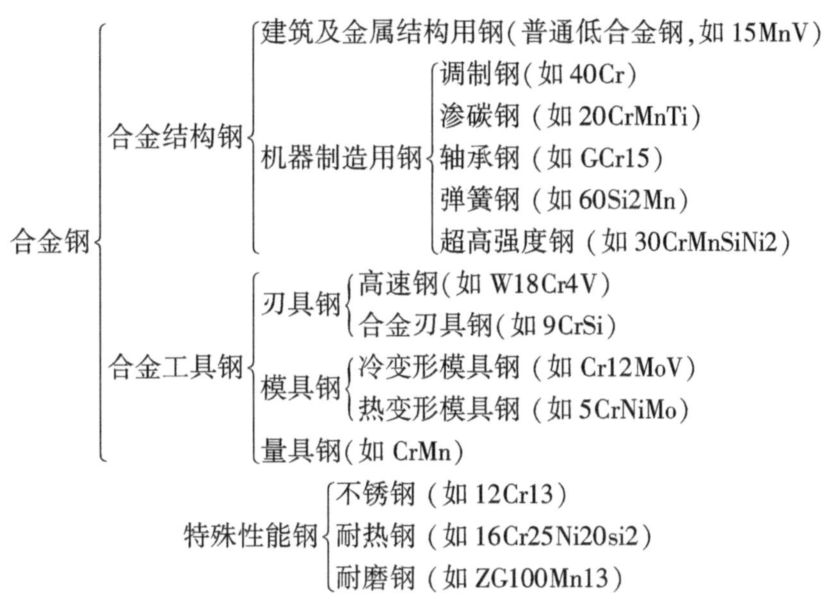

5.1.2.1　钢中的杂质及合金元素

1)杂质元素对性能的影响

钢中的杂质一般是指Mn、Si、P、S,是由原料带入或脱氧残留的元素。

①Mn。0.8%时为杂质,是有益元素。作用为:强化铁素体;消除硫的有害作用。

②Si。0.5%时为杂质,是有益元素。作用为:强化铁素体;增加钢液流动性。

③S。是有害元素。常以FeS形式存在。易与Fe在晶界上形成低熔点共晶(985℃),热加工时(1150~1200℃),由于其熔化而导致开裂,称热脆性。钢中的S含量应控制在0.045%以下。Mn可消除硫的有害作用,FeS + Mn → Fe + MnS,MnS熔点高(1600℃)。

④P。也是有害元素。能全部固溶入铁素体中,使钢在常温下硬度提高,塑性、韧性急剧下降,称冷脆性。P含量一般控制在0.045%以下。

气体元素有如下方面。

①N。室温下N在铁素体中溶解度很低,钢中过饱和N在常温放置过程中以FeN、Fe_4N形式析出使钢变脆,称时效脆化。加Ti、V、Al等元素可使N固定,消除时效倾向。

②O。氧在钢中以氧化物的形式存在,其与基体结合力弱,不易变形,易成为疲劳裂纹源。

③H。常温下氢在钢中的溶解度也很低。当氢在钢中以原子态溶解时,降低韧性,引起氢脆。当氢在缺陷处以分子态析出时,会产生很高内压,形成微裂纹,其内壁为白色,称白点或发裂。

2)合金元素在钢中的作用

合金元素在钢中的作用是极为复杂的,尤其是钢中存在多种合金元素时更是如此。合金元素对钢的几个最基本的作用如下方面。

(1)强化铁素体。

多数合金元素都能溶于铁素体,产生固溶强化作用,使铁素体的强度、硬度升高,而塑性和韧性下降。图5-1和图5-2所示为几种合金元素含量对铁素体硬度和韧性的影响。

由图可见,锰、硅等元素能显著提高铁素体的硬度和韧性。但当含锰量高于1.5%、含硅量高于0.6%时,反而会降低铁素体的韧性。只有铬和镍比较特殊,在含铬量低于2%、含镍量低于5%时,铁素体的硬度和韧性可以同时得到显著提高。

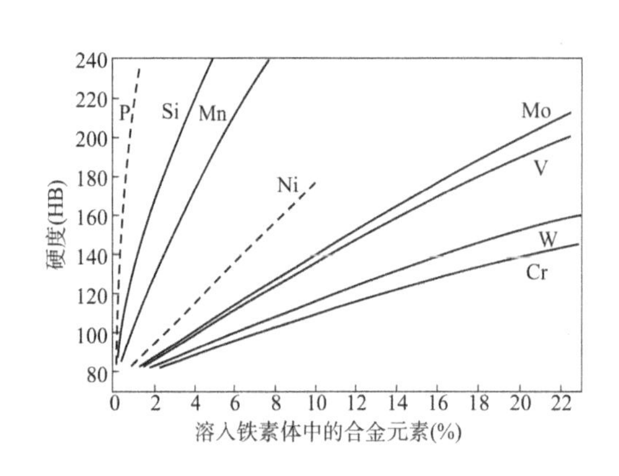

图5-1　合金元素对铁素体硬度的影响

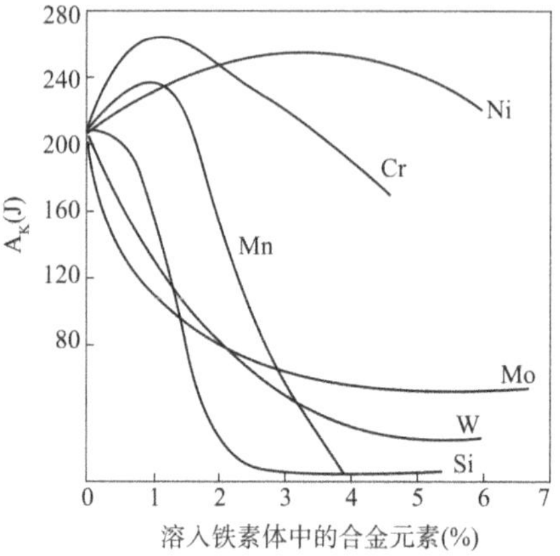

图5-2　合金元素对铁素体韧性的影响

(2)形成合金碳化物。

很多合金元素可以和钢中的碳形成碳化物,按照它们和碳的亲和力由弱到强依次为铁、锰、铬、钼、钨、钒、铌、锆、钛,这类元素称为碳化物形成元素;而镍、钴、铜、硅、铝、氮、硼等元素不形成碳化物,称为非碳化物形成元素。

锰是弱碳化物形成元素,但与碳的亲和力比铁强,溶于渗碳体形成合金渗碳体 Fe_3C, Mn_3C。铬、钼、钨是中强碳化物形成元素,既能形成合金渗碳体,如 Fe_3C, Cr_3C,还能形成特殊碳化物,如 Cr_7C_3、$Cr_{29}C_6$、Mo_2C、WC 等。这类碳化物的熔点、耐磨性和硬度都较高。钒、铌、锆、钛是强碳化物形成元素,优先形成特殊碳化物,如 VC、TiC、NbC 等。这类碳化物很稳定,熔点、硬度和耐磨性也很高,不易分解。

(3)阻碍奥氏体晶粒长大。

几乎所有的合金元素(除锰外)都能阻碍钢在加热时奥氏体晶粒长大,从而达到细化晶粒的目的。特别是强碳化物形成元素所形成特殊碳化物,如 VC、TiC、NbC 等难以全部溶于奥氏体,可以有效地阻碍奥氏体晶粒长大。V、Nb、Ti 等强碳化物形成元素也是细化晶粒的主要合金元素。

(4)提高钢的淬透性。

合金元素(除钴外)溶入奥氏体后,都能使C曲线向右移动(图5-3),降低马氏体临界冷却速度,提高钢的淬透性。所以,通常合金钢可以在油等冷却能力较低的淬火介质中淬火,以减小零件的变形和开裂倾向。

钼、锰、铬、硅、镍是提高钢淬透性的主要合金元素。多种元素同时加入要比各元素单独加入效果更好,通过"多元少量"的合金化原则,可以更为有效地提高钢的淬透性。

(5)提高回火稳定性。

回火稳定性是指淬火钢在回火时抵抗软化的能力。合金元素能使淬火钢在回火过程中的组织分解和转变速度减缓,增加回火抗力,提高回火稳定性,从而使钢的强度随回火温度的升高而下降的程度减弱。与同等含碳量的碳钢相比，在同一温度回火，合金钢具有较高的强度和硬度；而回火至同一硬度，合金钢的回火温度高，内应力的消除比较彻底，因而塑性和韧性比碳钢好。提高马氏体回火稳定性较强的元素有：W、Mo、Cr、V（合金元素总量≥10%）。

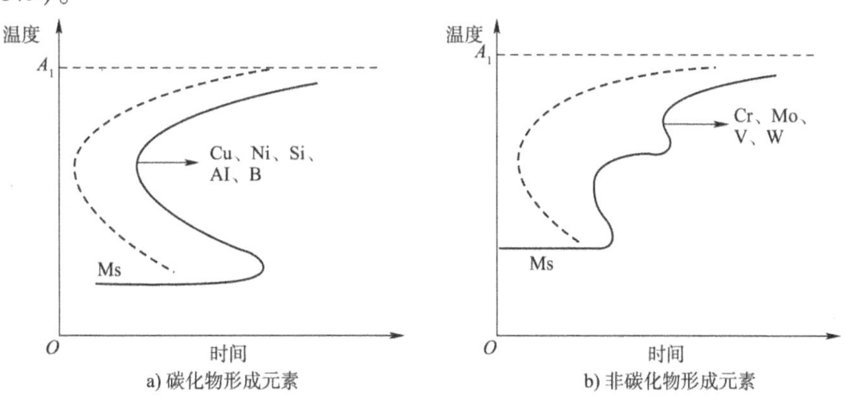

图5-3 合金元素对C曲线的影响

高的回火稳定性可以使钢在较高温度下仍能保持高的硬度和耐磨性。钢在高温（>550℃）下保持高硬度（60HRC）的能力称为热硬性。较高的热硬性对切削工具钢具有十分重要的意义。

5.1.2.2 合金结构钢

合金结构钢的应用场景有：一是制造机器零件，例如工程机械、汽车、拖拉机、机床、电站设备等的轴类件、齿轮、连杆、弹簧、紧固件等；二是制造各种金属结构件，例如桥梁、船体、房体结构、高压容器等。它们是合金钢中用途最广、用量最大的钢种。

合金结构钢的钢号由“数字＋元素＋数字”三部分组成。前两位数字表示钢中平均碳质量分数的万分之几；合金元素用化学元素符号表示，元素符号后面的数字表示该元素平均质量分数的百分数。当合金元素的平均质量分数<1.5%时，一般只标出元素符号而不标数字，当其质量分数≥1.5%、≥2.5%、≥3.5%…时，则在元素符号后相应地标出2、3、4…。如果钢中加有V、Ti、Al、B、RE等合金元素，尽管它们在钢中的质量分数很低，但对钢的性能影响很大，故仍应在钢号中标出它们的元素符号。如 $\omega_C = 0.16\%$、$\omega_{Mn} = 1\% \sim 1.4\%$、$\omega_{Nb} = 0.015\% \sim 0.05\%$ 的钢，其钢号为16MnNb。

下面按钢的具体用途和热处理方法分类，分别讨论低合金高强度钢、调质钢、渗碳钢和轴承钢。

1）低合金高强度钢

低合金钢是在普通低碳钢（一般含碳量不大于0.2%）的基础上，加入少量合金元素（总量不超过3%）而得到的。又称为普通低合金高强度结构钢，它的牌号由《低合金高强度钢》（GB/T 1591—2018）规定。这类钢比普通低碳钢的强度要高10%～20%。它的冶炼比较简单，转炉、平炉、电炉都能生产，生产成本与碳钢相近，轧制和热处理也较简单。低合金钢板广泛应用于建筑、机械、铁道、桥梁、造船等工业部门。

按照这类钢的用途，它应具有以下性能。

①高强度、足够的塑性及韧性。这类钢在热轧或正火状态要求具有高的强度，屈服强

度一般必须为300MPa以上,以保证减轻结构自重,节约钢材、降低费用;要求有较好的塑性和韧性,是为了避免发生脆断,同时使冷弯、焊接等工艺较易进行;一般希望延伸率δ为15% ~20%,室温冲击韧性大于60 ~80J/cm^2。

②良好的焊接性能。这类钢大多用于钢结构,而钢结构一般都是焊接件。所以,焊接性能是这类钢的基本要求之一。

③良好的耐蚀性。许多结构件在潮湿大气或海洋气候条件下工作,而且用低合金钢制造的构件的厚度比碳钢构件小,所以更要求有良好的抗大气、海水或土壤腐蚀的能力。

④低的韧脆转变温度。许多钢结构要在低温下工作,为了避免发生低温脆断,低合金高强度钢应具有较低的韧脆转变温度,以保证构件在工作中处于韧性状态。

低合金高强度结构钢是低碳钢,碳质量分数≤0.2%。大多数热轧空冷后使用,少数要求高强度情况可用调质处理。使用状态下组织:大多数时候是铁素体+珠光体;少数时候是回火索氏体。

低合金高强度结构钢和普通碳素结构钢一样同属工程结构用钢,也以型材、板材、管材形式供货,主要用来制作机械、桥梁、船舶、锅炉、压力容器、输油(气)管道、高层建筑等各种工程结构中的钢架、钢梁、钢柱、车架、机架、支架等。普通低合金高强度结构钢比普通碳素结构钢承重能力高出30%,具有较高的强度和良好的塑韧性及可焊性。对于重要的、要求减轻自重的结构宜选用普低钢制作,不重要的宜选普碳钢制作。普低钢选材界定较为严格。表5-3所示为我国生产的几种常用低合金钢的成分、主要力学性能和大致用途。

低合金钢的成分、主要力学性能和大致用途 表5-3

钢号		化学成分(%)				钢材厚度(mm)	力学性能			冷弯试验	用途
GB/T 1591—2018牌号	GB 1591—88牌号	C	Si	Mn	其他		σ_b(MPa)	σ_s(MPa)	δ(%)	a-试件厚度 d-芯棒直径	
Q355	14MnNb	0.12 ~ 0.18	0.2 ~ 0.55	0.8 ~ 1.2	0.015 ~ 0.05Nb	≤16	490 ~ 640	355	21	180°($d=2a$)	油罐、锅炉、桥梁等
Q355	16Mn	0.12 ~ 0.2	0.2 ~ 0.55	1.2 ~ 1.6	—	≤16	510 ~ 660	345	22	180°($d=2a$)	桥梁、船舶、车辆、压力容器、建筑结构等
Q390	15MnTi	0.12 ~ 0.18	0.2 ~ 0.55	1.2 ~ 1.6	0.12 ~ 0.2Ti	≤25	530 ~ 680	390	20	180°($d=3a$)	船舶、压力容器、电站设备等
Q390	15MnV	0.12 ~ 0.18	0.2 ~ 0.65	1.25 ~ 1.5	0.04 ~ 0.14V	>16 ~25	510 ~ 660	375	18	180°($d=3a$)	压力容器、船舶、桥梁、车辆、起重机械等

2)合金调质钢

调质钢是指采用调质热处理的结构钢。在机械工程中,重要的零件(如机床主轴、汽车后桥半轴等)都是在多种性质的载荷下工作的,故要求具有比较全面的力学性能,所以一般都选用调质钢制造。调质钢是结构钢中用量最大的钢种。

调制钢碳量为0.25%~0.5%，多为0.4%左右，以保证钢经过调质处理后有足够的强度和塑性、韧性。调质件的加工工艺路线为：下料→锻造→退火→粗加工→调质→精加工→装配。调质目的是获得良好综合力学性能，此时使用状态下的组织为回火索氏体。此外，有些调质钢两件除了要求较高的强度塑性和韧性配合外，还要求局部区域有良好的耐磨性，为此，经过调质处理后，还要对局部区域进行感应加热表面淬火或渗氮。这种情况下调质的目的有：为表面淬火作组织准备；获得最终心部组织。此时使用状态下的组织表面为回火马氏体；心部为回火索氏体。

调质钢的基本要求是具有良好的综合力学性能，即强度、硬度与塑性、韧性都较好，且有适当的配合。为了保证零件整个截面力学性能的均匀性和较高水平的配合，钢要求有良好的淬透性。

常用合金调质钢的牌号、热处理、性能及用途见表5-4。

常用合金调质钢的牌号、热处理、性能及用途 表5-4

钢号	淬透性		性能特点	用途举例
	淬透性值	油淬临界直径(mm)		
45	$J\frac{43}{1.5\sim3.5}$	<5~20（水淬）	小截面零件调质后具有较高的综合力学性能，水淬有时开裂，形状复杂零件可水油淬	制造齿轮、轴、压缩机、泵的运动零件等
42Mn2V	$J\frac{46}{9}$	约25	强度比40Mn2高，接近40CrNi	制造小截面的高负荷重要零件，如螺栓、轴、电气阀等。可用于制作表面淬火零件代40Cr或45Cr，表面淬火后硬度和耐磨性较好
40MnVB	$J\frac{44}{9\sim22}$	25~67	综合力学性能较40Cr好	可代40Cr或部分代42CrMo与40CrNi制重要的调质零件，如柴油机汽缸头螺柱、组合曲轴连接螺钉、机床齿轮花键轴等
40Cr	$J\frac{44}{7\sim17}$	18~48	强度比碳钢高约20%，疲劳强度较高	制造重要的调质零件，如齿轮、轴套筒、连杆螺钉、螺栓、进气阀等，可进行表面淬火及碳氮共渗
40CrMn	$J\frac{44}{8\sim16}$	20~47	淬透性比40Cr好，强度高，在某些用途中可以和42CrMo、40CrNi互换，制较大调质件，回火脆性倾向较大	制造在高速与高弯曲负荷下工作的轴、连杆，以及在高速负荷（无强烈冲击负荷）下的轴、齿轮、水泵转子、离合器、小轴等
40CrNi	$J\frac{44}{10\sim32}$	28~90	具有高强度、高韧性、淬透性好、有回火脆性倾向	制造截面较大、受载荷较重的零件，如曲轴、连杆、齿轮轴、螺栓等

3）合金渗碳钢

许多机器零件的工作条件比较复杂。一方面，承受强烈的摩擦磨损和交变应力的作用；另一方面，又经常承受较强烈的冲击载荷。例如汽车齿轮、内燃机凸轮、活塞销等。为了满足这样的工作要求，出现了所谓渗碳钢。渗碳钢就是经渗碳、淬火和低温回火后表面具有高的硬度和耐磨性，心部具有足够韧性的低碳合金结构钢。

合金渗碳钢应有的基本性能包括如下方面。

①经渗碳及热处理后，心部有较高的屈服强度，以保证心部及过渡层不发生塑性变形，使表面硬化层有足够的支撑，而不易剥落或碎裂，同时也提高整个渗碳件的强度。

②心部有较高的韧性，防止在冲击载荷或过载作用下渗碳层中产生裂纹并往内部扩展，保证工件不发生脆断。

③表面应有高的耐磨性和接触疲劳抗力，以使零件有较高的寿命 。

④具有良好的工艺性能，主要是热处理性能，如渗碳能力和淬透性等。

根据性能要求，合金渗碳钢的成分设计的要点为：保证零件心部有足够的韧性和塑性，含碳量必须较低，一般为0.1%～0.25%。

渗碳件的加工工艺路线为：下料→锻造→正火→机加工→渗碳→淬火＋低温回火。正火目的为调整硬度，便于切削加工。淬火温度一般为：$Ac_1+30\sim50℃$。渗碳后直接进行淬火和低温回火，其表层组织为细针状回火高碳马氏体＋粒状碳化物＋少量残留奥氏体，硬度为58～64HRC，心部组织为托氏体＋低碳马氏体，硬度为35～45HRC。

常用渗碳钢的钢号、热处理方式、力学性能及用途见表5-5。主要用于制作渗碳件，即制作承受交变载荷、较大冲击载荷及表面承受强烈摩擦磨损的机器零件（如机械车辆、拖拉机等变速器齿轮、后桥齿轮、活塞销）；在强烈摩擦磨损、冲击载荷条件下工作的轴类零件和有冲击磨损作用下的连接销等。

常用渗碳钢的钢号、热处理方式、力学性能 表5-5

钢号	热处理方式		σ_b	σ_s	δ	ψ	α_K	用途
	淬火（℃）	回火（℃）	（MPa）	（MPa）	（%）	（%）	（J/cm²）	
20Cr	800水、油	200	550	550	10	40	60	齿轮、小轴、活塞销等
20MnV	880水、油	200	600	600	10	40	70	同上、也用于制作锅炉、高压容器、管道等
20CrMn	850油	200	950	750	12	45	60	齿轮、轴、蜗杆、活塞销等
20CrMnTi	860油	200	1100	850	10	45	70	汽车、拖拉机的变速器、齿轮
20SiMnVB	800油	200	≥1200	≥1000	≥10	≥45	≥70	同上
18Cr2Ni4WA	850空	200	1200	850		45	100	大型渗碳齿轮和轴类
20Cr2Ni4A	780油	200	1200	1100	10	4	80	同上

4）弹簧钢

弹簧是机器和仪表中的重要零件，主要在冲击、振动或周期性弯曲、扭转等交变应力下工作，用于吸收冲击能、缓和振动和冲击，或储存能量，以驱动机件，例如汽阀弹簧、油泵柱塞簧等。

为保证弹簧具有高强度和高弹性极限,一般碳含量为0.45% ~0.7%;合金弹簧钢淬透性好,回火稳定性高,脱碳敏感性小,具有高的弹性极限、屈服强度、抗拉强度和屈强比及较高的疲劳强度与足够的塑性、韧性。常加入的合金元素有 Si、Mn、Cr、V、Nb、Mo、W,它们的主要作用是提高钢的淬透性和回火稳定性,强化铁素体,提高弹性极限和屈强比,另外,Mo、W、V、Nb 还可以降低因 Si 的加入造成的脱碳敏感性。因此,根据工作条件,弹簧钢必须具有如下性能。

①高的弹性极限,尤其是高的屈强比(即屈服强度与拉伸强度的比值),以保证弹簧有足够的弹性变形能力和较大的承载能力。

②高的疲劳极限,以免在振动和交变应力作用下疲劳断裂。

③有足够的塑性和韧性,以免受冲击时脆断。

④此外,弹簧钢还要求有很好的淬透性、好的表面质量、不易脱碳和过热的工艺性能,一些特殊弹簧还要求有耐热性、耐蚀性等。

弹簧钢的热处理为淬火+中温回火,获得回火托氏体组织,其硬度为43 ~48HRC,具有最好的弹性。弹簧的表面质量对使用寿命影响很大,因此热处理后常采用喷丸处理,使其表面产生残留压应力,以提高疲劳强度,从而提高使用寿命。

合金弹簧钢大致可分两类。

①以 Si、Mn 为主要合金元素的弹簧钢,最具有代表性的是65Mn 和60Si2Mn。这类钢的价格比较便宜,淬透性明显优于碳素弹簧钢,可以制造截面尺寸较大的弹簧。Si 和 Mn 同时加入的弹簧钢,比只加 Mn 的弹簧钢的性能好得多,在工业中应用最广泛。

②含 Cr、V、W 等元素的弹簧钢,最有代表性的是50CrV。这类钢的淬透性较好。这类钢主要用于制造截面大的、承载大的和工作温度较高的螺旋弹簧和阀门弹簧等。

常用弹簧钢的牌号、成分、热处理方式、力学性能及主要用途见表5-6。

常用弹簧钢的牌号、成分、热处理方式、力学性能及主要用途 表5-6

钢 号	热处理方式(℃)		σ(MPa)	$\sigma_{0.2}$(MPa)	δ_{10}(%)	ψ(%)	用 途
65Mn	830 油	480 回火	1000	800	8	30	小截面弹簧
60Si2Mn	870 油	460 回火	1600	1400	5	20	使用温度低于250℃的高应力弹簧
50CrVA	850 油	520 回火	1800	1100	10	45	使用温度不超过300℃的弹簧
55SiMnMoV	870 油	535 回火	1500	1350	10	37	代替50CrVA
60Si2MnBR	870 油	460 回火	1600	1400	5	20	较大截面板簧和螺旋弹簧

5)滚动轴承钢

滚动轴承在工作时,承受高达3000 ~5000MPa 的交变接触压应力及很大的摩擦力,还会受到大气、润滑油的侵蚀,它常因接触疲劳引起麻点剥落和过度磨损而失效,有时也因腐蚀而使精度下降。因此,滚动轴承应具有高的接触疲劳强度和高而均匀的硬度和耐磨性及一定得韧性和耐蚀性能。

滚动轴承包括内套圈、外套圈、滚动体和保持架四部分。除保持架用低碳钢制成外,其余部分都是用轴承钢制造的。滚动轴承钢就是制造各种滚动轴承的滚珠、滚柱、滚针的专用钢。也可做其他用途,如形状复杂的工具、冷冲模具、精密量具以及要求硬度高、耐磨性高的结构零件。

轴承钢具有以下性能特点。

①高而均匀的硬度和耐磨性。

②高的接触疲劳强度。

③足够的韧性、淬透性和耐蚀性。滚动轴承钢是高碳低铬钢,碳含量为0.95%～1.05%,可保证钢具有高硬度和高强度,铬含量为0.35%～1.95%,其作用是提高钢的淬透性,并形成合金渗碳体$(FeCr)_3C$,使钢具有高的接触疲劳强度和耐磨性。

滚动轴承钢是过共析钢。热处理为球化退火、淬火和低温回火。球化退火的目的是获得球状珠光体,使钢的硬度降低到207～220HBW,以利于切削加工并为淬火作组织准备。淬火和低温回火是决定性能的关键,得到组织为细针状回火马氏体＋细粒状碳化物＋少量残留奥氏体,硬度为62～66HRC。淬火后进行冷处理(－60～－80℃),可以减少残余奥氏体,稳定尺寸。

轴承钢的钢号前冠以G,其后为Cr＋数字,数字表示铬质量分数的千分之几。如GCr15钢,表示铬平均质量分数为1.5%的滚动轴承钢。

常用的轴承钢的牌号、热处理条件和主要用途见表5-7。

常用的轴承钢的牌号、热处理条件和主要用途 表5-7

钢号	热处理方式(℃)	HRC	用途
GCr6	850油160回火	62～65	球直径大于13.5mm,柱直径小于10mm
GCr15	845油160回火 845油250回火	62～65 56～61	球直径为22.5～50mm,柱直径为22.5～50mm,套圈厚度小于20mm
GSiMnVRE	790油160回火	62	无Cr,代替GCr15

5.1.2.3 合金工具钢

用于制造各种刃具、模具、量具等工具所用的合金钢,称之为合金工具钢。

合金工具钢的钢号前用一位数字表示平均碳质量分数的千分数;当平均碳质量分数$\omega_C \geq 1\%$,不标出其碳质量分数。如9CrSi钢,表示平均碳质量分数$\omega_C = 0.9\%$,合金元素Cr、Si的平均质量分数都小于1.5%的合金工具钢;Cr12MoV钢表示平均碳质量分数$\omega_C > 1\%$、$\omega_{Cr} = 12\%$、$\omega_{Mo} < 1.5\%$、$\omega_V < 1.5\%$的合金工具钢。

工程中使用的工具钢多种多样,但应用最多的是各种切削刃具、冷、热变形模具和量具等。所以,按照用途,工具钢大致可分为刃具钢、模具钢和量具钢三大类。其实它们的应用界限并不明显,一种钢往往有几种钢的用途,例如,低合金刃具钢除了作刃具外,也可作冷模具或量具。高速钢是典型的刃具钢,现在也大量用于制造冷模具。重要的问题是应掌握各类钢的成分和性能特点,以便根据具体条件进行选用。

1)合金刃具钢

刃具钢用于制造各种切削刀具。在切削过程中,刃具的刃部要切入被加工材料,显然它的硬度应高于工件;同时,刃部与切屑间产生强烈摩擦,使刀刃磨损并发热。切削量越大,刃部温度越高(可达600～1000℃),故使刃部回火而降低硬度。此外,刃具还受一定的冲击和振动。

根据工作条件,刃具钢的性能有如下要求。

①一般刃具的硬度应高于 HRC60,切削某些更硬的材料时,硬度还要高些,甚至到 HRC65 以上。

②具有高的耐磨性,耐磨性直接影响刃具的寿命。耐磨性不仅取决于硬度,而且与碳化物的性质、数量、大小和分布有关。

③具有高的红硬性。红硬性是指钢在高温下保持高硬度的能力。刃具切削时,刃部温度很高,所以红硬性是刃具钢的最主要的性能要求。

④足够的塑性与韧性。以防刃具的断裂或崩刃。

刃具钢主要有两类。一类是低合金刃具钢,工作温度不超过 300℃,主要用于低速切削。另一类以高速钢为代表,有良好的红硬性;工作温度可达到 500 ~ 600℃,主要用于高速切削。低合金刃具钢是在碳素工具钢的基础上加入少量合金元素而获得的。

刃具钢的牌号很多,但常用的是很有限的几种。我国常用的低合金刃具钢的牌号、成分、热处理方式及用途见表 5-8。

常用低合金刃具钢的化学成分、热处理方式及用途 表 5-8

钢号	化学成分(%)				淬火			回火		用途举例
	C	Mn	Si	Cr	温度(℃)	介质	HRC(不低于)	温度(℃)	HRC	
9CrSi	0.85 ~ 0.95	0.3 ~ 0.6	1.2 ~ 1.6	0.95 ~ 1.25	850 ~ 870	油	62	190 ~ 200	60 ~ 63	板牙、丝锥、搓丝板、冷冲模等
CrWMn	0.9 ~ 1.05	0.8 ~ 1.1	0.15 ~ 0.35	0.9 ~ 1.2	820 ~ 840	油	62	140 ~ 160	62 ~ 65	长丝锥、长铰刀、板牙、拉刀、量具、冷冲模等

其中最典型的钢号是 9CrSi,它广泛应用于制造要求变形小的簿刃工具,例如板牙、丝锥等。表 5-9 中列出了我国常用的各种高速钢的牌号、成分、热处理方式、性能及用途。

几种常用高速钢的化学成分、热处理方式、性能及用途 表 5-9

钢号	主要化学元素(%)					热处理温度(℃)			硬度		热硬性 HRC*	用途
	C	W	Mo	Cr	V	退火	淬火	回火	退火后 HBS	回火后 HRC		
W18Cr4V	0.7 ~ 0.8	17.5 ~ 19.0	≤0.3	3.8 ~ 4.4	1.0 ~ 1.4	860 ~ 880	1260 ~ 1300	550 ~ 570	207 ~ 255	63 ~ 66	61.5 ~ 62	制造一般高速切削用车刀、刨刀、钻头、铣刀等
W6Mo5Cr4V2	0.8 ~ 0.9	5.5 ~ 6.75	4.5 ~ 5.5	3.8 ~ 4.4	1.75 ~ 2.2	840 ~ 860	1220 ~ 1240	550 ~ 570	≤241	63 ~ 66	60 ~ 61	制造要求耐磨性和韧性很好配合的高速切削刀具,如丝锥、钻头等;并适合于采用轧制、扭制热变形新工艺制造钻头等刀具

续上表

钢号	主要化学元素(%)					热处理温度(℃)			硬度		热硬性HRC*	用途
	C	W	Mo	Cr	V	退火	淬火	回火	退火后HBS	回火后HRC		
W6Mo5Cr4V2Al	1.1~1.2	5.5~6.75	4.5~5.75	3.80~4.4	1.80~2.2	850~87	1220~1250	550~570	255~267	67~69	65	在加工一般材料时,刀具使用寿命为W18Cr4V的2倍,在切削难加工的超高强度钢和耐热合金钢时,其使用寿命接近钴高速钢

2)合金模具钢

模具是机械、仪表、无线电等工业部门中的主要加工工具。根据使用状态,模具钢分为两大类:用于冷成形的冷模具钢,工作温度不超过200~300℃;用于热成形的热模具钢,模腔表面温度可达600℃以上。

按照工作条件,对冷、热模具的性能有不同的要求。

(1)冷模具钢的性能要求。

①高的硬度和耐磨性,以利于金属的成形加工,保持模具的形状和尺寸,提高模具的使用寿命。

②高的疲劳抗力和足够的韧性,以保证模具工作时不发生疲劳断裂和脆断。

③良好的工艺性能,要求淬透性高和热处理变形小。

(2)热模具钢的性能要求。

①高的热硬性和高温耐磨性,因热模具表面工作温度高、应力大,且金属高速塑件流变,造成表面的强烈磨损。

②热疲劳抗力,热模具工作中受反复升温作用,表层内热应力或热应变循环引起裂纹的萌生和扩展,产生所谓热疲劳。所以高的热疲劳抗力,是热模具钢的基本要求。

③化学稳定性,主要是要求抗氧化能力强。

④足够的韧性,以提高抗冲击载荷的能力,这对热锻模具钢特别重要。

冷、热模具钢对化学成分的基本要求,同低合金刃具钢和高速钢相似,但更严格。

冷模具钢,常用冷模具钢的牌号、热处理方式和用途见表5-10。许多要求不高的冷模具也可用低合金刃具钢制造。典型的冷模具钢是Cr12,性能较好的是Cr12MoV,它的热处理变形小,适用于复杂形状的模具。

常用冷模具钢的牌号、热处理方式和用途 表5-10

钢号	淬火温度(℃)	达到下列硬度的回火温度(℃)		用途
		HRC58~62	HRC55~60	
Cr12	950~1000	180~280	280~550	重载的压弯模、拉丝模等
Cr12MoV	950~1000	180~280	280~550	复杂或重载的冲孔落料模、冷挤压模、冷镦模、拉丝模等

热模具钢,常用热模具钢的牌号、成分、热处理方式和用途见表5-11。热模具钢主要有热锻模钢与热压模钢两大类。热锻模钢以5CrNiMo、5CrMnMo为代表,要求韧性较高,不强调对红硬性的要求;热压模钢以3Cr2W8V为代表,因工作中受冲击载荷较小,主要要求热强度和红硬性。

常用热模具钢的牌号、热处理方式和用途　　表5-11

钢　号	淬火处理		回火后硬度(HRC)	用　途
	温度(℃)	冷却剂		
5CrMnMo	820~850	油	39~47	中小型热锻模
5CrNiMo	830~860	油	35~39	压模、大型热锻模
3Cr2W8V	1075~1125	油	40~54	高应力热压模、精密锻造或高速锻模
4Cr5MoSiV	980~1030	油或空	39~50	大中型锻模、挤压模
4Cr5W2SiV	1030~1050	油或空	39~50	大中型锻模、挤压模

5.1.2.4　特殊性能钢

特殊性能钢在工业上的应用越来越广泛,发展十分迅速,这里就工程上最常用的钢种作一些简单的介绍,主要有不锈钢、耐热钢及耐磨钢(也称铸钢)。不锈钢和耐热钢的钢号前面数字表示碳质量分数的千分之几,如9Cr18表示钢的平均碳质量分数为0.9%。但当钢的碳质量分数≤0.03%及≤0.08%时,钢号前应分别冠以00及0表示。如022Cr19Ni10、06Cr19Ni10等。铸钢的牌号由字母ZG后面加两组数字组成。第一组数字代表钢的屈服强度值,第二组数字代表钢的抗拉强度值。例如ZG270-480表示屈服强度为270MPa、抗拉强度为480MPa的铸钢。

1)不锈钢

不锈钢是指在腐蚀性介质中高度稳定的钢种。不锈钢并非不锈,在同一介质中,不同不锈钢的锈蚀速度不同;而同一不锈钢的不同腐蚀性介质中,锈蚀情况也不一样。

不锈钢根据正火组织可分为马氏体钢、铁素体钢、奥氏体钢等。

(1)马氏体型不锈钢。

这类钢含有13%~18%铬、0.1%~1.0%碳。含碳量增加,钢的强度、硬度、耐磨性和切削性能等显著提高,但耐蚀性下降。这类钢多用于制造力学性能要求较高、耐磨性要求相对较低的零件,例如汽轮机叶片、医疗器械等。常用的钢号有12Cr13、20Cr13、30Cr13、40Cr31等。

马氏体型不锈钢的热处理与结构钢相同,作高强结构零件时进行调质处理,例如12Cr13、20Cr13钢;作弹簧元件时进行中温回火,如30Cr13、40Cr13钢。Cr13类型钢的淬火加热温度较高,回火温度也较高。

(2)铁素体型不锈钢。

这类钢具有单相铁素体组织,加热至高温(900~1100℃)也不发生变化。它的耐酸能力强,有很好的抗氧化能力,但不能利用马氏体相变来强化,即不能进行淬火回火处理,热处理只有退火。这类钢强度低、塑性好,主要用于制作化工设备中的容器、管道等。常用的有 10Cr17、10Cr17Ti 等。

(3)奥氏体型不锈钢。

奥氏体型不锈钢是目前工业上应用最广的不锈钢。它以铬镍为主要合金元素。这类钢有很高的化学稳定性,良好的塑性,加工硬化性强,焊接性能好。主要作化工容器、设备和零件,医疗器械以及抗磁仪表等。常用的有 12Cr18Ni9、06Cr19Ni10 等。

2)耐热钢

金属的耐热性是包含着高温抗氧化性和高温强度的综合性概念。耐热钢是在高温下不发生氧化,并具有足够强度的钢。

耐热钢按正火组织可分为珠光体钢、马氏体钢和奥氏体钢。

(1)珠光体钢。

这类钢合金元素较少,加入的目的在于强化铁素体及稳定碳化物。常用的牌号有 15CrMo、12CrMoV 等,一般在 600℃以下使用,广泛用于制造热能装置和化工设备中的构件和管道等。珠光体钢的热处理一般是正火,然后在比使用高温高 100℃的温度下回火。

(2)马氏体钢。

马氏体耐热钢常用的主要有两种。一种为铬钢,例如 12Cr13、14Cr11MoV、15Cr12WMoV 等;另一种为铬硅钢,例如 42Cr9Si2、40Cr10Si2Mo 等。这两种钢由于含有大量的铬或硅,抗氧化性好,淬透性也高。它们大多在调质状态下使用。铬钢主要用于制造高压汽轮机转子和叶片,铬硅钢主要用于制作各种发动机的排气阀等。

(3)奥氏体钢。

这类钢高温强度较高,且随含镍量的增加而增大。为了进一步提高耐热性,还可以加入 W、Mo、V、Ti、Nb 等元素,常用的有 022Cr11NbTi、45Cr14Ni14W2Mo 等。它们的热处理都是固溶处理,然后在高于使用温度 60 ~ 100℃的温度下进行时效处理。这类钢可以制造较重要的零件,例如燃气轮机轮盘,在 750℃以下工作的燃气轮机叶片,以及其他动力、化工装置中的构件等。

3)耐磨钢

耐磨钢是指具有高耐磨性的钢种,广义上也包括模具钢、轴承钢等,但一般所指的耐磨钢主要是高锰钢。这种钢由于机械加工比较困难,基本上都用于铸件,它经热处理和塑性变形后能产生强烈的加工硬化,所以具有优良的耐磨性,主要用于制作工作时受严重磨损和强烈冲击的零件。

耐磨钢中最典型的是高锰钢,牌号是 ZG100Mn13。它经水韧处理后,硬度不高,仅为 HB200 左右,但有很高的加工硬化能力,在冲击载荷或应力作用下,奥氏体转变为马氏体,形成硬而耐磨的表面(HB500 ~ 550)。所以它多用于制造在工作中受冲击和压力并要求耐磨的零件,例如拖拉机、坦克的履带板、铁路道岔、破碎机腭板、掘土机铲斗齿等。

高锰钢的热处理特点:高锰钢在铸态下组织中有碳化物存在,又硬又脆,耐磨性也差,无法直接使用,所以要进行热处理。即将钢加热至 1000 ~ 1100℃,使碳化物溶解,然后在水中快冷,在室温下获得均匀的韧性很高的奥氏体组织。这种热处理叫作水韧处理。与其他钢种不同,高锰钢水韧处理后不进行回火,因为钢加热至 350℃以上时,碳化物会重新析出,并生成屈氏体组织,使性能下降。

5.2 铸　　铁

铸铁是碳质量分数大于2.11%的铁碳合金,并含有较多的硅、锰、硫、磷等多种元素。铸铁成本低廉,生产工艺简单,并具有优良的铸造性、切削加工性、减磨性、吸振性和低的缺口敏感性,可以满足生产中各方面的需要。因此,铸铁在化学工业、冶金工业和各种机械制造工业中得到广泛应用。

5.2.1 铸铁的石墨化

在铸铁中,碳可以以渗碳体的形式存在,也可以以石墨的形式存在。其中渗碳体是亚稳定相,而石墨是稳定相。石墨具有简单六方晶格,晶体中的碳原子分层排列;碳含量近似100%,其强度、塑韧性极低,几乎为零,硬度仅为3HBS。它的存在相当于完整的基体上出现了孔洞和裂缝一样。

铸铁中的碳以石墨的形态析出的过程称为石墨化。石墨既可以从铁碳合金液体和奥氏体中析出,也可以通过渗碳体分解获得。石墨化程度不同,所得到的铸铁类型和组织也不同。

灰铸铁和球墨铸铁中的石墨主要是从液相中析出得到;可锻铸铁中的石墨则是通过使白口铸铁长时间退火,由渗碳体分解得到。影响铸铁石墨化的因素很多,其中化学成分和冷却速度是两个主要影响因素。

铸铁中的C和Si是强烈促进石墨化进程的元素。C含量越高,石墨化越容易。Si能够减弱C和Fe的亲和力,不利于形成渗碳体,从而促进石墨化。通常用碳当量CE综合考虑C、Si的影响:$CE = C\% + 0.3Si\%$。P也是促进石墨化元素,但作用较弱。S、Mn是阻碍石墨化元素。

对同一化学成分的铸铁,铸铁结晶时的冷却速度对其石墨化的影响也很大。冷却速度越慢,在高温下保温时间越长,越有利于碳原子扩散和石墨化过程的充分进行,析出稳定石墨相的可能性就越大。相反,如果冷却速度较快,过冷度较大,原子扩散能力减弱,则不利于石墨化的进行。铸铁的冷却速度还与铸件的壁厚有关。铸件越厚,冷却速度越慢,越有利于铸铁的石墨化。

5.2.2 铸铁的分类

铸铁的分类方法较多,根据碳在铸铁中存在形式的不同,铸铁可以分为白口铸铁、灰口铸铁和麻口铸铁。

①白口铸铁。碳除少量溶于铁素体外其余全部以渗碳体的形式存在于铸铁中,其断口呈银白色。该类铸铁硬而脆,难以加工,很少直接用于制造机械零件,主要作为炼钢原料和生产可锻铸铁毛坯使用。

②灰口铸铁。碳全部或大部分以片状石墨形式存在于铸铁中,其断口呈暗灰色。该类铸铁是目前工业生产中使用最广泛的一类铸铁。

③麻口铸铁。碳一部分以渗碳体存在,另一部分以石墨的形式存在于铸铁中,其断口

呈黑白相间的麻点。该类铸铁也有较大的硬脆性,工业生产中也很少使用。

根据铸铁中石墨形态不同,铸铁又可分为灰口铸铁、可锻铸铁、球墨铸铁和蠕墨铸铁。

①灰口铸铁。铸铁中石墨呈片状。

②可锻铸铁。铸铁中石墨呈团絮状。它是由白口铸铁通过石墨化或氧化脱碳的可锻化处理后获得的。虽然可锻铸铁有较高的韧性,但是不能锻造。

③球墨铸铁。铸铁中石墨呈球状。它是由铁液经过球化处理后获得的。该类铸铁的力学性能比灰铸铁和可锻铸铁高,生产工艺比可锻铸铁简单,还可以通过热处理来提高力学性能,在生产中也应用较为广泛。

④蠕墨铸铁。铸铁中石墨呈蠕虫状。是20世纪60年代发展起来的一种新型铸铁。蠕墨铸铁是将蠕化剂(稀土镁钛合金、稀土镁钙合金、镁钙合金等),加入铁液中熔化而成的。

5.2.2.1　灰口铸铁

灰口铸铁是石墨呈片状分布的铸铁,因为其具备铸造性能优良、减振和耐磨性好、缺口敏感性小、容易切削等诸多优点而得到最为广泛的应用。灰口铸铁是价格最便宜、应用最广泛的一种铸铁,在各类铸铁的总产量中,它的产量占80%以上。

灰铸铁的牌号由“HT＋三位数字”表示。数字表示灰铸铁的最低抗拉强度,如HT100表示最低抗拉强度为100MPa的灰口铸铁。

灰铸铁的含碳量一般为2.5%～4%,含硅量为1%～2.5%,含锗量为0.5%～1.4%,含硫量不大于0.15%,含磷量不大于0.3%。灰口铸铁的基体组织有铁素体、珠光体和铁素体加珠光体三种,如图5-4所示。

a)铁素体基体

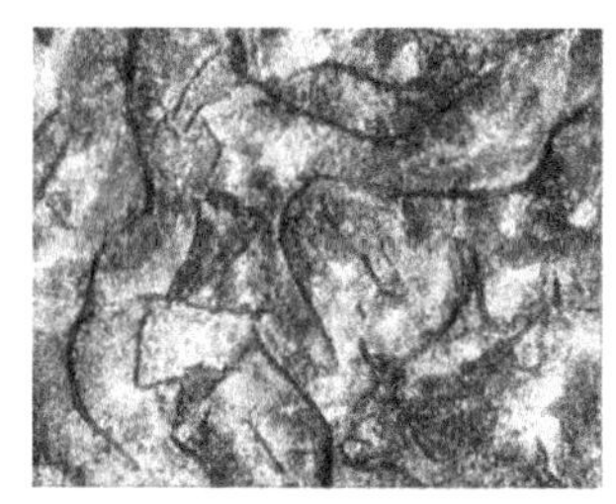
b)珠光体基体

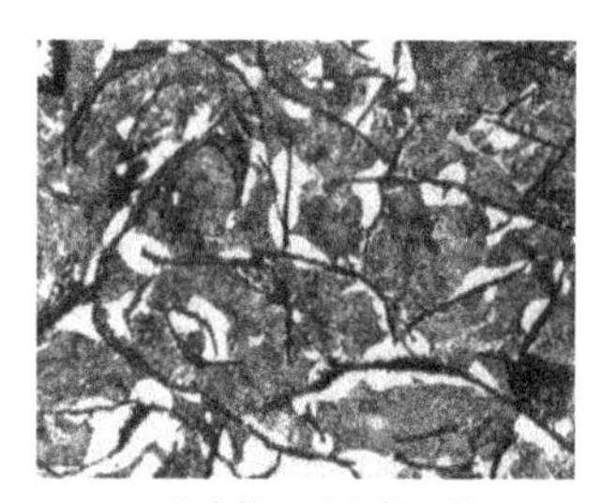
c)铁素体和珠光体基体

图5-4　灰口铸铁的显微组织

铁素体灰铸铁的强度硬度和耐磨性都比较低,但塑性比较高,多用于制造低负荷不太重要的零件。珠光体,特别是细小粒状珠光体灰铸铁强度和硬度高,耐磨性好,但塑性比铁素体灰铸铁低,多用于受力较大,耐磨性要求高的重要铸件,如汽缸套、活塞、轴承座等。

灰口铸铁具有以下性能特点。

①力学性能。铸铁的抗拉强度、塑性、韧性比钢低。石墨片越多,尺寸越粗大,分布越不均匀,铸铁的抗拉强度和塑性就越低。灰口铸铁的抗压强度、硬度与耐磨性主要取决于基体,石墨存在对其影响不大。故灰口铸铁的抗压强度、硬度和耐磨性较好。另外铸铁对缺口的敏感性较低。

②铸造性能。因我国灰口铸铁的成分接近共晶成分,故铸造流动性好,又由于铸铁在凝固过程中析出了比容较大的石墨,部分地补偿了凝固时基体的收缩,所以收缩率比钢

小。因此,灰铸铁能够铸造形状复杂与壁薄的铸件。

③切削加工性。由于石墨割裂了基体,使铸铁的切屑易脆断,具有良好的切削加工性。另外,石墨对刀具有减摩和润滑作用,使刀具磨损小。

④减摩性。石墨本身是良好的润滑剂,石墨剥落后形成孔洞,又可以储存润滑油,故减摩性好。

⑤消振性。石墨比较松软,能吸收振动,阻隔振动传播,故消振性好。

为了提高灰铸铁的力学性能,生产上常采用孕育处理。它是在浇注前往铁液中加入少量孕育剂(硅铁或硅钙合金),使铁液在凝固时产生大量的人工晶核,从而获得细晶粒珠光体基体加上细小均匀分布的片状石墨的组织。经孕育处理后的铸铁称为孕育铸铁。孕育铸铁具有较高的强度、硬度、耐磨性、塑性及韧性,具有断面缺口敏感性小的特点,常作为力学性能要求较高且断面尺寸变化大的大型铸件,如机床床身等。

灰口铸铁主要用于制造承受压力和振动的零件,如机床床身、箱体、壳体、泵体、缸体。灰口铸铁的牌号、力学性能及应用举例见表5-12。

灰口铸铁的牌号、力学性能及应用举例 表5-12

牌号	铸件壁厚(mm)		抗拉强度 σ_b(MPa)	应用举例
	>	≤	≥	
HT100	2.5	10	130	低负荷和不重要的零件,如盖、外罩、手轮、支架、重锤等
	10	20	100	
	20	30	90	
	30	50	80	
HT150	2.5	10	175	承受中等应力的零件,如支柱、底座、齿轮箱、工作台、刀架、端盖、阀体、管路附件等
	10	20	145	
	20	30	130	
	30	50	120	
HT200	2.5	10	220	承受较大应力和较重要的零件,如汽缸、齿轮、机座、飞轮、床身、汽缸体、汽缸套、活塞、制动轮、联轴器、齿轮箱、轴承座、油缸等
	10	20	195	
	20	30	170	
	30	50	160	
HT250	4	10	270	
	10	20	240	
	20	30	220	
	30	50	200	
HT300	10	20	290	承受高弯曲应力及抗拉压力的重要零件,如齿轮、凸轮、车床卡盘、剪床和压力机的机身、床身、高压液压筒、滑阀壳体等
	20	30	250	
	30	50	230	
HT350	10	20	340	
	20	30	290	
	30	50	260	

5.2.2.2 球墨铸铁

球墨铸铁是20世纪40年代末发展起来的一种高强度铸铁材料,是由液态铁水经球化处理和孕育处理得到的石墨呈球状的铸铁。球状石墨是液态铁水经球化处理得到的，球化剂为镁、稀土和稀土镁。为避免白口，并使石墨细小均匀，在球化处理同时还进行孕育处理，常用孕育剂为硅铁和硅钙合金。由于它的石墨呈球状，因而对基体的削弱和造成的应力集中都很小，使球墨铸铁具有很高的强度，又有良好的塑性和韧性，而且铸造性能好，成本低廉，生产方便，所以在工业上获得了广泛的应用。

我国球墨铸铁牌号用"QT"符号及其后面两组数字表示。QT代表球铁，第一组数字代表最低抗拉强度值，第二组数字代表最低伸长率值。

球墨铸铁的含碳量一般为3.6%~3.9%，含硅量为2%~3.2%，含锰量为0.3%~0.8%，含硫量小于0.07%，含磷量小于0.1%，含镁量为0.03%~0.08%。与灰口铸铁相比，球墨铸铁的碳、硅含量较高，含锰较低，对磷、硫含量限制较严。球墨铸铁的基体组织有铁素体、珠光体和铁素体加珠光体三种，如图5-5所示。

a) 铁素体基体

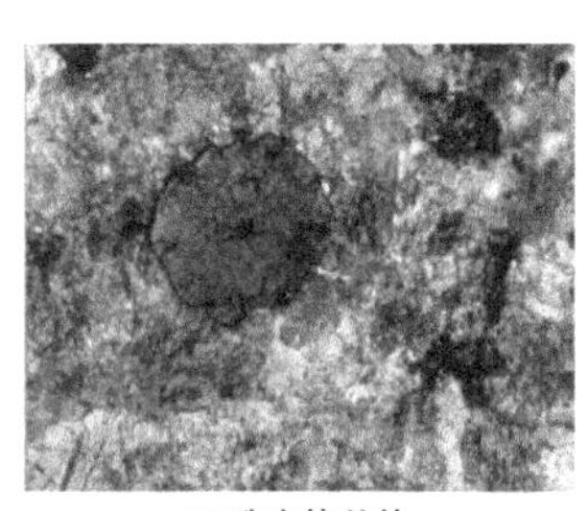
b) 珠光体基体

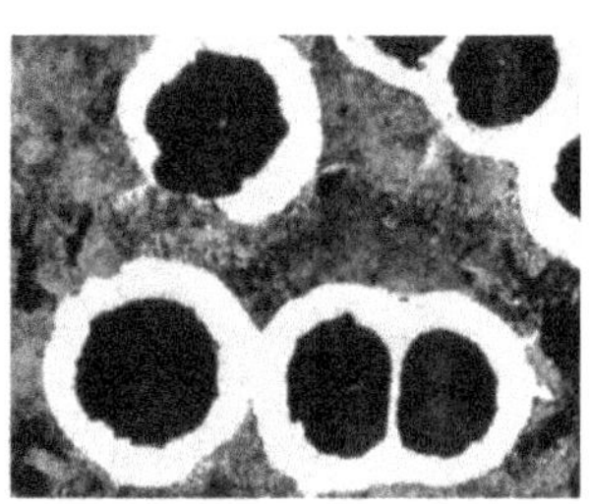
c) 铁素体和珠光体基体

图5-5　球墨铸铁的显微组织

球墨铸铁中的球状石墨直径越小越分散，球墨铸铁的力学性能越好。球墨铸铁的力学性能还与其基体组织有关。铁素体球墨铸铁具有高的塑性和韧性，但强度与硬度较低；而珠光体球墨铸铁强度较高，但塑性和韧性较低；贝氏体球墨铸铁则具有较好的综合力学性能，但是在铸态下，球墨铸铁基体往往是由不同数量的铁素体珠光体甚至还有自由渗碳体同时存在的混合组织，通常要进行热处理才能得到所需要的基体组织。

由于球墨铸铁中石墨呈球状，应力集中小，对金属基体的割裂作用较小，使球墨铸铁的抗拉强度、塑性和韧性、疲劳强度高于其他铸铁，并保留了灰口铸铁的优良铸造性能、切削加工性、减摩性和缺口不敏感等性能。强度是碳钢的70%~90%。球墨铸铁的突出特点是屈强比高，为0.7~0.8，而钢一般只有0.3~0.5。因此它可代替部分钢制造一些受力复杂、强度、韧性和耐磨性要求高的零件。

球墨铸铁主要用于承受振动、载荷大的零件。其具体牌号、力学性能见表5-13。

球墨铸铁的牌号、力学性能及应用举例　　表5-13

牌　　号	基体类型	抗拉强度 σ_b(MPa)	屈服强度 $\sigma_{0.2}$(MPa)	伸长率 δ(%)	硬度 HBS	应用举例
QT400-18	铁素体	≥400	≥250	≥18	130~180	用于汽车、拖拉机的牵引框、轮毂、离合器及减速器等的壳体，农机具的犁铧、犁托、牵引架，高压阀门的阀体、阀盖、支架等
QT400-15		≥400	≥250	≥15	130~180	
QT450-10		≥450	≥310	≥10	160~210	

续上表

牌　　号	基体类型	抗拉强度 σ_b(MPa)	屈服强度 $\sigma_{0.2}$(MPa)	伸长率 δ(%)	硬度 HBS	应用举例
QT500-7	铁素体 + 珠光体	≥500	≥320	≥7	170~230	内燃机的机油泵齿轮,水轮机的阀门体;铁路机车车辆的轴瓦等
QT600-3		≥600	≥370	≥3	190~270	
QT700-2	珠光体	≥700	≥420	≥2	225~305	柴油机和汽油机的曲轴、连杆、凸轮轴、汽缸套,空压机、气压机的曲轴、缸体、缸套,球磨机齿轮及桥式起重机滚轮等
QT800-2		≥800	≥480	≥2	245~335	
QT900-2	贝氏体或回火马氏体	≥900	≥600	≥2	280~360	汽车螺旋伞齿轮,拖拉机减速齿轮,农机具犁铧、耙片等

由表5-13可知,球墨铸铁的抗拉强度不仅远远超过灰口铸铁,甚至可以与钢媲美。尤其突出的是它的屈服比高。在一般机械设计中,材料的许用应力是按 $\sigma_{0.2}$ 确定的,因此对承受静载荷的零件,使用球墨铸铁比铸钢还能节省材料和减小机器的质量。

5.2.2.3 可锻铸铁

可锻铸铁是由铸态白口铸件经热处理而得的一种高强度铸铁,但仍是不可锻造的。它具有较高的强度、塑性和冲击韧性,可部分代用碳钢。按热处理方法的不同,可分为黑心可锻铸铁、珠光体可锻铸铁和白心可锻铸铁。

可锻铸铁牌号由“KTH”(或“KTZ”和“KTB”)和两组数字组成,“KTH”表示黑心可锻铸铁,“KTZ”表示珠光体可锻铸铁,“KTB”表示白心可锻铸铁。代号后面的两组数字,第一组表示最低抗拉强度,第二组数字表示最低伸长率。

可锻铸铁的含碳量为2.4%~2.8%,含硅量小于1.4%,含锰量小于0.5%~0.7%,含硫量小于0.2%,含磷量小于0.1%,含铬量小于0.06%。

可锻铸铁的组织是钢的基体上分布着团絮状的石墨,有铁素体可锻铸铁(黑心可锻铸铁)和珠光体可锻铸铁两种,如图5-6所示。各种可锻铸铁基体组织不同,其性能和应用场合也不同。黑心可锻铸铁基体为铁素体,具有较高的塑性和韧性,主要用于管路零件建筑扣件以及汽车拖拉机上的差速器壳支架等。珠光体可锻铸铁的基体为珠光体,具有较高的强度和耐磨性,可用于发动机的曲轴连杆等零件。

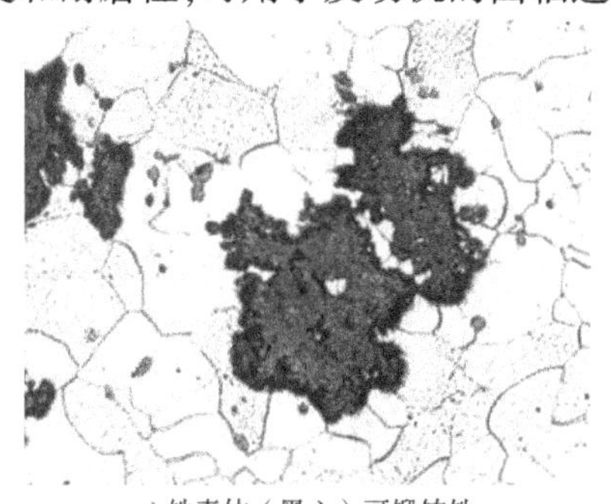

a) 铁素体(黑心)可锻铸铁

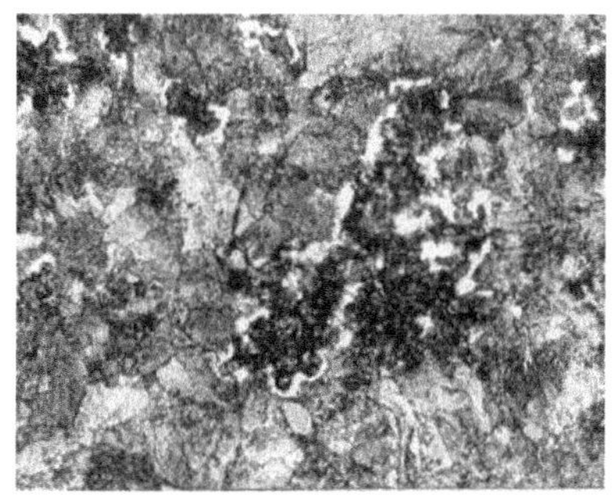

b) 珠光体可锻铸铁

图5-6 可锻铸铁的显微组织

由于石墨铁呈团絮状，大大减轻了对基体的割裂作用，塑性与韧性有明显的提高，但可锻铸铁实际上是不能锻造的。强度为碳钢的40%～70%。力学性能优于灰口铸铁，并接近于同类基体的球墨铸铁。但与球墨铸铁相比，具有铁水处理简易、质量稳定、废品率低等优点。故生产中，常用可锻铸铁制作一些截面较薄而形状较复杂、工作时受振动而强度、韧性要求较高的零件，因为这些零件若用灰铸铁制造，则不能满足力学性能要求；若用钢制造，则因其铸造性能较差，质量不易保证。

可锻铸铁主要用于制造形状复杂且承受振动载荷的薄壁小型件，如汽车、拖拉机的前后轮壳、管接头、低压阀门等。可锻铸铁的牌号、力学性能及应用举例见表5-14。

可锻铸铁的牌号、力学性能及应用举例 表5-14

类型	牌号	试样直径 d(mm)	抗拉强度 σ_b(MPa)	屈服强度 $\sigma_{0.2}$(MPa)	伸长率 δ(%) $L_0=3d$	硬度 HBS	应用举例
黑心可锻铸铁	KTH300-06	12或15	≥300	—	≥6	≤150	适用于承受低动载荷及静载荷、要求气密性好的零件，如管道配件、中低压阀门等
	KTH330-08		≥330	—	≥8		适用于承受中等动载荷及静载荷的零件，如农机上的犁刀、犁柱、车轮壳，机床上的扳手、钢丝绳轧头等
	KTH350-10		≥350	≥200	≥10		适用于承受较高的冲击、振动及扭转载荷的零件，如汽车、拖拉机上的前后轮壳、差速器壳、转向节壳、制动器等，农机上的犁刀、犁柱，铁道零件，冷暖器接头，船用电机壳等
	* KTH370-12		≥370	—	≥12		
珠光体可锻铸铁	KTZ450-60		≥450	≥270	≥6	150～200	适用于承受较高载荷、耐磨损并要求有一定韧性的重要零件，如曲轴、凸轮轴、连杆、齿轮、摇臂、活塞环、滑动轴承、犁刀、耙片、万向接头、棘轮、扳手、传动链条、矿车轮等
	KTZ550-04		≥550	≥340	≥4	180～250	
	KTZ650-02		≥650	≥430	≥2	210～260	
	KTZ700-02		≥700	≥530	≥2	240～290	
白心可锻铸铁	KTB350-04	9	≥340	—	≥5	≤230	适用于薄壁铸件（壁厚<15mm）和焊后不需进行热处理的零件。因工艺复杂、生产周期长、强度及耐磨性较差，故应用不多
		12	≥350	—	≥4		
		15	≥360	—	≥3		
	KTB380-12	9	≥320	≥170	≥13	≤200	
		12	≥380	≥200	≥12		
		15	≥400	≥210	≥8		

续上表

类型	牌号	试样直径 d(mm)	抗拉强度 σ_b(MPa)	屈服强度 $\sigma_{0.2}$(MPa)	伸长率 δ(%) $L_0=3d$	硬度 HBS	应用举例
白心可锻铸铁	KTB400-05	9	≥360	≥200	≥8	≤220	适用于薄壁铸件(壁厚 < 15mm)和焊后不需进行热处理的零件。因工艺复杂、生产周期长、强度及耐磨性较差,故应用不多
		12	≥400	≥220	≥5		
		15	≥420	≥230	≥4		
	KTB450-07	9	≥400	≥230	≥10	≤220	
		12	≥450	≥260	≥7		
		15	≥480	≥280	≥4		

5.2.2.4　蠕墨铸铁

蠕墨铸铁是20世纪60年代发展起来的一种新型铸铁。是将蠕化剂(稀土镁钛合金、稀土镁钙合金、镁钙合金等)和少量孕育剂(硅铁或硅钙铁合金),加入铁液中熔化而成的石墨呈蠕虫状的一类铸铁。

蠕墨铸铁的牌号由"RuT+三位数字"表示。数字表示蠕墨铸铁的最低抗拉强度,如RuT260表示最低抗拉强度为260MPa的蠕墨铸铁。

蠕墨铸铁的含碳量为3.5%~3.9%,含硅量为2.2%~2.8%,含锰量为0.4%~0.8%,含硫量和含磷量均小于0.1%。蠕墨铸铁的组织是钢的基体上分布着蠕虫状的石墨,有铁素体基体、珠光体基体、铁素体和珠光体基体三种。常见的为铁素体基体和珠光体基体的蠕墨铸铁,如图5-7所示,由于生产时蠕化剂中含有球化元素Mg、稀土RE等,故蠕虫状石墨常与球状石墨共存。

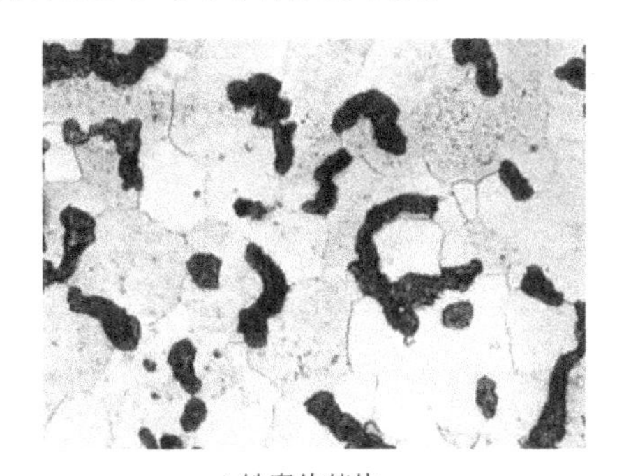

a) 铁素体基体

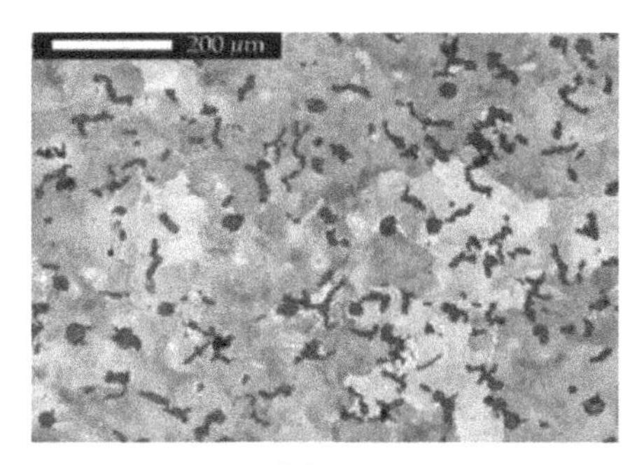

b) 珠光体基体

图5-7　蠕墨铸铁的显微组织

蠕墨铸铁的力学性能介于相同基体组织的灰铸铁和球墨铸铁之间,它的抗拉强度、屈服强度、伸长率、疲劳强度均优于灰铸铁,接近于铁素体球墨铸铁;而铸造性能、减振能力、导热性、切削加工性均优于球墨铸铁,与灰铸铁相近。蠕墨铸铁常用于制造承受热循环载荷的零件和结构复杂、强度要求高的铸件,如钢锭模、玻璃模具、柴油机汽缸、汽缸盖、排气阀、液压阀的阀体、耐压泵的泵体等。蠕墨铸铁的牌号、力学性能及应用举例见表5-15。

蠕墨铸铁的牌号、力学性能及应用举例　　表 5-15

牌号	蠕化率（%）	抗拉强度（MPa）	屈服强度（MPa）	伸长率（%）	硬度（HBW）	基体组织	应用举例
RuT420	≥50	≥420	≥335	≥0.75	200～280	P	活塞环、汽缸盖、制动盘、制动鼓、齿轮轴等高强度耐磨件
RuT380	≥50	≥380	≥300	≥0.75	193～274	P	
RuT340	≥50	≥340	≥270	≥1.0	170～249	P+F	重型机床和铣床件、齿轮箱体、玻璃模具、汽缸盖
RuT300	≥50	≥300	≥240	≥1.5	140～217	F+P	
RuT260	≥50	≥260	≥195	≥3.0	121～197	F	汽车、拖拉机底盘件

5.2.2.5　特殊铸铁

1）耐磨铸铁

在磨粒条件下工作的耐磨铸铁，要求具有高而均匀的硬度。白口铸铁就是这样一种良好的耐磨铸铁。但白口铸铁脆性较大，不能承受冲击载荷，因此生产中常采用激冷的办法来获得冷硬铸铁，即用金属型铸造铸件的耐磨表面，其他部位采用砂型。同时调整铁水的化学成分，利用高碳低硅，保证白口层的硬度，而心部为灰口组织，具有一定的强度。用激冷的方法制作耐磨铸铁，已广泛地应用于轧辊和车轮等铸造生产。

2）耐热铸铁

在高温下工作的铸件，例如，炉底板、换热器、坩埚、热处理炉内的运输链条等，必须选耐热铸铁。普通灰口铸铁在高温下表面氧化烧损，同时氧化性气体沿石墨片的边界和裂缝渗入内部，造成内部氧化，以及渗碳体在高温下分解产生石墨等，都导致热稳定性的下降。但加入 Al、Si、Cr 等合金元素可以提高铸铁的耐热性。它们一方面在铸件表面形成一层致密的 Al_2O_3、SiO_2、Cr_2O_3 等氧化膜，保护内部不再继续氧化；另一方面可提高铸铁的临界温度，使基体组织为单相的铁素体，不会发生石墨化过程，因而提高了铸铁耐热性。球墨铸铁因石墨孤立分布，互不相连，不易形成气体渗入通道，耐热性较好。

3）耐蚀铸铁

耐蚀铸铁广泛应用于化工部件，如阀门、管道、泵、容器等。普通铸铁的耐蚀性差，是因为铸铁组织中有石墨、渗碳体、铁素体等。它们在电解质中的电极电位不同，形成微电池。铁素体电极电位低，构成阳极；石墨电极电位高，构成阴极，阳极不断溶解而被腐蚀。加入合金元素后，铸件表面形成致密的保护膜层，并提高了铸铁基体的电极电位，因而增大了铸铁的耐腐蚀性能。主要加入的合金元素有 Si、Cr、Al、Mo、Cu 等。常用的耐蚀铸铁有高硅、高硅钼、高铝、高铬等耐蚀铸件。

5.3　有色金属及其合金

在工业生产中，通常把铁及其合金称为黑色金属，把其他非铁金属及其合金称为有色金属。

有色金属的产量和用量不如黑色金属多,但由于其具有许多优良的特性,如特殊的电、磁、热性能,耐蚀性能及高的比强度(强度与密度之比)等,已成为现代工业中不可缺少的金属材料。

变形有色金属及其合金的牌号表示方法还不统一,铸造有色金属及其合金牌号表示方法统一如下。

①铸造有色纯金属的牌号为:Z +该金属元素符号+ 纯度百分含量数字活用表明产品级别的数字组成,如 ZAl99.5 和 ZTi1。

②铸造有色合金的牌号为:Z+基体元素符号+主要合金元素符号及其名义百分含量数字+其他合金元素符号及其百分含量数字,合金元素符号按其名义含量递减的次序排列,当名义含量相等时,则按元素符号字母顺序排列,当需要表明决定合金级别的合金元素首先列出时,不论其含量多少,该元素符号均应置于集体元素符号之后。如 ZAlSi7Cu4、ZCuZn31Al2、ZSnSb11Cu6 等。混合稀土元素符号用 RE 表示。优质合金在牌号后标注字母“A”。

5.3.1 铝及铝合金

铝及其合金是工业中用量最大的有色金属。纯铝的比重小($2.79/cm^3$)、导电性好、耐蚀性强;合金经适当的热处理后可获得 $400\sim700MN/m^2$ 的高强度,与低合金高强度钢的强度相当。因此,在航空、电气和机械工程中应用很广。

1)纯铝

铝属于面心立方结构,塑性好。易冷、热成形,也便于切削加工。

铝的导电率约为铜的64%,仅次于银、铜、金;它的表面能生成致密的氧化薄膜,阻止进一步氧化,因而有较好的抗大气腐蚀能力;铝的磁化率低,接近于非磁性材料。

纯铝的国际四位数字体系 1×××牌号,最后两位数字表示最低铝百分含量中小数点后面的两位,如1060是最低铝含量为99.60%的工业纯铝,第一位数字表示对杂质范围的修改,如果是零则表示该工业纯铝的杂质范围为生产中的正常范围,如果为 1~9 中的自然数,则表示生产中应对某一种或几种杂质或合金元素加以专门控制,例如1350工业纯铝是一种铝含量应≥99.50%的电工铝,其中有3种杂质应受到控制,即(V+Ti)≤0.02%、B≤0.05%、Ca≤0.03%。1070、1060、1050、1035、1200为工业纯铝牌号,编号越小,纯度越低,可制作电线、电缆和器具等。

《变形铝及铝合金牌号表示方法》(GB/T 16474—2011)规定,若铝含量不低于99.00%时,其牌号用1×××表示,第一、三、四位阿拉伯数字,第一位是数字1,表示是铝及铝合金的组别——纯铝,最后两位数字表示最低铝百分含量中小数点后面的两位,第二位是英文大写字母,表示原始纯铝的改型情况,如果第二位的字母是A,表示为原始纯铝,如果是B~Y,则表示为原始纯铝的改型,与原始纯铝相比,其他元素含量略有改变,例如1A97、1A95、1A93、1A90。

2)铝合金

纯铝的强度很低,不能作为结构材料使用,但在铝中加入铜、镁、锰、硅等合金元素后,所组成的铝合金具有较高的强度,能用于制造承受一定载荷的机器零件。

根据铝合金的成分及生产工艺特点,可分为变形铝合金和铸造铝合金。

变形铝合金按照其主要性能特点可分为防锈铝合金、硬铝、超硬铝和锻铝合金,它们的牌号、性能特点及用途见表5-16。

部分变形铝合金的牌号、力学性能及用途 表5-16

名称	合金元素	编号	力学性能			特性及用途	半成品状态
			σ_b(MPa)	δ(%)	HBS		
防锈铝	Al-Mn	3A21	130	20	30	抗蚀性比纯铝好,压力加工性及焊接性能好,不能时效强化。主要用于油箱、油管、铆钉等制品	退火
	Al-Mg	5A05	280	20	70		
硬铝	Al-Cu-Mg	2A01	300	24	100	主要用于抗蚀性差、中等强度的结构零件,如骨架、螺旋桨叶片、螺钉等	淬火+自然时效
		2A11	420	18	105		
超硬铝	Al-Cu-Mg-Zn	7A04	600	12	150	室温强度最高,抗蚀性差。主要用于受力件,如飞机大梁、桁架、起落架等	淬火+人工时效
锻铝	Al-Mg-Si-Cu	2A50	420 480	13 19	105 135	力学性能及锻造性能好。用于形状复杂、中等强度的锻件	淬火+人工时效
	Al-Cu-Mg-Fe-Ni	2A70	415	13	120	主要用于内燃机活塞和在较高温度下工作的复杂锻件、结构件	淬火+人工时效

防锈铝合金属于热处理不能强化的铝合金,常采用冷变形方法提高其强度。主要有Al-Mn、Al-Mg合金。锰的作用是固溶强化和提高抗蚀性能,镁的作用是固溶强化与降低合金的密度。这类铝合金具有适中的强度、优良的塑性和良好的焊接性,并具有很好的抗蚀性,故称为防锈铝合金,常用于制造油罐、各式容器、防锈蒙皮等。

2×××硬铝合金属Al-Cu-Mg系合金,根据其特性和用途,可将其分为低强度硬铝(2A01、2A10)、中强度硬铝(2A11)、高强度硬铝(2A12、2A16)、耐热硬铝(2A02)等。硬铝的耐蚀性比较差,在海水中使用尤为严重。为了提高其耐蚀性,通常在硬铝的外面包上一层纯铝进行保护。常用于制造冲压件、模锻件和铆接件,如螺旋桨、梁、铆钉等。

超硬铝合金属Al-Zn-Mg-Cu属于合金。它的强度在变形铝合金中最高,达600~700MPa,超过高强度的硬铝2A12,故称之为超硬铝。在超硬铝合金中有$CuAl_2$、$CuMgAl_2$、$MgZn_2$、$Al_2Mg_3Zn_3$等强化相,因而具有显著的时效强化效果。超硬铝合金经时效处理后强度和硬度都很高,但耐热、耐蚀性较差,一般也采用包铝的办法提高其耐蚀性。主要用于工作温度较低、受力较大的结构件,如飞机大梁、起落架等。

锻铝合金大多是Al-Mg-Si-Cu系,含合金元素种类多,但含量较少。一般锻造后再经固溶处理和时效处理。可锻性好,有良好的热塑性和耐蚀性,适于用压力加工来制造各种零件，力学性能好。用于形状复杂的锻件和模锻件，如喷气发动机压气机叶轮片、导风轮、超音速飞机蒙皮等。

铸造铝合金分铝—硅系、铝—铜系、铝—镁系和铝—锌系四大类。各类合金的牌号、性能特点及用途见表5-17。

部分铸造铝合金的牌号，性能特点及用途　　表5-17

合金牌号	代号	σ_b(MPa)	δ(%)	HBS	用　途
ZALSi12	ZL102	143	3	50	形状复杂的低负荷体
ZALSi5Cu1Mg	ZL105	231	0.5	70	汽缸体
ZALCu5Mn	ZL201	330	4	90	活塞、支臂
ZALMg10	ZL301	280	9	60	大气或海水中工作的零件

Al-Si系铸造铝合金又称硅铝明，是铸造铝合金中应用最广泛的一类。这种合金流动性好、熔点低、热裂倾向小、耐蚀性和耐热性好、易气焊。适用于铸造在常温下工作形状复杂的零件。但粗大的硅晶体严重降低合金的力学性能。因此生产中常采用“变质处理”提高合金的力学性能。变质处理是指浇注前向合金液中加入质量分数为2%～3%的变质剂，使硅的形状发生改变。经变质处理后的组织是细小均匀的晶体组织。用于制造飞机、仪表、电动机壳体、汽缸体、风机叶片、发动机活塞等。

Al-Cu铸造铝合金耐热性好，但由于其铸造性能不好，有热裂和疏松倾向，耐蚀性差，比强度低于一般优质硅铝明，故有被其他铸造铝合金取代的趋势。常用牌号ZL201(ZAlCu5Mn)、ZL203(ZAlCu4)等。主要用于制造在较高温度下工作的高强零件，如内燃机汽缸头、汽车活塞等。

Al-Mg铸造铝合金又称耐蚀铸造铝合金。一般不在铸态下使用，而是经过淬火处理。淬火状态下，镁全部溶入固溶体，使合金获得最佳的强度和抗蚀性。这类合金的耐蚀性好、强度高，具有良好的切削加工性；但铸造性和耐热性差。常用代号为ZL301(ZAlMg10)、ZL303(ZAlMg5Si1)等。主要用于制造腐蚀介质条件下承受较大载荷零件，如舰船配件、氨用泵体等，也可用来代替某些耐酸钢及不锈钢。

Al-Zn系铸造铝合金是最便宜的一种铸造铝合金。这类合金在铸态下可直接使用。这类合金的铸造性能好，强度较高，可自然时效强化，铸态下有较高的力学强度；但密度大，耐蚀性较差。常用代号为ZL401(ZAlZn11Si7)、ZL402(ZAlZn6Mg)等。主要用于制造形状复杂受力较小的汽车、飞机、仪器零件或工作温度低于200℃，形状复杂的磨具、设备支架等。

在铸造铝合金中，除铝硅ZL102、ZL302外，其他合金都能进行热处理，主要是采用退火和固溶时效处理，并且多采用人工时效。

5.3.2 铜及铜合金

铜及铜合金是历史上应用最早的有色金属。铜是贵重有色金属。世界铜的产量仅次于钢和铝。目前，工业上使用的铜及铜合金，主要有工业纯铜、黄铜、青铜等。

1)纯铜

纯铜就是紫铜,它的导电性、导热性极好,是抗磁性物质,常用于制作电工导体及各种磁学仪器、防磁器械等。

铜的熔点为1083℃,比重为8.9g/cm^3,具有面心立方结构,在冷却过程中无同素异构转变,有着良好的加工性能和可焊性能,易于冷、热加工成形,但力学性能不高。

铜的化学稳定性高,在大气、淡水中均有优良的抗蚀性,在非氧化性酸溶液中也能耐蚀,但在氧化性酸(硝酸、浓硫酸)及各种盐类溶液中易被腐蚀。

锡、铋、氧、硫、磷等杂质的存在,对铜的性能有很大影响。我国工业纯铜有T1、T2、T3、T4四个牌号。"T"为铜的汉语拼音字头,其后数字越大,纯度越低。如T1的Cu = 99.95%,而T4的Cu = 99.50%,其余为杂质含量。

纯铜不能采用热处理强化,只能进行冷加工形变强化,热处理只限于软化退火处理。纯铜不宜于制造受力的结构零件。

铜合金常加元素为Zn、Sn、Al、Mn、Ni、Fe、Be、Ti、Zr、Cr等,既提高了强度,又保持了纯铜特性。铜合金分为黄铜、青铜、白铜三大类。

2)黄铜

黄铜是以锌为主要合金元素的铜合金。黄铜按化学成分可分为普通黄铜和特殊黄铜;按工艺可分为加工黄铜和铸造黄铜。

(1)普通黄铜。

铜与锌的二元合金称为普通黄铜。普通黄铜色泽美观,对海水和大气腐蚀有很好的抗力。力学性能与含Zn量有关。黄铜有单相黄铜和两相黄铜(显微组织如图5-8所示)。

a)单相黄铜

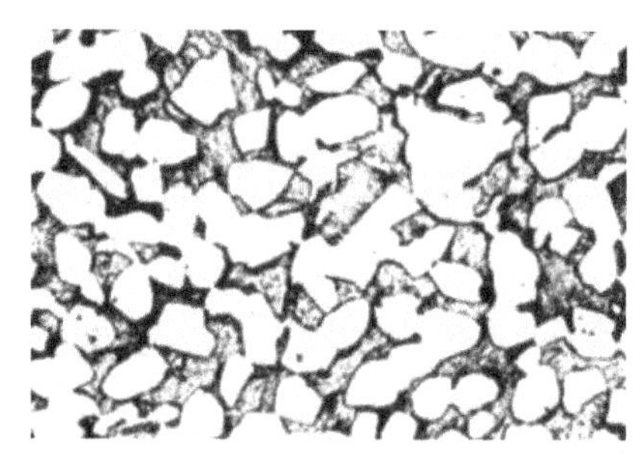
b)两相黄铜

图5-8　黄铜的显微组织

铜锌合金中随成分不同在固态下能形成不同的相结构。黄铜的力学性能与其相结构和含锌量有很大的关系。黄铜的抗蚀性较好,与纯铜相近。经冷加工的黄铜制品,因有残余应力,在潮湿大气或海水中,特别是在含氨的介质中,易发生自动开裂(即所谓"季裂")现象。黄铜的季裂倾向随含锌量的增加而增大。一般可采用低温退火(250～300℃,1～3h)来消除内应力。

(2)特殊黄铜。

在铜锌合金中加入硅、锡、铝等元素,即形成特殊黄铜,使力学性能、耐蚀性和工艺性提高。要求有良好性能及耐磨性的零件(如钟表零件)。铸造铅黄铜可制作轴瓦和衬套。

特殊黄铜的常用牌号有 HPb63-3、HAl60-1-1、HSn62-1、HFe59-1-1、ZCuZn38Mn2Pb2、ZCuZn16Si4 等。主要用于船舶及化工零件，如冷凝管、齿轮、螺旋桨、轴承、衬套及阀体等。

普通黄铜的编号是“H＋两位数字”，数字表示铜的百分含量。铸造黄铜则在编号前冠以“Z”字。特殊黄铜的编号方法是“H＋主加元素符号＋铜含量＋主加元素的含量”。常用的普通黄铜和特殊黄铜的牌号、力学性能及用途见表5-18。

常用的普通黄铜和特殊黄铜的牌号、力学性能特点及用途　　表5-18

类别	牌　号	力学性能			主要用途
		σ_b(MPa)	δ(%)	HBS	
普通黄铜	H80	≥320	≥52	≥53	镀层及装饰，造纸工业金属网
	H70	≥320	≥55	—	散热器，深冲件、管、带线材
	H62	≥330	≥49	≥56	散热器、垫圈、垫片、弹簧、各种网
	H59	≥390	≥44		热轧、热压、型材
特殊黄铜	HPb59-1	≥400	≥45	≥90	切削性能好，适用于热冲压制造零件
	HMn57-3-1	≥550	≥25	≥115	常温下工作的高强度零件
	HMn58-2-2	≥400	≥40	≥80	轴套等耐磨零件，海水中工作的零件
	HSi80-3	≥300	≥15	≥100	耐磨、耐蚀件

3）白铜

以镍为主要合金元素的铜合金称白铜，分为普通白铜和特殊白铜。

普通白铜是 Cu-Ni 二元合金，具有较高的耐蚀性和抗腐蚀疲劳性能及优良的冷热加工性能。普通白铜牌号：B＋镍的平均百分含量，如 B5。常用牌号有 B5、B19 等 。用于在蒸汽和海水环境下工作的精密机械、仪表零件及冷凝器、蒸馏器、热交换器等。

特殊白铜是在普通白铜基础上添加 Zn、Mn、Al 等元素形成的，分别称锌白铜、锰白铜、铝白铜等。其耐蚀性、强度和塑性高，成本低。常用牌号如 BMn40-1.5（康铜）、BMn43-0.5（考铜）。用于制造精密机械、仪表零件及医疗器械等。

4）青铜

除黄铜和白铜外的其他铜合金统称为青铜。常用青铜有锡青铜、铝青铜、铍青铜、硅青铜、铅青铜等。

青铜的编号方法是“Q＋主加元素符号＋主加元素含量”，例如 QSn4-3。有压力加工青铜和铸造青铜两类。铸青铜在编号前加“Z”。

（1）锡青铜。

锡青铜是以锡为主加元素的铜合金，锡含量一般为 3%～14%。锡青铜铸造流动性差，铸件密度低，易渗漏，但体积收缩率在有色金属中最小。锡青铜耐蚀性良好，在大气、海水及无机盐溶液中的耐蚀性比纯铜和黄铜好，但在硫酸、盐酸和氨水中的耐蚀性较差。常用牌号有 QSn4-3、QSn6.5-0.4、ZCuSn10Pb1 等。主要用于耐蚀承载件，如弹簧、轴承、齿轮轴、蜗轮、垫圈等。

(2)铝青铜。

铝青铜是以铝为主加元素的铜合金,它不仅价格低廉,且强度、耐磨性、耐蚀性及耐热性比黄铜和锡青铜都高,还可进行热处理(淬火、回火)强化。当含 Al 量小于 5% 时,强度很低,塑性高;当含 Al 量达到 12% 时,塑性已很差,加工困难。故实际应用的铝青铜的含 Al 量一般为 5% ~10%。当含 Al 量 =5 ~7% 时,塑性最好,适于冷变形加工;当含 Al 量 = 10% 左右时,常用于铸造。

铝青铜在大气、海水、碳酸及大多数有机酸中具有比黄铜和锡青铜更高的抗蚀性。因此铝青铜是无锡青铜中应用最广的一种,也是锡青铜的重要代用品,缺点是其焊接性能较差。铸造铝青铜常用来制造强度及耐磨性要求较高的摩擦零件,如齿轮、轴套、蜗轮等。常用牌号有 QAl5、QAl7、ZCuAl8Mn13Fe3Ni2 等。

(3)铍青铜。

以铍为主加元素的铜合金,铍青铜的含 Be 量很低,含 Be 量 =1.7% ~2.5%,Be 在 Cu 中的溶解度随温度而变化,故它是唯一可以固溶时效强化的铜合金,经固溶处理及人工时效后,其性能可达 σ_b =1200MPa,δ =2% ~4%,330 ~400HBS。

铍青铜还有较高的耐蚀性和导电、导热性,无磁性。此外,有良好的工艺性,可进行冷、热加工及铸造成型。通常制作弹性元件及钟表、仪表、罗盘仪器中的零件,电焊机电极等。

5.3.3 其他有色金属及其合金

5.3.3.1 钛及钛合金

1)工业纯钛

纯钛的密度为 4.507g/cm^3,熔点为 1688℃。纯钛具有同素异构转变,882.5℃以下为密排六方结构的 α 相,882.5℃以上为体心立方结构的 β 相。纯钛的强度低,但比强度高,塑性好,低温韧性好,耐蚀性很高。钛具有良好的压力加工工艺性能,锻压后经退火处理的钛可碾压成 0.2mm 的薄板或冷拔成极细的丝。钛的切削加工性与不锈钢相似,焊接须在氩气中进行,焊后退火。钛在氮气中加热可发生燃烧,因此钛在加热和焊接时应采用氖气保护。

根据杂质含量,钛分为高纯钛(纯度达 99.9%)和工业纯钛(纯度达 99.5%)。工业纯钛有三个牌号,分别用 TA 顺序号加数字 1、2、3 表示,数字越大,纯度越低。杂质含量对钛的性能影响很大,少量杂质可显著提高钛的强度,故工业纯钛强度较高,接近高强铝合金的水平,主要用于制造 350℃以下温度工作的石油化工用热交换器、反应器、船舰零件、飞机蒙皮等。

2)钛合金

在纯钛中加入 Al、Mo、Cr、Sn、Mn、V 等元素形成钛合金,按退火组织可分为 α 型、β 型、(α + β)型钛合金,分别用 TA、TB、TC 加顺序号表示。工业纯钛的室温组织为 α 相,因此牌号划入 α 型钛合金的 TA 序列。表 5-19 为一些常用钛合金的牌号及力学性能。

常用钛合金的牌号及力学性能 表5-19

类别	牌号	名义化学成分(%)	材料状态	室温力学性能			高温力学性能		
				σ_b (MPa)	δ (%)	HBW	试验温度(℃)	σ_b (MPa)	σ_s (MPa)
工业纯钛	TA1	工业纯钛(0.1% O, 0.03% N,0.05% C)	板材退火	350	25	80	—	—	—
	TA2	工业纯钛(0.15% O, 0.05% N,0.05% C)	板材退火	450	20	70	—	—	—
	TA3	工业纯钛(0.15% O, 0.03% N,0.10% C)	板材退火	550	15	50	—	—	—
α型钛合金	TA5	Ti-4Al-0.005B	棒材退火	700	15	60	—	—	—
	TA7	Ti-5Al-2.5Sn	棒材退火	800	10	30	350	500	450
β型钛合金	TB2	Ti-3Al-5Mo-5V-8Cr	板材固溶+时效	1400	7	15	—	—	—
α+β型钛合金	TC4	Ti-6Al-4V	棒材退火	920	10	40	400	630	580
	TC10	Ti-6Al-6V-2Sn-0.5Cu-0.5Fe	棒材退火	1050	12	35	400	850	800

(1)α型钛合金。

与β型、(α+β)型钛合金相比,α型钛合金的室温强度低,但高温强度高。α型钛合金具有良好的抗氧化性、焊接性和耐蚀性,不可热处理强化,一般在退火态使用。α型钛合金牌号有TA4、TA5、TA6、TA7、TA8等,常用的有TA5、TA7等,以TA7最常用。TA7还具有优良的低温性能,主要用于制造500℃以下温度工作的火箭、飞船的低温高压容器,航空发动机压气机叶片和管道、导弹燃料缸等;TA5主要用于制造船舰零件。

(2)β型钛合金。

有TB1、TB2两个牌号,可热处理强化,实际应用的为TB2,用于制造在350℃以下工作的飞机压气机叶片、弹簧、紧固件等。

(3)(α+β)型钛合金。

(α+β)型钛合金具有α型钛合金和β型钛合金的优点,但焊接性能不如α型钛合金,可通过热处理来强化(α+β)型钛合金牌号有TC1~TC11,常用牌号有TC3、TC4、TC6、TC10等,以TC4最常用。TC4也是钛合金中用量最大的合金,主要用于制造在400℃以下工作的航空发动机压气机叶片、火箭发动机外壳及冷却喷管、火箭和导弹的液氢燃料箱部件、船舰耐压壳体等。TC10 是在 TC4 基础上发展起来的，具有更高的强度和耐热性。

目前钛合金的最高使用温度为500℃，为了能在更高的温度使用，世界各国研制了许多新型钛合金；我国研制的 Ti-Al-Sn-Mo-Si-Nd 系合金，使用温度可达 550℃。英国研制的 Ti-5.5Al-4Sn-4Zr-1Nb-0.3Mo-0.5Si 合金和美国研制的 Ti-6Al-2.75Sn-4Zr-0.4Nb-0.45Si 合金，使用温度可达 600℃。而以钛铝金属间化合物为基的 Ti3Al 高温钛合金和 TiAl 基高温钛合金，使用温度将可达 700℃以上。

5.3.3.2　镁及镁合金

1）纯镁

纯镁的密度为1.74g/cm^3，熔点为651℃，具有密排六方结构。纯镁强度不高，室温塑性较低，耐蚀性较差，易氧化。工业纯镁代号用 M + 顺序号表示，纯镁主要用于配制镁合金和其他合金，还可用作化工与冶金的还原剂。

2）镁合金

在纯镁中加入 Al、Zn、Mn、Zr 及稀土等元素，制成镁合金。目前应用的镁合金主要有 Mg-Mn 系、Mg-Al-Zn 系、Mg-Zn-Zr 系和 Mg-Re-Zr 系等合金系，它们分为变形镁合金和铸造镁合金两大类。

（1）变形镁合金。

变形镁合金的牌号以英文字母加数字再加英文字母的形式表示，前面的英文字母是其最主要的合金组成元素代号，其后的数字表示其主要合金组成元素的大致含量，最后面的英文字母为表示代号，用以表示各具体组成元素相异同或元素含量有微小差别的不同合金。

代号用 MB + 顺序号表示（GB/T 5153—2016）。M2M、ME20M 为 Mg-Mn 系合金，该类合合具有良好的耐蚀性和焊接性，一般在退火态使用，用于制作蒙皮、壁板等焊接件及外形复杂的耐蚀件。AZ40M、AZ41M、AZ61M、AZ62M、AZMB7 为 Mg-Al-Zn 系合金，较常用的为 AZ40M 和 AZ41M，具有较高的耐蚀性和热塑性。ZK61M 为 Mg-Zn-Zr 系合金，具有较高的强度，焊接性能较差，使用温度不超过 150℃。AZ91D 为 Mg-Y-Zn-Zr 合金，焊接性能很好，使用温度较高。AZ61M 和 AZ91D 都可热处理强化，主要用于飞机及宇航结构件。

Mg-Li 系合金是一种新型的镁合金，它密度小，强度高，塑性、韧性好，焊接性好，缺口敏感性低，在航空航天工业中具有良好的应用前景。

（2）铸造镁合金。

铸造镁合金的代号用 ZM + 顺序号表示（GB/T 1177—1991）。Mg-Al-Zn 系的 ZM5（牌号 ZMgZn5Zr）和 Mg-Zn-Zr 系的 ZM1（牌号 ZMgZn5Zr）、ZM2（牌号 ZMgZn4RE1Zr）、ZM7（牌号 ZMgZn8AgZr）具有较高的强度，良好的塑性和铸造工艺性能，但耐热性较差。主要用于制造 150℃以下温度工作的飞机、导弹、发动机中承受较高载荷的结构件或壳体。Mg-Re-Zr 的 ZM3（牌号 ZMgRE3ZnZr）、ZM4（牌号 ZMgRE3Zn3Zr）和 ZM6（牌号 ZMgNd2ZnZr）具有良好的铸造性能，常温强度和塑性较低，但耐热性较高，主要用于制造 250℃以下温度工作的高气密零件。

5.3.3.3 锌及锌合金

1)纯锌

纯锌的密度为7.1g/cm^3,熔点为419℃,具有六方晶格,无同素异构转变。纯锌具有一定的强度和较好的耐蚀性,主要用于配制各种合余和钢板表面镀锌。

2)锌合金

(1)变形锌合金。

变形锌合金包括Zn-Al合金(如ZnAl4-1、ZnAl10-5)和Zn-Cu合金(如ZnCu1、ZnCu1.5)两类。Zn-Al合金常用于制造各类挤压件,Zn-Cu合金常用于制造轴承和日用五金等。

锌合金熔点低,流动性好,耐磨性好,价格低廉,但抗蠕变性和耐蚀性较低,广泛应用于汽车、机械制造、印制版、电池阴极等。Zn-Cu-Ti合金是新发展起来的合金,具有较高的蠕变权限和尺寸稳定性。

(2)铸造锌合金。

铸造锌合金可分为压铸锌合金、高强度锌合金、模具用锌合金等。

①压铸锌合金。常用代号有ZZnAl4、ZZnAl4-1、ZZnAl4-0.5。ZZnAl4主要用于压铸大尺寸、中等强度和中等耐蚀性的零件;ZZnAl4-1、ZZnAl4-0.5主要用于压铸小尺寸、高强度和高耐蚀性的零件。

②高强度锌合金。该合金铝含量较高,具有较高的强度和铸造性能,常用代号有ZZnAl27-1.5等,主要用于制造轴承、各种管接头、滑轮及各种受冲击和磨损的壳体铸件。

③模具用锌合金。代号为ZZnAl14-3,主要用于制造冲裁模、塑料模、橡胶模等。锌合金模具成本低。

(3)热镀锌合金。

代号RZnAl0.36、RZnAl0.15,主要用于钢材热镀锌。

5.3.4 滑动轴承合金

滑动轴承是汽车、拖拉机、机床及其他机器中的重要部件,用来制造滑动轴承中的轴瓦及内衬的合金称为滑动轴承合金。

1)滑动轴承对材料性能的要求

轴是机器的重要零部件,它由滑动轴承支撑,在滑动轴承轴瓦内旋转,轴承内表面承受周期性的交变载荷和强烈滑动摩擦。轴加工复杂,成本较高,并且更换困难,在磨损不可避免的情况下,应该保护轴受到最小的磨损。根据滑动轴承的工作条件,轴承合金的摩擦系数要小,要有良好的导热性和耐蚀性,还要有足够的强度和硬度。但是硬度过高,会加速轴的磨损。因此必要时,宁可磨损轴瓦也要尽可能地保护轴不被磨损,这就要求轴瓦应具有合适的表面性能,包括抗咬合性、亲油性、嵌藏性和顺应性等。为了兼顾硬和软的性能要求,轴承合金需要具备软和硬共存的组织特点。

轴承合金按照组织特征可以分为两类:在软基体上均匀分布着硬质点或硬基体上分布着软质点。当轴在轴承中转动时,软基体被磨损而凹陷,硬质点凸起,支承轴所施加的压力,减少轴与轴瓦的接触面积。凹坑可以储存润滑油,降低了摩擦系数,减小了轴和轴瓦的磨损。此外,软基体还能嵌藏外来硬质点,以避免润滑油中的杂质或金属颗粒划伤轴颈表面。图 5-9 所示为轴与轴承理想表面示意图。硬的基体上分布着软的质点时，基体硬度应低于轴的轴颈硬度，这类组织也具有低的摩擦系数，并能承受较高的载荷，但其磨合性较差。

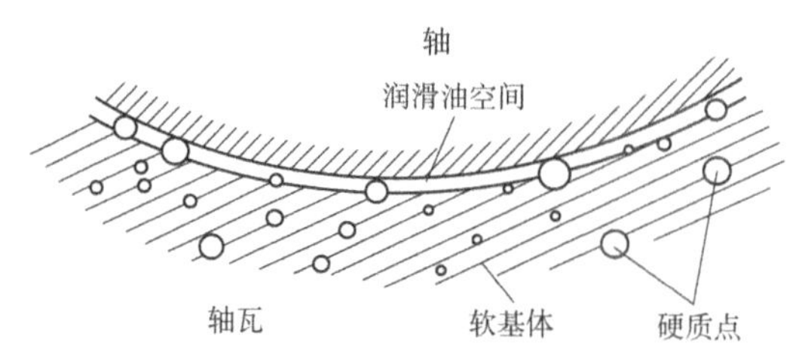

图 5-9　轴与轴承理想表面示意图

2)滑动轴承的分类及牌号

常用的滑动轴承按其主要化学成分可分为锡基、铅基、铜基和铝基轴承合金。其中，前两类应用很广，统称为巴氏合金。

轴承合金的牌号表示方法为：ZCh（“铸”和“承”的汉语拼音首字）+ 基本元素符号 + 主加元素符号 + 主加元素含量 + 辅加元素含量，如 ZChSnSb11Cu6 表示含 Sb 量为 11% 和含 Cu 量为 6% 的锡基铸造轴承合金。

表 5-20 所示为常用的滑动轴承合金的牌号、成分与用途。

常用的滑动轴承合金的牌号、成分与用途　　表 5-20

组别	代号	化学成分(%)					力学性能			用途
		ω_{Sn}	ω_{Sb}	ω_{Pb}	ω_{Cu}	ω 其他	σ_b (MPa)	δ (%)	HBS	
锡基	ZChSnSb11Cu6	余量	10 ~ 12		5.5 ~ 6.5		90	6	30	较硬，适用于 1500kW 以上的高速汽轮机、400kW 的涡轮机、高速内燃机轴承
	ZChSnSb8Cu4	余量	7.8 ~ 8.0		3.6 ~ 4.0		80	10.6	24	大型机械轴承及轴套
铅基	ZChPbSb16Sn16Cu2	15 ~ 17	15 ~ 17	余量	1.5 ~ 2.0		78	0.2	30	汽车、轮船、发动机等轻载荷高速轴承
	ZChPbSb15Sn5Cu3	5 ~ 6	14 ~ 16	余量	2.5 ~ 3.0				32	机车车辆、拖拉机轴承
铜基	ZCuPb30			27 ~ 33	余量		60	4	25	高速高压航空发动机、高压柴油机轴承
	ZCuSn10P1	9 ~ 11			余量	P:0.6 ~ 1.2	250	5	90	高速高载荷柴油机轴承

(1)锡基轴承合金。

锡基轴承合金是在锡锑合金的基础上添加铜而形成的合金，又称锡基巴氏合金。该类合金是软基体硬质点类型的轴承合金，其软基体是锑在锡中形成的 α 固溶体；硬质点是以化合物 SnSb 为基体的 β 固镕体和化合物 Cu_6Sn_5。常用牌号有 ZCh-SnSb11Cu6、ZCh-SnSb8Cu4 等。

锡基轴承合金的膨胀系数小,嵌藏性和减磨性较好,有良好的加工性、耐蚀性、导热性,适合制作非常重要的轴承,如汽轮机、发动机等大型机器的高速轴承。但这类合金的主要缺点是工作温度不能超过 150℃,疲劳极限较低。此外,由于锡较稀缺,所以其价格较贵。

(2)铅基轴承合金。

铅基轴承合金是在铅锑为基体的合金基础上加入锡、铜等元素形成的合金,又称为铅基巴氏合金。该类合金也是软基体硬质点类型的轴承合金。图 5-10 所示为铅锑合金的显微组织。其软基体是 α + β 共晶体(图中暗黑色部分),硬质点是初生的 β 相(图中白色块状)和化合物 Cu_2Sb(图中白色针状)。

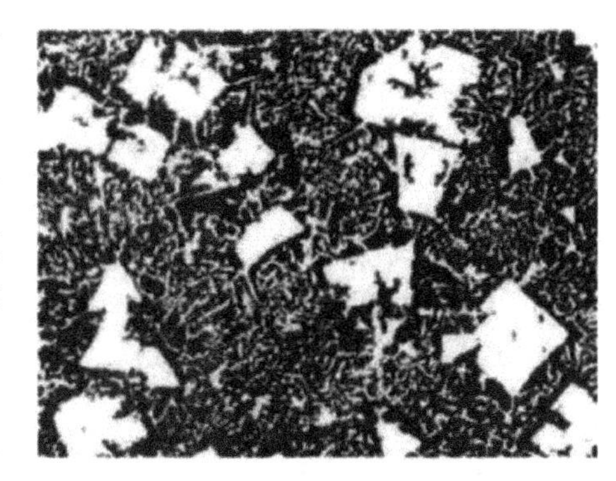

图 5-10 铅锑合金的显微组织

铅基轴承合金的强度、硬度、耐磨性以及冲击韧性均比锡基轴承合金差,并且摩擦系数较大,工作温度一般不能超过 120℃。但是由于其铸造性能好,价格低廉,铅基轴承合金仍然得到了广泛的使用,一般用作中低载荷的中速轴承,如汽车、拖拉机曲轴的轴承以及电动机的轴承等。

由于铅基轴承合金和铅基轴承合金的强度比较低,不能承受大的压力,通常采用离心浇注的办法镶铸在钢质轴瓦上,形成一层薄而均匀的内衬,制造成双金属轴承,以发挥其作用。这种双金属轴承不但能够承受较大的压力,还可节省大量昂贵的轴承合金。

(3)铜基轴承合金。

铜基轴承合金有锡青铜、铅青铜等铸造铜基合金,常用的有 ZCuSn10P1 和 ZCuPb30。

锡青铜 ZCuSn10P1 是一种软基体硬质点轴承合金,其软基体是锡溶入铜中所形成的 α 固溶体,硬质点是 δ 相和 Cu_3P 化合物。这种合金的硬度高,承受载荷大,一般用来制作高速、重载荷下工作的汽轮机、压缩机等机械上的轴承等。锡青铜的强度高,使用时可直接制作成轴承。

铅青铜 ZCuPb30 是一种硬基体软质点轴承合金,其硬基体是铜,软质点是铅粒。这种合金具有很高的疲劳强度和承载能力,能在较高温度下正常工作,耐磨性和导热性好,摩擦系数小。广泛用于制造高速、重载荷下工作的轴承,如航空发动机、高速柴油机的轴承等。但由于铅青铜本身强度很低,使用时一般与钢复合制成双金属轴承。

5.4 高分子材料

如"材料的结构"中所介绍的,高分子材料由低分子化合物合成,是大量低分子的聚合物,因相对分子量很大,故称之为高分子化合物或高聚物。

5.4.1 高分子材料的制备

1)高聚物的人工合成

合成高聚物的方法主要有两大类:一类叫加聚反应;另一类叫缩聚反应。

(1)加聚反应。

加聚反应是含有双键的低分子化合物(单体)在光、热或引发剂的引发下使双键打开,由共价键互相连接而形成大分子链的反应,其产物叫加聚物。由一种单体加聚而成的聚合物链叫均聚物,如聚乙烯。如果聚合物链由两种或两种以上的单体聚合而成,则称为共聚物。许多著名的高分子材料都是共聚物,例如 ABS 树脂由丙烯腈(A)、丁二烯(B)和苯乙烯(S)三种单体加聚而成,所以是共聚物。

(2)缩聚反应。

由两种或两种以上具有官能团(它是决定分子化学性质的特殊原子团)的低分子化合物(单体),通过官能团间的相互缩合作用,逐步合成为一种大分子链,同时还析出一个小分子副产物(如水、氨或醇等)的反应,叫缩聚反应,其产物叫缩聚物。缩聚反应是可逆平衡反应。由于缩聚反应中生成低分子副产物,缩聚高分子的组成不可能与原料单体的组成完全相同,缩聚高分子的分子量也不可能是单体分子量的整数倍,但是在缩聚高分子链中仍保留着原料单体的结构特征。

2)加聚物的制备

加聚物的相对分子质量一般都比较高,在十几万至几十万之间,而且绝大多数属于热塑性聚合物。此类聚合物的制备方法主要有乳液聚合、本体聚合、悬浮聚合和溶液聚合。

(1)乳液聚合。

乳液聚合通常是单体借助于乳化剂和机械搅拌作用,分散在水中形成乳状液而进行的聚合(反应)。乳化剂在乳液聚合中起着重要作用。乳化剂实际上是表面活性剂,最常用的有高级脂肪酸金属盐类,如硬脂酸钠(钾)等。在水中加入一定量乳化剂(单体质量的0.2% ~0.5%)就会使水的表面张力降低,从而增加水对单体(油相)的分散能力,而且乳化剂分子包围在单体因搅拌而形成的油滴周围,形成稳定的乳液。当溶于水中的乳化剂超过一定浓度时,就会形成乳化剂——单体胶束,胶束可以是团状或条状(图 5-11)。研究表明,单体的引发及聚合通常是在胶束中进行的。经过增溶胶束、单体聚合物乳胶颗粒,最终形成聚合物胶乳粒子。再将乳液破坏,把聚合物胶束分离出来,经水洗、干燥得到粉状产品。

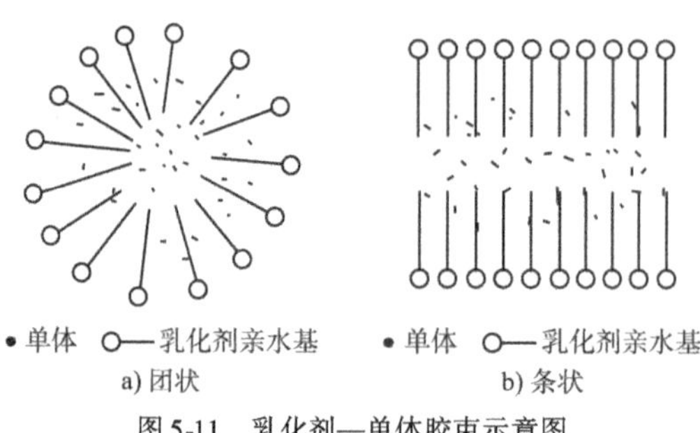

图 5-11 乳化剂—单体胶束示意图

乳液聚合是工业制备热塑性高聚物产品最常用的方法之一，其特点包括如下方面。

①聚合速度快，传热控温容易。

②聚合反应温度较低，高聚物相对分子质量高。

③乳液聚合后期黏度仍很低，特别适用于制备黏性较大的高聚物，如合成橡胶等。

乳液聚合适用于制备多种高分子材料中的聚合物，如合成橡胶、塑料、涂料、黏合剂、高分子处理剂等。当用于制备后三者时，乳液可直接使用，因而节省了生产工序。

乳液聚合的缺点是由于组分中除了水、单体、引发剂及乳化剂之外，有时还需加入助分散剂（明胶）、相对分子质量调节剂以及乳液稳定剂等，所以产品纯度较低，介电性能和透明性差。

(2)本体聚合。

本体聚合是在单体相中进行的聚合，除少量引发剂外，不另加溶剂或分散介质，也不加其他组分。根据聚合物能否溶于单体相（或是否生成新的相），本体聚合可分为均相和非均相两类。均相本体聚合适用于制备聚甲基丙烯酸甲酯（PMMA 有机玻璃）及聚苯乙烯（PS）等透明高聚物；非均相本体聚合体系有聚乙烯（PE）和聚氯乙烯（PVC）等。

本体聚合的优点包括组分少，产品纯度高，是制备高分子透明材料常采用的方法；制备工艺较简单，操作也较容易。

本体聚合也存在着缺点，包括：由于不加入溶剂或介质，使聚合体系黏度大，聚合热不易散除，反应温度难以控制，易产生局部过热，反应不均，生成气泡，甚至爆聚等。但这些缺点可通过缓和反应或在聚合前先溶入少量聚合物以及严格控制反应温度（逐渐升温）得以克服。此外，由于聚合物的密度通常大于单体密度，而本体聚合又通常是在封闭的模具中进行的，所以聚合过程中的体积收缩问题比较突出，如处理不当，则会因收缩不均而产生皱纹，影响产品的光学及力学性能。

(3)悬浮聚合。

悬浮聚合是以水为介质并加入分散剂，在强烈搅拌之下将单体分散为无数个液珠，经溶于单体内的引发剂引发而聚合的。单体小液珠的尺寸依分散剂的种类与用量以及搅拌速度不同而异，其直径一般为0.001～1cm。由于采用了油性引发剂，而聚合又是在单体小液珠中进行的，所以悬浮聚合实际上就是许许多多小本体聚合。不同的是，这些小本体聚合是在水中进行的，易散热，这就从根本上克服了本体聚合难散热的缺点。

很显然，悬浮聚合组分中最重要的是悬浮分散剂（又称悬浮稳定剂）。它有水溶性的（如聚乙烯醇、明胶、淀粉、甲基纤维素、苯乙烯和顺丁烯酸酐等）和水难溶性的（如碳酸钙、滑石粉、磷酸钙、硅藻土、硅酸盐等）两大种类。分散剂分散过程大致如图5-12所示。

悬浮聚合的特点包括如下方面。

①体系组分较少，产品纯度较高，所以产物透明性和电性能均较好。

②由于小液滴的比表面较大，水的比热容较大，所以散热、控温都比本体聚合好得多。通常悬浮聚合产品都为珠粒状，故又称为珠状聚合。

③悬浮聚合产品的分离、提纯比较容易。但聚合转化率达到25%左右时，体系黏度增大，聚合珠粒间有较强的黏性和并合倾力，故造成工艺操作困难，需要严格控制，否则会黏锅、结块，造成事故。所以，悬浮聚合不适合于制备相对分子质量很高的合成橡胶，而多

用于聚氯乙烯、聚苯乙烯以及聚丙烯酸酯等产品的制备。有时,悬浮聚合产品可直接使用,如离子交换树脂。

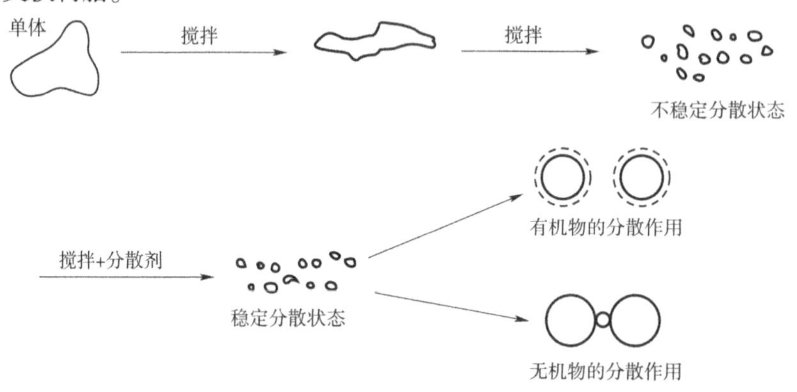

图 5-12 悬浮聚合成珠过程示意图

(4)溶液聚合。

将单体溶解于溶剂中进行聚合的方法称为溶液聚合。根据生成的聚合物能否溶解于该溶剂,又将溶液聚合分为均相和非均相两种,后者也称为沉淀聚合。丙烯腈以二甲基甲酰胺为溶剂的聚合是均相的,而丙烯腈在水中进行的聚合是非均相的。

溶液聚合最突出优点是:大量溶剂作为传热介质存在,使聚合热容易除去,反应温度也较容易控制。对均相溶液聚合来说,产物黏壁量较少,容易实现大型化、连续化生产。但是,由于溶剂的存在,常常会引起活性大分子链的溶剂链转移反应,使产物的相对分子质量降低,并产生支化,这是溶液聚合的主要缺点。同一种活性大分子链对不同溶剂的链转移速度常数相差很大,所以在实际中可通过选择适当的溶剂和控制浓度来满足相对分子质量的要求。

溶液聚合的另一个优点是得到的高聚物可直接作为涂料、黏合剂或纺丝液使用。这就大大简化了生产工艺流程,降低了生产成本。此外,非均相溶液聚合中(如低压聚乙烯、聚丙烯的聚合),聚合物的分离也十分方便,不需要特别的装置和条件。

溶液聚合的三个关键性因素是反应温度、溶剂浓度和聚合物浓度。

最后还要指出,水溶性单体如丙烯酸、丙烯酰胺等也常用水作为溶剂进行溶液聚合,得到的水溶性高分子电解质,广泛用于絮凝剂、静电处理剂、泥浆稳定剂中。

3)缩聚物的制备

缩聚物主要是由二元酸与二元醇、二元酸与二元胺、二元酰氯与二元醇或二元羧酸酯与二元醇之间通过功能团的缩聚反应,以及羟甲基缩合和酚基醚化等缩聚反应而制得。这类聚合物有热塑性的,也有热固性的;相对分子质量有高的,也有低的,高者几万、十几万,低者几千、几百。它们的用途也十分广泛。制备这些聚合物的主要方法有熔融缩聚、溶液缩聚以及界面缩聚。

(1)熔融缩聚。

熔融缩聚是目前工业上广泛使用的缩聚方法,常用于聚酰胺、聚酯和聚氨酯的生产。熔融缩聚是将严格当量比的单体(原料)与定量的催化剂、相对分子质量调节剂等投入反应器内,在比聚合物熔点高 10 ~ 20℃的温度下(即熔融状态下)进行的缩聚(反应)。

熔融缩聚除了反应温度高之外，还有如下特点。

①由于不用溶剂或介质，所以反应物浓度和产品质量都较高，工艺流程短，单位设备的生产效率高。

②缩聚反应是可逆平衡反应，除产物外还有小分子副产物生成。为了达到产率高和产物相对分子质量大的目的，需要把生成的小分子物如水、醇等不断地排除至体系之外，而且在后期，反应还常需在真空中进行，反应时间较长，一般需要几小时。

③由于熔融缩聚是在高温设备中进行的，且时间长，所以，为了避免聚合物发生氧化与降解，反应需要在惰性气氛（水蒸汽、氮气或二氧化碳）中进行。

熔融缩聚也存在一些缺点：反应温度高，易发生副反应，如脱羧、脱氨、氧化、降解等；制备高相对分子质量的热塑性聚合物时，配料比要求严格，还需要抽真空或通惰性气体等相应的措施与设备。

一般，熔点不是很高的聚酯（涤纶）、聚酰胺（尼龙）以及用作复合材料基体树脂的不饱和聚酯树脂等，不论在工业上还是在实验室里，都采用熔融缩聚方法制备。制备聚酯、聚酰胺时，相对分子质量应足够大，以满足纤维强度要求。制备不饱和聚酯这类作为复合材料基体（粘料）用的热固性树脂时，相对分子质量一般较低，为 3000 ~ 7000。所以，制备时除考虑原料比外，还必须加入少量的相对分子质量调节剂。

由于熔融缩聚是在高于聚合物熔点下进行的，所以对那些熔点很高，以致接近其分解温度的聚芳酯、聚芳酰胺等，不宜采用此法制备。

（2）溶液缩聚。

溶液缩聚通常是在纯溶剂或混合溶剂中进行的。这种方法在工业上被广泛用于生产油漆、涂料、黏合剂，而且产品可直接使用。

从原料及生成的聚合物的溶解情况来看，溶液缩聚有三种情形。

①原料及生成的聚合物均溶解于溶剂中，整个反应在溶液中进行。

②原料溶于溶剂而生成的聚合物完全不溶或仅部分溶解。

③原料完全不溶或部分溶解，而生成的聚合物则完全溶解。

根据反应条件不同，溶液缩聚可分为高温溶液缩聚和低温溶液缩聚两类。前者为可逆平衡缩聚反应，如将二元羧酸与二元醇或二元胺合成芳香聚酯或芳香尼龙。后者属于不可逆非平衡缩聚反应，如用甲醛（水溶液）和苯酚进行溶液缩聚制备酚醛树脂就是一个典型的实例。通过选择不同的原料比和催化剂，可制得热塑性和热固性两种酚醛树脂。前者是压塑料用的树脂，后者为耐热复合材料的基体树脂。醇酸树脂的相对分子质量比较低，为 400 ~ 1000，可由反应时间控制。

溶液缩聚还被广泛用来制备那些熔点接近其分解温度的耐高温高聚物，如聚芳酯、聚芳酰胺（芳纶）等。尤其是后者，往往只能选用能溶解聚合物的高温溶剂，将合成工艺与加工成形工艺结合起来，即在制得高聚物溶液之后，立即进行纺丝。

用溶液缩聚和界面缩聚制得的聚合物一般都比用熔融缩聚法制得的聚合物有较高的相对分子质量，但溶液缩聚在后处理时，除剂、回收比较麻烦。

（3）界面缩聚。

界面缩聚是将两种单体分别溶解在两种互不相溶的溶剂（一般为水和烃类）中，然后将两种溶液倒在一起,使反应发生在两相界面处。界面缩聚中常采用活性高的单体,所以缩聚可在常温以至低温下以极快的速度进行。

界面缩聚和低温溶液缩聚都属于活性单体的低温缩聚。这种用活性高的单体如二元酰氯代替活性低的如二元酸或二元醇的制备方法有两个明显的优点:反应不可逆,容易得到高相对分子质量的产物;反应速度快,可在较低温度(如室温)下进行。

缺点是:因为单体的活性高,因而纯化和保存比较困难,缩聚体系也较复杂,产物不易提纯。

由于界面缩聚采用的是活性较高的单体参加反应,反应可在较低温度下进行,所以在制备高熔点芳香族高聚物方面有着重要的意义。因为这类聚合物的熔点很高,往往接近其分解温度,不能用普通方法如熔融缩聚来制备。界面缩聚还可以把树脂的合成与加工工艺结合起来,从而将缩聚产物直接纺丝或制成薄膜。

5.4.2 高分子材料的性能

1)高分子材料的力学性能

(1)高聚物的力学状态。

高聚物随温度的变化,可呈现不同的物理力学状态,这对高分子材料的加工成形和使用都有重要意义。

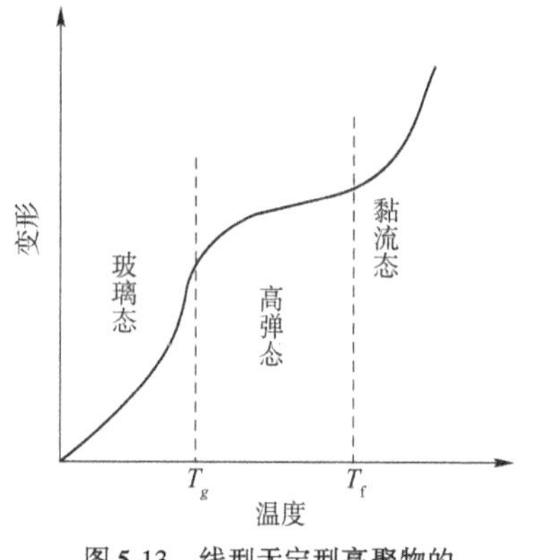

图 5-13 线型无定型高聚物的温度-形变曲线

①线型无定型高聚物的三种力学状态。

在恒定载荷作用下,该种高聚物的温度-形变曲线如图 5-13 所示。根据不同温度范围内曲线的特征,可分为三种状态。

a. 玻璃态。当温度较低时试样是刚性固体状,在外力作用下只发生非常小的可恢复形变,这种形变是高弹形变,这一力学状态称为玻璃态。玻璃态的存在是高聚物中链段和链节的微小热运动及链中键长和键角的弹性变形所决定的。

笼统地说,以塑料形式使用的状态是高分子材料的玻璃态。所有室温下处于玻璃态的高聚物都叫塑料。显然塑料的玻璃化温度 T_g 均高于室温。例如,聚氯乙烯 T_g = 87℃,尼龙的 T_g = 50℃,有机玻璃的 T_g = 100℃。

b. 高弹态。图中 $T_g \sim T_f$ 之间的状态为高弹态。当温度升到一定值后,试样的形变明显地增加,并在随后的温度区间内达到一相对稳定的形变。去掉外力后,形变可回复,但需要时间。在这一区域中,试样变成柔软的弹性体,这一力学状态称为高弹态。玻璃态与高弹态之间的转变温度记为 T_g,称为玻璃转化温度。高弹态叫橡胶态,它为高分子材料所独有。高弹态是橡胶的使用状态,所有室温下处于高弹态的高分子材料都叫橡胶。高弹态的弹性模量很小,弹性变形量大,可高达 100% ~1000%,但变形的回复不是瞬时完成的。

c. 黏流态。在温度高于 T_f 时,高聚物处于黏性熔体状态,可以流动,称为黏流态。它是高聚物流变加工成形的工艺状态。

②线型结晶高聚物的力学状态特点。

结晶高聚物由晶区和非晶区两部分构成。非晶区相当于无定形高聚物,存在上述三态。晶区则有固定熔点 T_m,温度低于 T_m 时为硬结晶态,温度高于 T_m 时则晶区熔融成为黏流态,这样,温度为 $T_g \sim T_m$ 时,非晶区处于高弹态,而晶区仍保持硬结晶态,两者复合组成既韧又硬的"皮革态"。室温下处于这种状态的高聚物称为韧性塑料,其性能可通过控制结晶度来改变。

(2)高聚物的应力—应变行为。

高聚物的品种繁多,力学性能的变化范围很广。就室温下的应力—应变行为而论,有四种典型的应力—应变曲线(图5-14):①刚而脆,如苯乙烯塑料;②刚而强,如有机玻璃、硬聚氯乙烯等;③软而韧,如聚酸酯和一些部分结晶高聚物;④刚而韧,如多数橡胶材料。

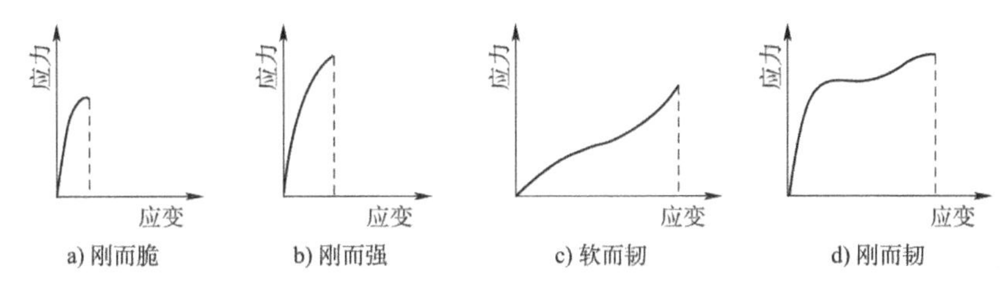

图5-14 四类应力—应变曲线

与金属材料相比,高聚物的弹性模量和强度要低得多,其最大可能的断裂伸长率又比金属高得多。高聚物的弹性模量范围为 7 ~ 35MPa,金属材料的弹性模量范围为 48 ~ 410MPa。高聚物的最大强度为 240MPa,而金属材料中某些合金的强度可高达 4100MPa。高弹态高聚物的断裂伸长率可达到 1000%,而一般金属塑性变形时最大的断裂伸长率不超过 100%。表5-21 所示为几种常用高分子材料的力学性能数据。

几种常用高分子材料的力学性能 表5-21

材　　料	密度（g/cm³）	拉伸模量（GPa）	拉伸强度（MPa）	断裂伸长率（%）	冲击强度（J/m³）
聚乙烯(高密度)	0.917 ~ 0.932	1.7 ~ 2.8	9.0 ~ 14.5	100 ~ 650	不断
聚乙烯(低密度)	0.952 ~ 0.965	10.6 ~ 10.9	22 ~ 31	10 ~ 1200	21 ~ 214
聚氯乙烯	1.30 ~ 1.58	24 ~ 41	14 ~ 52	40 ~ 80	21 ~ 214
聚四氟乙烯	2.14 ~ 2.2	4 ~ 5.5	14 ~ 34	200 ~ 400	160
聚丙烯(等规)	0.9 ~ 0.91	11 ~ 16	31 ~ 41	100 ~ 600	21 ~ 53
聚苯乙烯	1.04 ~ 1.05	23 ~ 33	36 ~ 52	1 ~ 2.5	19 ~ 24
聚甲基丙烯酸甲酯	1.17 ~ 1.20	22 ~ 31	48 ~ 76	2 ~ 10	16 ~ 32
酚醛树脂	1.24 ~ 1.32	28 ~ 48	34 ~ 62	1.5 ~ 2	13 ~ 214
尼龙6.6	1.13 ~ 1.15	—	76 ~ 83	60 ~ 300	43 ~ 112
聚酯(PET)	1.34 ~ 1.39	28 ~ 41	59 ~ 72	50 ~ 300	12 ~ 35
聚碳酸酯	1.2	24	66	110	854

由于高聚物具有突出的黏弹性,其应力应变行为受温度和应变速率的影响很大。

图5-15所示为有机玻璃(聚甲基丙烯酸甲酯)在室温附近几十度温度范围内的一组应力—应变曲线。由图可见,随着温度的升高,有机玻璃的弹性模量和强度下降,断裂伸长率增加。在4℃时,有机玻璃是典型的刚而脆的材料,而到60℃时,竟会变成为典型的刚而韧的材料。应变速率对高聚物应力—应变行为的影响规律是:降低应变速率的效果相当于升高温度的效果。

(3)高聚物的屈服与冷拉。

许多高聚物在一定条件下都能屈服。有些高聚物在屈服之后产生很大的塑性形变,虽然从表面上看来与金属材料的屈服现象有类似之处,但本质上是不同的。玻璃态高聚物在温度低于 T_g 和部分结晶高聚物在 $T_m \sim T_g$ 之间典型的拉伸应力—应变曲线以及试样形状的变化过程如图5-16所示。

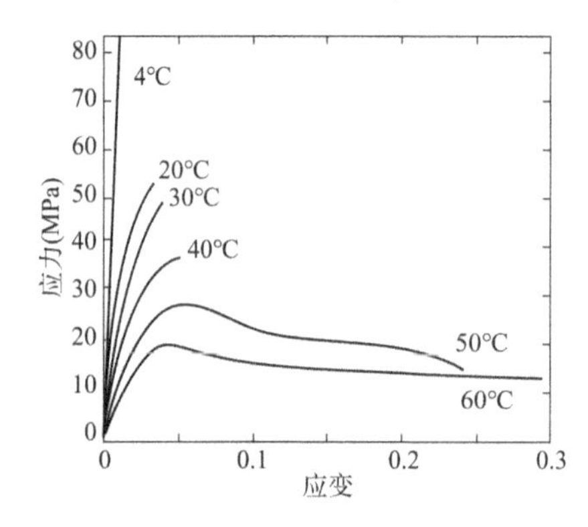

图5-15 温度对有机玻璃应力—应变行为的影响

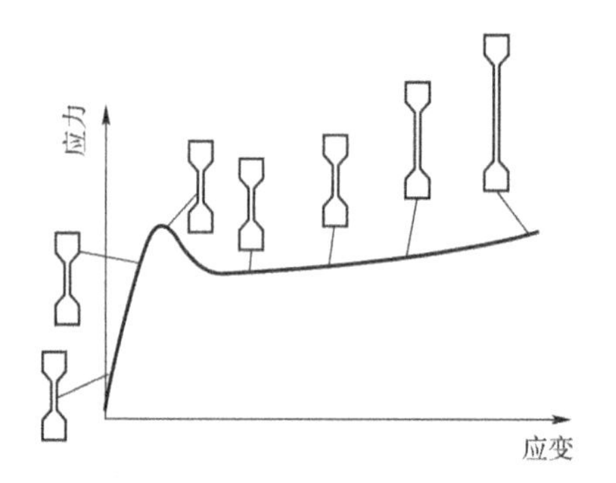

图5-16 玻璃态高聚物在温度低于 T_g 和部分结晶高聚物在 $T_m \sim T_g$ 之间典型的拉伸应力—应变曲线以及试样形状的变化的示意图

由图5-16可见,在拉伸的初始阶段,试样工作段被均匀拉伸。到达屈服点时,工作段局部区域出现缩颈。继续拉伸时缩颈区与非缩颈区的截面积都基本保持不变,但缩颈段长度不断扩展,非缩颈段不断减少,直到整个工作段全部变为缩颈后,才再度被均匀拉伸至断裂。如果试样在拉断前卸载,或试样因拉断而卸载,则拉伸中产生的大形变除少量可回复之外,大部分形变都将残留下来,这样一个拉伸形变过程称为冷拉。合成纤维的拉伸和塑料的冲压成型正是利用了高聚物的冷拉特性。

2)高分子材料的理化性能

同金属相比,高分子材料的物理、化学性能有如下特点。

(1)绝缘性。

高聚物分子的化学键为共价键,不能电离,没有自由电子和可移动的离子,因此是良好的绝缘体。另外,由于高聚物的分子细长、卷曲,在受热、受声之后振动困难,所以对热、声也有良好的绝缘性能,例如,塑料的导热性就小于金属的百分之一。

(2)耐热性。

高聚物的耐热性是指它对温度升高时性能明显降低的抵抗能力。此性能主要包括力学性能和化学性能两方面,而一般多指前者,所以耐热性实际常用高聚物开始软化或变形的温度来表达。这个温度值也就是高聚物的使用温度的上限值。按照材料的力学状态，对于线型无定型高聚物，它应该与玻璃化温度或软化温度有关，而对于晶态高聚物则与熔点有联系。

热固性塑料的耐热性比热塑性塑料高。常用热塑性塑料如聚乙烯、聚氯乙烯、尼龙等，长期使用温度一般在100℃以下；热固性塑料(如酚醛塑料)为130～150℃；耐高温塑料(如有机硅塑料等)为200～300℃。同金属比较，高聚物的耐热性是较低的。这是高聚物的一大不足。

(3)耐蚀性。

高聚物的化学稳定性很高。它们耐水和无机试剂、耐酸和碱的腐蚀。尤其是被誉为塑料王的聚四氟乙烯，不仅耐强酸、强碱等强腐蚀剂，甚至在沸腾的王水中也很稳定。耐蚀性好是塑料的优点之一。

(4)老化。

老化是指高聚物在长期使用和存放过程中，由于受各种因素的作用，性能随时间不断恶化，逐渐丧失使用价值的过程。其主要表现为：对于橡胶为变脆、龟裂或变软、发黏；对于塑料是褪色、失去光泽和开裂。这些现象是不可逆的，所以老化是高聚物的一个主要缺点。

老化的原因主要是分子链的结构发生了降解和交联。降解是大分子发生断链或裂解的过程。结果使分子量降低，碎断为许多小分子，或甚至分解成单体，因而使力学强度、弹性、熔点、溶解度、黏度等降低。交联是分子链之间生成化学键，形成网状结构，而使性能变硬、变脆。

影响老化的内在因素有：化学结构、分子链结构和聚集态结构中的各种弱点。外在因素有：热、光、辐射、应力等物理因素；氧和臭氧、水、酸、碱等化学因素；微生物、昆虫等生物因素。

改进高聚物的抗老化能力，主要措施有三个方面。

①表面防护，在表面涂镀一层金属或防老化涂料，以隔离或减弱外界中的老化因素的作用。

②改进高聚物的结构，减少高聚物各层次结构上的弱点，提高稳定性，推迟老化过程。

③加入防老化剂，消除在外界因素影响下高聚物中产生的游离基，或使活泼的游离基变成比较稳定的游离基，以抑制其链式反应，阻碍分子链的降解和交联，达到防止老化的目的。

5.4.3　常用高分子材料

高聚物根据力学性能和使用状态可分为橡胶、塑料、合成纤维等，各类高聚物之间并无严格的界限。同一高聚物采用不同的合成方法和成型工艺可以制成塑料，也可制成纤维。而像聚氨酯一类高聚物，在室温下既有玻璃态性质，又有很好的弹性，所以很难说它是橡胶还是塑料。

1)塑料

(1)塑料的组成与分类。

塑料是以高聚物(通常称为树脂)为基础，加入各种添加剂，在一定温度、压力下可塑制成形的材料。树脂是起黏结作用的基体,也叫黏料,约占塑料质量的40% ~100%,它决定了塑料的主要性能。添加剂是为改进塑料的使用性能和工艺性能而加入的其他部分,其种类有如下。

①增塑剂。增塑剂能提高柔软性和成型性。

②填充剂。填充剂能改善尺寸稳定性和减摩、耐磨、自润滑性。

③防老剂。防老剂能防止塑料在加工和使用过程中,因受热、光、氧等的影响而过早老化。

④固化剂。固化剂能促进热固性塑料的固化成型。

⑤此外,还有用于特殊目的的添加剂,如发泡剂、防静电剂、阻燃剂等。

塑料的分类方法较多,按塑料的应用范围,可把塑料分为通用塑料、工程塑料和耐高温塑料等。工程塑料是指在工程技术中用作结构材料的塑料。它们力学强度较高,或具备耐热、耐蚀等特殊性能,因而可代替金属制作某些机器构件、零件或作其他特殊用途。

另外,根据塑料受热后的性能,分为热塑性和热固性两大类。热塑性塑料主要由聚合树脂制成,一般仅加入少量稳定剂和润滑剂。这类塑料加热软化,冷却变硬,可多次重复使用。属于这类塑料的有聚烯烃类塑料、聚酰胺、ABS、聚碳酸酯、聚四氟乙烯等。热固性塑料大多以缩聚树脂为基础,加入固化剂等添加剂,在一定条件下发生化学反应,固化为不溶不熔的坚硬制品,如酚醛塑料、环氧塑料等。

塑料通常为粉末、颗粒或液体。热塑性塑料可用注射、挤出、吹塑等工艺制成管、棒、板、薄膜、泡沫塑料、增强塑料以及各种形状的零件。热固性塑料可用模压、层压、浇铸等工艺制成层压板、管、棒以及各种形状的零件。

(2)常用塑料的特点和用途。

部分常用热塑性塑料的特点和用途见表5-22,常用热固性塑料的特点和用途见表5-23。

部分常用热塑性塑料的特点和用途 表5-22

名称	主要特点	用途举例
1. 聚乙烯(PE)	良好的电绝缘性,尤其是高频绝缘性;可用玻璃纤维增强。 低压聚乙烯:熔点、刚性、硬度和强度较高;高压聚乙烯:柔软和透明性较好;柔软性、伸缩性、透明性较好;超高分子量聚乙烯:冲击强度高,耐疲劳、耐磨,需冷压烧结成型	低压聚乙烯:耐腐蚀件,绝缘件,涂层。 高压聚乙烯:薄膜。 超高分子量聚乙烯:减摩耐磨
2. 聚丙烯(PP)	密度小,强度、刚性、硬度、耐热性均优于低压聚乙烯,可在100℃左右使用。优良的耐蚀性,良好的高频绝缘性,不受湿度影响,但低温发脆,不耐磨,较易老化;可与乙烯、氯乙烯共聚改性,可用玻璃纤维增强	一般机械零件、耐腐蚀件、绝缘件
3. 聚氯乙烯(PVC)	优良的耐腐蚀性和电绝缘性。 硬聚氯乙烯:强度高,可在15 ~60℃使用。 软聚氯乙烯:强度低,伸长率大,耐腐蚀性和电绝缘性因增塑剂品种和用量而异,但均低于硬质的,易老化。 改性聚氯乙烯:耐冲击或耐寒。 泡沫聚氯乙烯:质轻、隔热、隔音、防振	硬质聚氯乙烯:耐腐蚀件、一般化工机械零件。 软质聚氯乙烯:薄膜、电线电缆绝缘层,密封件。 泡沫聚氯乙烯:衬垫

续上表

名　　称	主要特点	用途举例
4. 聚苯乙烯(PS)	优良的电绝缘性,尤其是高频绝缘性,无色透明,透光率仅次于有机玻璃,着色性好,质脆,不耐苯、汽油等有机溶剂。 改性聚乙苯:冲击强度较高。 泡沫聚苯烯:质轻、隔热隔音、防振,可用玻璃纤维增强	绝缘件、透明件、装饰件。 泡沫聚苯乙烯:包装铸造模样、管道保温
5. 丙烯腈-丁二烯-苯乙烯共聚体(ABS)	较好的综合性能,耐冲击,尺寸稳定性较好;丁二烯含量越高,冲击强度越大,但强度和耐蚀性降低;增加丙烯腈,可提高耐腐蚀性;增加苯乙烯可改善成型加工性	一般机械零件,减摩件
6. 聚酰胺(尼龙、PA)含酰胺基	坚韧、耐磨、耐疲劳、耐油、抗菌霉、无毒、吸水性大。 尼龙6:弹性好,冲击强度高,吸水性较大。 尼龙66:强度高,耐磨性好。 尼龙610:与尼龙66相似,但吸水性和刚性都较小。 尼龙1010:半透明,吸水性较小,耐寒性较好,可用玻璃纤维增强	一般机械零件,减摩耐磨件
7. 氟塑料	优越的耐腐蚀、耐老化及电绝缘性,吸水性很小。 聚四氟乙烯:俗称“塑料王”,几乎能耐所有化学药品的腐蚀,包括“王水”,但易受熔融碱金属侵蚀,摩擦系数在塑料中最小($\mu=0.04$),不黏,不吸水,可在$-180\sim+250$℃环境下长期使用	耐腐蚀件、减摩件、密封件、绝缘件

常用热固性塑料的特点和用途　　表5-23

名　　称	主要特点	用途举例
1. 酚醛塑料(主要为塑料粉)	具有优良的耐热、绝缘、化学稳定及尺寸稳定性,抗蠕变性优于许多热塑性工程塑料,因填料不同,电性能及耐热性均有差异。若用于高频绝缘件用,高频绝缘性好、耐潮湿;若用于耐冲击件,冲击强度一般;若用于耐酸件,耐酸、耐霉菌;耐热件,可在140℃下使用,若用于耐磨件,能在水润滑条件下使用	一般机械零件、绝缘件、耐腐蚀件、水润滑轴承
2. 氨基塑料(主要为塑料粉)	电绝缘性优良,耐电弧性好,硬度高,耐磨、耐油脂及溶剂,着色性好,对光稳定。脲醛塑料颜色鲜艳,半透明如玉,又名电玉。三聚氰胺料:耐电弧性优越,耐热、耐水,在干湿交替环境中性能优于脲醛塑料	一般机械零件、绝缘件、装饰件
3. 环氧塑料(主要为浇铸料)	在热固性塑料中强度较高,电绝缘性、化学稳定性好,耐有机溶剂性好;因填料品种及用量不同,性能有差异,对许多材料的胶接力强,成型收缩率小,电绝缘性随固化剂不同而有差异,固化剂有胺、酸酐及咪唑等类	塑料模,电气、电子元件及线圈的灌封与固定,修复机件
4. 聚邻(间)苯二甲酸二丙烯酯塑料(CAP或DAIP)(有浇铸料及塑料粉)	优异的电绝缘性能,在高温高湿下性能几乎不变,尺寸稳定性好,耐酸、耐碱、耐有机溶剂,耐热性高,易着色,聚邻苯二甲酸二丙烯酯:能在$-60\sim200$℃环境下使用。聚间苯二甲酸二丙烯酯:长期使用温度较高	浇铸料:电气、电子元件及线圈的灌封与固定;塑料粉:耐热件、绝缘件
5. 有机硅塑料(有浇铸料及塑料粉)	优良的电绝缘性能、电阻高、高频绝缘性能好、耐热,可在$100\sim200$℃环境下长期使用,防潮性强,耐辐射、耐臭氧,亦耐低温	浇铸料:电气、电子元件及线圈灌封与固定;塑料粉:耐热件、绝缘件

续上表

名　　称	主要特点	用途举例
6.聚氨酯塑料(有浇铸料及软质、硬质泡沫塑料)	柔韧、耐油、耐磨,易于成型,耐氧、耐臭氧、耐辐射及耐许多化学药品;泡沫聚氨酯:优良的弹性及隔热性	密封件、传动带;泡沫聚氨酯:隔热、隔音及吸振材料

(3)选用塑料时应考虑的因素。

①工作温度。塑料的强度、刚性、电性能和化学性能等均受温度影响,尺寸也因温度而变化。

②湿度和水。在湿环境和水中,多数塑料会因吸水而引起尺寸和某些性能的变化;吸水率为0.1% ~1%。聚乙烯、聚苯乙烯、聚四氟乙烯的吸水率小于0.01%,聚酰胺(尼龙)的吸水率可达1.9%。吸水率大的塑料不宜制造高精度的部件。

③光和氧。塑料与橡胶、纤维等合成高分子材料一样,在受到光和氧作用后会发生老化。采用添加防老化剂(如紫外线吸收剂及抗氧化剂)或高物理防护(如表面镀金属)以及化学改性等方法可改善性能、抑制老化或提高塑料本身的抵抗能力。选择适宜的防老剂可使塑料的耐老化性能提高几倍乃至几十倍。

2)橡胶

橡胶是具有高弹性的轻度交联的线型高聚物,它们在~40~80℃时处于高弹性。橡胶与塑料的区别是橡胶在很宽的温度范围内处于高弹态,在较小的负荷作用下发生大的变形,而去除负荷后又能很快恢复原来的状态。橡胶的力学性能和弹性模量比塑料低,但它的伸长率却比塑料大得多,表现为弹性材料。橡胶有优良的伸缩性、良好的储能能力和耐磨、隔音、绝缘等性能。纯橡胶的性能随温度变化而变化,高温时发黏,低温时变脆,且能被溶解。因此工业上使用的橡胶必须添加其他成分并经特殊处理。橡胶被广泛用于制作密封件、减振件、传动件、轮胎和电线等制品。

(1)橡胶的组成与分类。

橡胶制品是在生胶中加入各种配合剂,经过硫化处理所得到的产品。硫化前的橡胶称为生胶。橡胶的配合剂很多,可分为硫化剂、防老剂、软化剂、填充剂、发泡剂等。

橡胶的品种很多,主要有天然橡胶和合成橡胶两类。合成橡胶按其用途和使用量又可分为通用合成橡胶和特种合成橡胶,合成橡胶主要用作轮胎、运输带、胶管、垫片、密封装置等;特种合成橡胶主要用作高温、低温、酸、碱、油和辐射介质等条件的橡胶制品。表5-24列出了常用橡胶的性能和用途。

常用橡胶的性能和用途　　表5-24

名称	通用橡胶						特种橡胶				
	天然橡胶	丁苯橡胶	顺丁橡胶	丁醛橡胶	氯丁橡胶	丁腈橡胶	聚氨脂	乙丙橡胶	氟橡胶	硅橡胶	聚硫橡胶
代号	NR	SBR	BR	HR	CR	NBR	UR	EPDM	FPM		
抗拉强度(N/cm^2)	250~300	150~200	180~250	170~210	250~270	150~300	200~350	100~250	200~220	40~100	90~150

续上表

名称	通用橡胶						特种橡胶				
	天然橡胶	丁苯橡胶	顺丁橡胶	丁醛橡胶	氯丁橡胶	丁腈橡胶	聚氨脂	乙丙橡胶	氟橡胶	硅橡胶	聚硫橡胶
伸长度(%)	650~900	500~800	450~800	650~800	800~1000	300~800	300~800	400~800	100~500	50~500	100~700
抗撕性	好	中	中	中	好	中	中	好	中	差	差
使用温度(℃)	-50~120	-50~140	120	120~170	-35~130	-35~175	80	150	-50~300	-70~275	80~180
耐磨性	中	好	好	中	中	中	好	中	中	差	差
回弹性	好	中	好	中	中	中	中	中	中	差	差
耐油性	差			中	好	好	好		好		好
耐碱性				好	好		差		好		好
耐老化				好				好	好		好
成本		高			高				高	高	
特殊性能	高强、绝缘、防振	耐磨	耐磨、耐寒	耐酸碱、气密、绝缘、防振	耐酸、耐碱、耐燃	耐油、耐水、气密	高强、耐磨	耐水、绝缘	耐油、耐碱、真空、耐热	耐热、绝缘	耐油、耐碱
制品举例	通用制品轮胎	通用品、胶板、胶布、轮胎	轮胎、耐寒运输带	内胎、水胎、化工衬里、防震里	管道胶带	耐油垫圈、油管	实心胎、胶辊、耐磨件	汽车胶辊、散热管、绝缘件	化工衬里、高级密封件、高真空胶件	耐高低温零件、绝缘件	丁腈改性用

(2)橡胶的老化及其防止。

老化问题对每一种高分子材料都是很重要的问题,对橡胶尤为重要。为了提高橡胶制品的寿命,防止老化,通常采用以下措施。

①选用耐老化的橡胶。如丁醛橡胶、乙丙橡胶、氟橡胶等。

②在橡胶中加入防老剂。有许多防老剂以供不同使用条件下的橡胶选用,如抗氧剂、紫外线吸收剂、抗疲劳剂、有害金属抑制剂等。实际应用时多采用混合助剂,综合发挥各种助剂的效能。

③选用合适的其他配合剂。如选用不会促进氧化作用的补偿剂和挥发性小、分子量大、黏度高的软化剂。在橡胶中加入适量的碳黑,或将橡胶着成红色,都能防止老化发生。

④橡胶原料中加入适当的蜡类物质或在制品表面涂以涂料,可以减少表面老化。

⑤另外,正确掌握硫化工艺和防止橡胶制品不受暴晒,也可以防止老化。

3)合成纤维

合成纤维发展速度很快,产量直线上升,品种越来越多。合成纤维具有强度高、耐磨、保暖、不霉烂等优点。除广泛用作衣料等生活用品外，在工农业、国防等部门也有许多重要用途。如大量用于汽车、飞机轮胎帘子线、索桥、降落伞及绝缘布等。表5-25列出了占合成纤维总产值90%的六大类的性能和用途。

六种主要合成纤维的性能和用途　　表5-25

化学名称		聚酯纤维	聚酰胺纤维	聚丙烯腈	聚乙烯醇缩醛	聚烯烃	含氯纤维	其他
商品名称		涤纶（的确良）	锦纶（人造毛）	维纶	丙纶	氯纶	氟纶、芳纶等	芳纶
产量（占合成纤维%）		>40	30	20	1	5	1	
强度	干态	优	优	中	优	优		
	湿态	中	中	中	优	中		
密度		1.38	1.14	1.14~1.17	1.26~1.3	0.91	1.39	
吸湿率		0.4~0.5	3.5~5	1.2~2	4.5~5	0	0	
软化温度(℃)		238~240	180	190~230	220~230	140~150	60~90	
耐磨性		优	最优	差	优	优	中	
耐日光性		优	差	最优	优	差	中	
耐酸性		优	中	优	中	中	优	
耐碱性		中	优	优	优	优	优	
特点		挺阔不皱、耐冲击、耐疲劳	结实耐磨	蓬松耐晒	成本低	轻、坚固	耐磨不易燃	强度较高
工业应用举例		高级帘子布、渔网、缆绳、帆布	2/3用于工业帘子布、渔网、降落伞、运输带	制作碳纤维及石墨纤维原料	2/3用于工业帆布、过滤布、渔具、缆绳	军用被服绳索、渔网、水龙带、合成纸	导火索皮、口罩、帐幕、劳保用品	

5.5 陶瓷材料

陶瓷是指用各种粉末原料做成一定形状后，在高温窑炉中烧制而成的一种无机非金属固体材料，可分成普通陶瓷、特种陶瓷和金属陶瓷三大类。普通陶瓷是由硅、铝的氧化物以及硅酸盐材料等天然原料，经粉碎、成型和烧结制成，烧结的主要目的是固定制品的形状，使其获得所需的性能。它主要用于制造日用品、建筑制品、卫生用具、电气绝缘物、耐酸、过滤制品等。特种陶瓷是以人工化合物为原料（如氧化物、碳化物、硅化物、氮化物、硼化物等）制成的陶瓷，主要用于化工、冶金、机械、电子、能源工业以及许多新技术中。

5.5.1 陶瓷材料的性能

陶瓷材料的性能受许多因素影响,波动范围很大,但存在一些共同的特性。

1)陶瓷的力学性能

(1)刚度。

陶瓷有很高的弹性模量,是各类材料中最高的(表5-26),比金属高若干倍,比高聚物高2至4个数量级。几种典型陶瓷的弹性模量见表5-27。

各种常见材料的弹性模量和硬度 表5-26

材　料	弹性模量(MPa)	硬度(HV)
橡胶	6.9	很低
塑料	1380	≤17
镁合金	41300	30~40
铝合金	72300	≤170
钢	207000	300~800
氧化铝	400000	≤1500
碳化钛	390000	≤3000
金刚石	1171000	6000~10000

几种典型陶瓷的弹性模量和强度 表5-27

陶　瓷	弹性模量(10^3MPa)	强度(MPa)
氧化铝瓷(90%~95%氧化铝)	365.5	345
烧结氧化铝(~5%气孔率)	365.5	207~345
烧结尖晶石(~5%气孔率)	237.9	90
烧结碳化钛(~5%气孔率)	310.3	1103
烧结硅化钼(~5%气孔率)	406.9	690
热压碳化硼(~5%气孔率)	289.7	345
热压氮化硼(~5%气孔率)	82.8	48~103

弹性模量对组织(包括晶粒大小和晶体形态等)不敏感,但受气孔率的影响很大,气孔降低材料的弹性模量;随温度的升高弹性模量也降低。

(2)硬度。

和刚度一样,陶瓷的硬度也是各类材料中最高的。例如,各种陶瓷的硬度多为1000~5000HV,淬火钢仅为500~800HV,高聚物最硬不超过20HV(表5-26)。

陶瓷的硬度随温度的升高而降低,但在高温下仍有较高的数值,如图5-17所示。

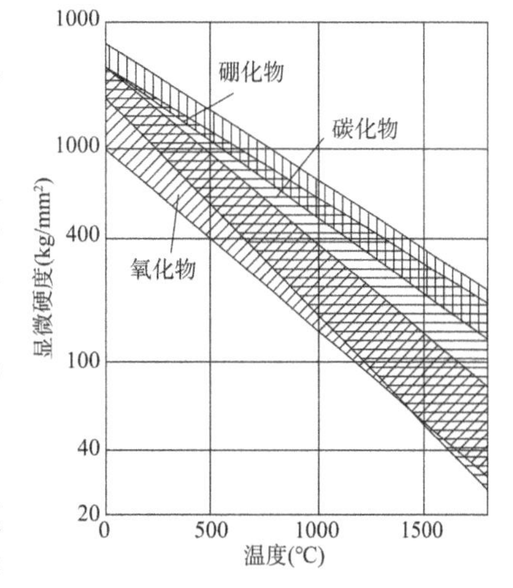

图5-17 几种陶瓷化合物的硬度与温度的关系

(3)强度。

按照理论计算,陶瓷的强度应该很高,约为弹性模量的1/10~1/5,但实际上一般只为1/1000~1/100,甚至更低。例如,窗玻璃的强度约为70MPa,高铝瓷的约为350MPa,均比其弹性模量低约3个数量级。表5-27中给出了一些典型数据。陶瓷实际强度比理论值低得多的原因,是组织中存在晶界,它的破坏作用比在金属中更大。陶瓷的晶界结构表现为:第一,晶界上存在晶粒间的局部分离或空隙;第二,晶界上原子间键被拉长,键强度被削弱;第三,相同电荷离子的靠近产生斥力,可能造成裂缝。所以,消除晶界的不良作用,是提高陶瓷强度的基本途径。

陶瓷的实际强度受致密度、杂质和各种缺陷的影响也很大。陶瓷强度对应力状态特别敏感;同时强度具有统计性质,与受力的方向有关,所以它的抗拉强度很低,抗弯强度较高,而抗压强度非常高(一般比抗拉强度高一个数量级)。

(4)塑性。

陶瓷在室温下几乎没有塑性,塑性变形是在切应力作用下由位错运动所引起的原子面间的滑移变形。陶瓷晶体的滑移系很少,比金属少得多,位错运动所需要的切应力很大,接近于晶体的理论剪切强度。另外,共价键有明显的方向性和饱和性,而离子键的同号离子接近时斥力很大,所以主要由离子晶体和共价晶体构成的陶瓷的塑性极差。不过在高温慢速加载的条件下,由于滑移系的增多,原子的扩散能促进位错的运动,以及晶界原子的迁移,特别是组织中存在玻璃相时,陶瓷也能表现出一定的塑性。

(5)韧性或脆性。

陶瓷材料是非常典型的脆性材料,受载时不发生塑性变形就在较低的应力下断裂,因此韧性极低或脆性极高。冲击韧性常常在10kJ/m以下,断裂韧性值也很低(表5-28),大多比金属低一个数量级以上。

几种陶瓷的断裂韧性 表5-28

陶　　瓷	断裂韧性($MPa\cdot m^{1/2}$)	陶　　瓷	断裂韧性($MPa\cdot m^{1/2}$)
Si_3N_4	3.72~4.65	Al_2O_3	2.79~4.65
SiC	2.79	水泥	0.186
MgO	2.79	钠玻璃	0.62~0.78

陶瓷的脆性对表面状态特别敏感。陶瓷的表面和内部由于各种原因,如表面划伤、化学侵蚀、冷热胀缩不均等,很容易产生细微裂纹。受载时,裂纹尖端产生很高的应力集中。由于不能由塑性变形使高的应力松弛,所以裂纹很快扩展,表现出很高的脆性。

脆性是陶瓷的最大缺点,是其作为结构材料的主要障碍。为了改善陶瓷韧性,可以从以下几个方面去努力:第一,预防在陶瓷中,特别是表面上产生缺陷;第二,在陶瓷表面形成压应力;第三,消除陶瓷表面的微裂纹。目前,在这些方面已经取得了一定的成果,例如在表面加预压应力,能降低工作中承受的拉应力,而可做成"不碎"的陶瓷。

2)陶瓷的物理和化学性能

(1)热膨胀性。

热膨胀是温度升高时物质原子振动振幅增大,原子间距增大所导致的体积长大现象。热膨胀系数的大小与晶体结构和结合键强度密切相关。键强度高的材料热膨胀系数低;结构较紧密的材料的热膨胀系数较大,所以陶瓷的线膨胀系数比高聚物低,比金属更低。

(2)导热性。

陶瓷的热传导主要依靠原子的热振动,由于没有自由电子的传热作用,陶瓷的导热性比金属小。陶瓷中的气孔对传热不利。所以,陶瓷多为较好的绝热材料。

(3)热稳定性。

热稳定性为陶瓷在不同温度范围波动时的寿命,一般用急冷到水中不破裂所能承受的最高温度来表达。例如,日用陶瓷的热稳定性为220℃。它与材料的线膨胀系数和导热性等有关。线膨胀系数大和导热性低的材料的热稳定性低;韧性低的材料的热稳定性也不高。所以陶瓷的热稳定性很低,比金属低得多。这是陶瓷的另一个主要缺点。

(4)化学稳定性。

陶瓷的结构非常稳定。在以离子晶体为主的陶瓷中。金属原子为氧原子所包围,被屏蔽在其紧密排列的间隙中,很难再同介质中的氧发生作用,所以是很好的耐火材料。另外,陶瓷对酸、碱、盐等腐蚀性很强的介质均有较强的抵抗能力,与许多金属的熔体也不发生作用,所以也是很好的坩埚材料。

(5)导电性。

陶瓷的导电性变化范围很广。由于缺乏电子导电机制,大多数陶瓷是良好的绝缘体;但不少陶瓷既是离子导体,又有一定的电子导电性;许多氧化物,例如 ZnO、NiO 等实际上是重要的半导体材料。

总之,陶瓷材料的性能特点有:具有不可燃烧性、高耐热性、高化学稳定性、不老化性、高的硬度和良好的抗压能力,但脆性很高,温度急变抗力很低,抗拉、抗弯性能差。

5.5.2 常用特种陶瓷

1)氧化物陶瓷

常用的纯氧化物陶瓷包括 Al_2O_3、ZrO_2、MgO、CaO、BeO、ThO_2等,其熔点大多在2000℃以上,烧成温度在1800℃左右。在烧成温度时,氧化物颗粒发生快速烧结,颗粒间出现固体表面反应,从而形成大块陶瓷晶体(是单相多晶体结构),有时有少量气体产生。根据测定,氧化物陶瓷的强度随温度的升高而降低,但在1000℃以下一直保持较高的强度,随温度变化不大。纯氧化物陶瓷都是很好的高耐火材料,因为在任何高温下这些陶瓷都不会氧化。

(1)氧化铝(刚玉)陶瓷。

氧化铝的结构是 O^{2-} 排成密排六方结构,Al^{3+} 占据间隙位置。由于化合价的原因,只能由两个 Al^{3+} 对三个 O^{2-},因而有2/3的间隙被占据。在自然界中存在的氧化铝含少量 Cr、Fe 和 Ti。根据含杂质的多少,氧化铝可呈红色(如红宝石)或蓝色(如蓝宝石)。实际生产中,氧化铝陶瓷按 Al_2O_3含量可分为75、95和99等几种瓷。

由于氧化铝的熔点高达2050℃,而且抗氧化性好,所以广泛用作耐火材料。较高纯度的 Al_2O_3粉末压制成型、高温烧结后可得到刚玉耐火砖、高压器皿、坩埚、电炉炉管、热电偶套管等。微晶刚玉的硬度极高(仅次于金刚石),并且其红硬性达1200℃,所以微晶刚玉可作要求高的各类工具,如切削淬火钢刀具、金属拔丝模等,其使用性能皆高于其他工具材料。

氧化铝陶瓷具有很高的电阻率和低的导热率,是很好的电绝缘材料和绝热材料。同时,由于其强度和耐热强度均较高(是普通陶瓷的5倍),所以是很好的高温耐火结构材料，如可作内燃机火花塞、空压机泵零件等。

另外，用氧—乙炔火焰将氧化铝粉熔化，制成单晶体，可用作蓝宝石激光器；氧化铝管坯可应用于钠蒸气照明灯泡。

（2）氧化铍陶瓷。

除了具备一般陶瓷的特性外，氧化铍陶瓷最大的特点是导热性极好，因而具有很高的热稳定性。虽然其强度性能不高，但抗热冲击性较高。由于氧化铍陶瓷消散高能辐射的能力强、热中子阻尼系数大，所以经常用于制造坩埚，还可作真空陶瓷和原子反应堆陶瓷等。另外，气体激光管、晶体管散热片和集成电路的基片和外壳等也多用该种陶瓷制造。

（3）氧化锆陶瓷。

氧化锆陶瓷的熔点在2700℃以上，能耐2300℃的高温，其推荐使用温度为2000～2200℃。由于它还能抗熔融金属的侵蚀，所以多用作铂、锗等金属的冶炼坩埚和1800℃以上的发热体及炉子、反应堆绝热材料等。特别指出，氧化锆作添加剂可大大提高陶瓷材料的强度和韧性。氧化锆增韧氧化铝陶瓷材料的强度达1200MPa、断裂韧性为15，分别比原氧化铝提高了3倍和近3倍。氧化锆增韧陶瓷可替代金属制造模具、拉丝模、泵叶轮等，还可制造汽车零件，如凸轮、推杆、连杆等。增韧氧化锆制成的剪刀既不生锈，也不导电。

（4）氧化镁/钙陶瓷。

氧化镁/钙陶瓷通常是通过加热白云石（镁或钙的碳酸盐）矿石，除去CO_2而制成的，其特点是能抗各种金属碱性渣的作用，因而常用作炉衬的耐火砖。但这种陶瓷的缺点是热稳定性差，MgO在高温下易挥发，CaO甚至在空气中就易水化。

（5）氧化钍/铀陶瓷。

这是具有放射性的一类陶瓷，具有极高的熔点和密度，多用于制造熔化铑、铂、银和其他金属的坩埚及动力反应堆中的放热元件等，ThO_2陶瓷还可用于制造电炉构件。

表5-29所示为常见氧化物陶瓷的基本性能。

常见氧化物陶瓷的基本性能　　表5-29

氧化物	熔点（℃）	理论密度（10^3 kg/m^3）	强度（MPa）			弹性模量（10^3 MPa）	莫氏硬度	线膨胀系数（10^{-6}/℃）	无气孔时导热系数（W/m·K）	体积电阻率（Ω·m）	抗氧化性	热稳定性	抗磨损能力
			抗拉	抗弯	抗压								
Al_2O_3	2050	3.90	255	147	2943	375	9	8.4	28.8	10^{14}	中等	高	高
ZrO_2	2715	5.60	147	226	2060	169	7	7.7	1.7	10^2（1000℃时）	中等	低	高
BeO	2570	3.02	98	128	785	304	9	10.6	20.9	10^{12}	中等	高	中等
MgO	2800	3.58	98	108	1373	210	5～6	15.6	34.5	10^{13}	中等	低	中等
CaO	2570	3.35		78			4～5	13.8	14	10^{12}	中等	低	中等
ThO_2	3050	9.69	98		1472	137	6.5	10.2	8.5	10^{11}	中等	低	高
UO_2	2760	10.96			961	161	3.5	10.5	7.3	10（800℃时）	中等		

2)碳化物陶瓷

碳化物陶瓷包括碳化硅、碳化硼、碳化铈、碳化钼、碳化铌、碳化钛、碳化钨、碳化钽、碳化钒、碳化锆、碳化铪等。该类陶瓷的突出特点是具有很高的熔点、硬度(近于金刚石)和耐磨性(特别是在侵蚀性介质中),缺点是耐高温氧化能力差(900～1000℃),脆性极大。

(1)碳化硅陶瓷。

碳化硅陶瓷在碳化物陶瓷中应用最广泛,其密度为$3.2\times10^3 kg/m^3$,弯曲强度和抗压强度分别为200～250MPa和1000～1500MPa。该种材料热导率很高,而热膨胀系数很小,但在900～1300℃时会慢慢氧化。

碳化硅陶瓷通常用于加热元件、石墨表面保护层以及砂轮和磨料等。将用有机黏接剂黏接的碳化硅陶瓷加热至1700℃后加压成型,有机黏接剂被烧掉,碳化物颗粒间呈晶态黏接,从而形成高强度、高致密度、高耐磨性和高抗化学侵蚀的耐火材料。

(2)碳化硼陶瓷。

碳化硼陶瓷的硬度极高,抗磨粒磨损能力很强,熔点高达2450℃左右,但在高温下会快速氧化,并且与热或熔融黑色金属发生反应,因此其使用温度限定在980℃以下。其主要用途是作磨料,有时用于超硬质工具材料。

(3)其他碳化物陶瓷。

碳化铈、碳化钼、碳化铌、碳化钽、碳化钨和碳化锆陶瓷的熔点和硬度都很高,通常在2000℃以上的中性或还原气氛作高温材料;碳化铌、碳化钛等甚至可用于2500℃以上的氮气气氛;在各类碳化物陶瓷中,碳化铪的熔点最高,达2900℃。

3)硼化物陶瓷

最常见的硼化物陶瓷包括硼化铬、硼化钼、硼化钛、硼化钨和硼化锆等,其特点是高硬度,同时具有较好的耐化学侵蚀能力。其熔点范围为1800～2500℃。比起碳化物陶瓷,硼化物陶瓷具有较高的抗高温氧化性能,使用温度达1400℃。硼化物陶瓷主要用于高温轴承、内燃机喷嘴、各种高温器件、处理熔融非铁金属的器件等。此外,还用作电触点材料。

4)氮化物陶瓷

氮化硅和氮化硼是最常见的氮化物陶瓷。

(1)氮化硅陶瓷。

氮化硅是键能高、稳定的共价键晶体。其特点是硬度高、摩擦系数低,且有自润滑作用,所以是优良的耐磨减摩材料;氮化硅的耐热温度比氧化铝低,而抗氧化温度高于碳化物和硼化物;在1200℃以下具有较高的力学性能和化学稳定性,并且热膨胀系数小,抗热冲击,所以可做优良的高温结构材料。另外,氮化硅陶瓷能耐各种无机酸(氢氟酸除外)和碱溶液侵蚀,是优良的耐腐蚀材料。需要特别指出的是:氮化硅的制造方法不同,得到陶瓷的晶格类型也不同,因而应用领域也各不一样。用反应烧结法得到的α-Si_3N_4,主要用于制造各种泵的耐蚀、耐磨密封环等零件;而用热压烧结法得到的β-Si_3N_4主要用于制造高温轴承、转子叶片、静叶片以及加工难切削材料的刀具等。生产中,在Si_3N_4中加一定量Al_2O_3,烧制成的陶瓷可制造柴油机的汽缸、活塞和燃气轮机的转动叶轮,表现出较好的效果。

(2)氮化硼陶瓷。

氮化硼具有石墨类型的六方晶体结构,因而也叫“白色石墨”。其特点是:硬度较低,可与石墨一样进行各种切削加工;导热和抗热性能高,耐热性好,有自润滑性能;高温下耐腐蚀、绝缘性好。所以,该种材料主要用于高温耐磨材料和电绝缘材料、耐火润滑剂等。在高压和1360℃时,六方氮化硼会转化为立方 β-BN,其密度为 $3.45\times10^3kg/m^3$,硬度提高到接近金刚石的硬度,而且在1925℃以下不会氧化,所以可用作金刚石的代用品,用于耐磨切削刀具、高温模具和磨料等。

特种陶瓷的发展日新月异。从前面分析可知,从化学组成上新型陶瓷由单一的氧化物陶瓷发展到了氮化物等多种陶瓷;就品种而言,新型陶瓷也由传统的烧结体发展到了单晶、薄膜、纤维等,而且形式多种多样。陶瓷材料不仅可以做结构材料,而且可以做性能优异的功能材料,目前,功能陶瓷材料已渗透到各个领域,尤其在空间技术、海洋技术、电子、医疗卫生、无损检测、广播电视等已出现了性能优良、制造方便的功能陶瓷。

5.6 复合材料

随着现代科学技术的迅猛发展,人们对材料提出了更高的要求,常常希望它们能够在高温、高压、高真空、强烈腐蚀及辐射等极端环境下服役。由于传统的单一材料远远不能满足上述要求,人们设法采用某种工艺将两种或两种以上组织结构、物理及化学性质不同的物质结合在一起,形成一类新的多相材料,即复合材料,使之既可保留原有组成材料的优点,又具有某些新的特性。与此同时,能源工业及信息技术的迅速发展,又推动了功能复合材料的研制和开发。

5.6.1 复合材料的分类和特性

1)复合材料的组成及分类

复合材料中至少包括两大类相组成:一类是基体相,起黏结、保护纤维并把外加载荷造成的应力传递到纤维上去的作用,基体相可以由金属、树脂、陶瓷等构成,在承载中,基体相承受应力作用的比例不大;另一类为增强相,是主要承载相,并起着提高强度(或韧性)的作用,增强相的形态各异,有细粒状、短纤维、连续纤维、片状等。工程上开发应用比较多的是用纤维增强的复合材料。

复合材料种类繁多,品种日新月异,常用的分类有以下三种。

(1)以基体类型分类:金属基复合材料、树脂基复合材料、无机非金属基复合材料等。

(2)以增强纤维类型分类:碳纤维复合材料、玻璃纤维复合材料、有机纤维复合材料、复合纤维(SiC、B)复合材料、混杂纤维复合材料等。

(3)以增强物外形分类:连续纤维增强复合材料、纤维织物或片状材料增强复合材料、短纤维增强复合材料、粒状填料复合材料等。

2)复合材料的性能

复合的目的是得到“最佳”的性能组合。复合材料的性能主要取决于四个方面的因素:①基体的类型与性质;②增强体的类型与性质;③增强体的形状、大小及在基体中的含量和分布排列方式;④基体同增强体之间的结合性能。

目前应用比较多的一些纤维及性能见表5-30。

常用纤维的性能 表5-30

纤维种类	密度(g/cm^3)	强度(MPa)	弹性模量(10^3MPa)	伸长率(%)	稳定性温度界限(℃)
铝硼硅酸盐玻璃纤维	2.5~2.6	1370~2160	58.9	2~3	700(熔点)
高模量玻璃纤维	2.5~2.6	3830~4610	93~108	4.4~5	<870
高模量碳纤维	1.75~1.95	2260~2850	275~304	0.7~1	2200
硼纤维	2.5	2750~3140	383~392	0.72~0.8	980
氧化铝	3.97	2060	167	—	1000~1500
碳化硅	3.18	3430	412	—	1200~1700
钨丝	19.3	2160~4220	343~412	—	—
铝丝	10.3	2110	353	—	—
钛丝	4.72	1860~1960	118	—	—

复合材料的性能特点有如下方面。

(1)高比强度和高比刚度。

这项指标对于希望尽量减轻自重而保持高强度和高刚度的结构件来说,无疑是非常重要的。例如用等强度的树脂基复合材料和钢制造同一构件时,质量可以减轻70%以上。表5-31所示为一些金属和纤维复合材料性能的比较。由表可见,复合材料在比强度和比刚度方面的优势还是很明显的。

常用材料与复合材料性能比较 表5-31

材料名称	密度(g/cm^3)	拉伸强度(MPa)	弹性模量(10^3MPa)	比强度(拉伸强度/密度)	比模量(弹性模量/密度)
钢	7800	1030	210000	0.13	27
铝	2800	470	75000	0.17	27
钛	4500	960	114000	0.21	25
玻璃钢	2000	1060	40000	0.53	20
碳纤维Ⅱ/环氧	1450	1500	140000	1.03	97
碳纤维Ⅰ/环氧	1600	1070	240000	0.67	150
有机玻璃PRD/环氧	1400	1400	80000	1.0	57
硼纤维/环氧	2100	1380	210000	0.66	100
硼纤维/铝	2650	1000	200000	0.38	75

(2)耐疲劳性高。

纤维复合材料,特别是树脂基的复合材料对缺口、应力集中敏感性小,而且纤维和基体的界面可以使扩展裂纹尖端变钝或改变方向(图 5-18),即阻止了裂纹的迅速扩展,所以有较高的疲劳强度(图 5-19)。碳纤维聚酯树脂复合材料疲劳极限可达其抗拉强度的 70% ~80%,而金属材料只有 40% ~50%。

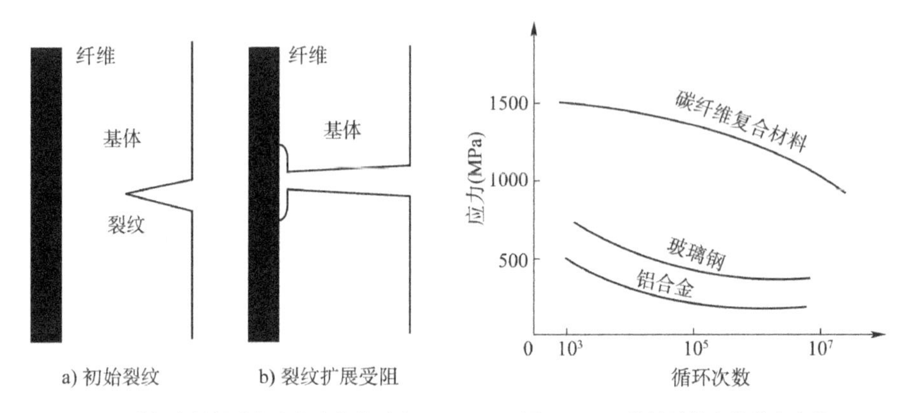

图 5-18 纤维复合材料裂纹变钝改向的示意

图 5-19 三种材料的疲劳强度比较

(3)抗断裂能力强。

纤维复合材料中有大量独立存在的纤维,一般每平方厘米有几千到几万根,由具有韧性的基体把它们结合成整体。当纤维复合材料构件由于超载或其他原因使少数纤维断裂时,载荷就会重新分配到其他未破断的纤维上,因而构件不至于短时间内发生突然破坏。另一方面,纤维受力断裂时,断口不可能都出现在一个平面上,这样,欲使材料整体断裂,必定有许多根纤维要从基体中被拔出来,因而必须克服基体对纤维的黏接力。这样的断裂过程需要的能量是非常大的,因此复合材料都具有比较高的断裂韧性。

(4)减振能力强。

结构的自振频率与结构本身的质量、形状有关,并与材料比模量的平方根成正比。如果材料的自振频率高,就可避免在工作状态下产生共振及由此引起的早期破坏。此外,由于纤维与基体界面吸振能力大、阻尼特性好,即使结构中有振动产生,也会很快衰减。图 5-20 所示为两类材料的振动衰减特性。

(5)高温性能好,抗蠕变能力强。

由于纤维材料在高温下仍能保持较高的强度,所以用纤维增强的复合材料,特别是金属基复合材料,一般都具有较好的耐高温性能。例如铝合金的强度随温度的增加下降得很快,而用石英玻璃增强铝基复合材料,在 500℃下能保持室温强度的 40%;用硼纤维增强的铝合金(Al + 1% Mg + 0.5% Si,即 6061 合金),可以在 316℃温度下使用。此外,复合材料的蠕变量比普通单一材料小,如图 5-21 所示。碳纤维增强尼龙 66 的蠕变量是玻璃纤维增强尼龙 66 的一半,是纯尼龙 66 的 1/10。

(6)其他性能。

除上述一些特性外,复合材料还具有较优良的减摩性、耐蚀性等特点,而且复合材料可用模具采用一次成形来制造各种构件,表现出良好的工艺性能。但应该指出,纤维增强的复合材料为各向异性材料，对复杂受力件显然不适应，因为它的横向拉伸强度和层间剪切强度都很低。此外，复合材料抗冲击能力还不是很好。尤其限制其应用的是成本太高。例如汽车车体全部用碳纤维复合材料制造时，目前的估价超过一百万美元，显然这是人们无法接受的。

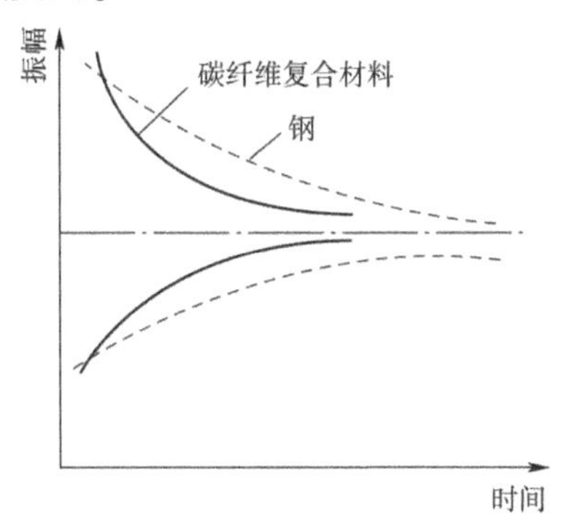

图5-20 两类材料的阻尼特性示意图

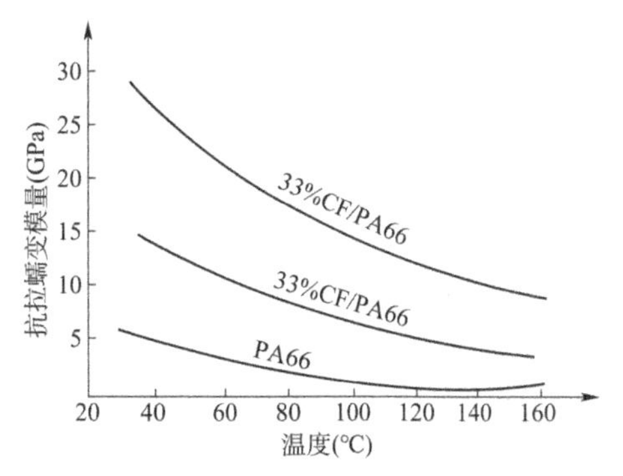

图5-21 抗拉蠕变模量与温度的关系（CF-碳纤维、GF-玻璃纤维、PA66-尼龙66）

5.6.2 树脂基复合材料

1）基本类型

树脂基复合材料是目前应用最广泛、消耗量最大的一类复合材料。该类材料主要以纤维增强的树脂为主。最早的树脂基复合材料是20世纪40年代开发的，自从以玻璃纤维增强的塑料（俗称玻璃钢）问世以后，工程界才明确提出“复合材料”这一术语。玻璃纤维增强塑料在60年代初开始用于制造滑翔飞机。其后，由于碳纤维、硼纤维、芳酰胺（芳纶）纤维、碳化硅纤维等高性能增强体和一些耐高温树脂基体的相继问世，发展了大量高性能树脂基复合材料，成为先进复合材料的重要组成部分。

目前已有的树脂基复合材料，根据树脂基体的性质，分为热固性树脂基复合材料和热塑性树脂基复合材料两种基本类型。

2）热固性树脂基复合材料

（1）材料组成。

热固性树脂基复合材料是以各种热固性树脂为基体，加入各种增强纤维复合而成的复合材料。复合材料的强度和刚度主要由增强纤维提供，树脂则起到将纤维黏结成一整体，在增强纤维之间传递载荷的作用。此外，复合材料的韧性、层间剪切强度、压缩强度、热稳定性、抗氧化性能、吸湿性能、成型加工性能也主要取决于树脂基体。

热固性树脂是一类由分子量不很大的线型分子经塑造成型和固化处理而形成的网状或体型高分子化合物，在加热、辐射、催化等作用下再发生软化或熔融，具有硬度高、刚度大、耐热温度高、不易变形等特点。可用于制备复合材料的热固性树脂种类很多，早期使用的主要为热固性酚醛树脂、糖醇树脂、聚酯树脂等；先进复合材料所用的热固性树脂主要为环氧树脂、聚酰亚胺树脂、双马来亚胺树脂等。

热固性树脂基复合材料所选用的增强材料主要为玻璃纤维、碳纤维、硼纤维、芳纶纤维及碳化硅纤维等。根据使用需求,这些增强材料的形态可以为连续长纤维或短纤维,也可以编织成带、布、毡等多种形式的织物。

(2)典型材料。

目前,由不同增强体和基体构成的热固性树脂基复合材料有多种,现首先介绍热固性玻璃钢,然后介绍三类典型热固性树脂基体的先进复合材料,即环氧树脂复合材料、聚酰亚胺树脂复合材料、双马来酰亚胺树脂复合材料。

①热固性玻璃钢。

热固性玻璃钢是玻璃纤维增强热固性树脂的俗称,是最早发展的一种热固性树脂基复合材料,具体是由60% ~70%的玻璃纤维或玻璃制品与30% ~40%的热固性树脂(通常为环氧、酚醛、聚酯及有机硅胶)复合而成的。此种复合材料具有成型工艺简单、强度高、密度低、耐腐蚀、介电性高、电波穿透性好、耐热性好等优点。此外,其强度还具有各向异性的特点,主要表现在沿纤维方向的强度高、层间强度低,纤维平面内的径向强度高、纬向强度低。热固性玻璃钢的弹性模量仅为结构钢的10% ~20%,其工作温度一般不超过250℃,在高温下长期受力时易发生蠕变和老化现象,表5-32给出了三种常用热固性玻璃钢的性能。热固性玻璃钢是现代工业理想的轻质结构材料、耐蚀材料和绝缘抗磁材料。

三种典型热固性玻璃钢的性能 表5-32

材　料	密度(g/cm^3)	抗拉强度(MPa)	抗压强度(MPa)	抗弯强度(MPa)
环氧基玻璃钢	1.73	341	311	520
聚酯基玻璃钢	1.75	290	93	237
酚醛基玻璃钢	1.80	100	—	110

②环氧树脂复合材料。

环氧树脂复合材料是由增强纤维与环氧树脂或改性环氧树脂复合而成的一类材料。环氧树脂是应用最早、最广的复合材料基体,占据先进复合材料所用树脂基体总量的90%以上。除环氧树脂基热固性玻璃钢外,此类材料中应用较多的是碳纤维增强的环氧树脂。碳纤维增强环氧树脂具有弹性模量高(比玻璃钢高3 ~6倍)、比强度及比模量高(高于玻璃钢、铝合金和钢)、导热性和耐磨性好等特点,且成型工艺简单,但也存在耐热性与耐湿性能不高、塑性低等问题。为此,通过对基体的改性,发展了与高性能碳纤维相适应的高应变、高耐湿热型树脂,以满足提高复合材料构件寿命和损伤极限的设计要求。受基体化学结构的限制,环氧树脂复合材料的使用温度一般不超过200℃。

③聚酰亚胺树脂复合材料。

聚酰亚胺树脂复合材料是一类综合性能优异的耐高温芳香环高聚物基复合材料,典型材料为单体原位聚合(PMR)聚酰亚胺树脂复合材料。聚酰亚胺树脂复合材料具有优异的高温物理性能和力学性能,可在高于200℃的环境下长期工作,200℃下时的强度保持率在50%以上。其缺点是成型固化温度高、黏接性低。

④双马来酰亚胺树脂复合材料。

双马来酰亚胺树脂复合材料是以双马来酰亚胺树脂(MBI)为基体的复合材料,是当代先进树脂基复合材料的最新发展。此类材料结合了环氧树脂与聚酰亚胺复合材料的优点,具有优异的综合性能,如强度高、模量高、耐湿热性好、冲击韧性高、耐燃、低毒等,而且还具有良好的成型工艺性能,借助于基体与同类树脂和异类树脂的共混改性,可提供满足不同应用需求的高性能复合材料。

3)热塑性树脂基复合材料

(1)材料组成。

热塑性树脂基复合材料是以各种热塑性树脂为基体的复合材料,常用的增强体主要为玻璃纤维、碳纤维、芳纶纤维或由它们制成的混杂纤维。热塑性树脂是一类线型高分子化合物,受热时将发生软化乃至熔融,而冷却后又会硬化,这种现象可重复出现,因此,热塑性树脂易于成型加工,并可再生使用。与热固性树脂比,热塑性树脂具有密度低、韧性高、加工成型性好、制造周期短、成本低,特别是可修复、可二次加工及长期贮存的特点,但存在对增强纤维的浸润性差、复杂形状复合材料制品缠绕成型困难及抗蠕变能力低等缺点。随着大批高性能热塑性高分子材料的开发及应用,热塑性树脂将逐步与热固性树脂争夺树脂复合材料基体的主导地位。

可用于纤维增强的热塑性树脂基体品种很多,主要有:尼龙(聚酰胺)类树脂,如尼龙66、尼龙1010;聚烯烃类树脂,如聚乙烯(PE)、聚丙烯(PP)、聚四氟乙烯(PTPE);苯乙烯类树脂,如聚苯乙烯(PS);热塑性聚酯类树脂,如聚对苯二甲酸乙二醇酯(PET)、聚对苯二甲酸丁二醇酯(PBT);聚醚酮类树脂,如聚醚酮(PEEK);聚碳酸酯(PC)、聚甲醛(POM)、聚苯硫醚(PPS)和热塑性聚酰亚胺(PI)等。

(2)典型材料。

目前,热塑性树脂基复合材料正处于不断发展之中,所开发的复合材料种类很多,现仅介绍热塑性玻璃钢、尼龙基复合材料、高温型热塑性树脂基复合材料和热塑性树脂基结构隐身复合材料等典型材料。

①热塑性玻璃钢。

热塑性玻璃钢是玻璃纤维增强的热塑性树脂基复合材料,常用基体有尼龙、聚乙烯、聚苯乙烯、聚碳酸酯等。对于不同的热塑性树脂基体,玻璃纤维所用的数量及其增强效果各有不同,例如,尼龙类树脂常用30%的玻璃纤维增强。一般来讲,相对于基体材料本身,热塑性玻璃钢的拉伸强度和弯曲强度可提高2~3倍,同时其物理、化学性能也均有一定程度的改善。热塑性玻璃钢的力学强度通常较热固性玻璃钢低,因此热塑性玻璃钢的应用范围和使用数量不如热固性玻璃钢,但由于热塑性玻璃钢具有密度低、生产效率高、成本低廉等特点,其用量正逐年增加。

②尼龙基复合材料。

尼龙基复合材料主要是由各种短纤维增强的尼龙类树脂组成的,除玻璃纤维外,常用的增强纤维有碳纤维、芳纶纤维或由这几种纤维制成的混杂纤维。在该类复合材料中,由碳纤维增强的尼龙比玻璃纤维增强的尼龙具有更高的强度和弹性模量及较小的热膨胀系数;而由碳纤维与玻璃纤维混杂增强尼龙的抗摩耐磨性要优于单一纤维增强的复合材料。表5-33列出了几种纤维增强尼龙的性能。尼龙基复合材料目前主要用于制造汽车轴承、凸轮、联轴器和纺织机械零件等。

纤维增强尼龙-66复合材料的性能 表5-33

增强体/基体	密度(g/cm^3)	拉伸强度(MPa)	剪切强度(MPa)	弯曲强度(MPa)	弯曲模量(GPa)	膨胀系数(m/℃)
尼龙-66基体	1.14	81	66	100	26	8.09
40%碳纤维/尼龙	1.34	270	96	410	234	1.44
40%玻璃纤维/尼龙	1.46	210	89	290	110	2.52
20%碳纤维+20%玻璃纤维/尼龙	1.4	230	90	330	192	2.07

③高温型热塑性树脂基复合材料。

高温型热塑性树脂基复合材料一般是由高性能碳纤维增强的半结晶性耐高温热塑性树脂组成的。该类材料所用基体的玻璃化转变温度通常较高,在高温下(200℃甚至更高)具有良好的强度保持率,且尺寸稳定性好、抗蠕变能力强。根据基体的种类和性质,目前主要有碳纤维增强的聚四氟乙烯、聚碳酸酯、热塑性聚酰亚胺、聚苯硫醚、聚醚酮类热塑性树脂以及热塑性树脂与热固性树脂的共混复合物(称为半互穿网络高聚物)。其中,由高性能连续碳纤维增强的聚醚酮(PEEK)在近些年被工程界普遍关注,已被列为航空航天用高性能热塑性树脂基复合材料的候选材料。

④热塑性树脂基结构隐身复合材料。

热塑性树脂基结构隐身复合材料是利用热塑性树脂的介电特性而发展的一类具有吸收电磁波功效的纤维增强树脂基复合材料。新近开发的一种由高性能热塑性树脂纤维与碳纤维混杂增强的热塑性树脂基复合材料,具有优异的综合性能,既可用作高性能的结构材料,还可对电磁波产生大幅度的衰减作用,是先进战斗机的理想结构隐身材料。热塑性树脂结构隐身复合材料具有逐步取代环氧基热固性树脂结构隐身复合材料的趋势。

5.6.3 金属基复合材料

1)特点

金属基复合材料的迅速发展始于20世纪80年代,其推动力源于高新技术对材料耐热性和其他性能要求的日益提高。金属基复合材料除与树脂基复合材料同样具有强度高、模量高和热膨胀系数小的特性外,其工作温度可达300~500℃或者更高,同时具有不易燃烧、不吸潮、导热、导电、屏蔽电磁干扰、热稳定性及抗辐射性能好、可机械加工和常规连接等特点,而且在较高温度的情况下不会放出气体污染环境,这是树脂基复合材料所不能比拟的。但金属基复合材料也存在着密度较大、成本较高。一些种类复合材料制备工艺复杂以及某些复合材料中增强体与基体界面易发生化学反应等缺点。通过对上述不利因素的不断改进与完善,金属基复合材料已取得了长足的进步,一些西方发达国家已达到了在特定领域规模应用的水平,我国也已对该类先进复合材料进行研制与开发,某些种类的复合材料已具备了向实用转化的能力。

目前备受研究者和工程界关注的金属基复合材料有长纤维增强型、短纤维或晶须增强型、颗粒增强型以及共晶定向凝固型复合材料,所选用的基体主要有铝、镁、钛及其合金、镍基高温合金以及金属间化合物。

2)长纤维增强金属基复合材料

(1)材料组成。

长纤维增强金属基复合材料是由高性能长纤维和金属合金组成的一类先进复合材料。与纤维增强树脂基复合材料类似,复合材料中高强度、高模量增强纤维是主要的承载组元,而基体金属则起到固结高性能纤维和传递载荷的作用。此类复合材料的性能受到多种因素的影响,一般认为,主要与所用增强纤维和基体金属的类型和性能、纤维的含量及分布、纤维与基体金属间的界面结构以及制备工艺过程密切相关。此外,长纤维增强金属基复合材料还具有各向异性的特点,其各向异性的程度取决于纤维在基体中的分布和排列方向。

长纤维增强金属基复合材料常用的增强纤维有硼纤维、碳(石墨)纤维、氧化铝纤维、碳化硅纤维(单丝、束丝)等。而所选用的基体金属主要有铝及其合金、镁及其合金、钛及其合金、铜合金、铅合金、高温合金以及新近发展的金属间化合物。

(2)典型材料。

目前已发展的长纤维增强金属基复合材料的种类很多,根据基体的种类可分为:铝基复合材料,如硼纤维/铝、碳(石墨)纤维/铝、碳化硅纤维/铝、氧化铝纤维/铝;镁基复合材料,如碳(石墨)纤维/镁、氧化铝纤维/镁;钛基复合材料,如碳化硅纤维(单丝)/钛、涂层硼纤维/钛;铜基复合材料,如碳(石墨)纤维/铜;铅基复合材料,如碳(石墨)/铅;耐热合金基复合材料,如钨丝/耐热合金;金属间化合物基复合材料,如碳化硅纤维(单丝)/钛基金属间化合物、氧化铝纤维/镍基金属间化合物等。

在上述金属基复合材料中,以铝基复合材料的研究和发展最为迅速,技术也比较成熟,应用最广。其中硼纤维增强铝基复合材料,是最早应用的一类金属基复合材料,为提高硼纤维的热稳定性,材料制备过程中常在纤维的表面涂上一层 SiC。

长纤维增强铝基复合材料中,另一较成熟的是碳纤维增强铝基复合材料。借助于在碳纤维表面沉积 Ti/B 涂层的技术,目前已有效地改善了碳纤维与液态铝浸润性差的缺点,并控制了铝与纤维的界面反应,由此制备出高性能复合材料,成功地应用于航天结构件。

近年来,纤维增强镁基复合材料,以比强度和比模量高、热膨胀系数低(接近于0)、尺寸稳定性好的特点引起材料界和工程界的普遍关注。此外为满足燃气轮机、火箭发动机对高强度、抗蠕变、抗冲击、耐热疲劳高温金属基复合材料的需求,相继发展了钨丝增强镍基、钨丝增强铜基复合材料,表 5-34 所示为几种典型长纤维增强金属基复合材料的性能。

长纤维增强金属基复合材料的性能 表 5-34

基　体	纤维(vol %)	密度 (g/cm^3)	拉伸强度(MPa)		拉伸模量(GPa)	
			横向	纵向	横向	纵向
6061Al	高模石墨,40	2.44	620	—	320	—
6061Al	硼纤维,50	2.50	1380	140	230	160

续上表

基　体	纤维(vol %)	密度 (g/cm³)	拉伸强度(MPa)		拉伸模量(GPa)	
			横向	纵向	横向	纵向
60161Al	碳化硅,50	2.93	1480	140	230	140
Mg	石墨(T75),42	1.80	450	—	190	—
Ti	硼纤维,45	3.68	1270	460	220	190
Ti	碳化硅,35	3.93	1210	520	260	210

3)短纤维及晶须增强金属基复合材料

(1)材料组成。

短纤维或晶须增强金属基复合材料是由各种短纤维或晶须为增强体、金属材料为基体所形成的复合材料。可用作增强体的短纤维主要有氧化铝纤维、氧化铝—氧化硅纤维、氮化硼纤维;增强晶须主要有碳化硅晶须、氧化铝晶须、氮化硅晶须。长纤维增强金属基复合材料所选用的基体金属原则上均适用于短纤维或晶须增强的金属基复合材料。此类复合材料除具有比强度、比模量高,耐高温、耐磨,热膨胀系数小等优点外,最显著的特征是可采用常规的设备进行制备和二次加工。对于增强体混杂无规则分布的短纤维及晶须增强金属等复合材料而言,还具有各向同性的特点。

(2)典型材料。

目前发展的短纤维或晶须增强金属基复合材料主要有铝基、镁基、钛基等几类复合材料,其中,除氧化铝短纤维增强铝基复合材料外,以碳化硅晶须增强铝基复合材料的发展为最快。

氧化铝短纤维增强铝基复合材料是较早研制和应用的一类短纤维增强铝基复合材料,现已在汽车制造等行业获得广泛应用。碳化硅晶须增强铝基复合材料是针对航天航空等高技术领域的实际需求而开发的一类先进的复合材料,可采用多种工艺方法(如粉末冶金法、挤压铸造法)进行制备,根据不同的使用要求,可选用纯铝、铸铝、锻铝、硬铝、超硬铝及铝锂合金等多种铝合金为基体。碳化硅晶须增强铝基复合材料具有良好的综合性能,如比强度、比模量高,热膨胀系数低等特点(表5-35),在200℃条件下,其抗拉强度还能保持基体合金室温下的强度水平,此外,碳化硅晶须增强铝基复合材料可采用热挤压、热轧制、热旋压等工艺方法进行二次加工。目前,各种基体的碳化硅晶须增强铝基复合材料普遍存在着成本高、受晶须成本高的影响、塑性及韧性低等缺点。

碳化硅晶须增强铝基复合材料性能相对基体的改进　　表5-35

材料体系	性　能	性能提高
17vol% SiC(W)/ZL109Al	耐磨性	16倍
20vol% SiC/6061Al	疲劳强度	1倍
15-20vol% SiC(W)/6061Al	断裂韧性	750%
170vol% SiC(W)/ZL109Al	弹性模量	37%

续上表

材料体系	性能	性能提高
22vol% SiC/6061Al	弹性模量	53%
20vol% SiC/6061Al	热膨胀系数	(降低)50% ~75%

4)颗粒增强金属基复合材料

(1)材料组成。

颗粒增强金属基复合材料是由一种或多种陶瓷颗粒或金属基颗粒增强体与金属基体组成的先进复合材料。此种材料一般选择具有高模量、高强度、高耐磨和良好的高温性能,并在物理、化学上与基体相匹配的颗粒为增强体,通常为碳化硅、氧化铝、碳化钛、硼化钛等陶瓷颗粒,有时也用金属颗粒作为增强体。相对于基体而言,这些增强颗粒可以是外加的,也可以是经一定化学反应而内生的,其形状可能是球状、多面体状、片状或不规则状。颗粒增强金属基复合材料可用的金属基体合金种类很多,目前常用的有铝、镁、钛及其合金及金属间化合物。

颗粒增强金属基复合材料具有良好的力学性能、物理性能和优异的工艺性能,可采用传统的成型工艺进行制备和二次加工,并且具有各向同性的特点。颗粒增强金属基复合材料的性能一般取决于增强颗粒的种类、形状、尺寸和数量,基体金属的种类和性质以及材料的复合工艺等。

(2)典型材料及其应用。

颗粒增强金属基复合材料中研究较多、技术比较成熟、应用最广的是碳化硅颗粒增强铝基,最近引起普遍关注的是颗粒增强钛基或金属间化合物基的高温型金属基复合材料。

①碳化硅颗粒增强铝基复合材料。碳化硅颗粒增强铝基复合材料是目前金属基复合材料中最早实现大规模产业化的品种。此种复合材料的密度仅为钢的1/3、铁合金的2/3,与铝合金相近;其比强度较中碳钢高,与钛合金相近,比铝合金高;模量略高于钛合金,比铝合金高得多。此外,碳化硅颗粒增强铝基复合材料还具有良好的耐磨性能(与钢相似,比铝合金大1倍)。使用温度最高可达300 ~350℃。表5-36所示为几种典型碳化硅颗粒增强铝基复合材料的拉伸性能。碳化硅颗粒增强铝基复合材料目前已批量用于汽车工业和机械工业中,制造大功率汽车发动机和柴油发动机的活塞、活塞环、连杆、制动摩擦片等。同时,还可用于制造火箭、导弹构件、红外及激光制导系统构件。此外,以超细碳化硅颗粒增强的铝基复合材料还是一种理想的精密仪表用高尺寸稳定性材料和精密电子器件的封装材料。

几种典型碳化硅颗粒增强铝基复合材料的拉伸性能 表5-36

基体	拉伸模量(GPa)	抗拉强度(MPa)	屈服强度(MPa)	断裂延伸率(%)
6016Al	69	310	276	12
	103	496	414	5.5
2124Al	71	455	420	9
	103	552	400	7
7090Al	72	634	586	8
	104	724	655	2

②颗粒增强型高温金属基复合材料。这是一种以高强、高模量陶瓷颗粒增强的钛基或金属间化合物基复合材料。典型材料是TiC颗粒增强的Ti-6Al-4V(TC_4)钛合金,这种材料一般采用粉末冶金法,由10%~25%超硬TiC颗粒与钛合金粉末复合而成。与基体合金相比,Ti-6Al-4V复合材料的强度、模量及抗蠕变性能均明显提高,使用温度最高可达500℃,可用于制造导弹壳体、导弹尾翼和发动机零部件。另一种典型材料是正处于发展之中的采用自蔓延高温合成工艺(简称SHS法)制备的颗粒增强金属间化合物基合材料,使用温度可高达800℃以上。

思　考　题

1. 合金元素在钢中的基本作用有哪些?按其与碳的作用如何分类?

2. 说出下列钢号的含义?并举例说明每一钢号的典型用途。

Q235,20,45,T8A,40Cr,GCr15,60Si2Mn,W18Cr4V。

3. 从下列钢号中选取合适的钢号填入表中,并说明其热处理工艺。

65Mn、20CrMnTi、GCr9、45、Q345

零件名称	钢号	热处理工艺
汽车变速齿轮		
弹簧		
滚动轴承		
压力容器		
机床主轴		

4. 试述石墨形态对铸铁性能的影响有哪些?

5. 简述各类铸铁的使用性能和主要应用有哪些?

6. 下列铸件宜选择何种铸铁制造:①机床床身;②汽车、拖拉机曲轴;③1000~1100℃的加热炉炉体;④硝酸盛储器;⑤汽车、拖拉机转向壳;⑥球磨机衬板。

7. 为什么铸铁的抗拉强度、塑性和韧性比钢低?为什么铸铁在工业上又被广泛应用?为什么球墨铸铁有时可以代替中碳钢?

8. 不同铝合金可通过哪些途径达到强化目的?

9. 什么是硅铝明?为什么其具有良好的铸造性能?

10. 黄铜属于什么合金?举例说明简单黄铜和复杂黄铜的牌号及其应用。

11. 轴瓦材料必须具有什么特性?对轴承合金的组织有什么要求?

12. 举例说明几种高分子材料的性能和用途?

13. 试举出几种常用的工程陶瓷材料,并说明其性能特点及其在工程中的应用。

14. 简述金属基复合材料的种类、性能及其应用范围。

第6章　新型军事工程材料

6.1　伪装材料

伪装材料是伪装工程技术中伪装面上使用的材料，包括迷彩涂料、伪装网、烟幕、假目标等。从对付侦察的手段伪装材料可分为光学伪装材料、红外伪装材料和雷达吸波材料。伪装材料是实施伪装的物质基础，是连接伪装理论和技术与伪装实践的桥梁。随着侦察技术的发展和高技术侦察器材的大量应用，对传统的伪装提出了严峻的挑战，发展新型伪装材料已成为伪装有所突破的关键所在。

下面就伪装技术中常用的材料及简单的伪装原理进行介绍。

6.1.1　迷彩伪装涂料

用涂料在目标上实施迷彩伪装，是伪装中广泛采用的伪装措施。迷彩涂料具有普通涂料的所有特征和特性，因此，迷彩涂料的制备与普通涂料的制备并无二致。迷彩涂料特殊的地方在于增加了军事上的特殊性能；颜色符合军用标准，绿色是主要颜色；绿色涂料具有类叶绿素反射特征，与绿色植物同谱同色；白色具有雪地型特征，在紫外线波段具有高的光谱反射率。在这些特殊性能中，类叶绿素反射特性最重要，因为绿色是伪装的主要背景颜色，在自然界中具有普遍性。

在可见光范围内，伪装涂料选择各种颜料的原则，是使涂层中颜料发生光的吸收、折射、反射三种作用后，可产生与背景一致的颜色，即实现模拟背景色彩。但是，对付近红外传感器的探测，伪装涂料所用颜料除能满足颜色要求外，还必须能产生与背景一致的反射光谱。在近红外线波段中，天然植物的光谱反射系数很高，即亮度很大，而一般绿色颜料的光谱反射系数很低，如果用单一绿色颜料代替植物绿色，目标很容易被发现。因此近红外隐身涂层必须具有与背景同谱同色性，即在从可见光到近红外线波长范围内使目标与背景具有近似相同的光谱曲线，也即类叶绿素反射特性。由于背景不同，其光谱曲线也不相同，差别甚大。图6-1所示为不同植物的光谱反射特性曲线。

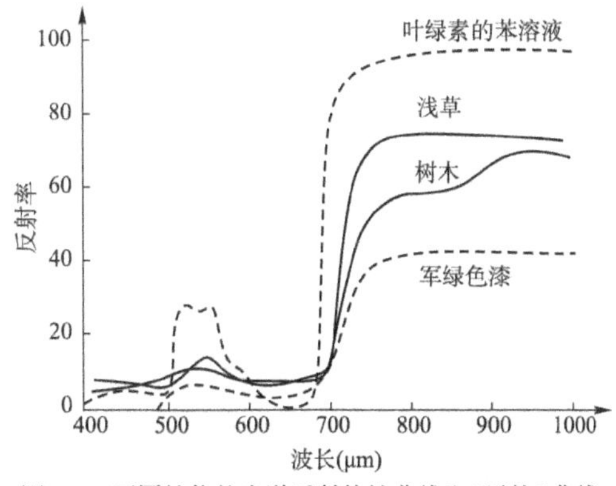

图6-1　不同植物的光谱反射特性曲线和“平均”曲线

涂料是能涂覆在被涂物件表面并能形成牢固附着的连续薄膜的材料。涂料的组成可分为成膜物质、挥发分、颜料、助剂四部分。

涂料
- 成膜物质
  - 油脂
  - 高分子材料(树脂)
  - 不挥发的活性稀释剂
- 挥发分(有机溶剂、水)
- 颜料(填料)
- 助剂

成膜物质又称基料,是使涂料牢固附着于被涂物面上形成连续薄膜的主要物质,是构成涂料的基础,决定着涂料的基本性质。常用作成膜物质的树脂有醇酸/聚酯树脂、酚醛/氨基树脂、环氧树脂、丙烯酸树脂、聚氨酯、乙烯基树脂、纤维素类树脂、天然及合成橡胶类。

挥发分主要指溶剂,包括有机溶剂和水。主要作用是使基料溶解或分散成为黏稠的液体,以便涂料的施工。在涂料的施工过程中和施工完毕后,这些有机溶剂和水挥发,使基料干燥成膜。

颜料为分散在漆料中的不溶的微细固体颗粒,分为着色颜料和体质颜料,主要用于着色、提供保护、装饰以及降低成本等。

助剂用量很少,主要用来改善涂料某一方面的性能。如消泡剂、分散剂、乳化剂、润湿剂等用来改善涂料生产过程中的性能;防沉剂、防结皮剂等用来改善涂料的贮存稳定性等;流平剂、增稠剂、防流挂剂、成膜助剂、固化剂、催干剂等用来改善涂料的施工性和成膜性等。

迷彩涂料军事上的特殊性能均是通过特殊颜料来实现的,并没有改变普通涂料的制备方法。在应用的迷彩涂料中,类叶绿素反射特性是靠一种钴颜料实现的,这种着色颜料由钛、钴、锌、铬等金属氧化物烧结而成,是一种无机颜料。这种颜料的价格较贵,目前通过化学共沉淀及高温烧结的方法已合成出尖晶石型的钴系颜料,该颜料在近红外波段具有较高的光谱反射。还有一些简单方法也可实现类叶绿素反射特性。

天然植物叶绿素在食品工业中应用较广,添加到涂料中后,可以使涂料具有类叶绿素光谱反射特征。但这种添加剂影响涂层的表面效果,使涂料的常规性能下降。另外天然植物叶绿素在辐照条件下会发生降解,涂层在半年内褪色严重,影响了其使用,通过对叶绿素进行改性处理性能有所改善。

在工业用颜料中,有些颜料具有近红外线高反射特性,但光谱区间与绿色植物不相符,经过与其他颜料相配比,可以调节光谱反射区间。通过铬绿和其他颜料的混合制备的伪装绿色涂料比较普遍。

随着红外、雷达侦察技术的发展,光学隐身的主要方向是向红外隐身、雷达隐身兼容。另外,光学隐身的多功能化、多背景适应性也是重要发展方向。

降温迷彩涂料涂覆到军事装备表面时,除具有迷彩伪装效果外,还可以大大降低装备表面温度(一般为10℃以上),因而具有广泛的军事应用价值。通过在涂料中添加抗太阳辐射效果的颜料、填料,如钛白粉、珍珠粉、云母粉、纳米微珠等,使得涂层在可见光、近红外波段对太阳辐射的低吸收率和高的反射率。

热红外迷彩是一种光学、红外隐身兼容的迷彩，基本特征是在目标表面形成热迷彩斑点，在热图像上形成有效的红外分割，从而降低红外被发现概率。通过采用不同发射率的迷彩涂层以改变目标的热辐射特性，在高温区采用低发射率材料，在低温区采用高发射率材料，利用斑点间辐射能量的差异来分割目标的热图像，达到改变热图形状和大小的目的。目前的难点在于较低发射率涂层的获得。使用金属颜料或者半导体材料，涂层的发射率可达到0.4～0.5。

与背景的融合是伪装的基本原理，为了提供目标在各种背景下的伪装能力，人们正在致力于伪装涂料的背景自适应技术研究，希望伪装表面能感知背景的变化，自动适应植被、荒漠甚至雪地的背景，人们首先集中研究伪装涂料的变色技术，光致变色是变色伪装系统中最可行的一种途径。光致变色涂料是根据自然界中光能量不同而发生可逆变色的一种涂料，一般由可逆光致变色体、黏结剂、助剂、填料及特种添加剂组成，其关键组分是可逆光致变色体。

6.1.2 伪装网

伪装网是人工遮障中起伪装作用的主要部分，由于其成本低、效能高、通用性强、操作方便等特点，已经成为伪装防护器材中最基本、最重要的器材之一，世界各主要国家都十分重视伪装网的研究和发展。历经几十年的研究和发展，伪装网已由单一防护波段、单一背景发展到具备防紫外、可见光、近红外、中远红外、厘米波段侦察，且适用于不同背景的系列防护器材。

1）伪装网的组成

伪装网由网纲、网面装饰片、连接绳扣所组成。由于伪装网都是覆盖在目标表面，需由一些柔性、轻质、高强的材料制成，主要有尼龙纤维、聚酯纤维、丙烯酸纤维和高强度芳纶纤维等有机纤维材料和塑料薄膜材料。伪装网的隐身性能是通过网面的结构和形状设计以及基布的复合涂层设计来达到。

2）伪装网的工作原理

光学隐身性能采用了三维立体变形结构设计。伪装网表面是具有可见光、近红外伪装性能的迷彩涂层，在此基础上进行三维变形，使伪装网表面与自然绿色植物在形态、光谱反射特性、外观等方面都十分接近，从而实现良好的光学隐身性能。红外伪装性能采用了斑点发射率调节、多维法向热疏导等综合隐身设计，对热源目标具有良好的热屏蔽作用。雷达伪装性能是散射加吸收综合隐身设计，伪装网基布附加了镀镍层和纳米晶吸收剂涂层，形成了双层吸收。伪装网的结构是散射形结构，并以中心圆柱体放射状形成多向强散射结构，使雷达隐身性能实现宽波段、强吸收。

3）伪装网的发展趋势

伪装网的发展趋势是防护波段更宽、质量更轻、操作灵便的多波段超轻型伪装遮障。

瑞典的Diab Barrcauda AB公司，是专门研制和生产伪装器材的企业，其伪装产品具有国际先进水平。该公司生产的热伪装网系统为双层式热伪装屏蔽材料，质量每平方米不足180g，具有防毫米波、厘米波雷达的作用，还能对付可见光、近红外和热红外的探铡。

该公司生产的另外一种屏蔽材料由聚酯纤维底层和聚酯薄膜构成，中间为铝层覆盖，还夹有超吸收纤维，如丙烯酸纤维、人造纤维和聚丙烯纤维制成的薄条以及结合在一起的两层绿色聚丙烯纤维层，此屏蔽材料可在可见光、红外和雷达范围内起伪装效果。

德国 Sponeta 公司推出了一种雷达伪装屏蔽材料，其导电夹层是由一种导电的碳黑附聚物分散剂和编织网组成，分散剂中的固体含量为 20% ~30%，粒度为 40 ~60pm，表面电阻为 100 ~4000Ω，涂敷量为 40 ~150g/m^2。这种屏蔽材料制作简便，伪装效果良好，力学强度高，尤其是耐寒性好，适合于冬季使用。德国 OGUS 公司研制生产各种伪装器材至今已有 30 多年的历史，该公司的伪装网产品种类比较齐全，有能对付 X 和 Ku 波段雷达的反雷达伪装网。有用切花装饰片固定在骨架网上制成的三维伪装网，也有用聚酯合成纤维针织而成的二维超轻型伪装网。自 20 世纪 70 年代起该公司的伪装器材就装备联邦德国、某些北约国家和世界上其他一些国家的军队。

英国 Cotebrand 公司研究的伪装网兼具可见、红外和雷达的隐身功能，其雷达反射材料和不规则的表面使得整个频段的雷达能量实现散射，从而减少了其雷达的探测性即达到隐身的效果，该伪装网由非常耐用的织物制造出来的，织物中有编织的金属纤维贯穿始终，并且在用于野外环境的伪装网上，均匀地分布着 S 形的切口。美国研究厘米波、毫米波兼容可见光、近红外、热红外多频谱隐身伪装网，2000 年投入使用。

国内应用的伪装网从使用结构上分为两类：单层结构和双层结构。单层伪装网结构简单，使用方便，应用很广泛。但单层伪装网在性能上受到限制，很难做到多波段隐身兼容。国内伪装网一直以单层为主，在性能上逐步发展和改进。最早的伪装网只有可见光伪装性能，逐步增加了近红外伪装性能、雷达伪装性能，最重要的突破是将光学伪装逐步与雷达伪装兼容，以对抗现代战争中的多谱段侦察。单层伪装网的光学网面逐步从“毛毛型”向“切花型”转变，现在的伪装网是以切花为主。切花是伪装网面的一种表面处理，其目的是改变伪装网面的平面性，具有立体变形效果。目前，国内正研制一种新型单层伪装网，以其外形称为“须状网”，这种伪装网具有独特的光学、红外、雷达兼容隐身性能。

6.1.3 烟幕

烟幕伪装是施放烟幕遮蔽目标和迷盲、诱惑敌方所实施的伪装。烟幕干扰技术方式虽然古老，但现代战争却赋予其新的使命。作为光电对抗最实用的器材之一，烟幕已取得了很大的发展，利用烟幕形成干扰屏障，可见光、红外辐射和激光在通过烟幕时被散射、吸收而衰减，从而实现遮蔽目标的作用。同时烟幕器材的成本相对较低，因此烟幕成为一种高效比的干扰技术手段，能有效降低武器对所遮蔽目标的命中率。

各种烟幕之所以对可见光、红外、激光、毫米观瞄器材，精确制导武器有不同的遮蔽/干扰效应，是由于构成烟幕的物质不同、粒子的形状不同、粒子按质量（粒数）的分布不同，进而在自然环境下对光线的吸收、散射、折射的性能不同，因此带来了不同的遮蔽/干扰效果。光在烟幕介质中传输时被衰减，这是烟幕微粒对光产生吸收和散射的共同作用结果。

一个物体不论放在哪里，除了它本身的亮度和颜色外，还有背景的亮度和颜色。要看清这个物体，就要把物体和它的背景区分清楚。区分物体和背景单靠物体本身的亮度是不够的,还必须在物体亮度和背景亮度之间形成视觉对比度。当烟幕对光进行散射时,烟幕本身的亮度亦增大。假如此时烟幕位于观察者与物体之间,而物体又是在某一背景亮度下被观察,则对观察者来说,烟幕的亮度同时加到背景的亮度和物体亮度上,这会使视觉对比度 D 降低,当 D 低于 D' 时,则观察者将不能获得视觉的感觉。

当目标发出的红外辐射入射到烟幕中时,烟幕对其产生吸收和散射,红外能力就遭到衰减,如图 6-2 所示。理论研究和实验结果表明,烟幕对红外的消光作用是烟幕微粒对红外吸收和散射共同作用的结果。

图 6-2 烟幕对红外消光原理示意图

当红外辐射入射到烟幕中时,烟幕中的带电质点、电子或离子随着红外辐射电矢量的振动而谐振起来,这种受迫的谐振产生了次生波,成为二次波源向各个方向辐射出的电磁波,从而使红外入射辐射在原传播方向上能量减少了,而在其他方向上的能量分布又不相同,这就是烟幕对红外散射的消光过程。导电材料制成的粒子、薄片(如铜粉、铝粉、石墨薄片、炭黑等)对红外具有良好的消光特性。

实验结果表明,烟尘对可见光和近红外传输能量的衰减很大,对中远红外传输能量的衰减很小,虽然烟尘具有衰减激光能量及微波能量的效能,但其效果远远不能满足现代战争的使用要求,需要制造人造烟幕。通过在发烟剂中掺加红外、雷达、激光的吸波剂材料可对能量进行有效衰减从而达到较好的伪装效果。国外研究表明,气溶胶干扰材料由悬浮在气体中的小颗粒构成,它们对激光及红外辐射具有明显的衰减作用。典型的材料有铜粉、铝粉、石墨、尘埃、水雾、高岭土、滑石粉等材料。

随着红外/毫米波双模制导成为精确制导武器发展的主流,为适应这种新的军事威胁,抗红外/毫米波双模烟幕技术迅速兴起并逐渐成为对抗红外/毫米波双模制导武器的有效手段,为军事家们运用廉价高效的特种烟幕实施高技术条件下的光电对抗提供了更加有力的保障。目前,红外/毫米波双模制导武器主要工作的红外波段已由 3 ~ 5μm 扩展到了 8 ~ 14μm,毫米波波段由 8mm 向 3mm 拓展。以可膨胀石墨和富碳化合物为主要组分的复合型抗红外/毫米波双模发烟剂,其烟幕对红外、毫米波的衰减效果显著。

6.1.4 假目标

假目标是利用各种器材或材料仿制成的具有与真目标相同(相似)特性的各种假设施、假装备、假人员、假诱饵,用以欺骗敌方的侦察、探测和制导,达到保护重要军事目标或迷惑敌人的目的。在战场上,合理地使用假目标,并辅助于其他隐真对抗手段,可有效地欺骗和诱惑敌人。

研究数据表明：当真假目标的数量达到一定比例时，成功的隐身和示假就相当于增大了10倍的兵力；当真假目标各被揭露50%时，可获得相当于增加40%的兵力；当真目标完全暴露而假目标未被识别时，可以获得相当于增加67%的兵力。另有研究数据表明：当设置的假目标与真目标的数量比例为1∶1时，相当于增加了25%的兵力；当设置的假目标与真目标的数量比例为1∶3时，可使真目标的损失减少20%，使敌方的弹药消耗量增加70%~90%。假目标突出的军事价值，各国都在大力发展假目标。

由于假目标在战争中的广泛使用和显示出的巨大军事效益，近几十年来，假目标制作技术已有很大发展：由目标大小、形体、颜色的模拟发展到光学、红外、雷达多谱为特征的模拟，增强了对付多谱侦察的有效性；由采用就便材料在现场制作发展到采用多种人工材料在工厂规模制作生产，作为伪装示假的制式装备器材装备部队，减少了现场制作设置假目标的作业时间，增强了部队示假作业的快速反应能力。

制式假目标制作材料和成形方式有充气式、骨架蒙皮式、压缩膨胀式、聚氨酯发泡成形式、装配组合式等多种类型。

充气式假目标由塑料、橡胶薄膜或由织物与橡胶的充气组件组成。它有一定的外形逼真度，有利于模拟目标的圆管、曲面等部件，且质量小、体积小，并配有充气机具，适于用来模拟技术兵器、帐篷等中小型目标，在制式假目标中应用极为广泛。

骨架蒙皮式假目标由金属、玻璃钢、塑料作成预制骨架杆件和织物蒙皮组合而成，造型逼真，易于以部分组件充当整体，适用模仿建筑物、武器装备等大中型目标。

压缩膨胀式假目标采用柔性聚氨酯泡沫塑料模型成真实目标的外形轮毂，逼真度高，易于制成各种军事装备假目标，在运输贮存时可将其体积压缩到其展开体积的1/10，展开后可自行恢复到真实目标，设置快速简便，设置撤收在五次以上。

聚氨酯发泡成型式假目标可在常温下利用假目标模具和聚氨酯发泡材料现场浇注成型。所制成的假目标逼真度高，并能承受一定的风、雨、雪负载，所用聚氨酯材料、模具和作业机具可装于假目标车上，开赴现场制作和设置假目标。

装备组合式假目标按示假的战技术要求设计造型，以玻璃钢壳体和杆件为主要材料，以坦克、汽车、火炮为主要模拟对象，形成通用组件和组合方式，合理解决了三种模拟目标的逼真度与装配组合组件通用性的矛盾，实现了三者装配组合体制。

以上各种类型的假目标，如果形体表面实现金属化，则具有对雷达侦察的示假效果；如果配制热红外特征器材和射击模拟器材，则具有热红外侦察和射击模拟的效果。

6.2 电子材料

一部由石器时代开始的人类文明史，从某种意义上说，也可称之为世界材料发展史。材料发展史迸发着人类智慧的火花。电子材料是材料领域中的精华，它既普通又深奥。说“普通”，是因为它与每一个人的衣食住行息息相关；说“深奥”，是因为它包含着许多让人充满希望又颇具困惑的难解之谜，不断地吸引人们去追求、去探索。在信息时代，电子材料是信息装备的基石；在未来高技术战争中，电子材料是现代化电子装备系统的基础和先导,也是实现我国国防科技现代化的重要前提和保证。21 世纪的电子材料将更加异彩纷呈,前景广阔。

6.2.1 电子材料分类及其特性

1)电子材料的含义

电子材料是指电子工业所使用的具有功能特性、结构特性以及物理、化学性能等特定要求的材料,它广泛应用于国民经济和现代化国防建设两大领域。在未来电子战争中,能满足飞机、舰艇、潜艇和导弹等导航与制导系统,飞机、卫星、雷达等侦察、预警系统,军事通信和指挥控制系统,舰艇、潜艇水下探测和战场测距系统,以及电子对抗、火控系统等电子装备系统要求的新型电子材料称为军用电子材料,它是电子材料的重要组成部分。多数军用电子材料都具有军民两用性质,与普通电子材料相比,它是具有直接的或潜在的、未来的军事需求背景的新型电子材料。它的研制对我国国防科技和军事电子的发展具有举足轻重的作用。

2)电子材料的分类

电子材料是一个庞大的家族,门类繁多,品种复杂,在分类方法上至今尚没有一个统一的标准。常见的分类方法是把它们分为功能材料和结构材料两大类。

(1)功能材料。

功能材料的概念最初是由美国贝尔实验室的摩顿(Morton)博士在 1965 年提出来的,后来受到世界材料界的重视。在我国《辞海》中,把功能解释为"事功和能力;功效;作用"。根据功能材料的性能特征和用途,把功能材料定义为:具有优良的电学、磁学、光学、声学、力学、化学和生物功能及其互相转化的功能,被用于非结构目的之高技术材料。它犹如人体的"五官"和神经系统,能对周围环境(如温度、压力、湿度、气体等)的变化及时作出反应。功能材料以材质分类,可分为无机功能材料、有机功能材料和复合功能材料三大类,其中无机功能材料主要分为金属功能材料和非金属功能材料。非金属功能材料又包括半导体、玻璃、陶瓷和其他材料。有机功能材料主要是指高分子功能材料。而复合功能材料则又可分为高分子系功能材料,金属系功能材料和陶瓷系功能材料。以功能分类,可分为磁功能材料、电功能材料、光功能材料、热功能材料、力功能材料和化学功能材料。

(2)结构材料。

结构材料的定义是:用于制造力能机械或机械动力或结构件的材料。从这个定义不难看出,它是以材料的强度、刚度、韧性等力学性能为基础,用于制造以受力为主的构件,好像人体的骨骼,用来承受肌体和重量。它是实现军事电子装备的轻型化、耐腐蚀、长寿命的重要保证。这些材料主要有合金材料、特种陶瓷、新型塑料和复合材料等,如:雷达、通信、导航等设备的天线和支架的钛合金、铝合金;导弹、电动鱼雷、飞行器所用电池的镁基、多孔镍基电极合金材料;反导雷达、机载火控雷达所用真空电子器件的钯—钡合金、钨—铼合金;军用超高速计算机中,用于"包装"超高速集成电路芯片的陶瓷和塑料(称为封装材料);对野战、海底光缆起"骨架"、增强"筋"作用的特种塑料和钢丝;用于机载火控雷达裂缝天线、透镜天线的碳纤维复合材料和芳纶纤维复合材料等。在人类社会进入信息时代的今天,新型电子材料层出不穷,百花齐放(图 6-3)。

图 6-3　电子材料百花齐放

本书将以功能材料为主体，重点介绍半导体材料、光电子材料、压电与声光晶体材料、磁性材料、电子陶瓷材料、真空电子器件用材料、纳米材料以及电子材料的基本结构、物理性能、制备技术等。

3）引人注目的特性

半个世纪以来，众多研究人员走出传统的思维定势，勇于探索，锲而不舍，使一代又一代充满生机的新材料如雨后春笋，脱颖而出。电子材料是它们之中的佼佼者，它们具有以下几个特点。

（1）材料王国里的新秀。

材料的历史和人类社会的历史同样悠久。新石器时代距今已有 1 万年。中国在公元前 17 世纪初即进入青铜器时代的鼎盛时期。铁器时代距今已有 3500 多年的历史。在材料世界里，以金属王国地盘最大，历史最久。翻开元素周期表，在人类已经发现的 109 种元素中，和金字“沾边”的竟多达 86 种，真可谓“五分天下有其四”。但是，进入 20 世纪以来，由于金属材料在性能和应用方面所存在的局限，使其“统治地位”受到了严重的挑战。20 世纪是旷古以来材料发展史中流光溢彩的辉煌历史时期。社会进步及军事电子技术发展的迫切需要，使人们意识到：未雨绸缪的时候到了，于是一大批新型电子材料应运而生，例如：1910 年蒂埃尔（Thiel）等报道了磷化铟（InP）材料；1950 年，用直拉（CZ）法制备出第一颗锗（Ge）单晶；1952 年，制备出第一颗硅（Si）单晶；1954 年，用区熔（FZ）法、水平（HB）法制备出砷化镓（GaAs）单晶；1965 年，耐特（Knight）首次用气相外延（VPE）法成功地制备了砷化镓 GaAs，单晶薄膜；1960 年，第一台红宝石激光器问世；1970 年，美国康宁公司首次研制成功低损耗光纤；1946 年，发现钛酸钡（$BaTiO_9$）陶瓷经极化处理后具有压电效应；1954 年，发现了压电性能远比 BaTiQ 优良的锆钛酸铅（$PbZrTiO_3$），推动了压电陶瓷的广泛应用；1967 年，皮诺（Pinnow）等人首次报道了优质声光晶体钼酸铅（PbM004）单晶的熔体生长。从新材料家族中涌现出来的新秀，不但为材料王国的兴盛带来了曙光，也为新一代军事电子装备的发展带来了希望。图6-4所示为人类社会历史发展和材料进步的密切关系。

图6-4 社会发展和材料进步

(2)巧妙奇特的功能。

电子材料具有许多奥妙的特性,人们一旦运用高科技手段揭开它神秘的面纱,展现在人们面前的将是一个变化万千、多姿多彩的世界。

用化合物半导体材料砷化镓(GaAs)、氮化镓(GaN)制作的发光二极管(LED)可分别发出红光、黄光和蓝光。用钇铝石榴石(YAG)晶体制成的激光器所发出的激光,可熔化金属,穿透薄金属板,用于打孔、切割、焊接、划线和雕刻;功率不到普通照明灯泡功率万分之一(1mW)的激光,其亮度为太阳光的100倍。液晶是一种具有“液体”和“晶体”双重物质形态的特殊有机物,在加热融化过程中经历了一个不透明的混浊状态,继续加热成为透明的液体,这种混浊状态的液体具有液体的流动性,同时它又具有晶体的各向异性(如光学各向异性、介电各向异性、介磁各向异性等),故称为液晶。在一根头发丝般粗细的硅芯片面积上可制出成百上千个晶体管。用热释电材料制作的传感器配上适当光学系统,能探测到100m处的人体,用于入侵报警。用锆钛酸铅压电陶瓷做成的打火机用的“火石”,“打火”次数可达100万次以上。磁铁早已是人们所熟知的常见之物,但是,如果把某些磁性材料置于电磁场的作用下,将产生诸如磁光、磁热、磁吸收、磁弹性、磁致伸缩等多种物理效应和具有电、声、温度、位移、振动等多种能量和信息转换的奇异功能。陶瓷是人类社会文明进步的产物和特征之一,秦始皇陵出土的大批陶兵马俑,制作之逼真,气派之宏伟,被认为是世界奇迹。具有电磁、电声、电光、电热、电弹耦合效应的电子陶瓷登上人类文明舞台,意味着陶瓷材料已进入一个新的时代。人脑有130亿个细胞,人们所记忆的图像、文章、数字等一切信息,全靠它们存储,但是人的记忆功能会随着年龄的增长或者体质、外界条件的变化而逐渐减退,于是可代替人脑记忆功能的电脑、“光脑”相继登台亮相。“光脑”的记忆“细胞”就汇聚在用钆钴(GdCo)合金等存储材料制作的光盘或光卡上,一个菜碟大小的光盘能容纳相当于一个小型图书馆的信息量,一张扑克牌大小的光卡可储存近百万字巨著,储存期可达10年以上。在阳光照射下的物体都会呈现出不同的颜色,如果把它分割成犹如袅袅轻烟中飘浮的颗粒那样大小,将会出现什么景象?科学家们发现,当物质被分割到它的极限尺寸10^{-9}m(1nm,或称1纳米)的时候,就会出现一些鲜为人知的奇异现象:1g具有这种尺寸的微粒,它的表面积可高达几万平方米;由于表面积增大,活性就会增强,很容易引起燃烧和爆炸;当把五颜六色的金属分割成纳米级超微细粉末时,由于吸光能力急剧增加而一律变成黑体,它再也不能熠熠生辉了。但是这些超微粒子的奇妙效能并没有因此而减色。把本来不发光的纯氧化铝(Al_2O_3)和纯三氧化二铁(Fe_2O_3)纳米材料混合在一起,所获得的纳米粉体或细晶材料在蓝绿光波段出现一个较宽的光致发光带。在素以坚硬耐磨著称的结构陶瓷中加入纳米粒子会出现令人惊奇的超塑现象,延伸率可提高两倍,使它变得温顺、随和了。古代传说中的隐形人,在与对手争斗中忽隐忽现,来无影去无踪。如果说这种隐形术或隐形人是来自于神话般的传说,那么隐身材料的出现已使幻想变成了现实。这是因为探测技术所获取的人或各种武器等目标信息,实质上是具有不同波长和不同强度的波,而隐身材料却能吸收或减弱对方探测系统的回波能量,使这些目标的反射波偏离对方的探测范围,从而产生奇特的隐身效果。如果士兵穿上涂有隐身涂料的隐身服或将隐身罩覆盖在飞机、车辆等装备上,使对方即使采用先进的仪器也难以捕捉到这些目标。美国的 F-117A 隐形战斗轰炸机在海湾战争中承担最艰险的任务,但始终无一损伤,其主要原因是在机身和机翼等部位使用了隐身材料(如铁氧体吸波涂层)和改变飞机的外形与结构,增加了对电磁波的吸收和散射,使雷达难以发现它。上述的奇异功能给人们以启示,这些材料正在显露出或潜伏着诱人的军用前景。当然,迄今为止,对某些"巧妙神奇"现象产生的原因,不乏有令人困惑的难解之迷,有待人们今后去深入探索。

(3)多学科理论的结晶。

材料科学具有物理学、化学、冶金学、机械学、计算数学等多学科交叉与结合的特点,属于高科技领域的电子材料技术也是多学科理论研究与实践的结晶,它的重要特征之一是学科的横向渗透、纵向加深、合纵连横、综合交错,它所涉及的学科和理论主要有:微电子学、光学、磁学、电磁学、磁光学、陶瓷学、材料力学、固体物理学以及晶体结构理论、量子理论、能带理论、超晶格理论等。科研人员依据这些学科、理论开展对电子材料的研制、物理和化学性能表征以及对其产生的某些奇异现象作出科学的解释。例如:半导体晶体、激光晶体和红外晶体等晶体生长要涉及晶体生长热力学和晶体生长动力学;晶体的稳定性、完整性、对称性、解理性和各向异性要涉及晶体结构理论;材料的应力、应变、疲劳、断裂等性能涉及材料力学;磁性材料的磁各向异性、磁畴结构、强磁性、反铁磁性、磁化强度、磁致伸缩等性能要涉及磁学和电磁学;光纤材料的折射、反射、散射、色散等性能要涉及光学。超薄膜制备技术、固体能带结构的量子力学理论和材料设计理论相结合而出现的半导体超晶格材料,是 20 多年来半导体物理学和材料科学中的一个重大突破。利用这种材料,不仅可以显著提高雷达用场效应晶体管(FET)和光纤通信用半导体激光器等的性能,也可以制备至今还没有的、功能更优异的新型军用元器件和发现更多的新物理现象。

(4)当代高技术的热点。

技术的生命力在于应用,故有人把技术科学称之为应用科学。军事应用为电子材料技术注入了巨大活力,使该技术从传统的"低、粗、陋"跃升到现代化的"高、精、尖",并成为当代高技术的热点,突出地表现在以下两个方面。

①要求原材料和辅助材料达到"三高"。

用于制造电子材料的原材料和辅助材料主要有金属、化合物、石英玻璃及有机高分子和聚合物,要求它们要达到“高纯、高细、高效”。所谓“高纯”,即杂质的含量要尽可能低,诸如高纯试剂、高纯气体、高纯水、高纯金属及高纯元素等。用于制备 GaAs 晶体的原料 Ga 和 As、制备 InP 晶体所用的原材料 In 和 P,均需要达到 6 个“9”(6N)以上的纯度。拉制 GaAs 晶体生长设备中用于形成“高压”的气体要求使用 5N 以上的高纯氩(Ar)气。所谓“高细”,即制备某些材料时,要求使用超微细粉末、超微粒子等,例如,在制作 Fe—Co(铁—钴)微粉永磁时,所使用的 Fe—Co 微粉粒度要达到纳米级(10^{-9}m);在制备磁记录与磁存储材料(含钴的 γ-Fe_2O_3磁粉)时,要采用 γ-Fe_2O_3超微粒,在其上面包敷一层氧化钴,使矫顽力高达 143.2kA/m。所谓“高效”,即在制作材料时要优先选择能有效提高材料性能的原材料,例如,在制备 GaAs 单晶时选用热解氮化硼坩埚来代替石英(SiO_2)坩埚,因为前者不但纯度高,能避免 Si 对 GaAs 熔体的污染,而且耐高温,使其不易软化;在镍锌(NiZn)铁氧体生产过程中,选用高温时最稳定的氧化物氧化镍(NiO),故可在空气或氧气中烧结,简化了生产工艺。

②采用高级制造技术。

作为高技术领域重要组成部分的电子材料技术是由原材料提纯、材料的制备与加工、材料的分析检测等一系列技术组合而成的技术群体,往往是一代制造技术产生一代材料。古代用炼丹炉升炼“丹药”,据说“丹”字就是从炼丹炉的形象演变而来,这种俗称“银朱”的“丹药”是硫化汞(HgS)的颗粒或粉末,这些历史的产物最终还是回归于历史。波澜壮阔的科技浪潮把材料的制备、加工推向一个崭新的境界。有时是在高压、超低温和超高真空等条件下合成新材料。例如,在采用高压原位合成的液封直拉(HP-LEC)法生长 GaAs 单晶时,要在充氩气的高压炉膛内,在 38kPa 压力下使 Ga、As 原料在氮化硼坩埚内原位合成 GaAs 多晶,在 15kPa 压力下拉制 GaAs 单晶;用称重法对晶体进行精确地等径控制,如拉制直径 50mm 的 GaAs 单晶时,其直径偏差可控制在 ±1mm。传统的半导体薄膜生长技术(如液相外延、气相外延等)的层厚度控制精度只能达到 0.1 ~0.2μm,采用微机控制生长的分子束外延(MBE)、金属有机化合物气相沉积(MOCVD)和化学束外延等超薄层材料生长技术,能达到使生长层厚度误差控制在一个原子层以内的高精度水平,并且人们可以任意改变薄膜的厚度,控制它的周期长度。由于它的周期长度比各薄膜单晶的晶格常数大几倍或更长,因而取得“超晶格”的名称。超晶格的概念与先进的材料生长技术相结合孕育了半导体微结构材料,它将成为制作新型器件用材料的增长点,现已制备出上百层、厚度小于 1nm 的超晶格材料。1976 年发现的调制掺杂结构的超晶格中电子迁移率很高的现象,为雷达用的高电子迁移率晶体管(HEMT)的研制奠定了基础。

6.2.2 未来战争与电子材料

追溯电子技术的发展,可见新材料的研制与开发所起的举足轻重的作用。特种金属及合金材料的出现导致 1906 年发明了电子管;锗材料的出现导致 1948 年诞生了半导体晶体管,使电子设备小型化、轻量化;硅单晶材料的出现导致集成电路的发明与发展,才出现了今天以电子技术为基础的包括计算机技术、通信技术在内的电子信息技术和产业,使人类文明发生了一个飞跃,使人类社会进入信息时代。光电子材料、电子陶瓷材料、磁性材料以及压电与声光晶体材料等的发展促进人类社会进步。纵观古代和近代材料及兵器发展的历史,可以看出,每一种兵器的出现都是在当时的一批起先导作用的新材料技术群的推动下完成的。青铜的冶炼、铸造与加工技术等造就了人类发展的青铜器时代,也造就了青铜兵器时代;铁渗碳制钢技术、钢铁加工技术等造就了刀、矛、剑、戟等冷兵器时代;以蒸汽扰技术、电力技术、内燃机技术为代表的两次技术革命和一大批新材料的出现造就了大炮、坦克、飞机等热兵器时代。冷、热兵器并用的时期持续了近900年,由于当时包括材料在内的技术水平的限制,使传统兵器命中精度低、操纵不便、威力不大。例如,17世纪滑膛枪的杀伤效能只相当于标枪,19世纪的来复枪杀伤效能仅等于长弓。过去两次世界大战是以大炮、飞机、坦克等武器为主的拼搏,是“钢铁大战”。

现代战争是以军事电子技术为主的高技术战争。电子材料在军事上的直接应用对象是军用电子元器件,一代新型电子元器件会促进军事电子装备的更新换代。因此,军事电子武据装备的发展无不以一代新材料的研制成功作为先行。电子材料技术在现代化电子装备系统中的重要作用主要表现在以下几个方面:

1)现代军事电子装备的物质基础和技术先导

现代化军事电子装备的发展必须以新一代电子材料为依托。军用计算机犹如通信、指挥、控制和情报系统的“大脑”,机载、车载相控阵雷达犹如战场上的“千里眼”,它们要求迅速发展高速、宽频带的超高速集成电路(VHSIC)、高电子迁移率晶体管(HEMT)、异质结双极晶体管(HBT)等器件,而具有宽带、高迁移率、低位错密度的GaAs、InP等化合物半导体材料正是上述器件的最佳选择。多少世纪以来,五彩斑斓、玲珑剔透的宝石,一直作为昂贵的装饰品,为王公贵族、富贾豪门所拥有,如今,它们已在现代化战场上一展雄姿。在现代化的激光雷达和高精度激光测距中,将使用大功率激光晶体钇铝石榴石(YAG)和红宝石($Cr:Al_2O_3$)等激光晶体材料。掺钛蓝宝石($Ti:Al_2O_3$)和金绿宝石能使激光波长在某一波段范围内可调谐,用于激光通信、激光侦察与监视等。全天候、多波段、多目标、高分辨能力红外探测系统和第四代空—空导弹需使用长波长红外探测器,要求发展碲镉汞(HgCdTe)、锑化铟(InSb)等红外材料。我国古代长城上施放的烟火,用以报道敌军来犯的信息,是无线通信中最原始的雏形。而快速、大容量、安全保密战术指挥通信网则需要通信光纤材料。飞机、潜艇用精密导航,精密制导导弹,舰艇水下探测等需要保偏光纤和高强度光纤材料。军用摄像机及计算机显示器需要液晶材料。作为材料科学的三大分支之一的电子陶瓷材料,在区域综合电子信息系统中对实现信息传递、存储、记录和能量转换等起着重要作用。为解决雷达用大功率微波真空器件和大功率集成电路工作中热量的散发,对高导热介质陶瓷提出迫切要求。磁性材料如同�石吸铁那样对人们具有极大的吸引力,高磁能积、高矫顽力、低温度系数的稀土永磁材料用于电子武器装备系统中的磁场源,在海湾战争中出尽风头的美制“爱国者”导弹上的棚瞄、环行器等使用了钐钴(SmCo)和钕铁硼(NdFeB)永磁体,用磁记录材料制作的磁记录装置可记录侦察机、卫星或宇宙飞船运行情况。均匀致密的高性能铁电海瓷薄膜是制备非致冷常温操作的红外探测器和抗射线辐射、抗电磁干扰的非易失性随机存储器的基础材料。发送雷达、通信信号以及干扰信号,90%是由微波管器件来担负的,需要高性能真空电子器件用材料。

2)提高军事电子装备作战能力的关键

电子材料的研制成功与应用,极大地提高了电子武器装备系统的命中精度、分辨率、抗干扰能力、隐蔽性和夜战能力,充分发挥了武器装备系统的准确打击、远程杀伤、高速破坏、快速反应等效能。以 GaAs 材料为基础的微电子技术在雷达中的应用,使 20 世纪 80 年代机载雷达的功能比 60 年代提高 6000 倍,故障间隔时间增长 230 倍,质量和功耗仅为原来的 1%。GaAsVHSIC 用于超高速计算机,促进了人工智能技术的发展,使电子武器装备系统具有逻辑判断、推理、自动攻击能力,并能使电子对抗系统的信号处理能力达到每秒执行几十亿条指令,能够在 100 ~ 200 万脉冲/s 的电磁环境中从容工作。YAG 激光器用于激光 I 睫枫,在战场上的作用距离可达 300 ~ 10000m,海湾战争中,多国部队共有 1200 辆 MIAI 型主战坦克,其中部分坦克采用了 Nd:YAG 激光测距机。采用 HgCdTe 材料制作的红外热像仪具有探测距离远、能识别伪装、穿透烟雾尘埃、昼夜工作等独特优点,可安装在作战飞机、舰艇、装甲车辆和步枪上,大大提高了它们的作战效能。海湾战争中的参战双方部署了 17 种红外制导和红外成像制导导弹。美国的 F-111F 和 F-4 战斗机,装有采用 HgCdTe 材料制作的前视红外传感器,使飞机具有能在昼夜和不良天气条件下进行空地攻击的能力。夜视、监视、侦察、精密制导等红外系统的核心是红外探测器,而制作红外探测器的基础是红外材料,红外材料的性能决定了探测器的响应波长、探测率、响应率、工作温度、抗辐射能力等。高强度光纤在有线制导与传统的视线直接瞄准、用金属线靠红外或电磁信号制导等相比,具有无可比拟的优点,可同时双向传输导弹飞行、视频图像和弹体状态三路信号,能咬住目标不放,命中率极高。毫米波铁氧体材料用于雷达、通信、精密制导时具有波束窄、容量大、分辨率高、频带宽、抗干扰能力强等优点。用永磁材料制作的磁控管是地面、空中雷达的心脏部件。在 AV/MPQ 导弹系统中使用了 5161 个 X 波段铁氧体移相器,它可以同时监视 100 个目标,同时跟踪 8 个目标,同时制导 8 枚导弹。隐身技术与高能激光武器和巡航导弹被誉为军事科学上最新的三大技术成就。将吸收型涂层和结构型吸波材料用于飞机、导弹和驱逐舰等,可对付各种先进的探测器,提高它们的突防和生存能力。

3)促进军事电子装备小型化、轻量化的可靠保证

军事电子装备的小型化、轻量化是提高其作战效能、降低使用成本的重要条件。如远射程空—空导弹使用 GaAs 微波、毫米波单片集成电路(MIMIC)将 4 块电路板变成一块电路板,其组装大大简化,并使每台导引头成本节约一万美元,用它制作的微波引信,芯片面积仅有 0.2mm^2。采用 SmCo 合金构成周期永磁结构,不仅使行波管效率由原来的 10% ~ 20% 提高到了 30% ~50%,而且使体积和质量显著减小。利用微波陶瓷材料制作微波混合集成电路(HMIC),可使 HMIC 的体积大大缩小,广泛用于小体积轻量化的机载、弹载以及便携式微波设备。

6.2.3 走向未来的电子材料

冷战结束后世界局势趋于缓和,和平与发展已成为世界潮流的主旋律,但局部战争却一直没有停止过,世界并不平静。海湾战争后,电子战的威力震撼了世界,各国政府相继作出反应,不惜花费巨资研制先进的军事电子武器装备,从而推动电子材料技术迅速发展。

1)抢占"制高点"

鉴于电子材料对世界各国争夺军事电子技术优势、增强军事实力的重要作用,各国都将该材料研究开发置于特殊地位,竞相制订发展规划,采取各种措施,力争抢占新材料技术"制高点",如美国国防部于1991年所提出的20项关键技术中,有5项以材料为主,在其他项目中2/3都与材料有关。在海湾战争后仅三个星期,美国白宫发布了美国国家关键技术项目,共6个关键技术领域22个关键技术项目,而新材料技术位居6个关键技术领域之首,并把材料合成与加工、电子和光电子材料、陶瓷等5项列入关键技术之中。日本把发展新材料作为"技术立国"的基础,并把新材料的发展放在与微电子技术同等重要的地位。在20世纪,日本以高性能陶瓷、用于苛刻环境中的高性能材料、非线性光电子材料和超导材料等为重点。欧美各国对HgCdTe材料的投资仅次于Si和GaAs。

由于世界各国都竞相把当代最先进的科学技术用于新型电子材料的研究开发,使该材料出现了日新月异的变化,新原理、新效应、新工艺和新材料不断涌现,技术水平不断提高。在功能晶体材料方面,采用先进的高压原位合成液封直拉法生长的直径100mm的半绝缘GaAs单晶(Si-GaAs)和直径75mm的InP单晶已达到实用化;直径(50~75)×180mm的Nd:YAG激光晶体已商品化;用直径50mm的$PbMoO_4$单晶研制出抗紫外操作的声光(AO)器件。在电子陶瓷材料方面,用高压介质瓷料已制作出耐压10kV的多层陶瓷电容器;钛酸锶($SrTiO_3$)多功能压敏电阻已实用化。在磁性材料方面,铁氧体材料已广泛用于被誉为现代雷达之星的相控阵雷达的移相器、环行器、隔离器和旋磁振荡器等。纳米材料的研究已经不是仅局限在只有科学意义,而是具有与经济和社会发展紧密联系的国际高科技竞争的"桥头堡"之一。

我国把电子材料的研究开发一直放在重要位置,形成了一支实力雄厚的研究队伍,为国防工业和国民经济的发展做出了重要贡献。十多年来,我国电子材料的发展取得了长足的进步,半导体材料和光电子材料在研究水平和应用方面取得很大进展。许多压电与声光晶体材料已能批量生产并满足军用元器件的需要。永磁材料、软磁材料和旋磁材料分别在军用永磁电机、电源变压器磁芯和移相器等获得广泛应用。介质陶瓷、传感陶瓷和结构陶瓷在关键技术方面均有重要突破,有些已达到或优于目前国外同类产品水平。纳米材料和真空电子器件用材料的研制亦取得显著成绩。上述材料为发展我国新一代电子武器装备起到了重要作用。

除本小节所阐述的材料之外,国内外在军用金属材料、先进复合材料、有机材料及生物电子材料等的研制开发方面也取得了很大进展。

2)踏上新的征程

在未来的高技术战争中,军事电子装备将呈现以下发展趋势:小型化、电磁频谱扩展化、高速度、高精度、高可靠性和生存性、全天候以及智能化。未来战争中,先进的指挥控制系统、情报侦察系统、预警探测系统、通信系统和电子对抗系统以及作为我国国民经济新的增长点的电子信息产业对电子材料的需求,不但为电子材料的发展提供了广阔的空间,而且促使它们雄姿勃勃地踏上新的征程。电子材料的发展趋势有如下方面。

(1)晶体大尺寸化。

当晶体尺寸加大、长度增加时,可提高芯片等产品的产出率,降低成本。如目前硅单晶以直径125~200mm为主，今后将开发制造下一代计算机芯片用直径400mm的硅单晶。硅片直径越大，其芯片的理论产出率（芯片/硅片）越高。如在制作动态存储器（DRAM）时，采用直径200mm的硅片，其芯片的理论产出率比采用直径125mm硅片约高3倍。

（2）晶体结构完美化。

晶体结构完美化是指晶体做到高纯、高完整性、高均匀性。硅单晶（片）的缺陷、杂质和几何精度是影响其质量的主要因素，其平均缺陷密度（D）与集成电路成品率（Y）的关系为：$Y = e^{-DA}$，其中A为管芯面积。从关系式可以看出，D值越大，y值越小。而杂质或者淀积在缺陷上，或诱导产生缺陷，或降低少数载流子寿命，这些都会导致集成电路劣化或失效。

（3）多功能化。

人们日常生活中所用的电视机、录音机、洗衣机等家电产品，不但要求它们外形美观，坚固耐用，而且希望功能齐全。电子材料在实际应用时，人们也是希望它们的功能越多越好。军事电子装备要求材料具备两种或两种以上功能，如光电、压电、磁光、声光、耐高温、抗辐射等。电子材料将由单一功能向多功能方向发展。

（4）复合化。

人类在远古时代就从实践中认识到，可根据需要来组合两种或多种材料，利用性能优势互补制成原始的复合材料。如2000多年前用于车战的长达3m多的戈戟，用木芯外包纵向竹丝，以漆作胶黏剂，丝线缠绕作增强体；寒光夺目、锋利无比的越王剑，经鉴定后发现，它不是由单一的锡青铜铸成，而是含不同金属成分的复合材料制品。随着科学技术的发展，某些单组分功能材料（硅、锗）今后可能达到它们的使用极限，因而在材料研制方面需要另辟新径。把两种或多种材料、组分结合在一起制成的复合材料，会使其性能优于单一材料并能呈现新的功能。这种材料主要有树脂基、金属基、陶瓷基复合材料，铁磁—铁电材料，铁磁—透明材料等。复合材料由分散相和基质相组成，如果分散相的尺寸达到纳米级，则形成纳米复合材料。微复合材料将向纳米复合材料发展。

（5）低维化。

人们按通常习惯所称谓的材料，是指在空间向x、y、z三个方向均延展到一定宏观尺度的三维固体。若使材料在任一维度（设为z方向）的尺寸缩小到纳米量级，则此材料成为在x、y方向延展的二维材料。若材料同时在z、y方向缩小到纳米量级的尺度，即为一维材料，也称为量子线材料。若使材料从x、y、z三个方向缩小到纳米量级，便成了零维材料，也称为量子点材料。所谓低维材料，是指维数低于三维（二维、一维、零维）的材料。科学家们发现，当材料（超微粒或超薄膜）的特征尺寸小到纳米量级时，量子效应十分显著，使其失去作为三维宏观状态物质所具有的特性，低维材料具有继物质的晶态、非晶态结构之后的一种新的物质结构形态——纳米态结构。低维材料的特征尺寸为1~100nm，电子材料将向低维化方向发展。许多重要的发现，往往都是从“偶然”开始的。这种新的物质结构形态，是一位从事晶体物理研究的德国科学家，一次驱车在浩瀚无际的大沙漠旅行中构想出来的。空旷、寂寞的大自然环境，使他的思维十分活跃，从而萌发出一个大胆的设想：把晶体中的空位、间隙原子等晶体缺陷作为晶体材料的主体，而不是像常规那样，把完整的空间点阵的晶体作为晶体材料的主体。从逆方向思考出来的问题,形成了对物质新态的构想。几年后,研制出具有纳米尺寸的黑色金属超微细粉末,纳米材料就这样诞生了,继而涌现出举世瞩目的半导体超晶格材料。用它们制作的微波器件和光电器件,广泛用于雷达、红外成像制导、卫星遥感等军事电子装备。纳米磁性材料、纳米电子陶瓷材料以及硅基纳米发光材料、纳米碳管材料、纳米巴基球材料(C_{60})等纳米材料的出现,是现代电子技术中的一项重要变革,标志着微电子技术从微米技术进入纳米技术、微电子学向纳米电子学发展。材料科学的发展方向决定了材料设计的发展方向。材料科学将发展成为材料系统工程科学。随着 MBE、MOCVD 等技术日臻成熟,能以全新的概念改变器件的设计思想,使半导体器件的设计与制造由原来的“掺杂工程”,向能对材料的电学和光学特性人为地施以剪裁的“能带工程”方向发展。纳米材料技术的目标是人类直接操纵单个原子制作具有特定功能的产品。这样,人类将迎来一个崭新的高技术领域,并将对下一世纪军事电子装备微小型化起重要作用。

(6)智能化。

人们习惯上常常把“智能”与生命现象联系在一起,自然生物体材料为人类材料研究带来很大启示。骨骼的重要功能之一就是在微观结构上适应环境的变化,例如,它可以在保证骨架动态平衡条件下,抵抗载荷,恢复和再生骨骼。动物或人的皮肤是智能生物材料的典型,它是可弯曲变形、自修复的复杂层状组织,它含有传感神经,因而具有防水、阻止细菌侵入体内、帮助调节体温等功能。随着科学技术的不断进步,人们可以模仿人体的生物材料来开展智能材料研究。目前,关于智能材料的定义并不一致,有人认为,如果多功能材料具有生命形式所持有的智能,则把这类材料称之为智能材料(Intelligent Materials)。由于智能材料具有对信号感受、信号传递与加工和对信号做出适当反应等功能而受到人们的重视。普通的功能材料可以判断环境(如电场、磁场、温度和压力等),但不能顺应环境。智能材料不但可以判断环境,而且可以顺应环境的变化进行自己内部诊断、修复和预告寿命等。智能材料主要有金属系智能材料、无机非金属系智能材料和高分子智能材料。智能蒙皮和智能结构是近年来发展起来的尖端技术,并成为智能材料研究中最活跃的领域。光纤智能结构和蒙皮受到各国军界的高度重视,该技术是把传感器、人工神经网络和执行器埋在飞机、火箭、坦克、潜艇、空间站等构件和外壳内,使其感知在使用的动态环境中所受的应力、变形、温度分布和载荷大小等,材料本身具有自动传输、自诊断、自修复等功能。光纤材料是信息传感及传输的理想载体。

各类材料在发展趋势上又都有其各自的特点。激光晶体向大尺寸、高功率、低阈值、连续宽带可调方向发展;HgCdTe 红外焦平面探测器材料向大面积、均匀、高性能方向发展;声表面波和体声波晶体向高耦合、低声损耗、高温度稳定性方向发展;声光晶体向高折射、大光弹性系数、宽透光范围、低声速和低声损耗方向发展;多层陶瓷电容器用电子陶瓷材料向高频热稳定、低频高介、高比容方向发展;稀土永磁材料向高矫顽力、高剩磁能积方向发展;铁氧体软磁材料向高频、高磁导率、低损耗方向发展;真空电子器件用材料向高真空气密性、高热导率和良好的加工性能方向发展;隐身材料的发展趋势是展宽有效频带,发展能同时抑制雷达波、红外和激光信号的多功能超宽频隐身材料,吸收涂层材料将向“薄、轻、宽”方向发展。

电子材料的发展和突破,不断地把人类文明推向更高的层次。21 世纪电子信息技术舞台,将是电子材料技术的春天。

6.3 兵 器 材 料

6.3.1 枪械结构材料

大量地使用轻质材料,减轻兵器结构件的质量,增强机动能力,提高战术技术性能,满足未来战争的需求,是当今兵器材料技术发展中的一项重要内容。以往这类轻质材料主要是铝、钛及其合金,而高性能、轻质、多功能的复合材料、塑料将是兵器结构材料进一步发展的主要内容。

高技术合成材料制造新型轻武器、改造现有轻武器,实现以塑代木、以塑代金属,已是当代轻武器的重要发展趋势,这样便可大大改进了轻武器的人—机—环境性能,既大幅度提高了武器系统的战斗性能,大大减轻了武器质量(例如,北约“2000 年后步兵轻武器”的单兵自卫武器仅重 0.7kg,单兵作战武器质量为 4.5kg),节约金属,简化生产工艺,提高生产效率,又提高了武器的耐腐蚀性能,改善武器的艺术造型和表面处理质量。因此,塑料等非金属材料现已广泛用于枪械、轻型反坦克火箭筒等武器上。

例如,奥地利的 AUG5.56rum 步枪除枪管、枪机和机匣外,其余部件均由耐冲击塑料制造,击发机构 90% 以上的零件是塑料件,击锤为聚甲醛制造。法国 MA55.56 步枪有 33 个零件分别用 30% 玻纤增强尼龙和 60% 玻纤增强尼龙制造。奥地利的 G10CK 手枪的 40 个零部件中有 16 个是塑料件(占总数的 40%)。比利时 FN 公司的 P90 单兵自卫武器共计 69 个零部件,其中就有 27 个是塑料件,外壳、发射机构均是塑料所制造,寿命为 10 万发,经 10t 卡车碾压后,全枪完好。德国的 HK 公司 G11 无壳弹步枪,外壳和枪托是碳纤维增强材料,机匣由深灰色碳纤维增强聚酸胺制造,瞄准镜架用合成材料与枪模塑成形在一起。法国的阿皮拉斯单兵反坦克火箭筒的发射筒采用了工程塑料和复合材料,占其总重的 94%。F-1 式 88.9mm 反坦克火箭筒采用凯夫拉 49 纤维增强材料制造,使战斗质量由 8.6kg 减到 6kg。此外,塑料制枪托、护水、握把、提把、弹夹、弹链等均早已广泛使用。

6.3.2 火炮身管材料

1)传统的火炮身管材料

射击时,火炮身管是在高温、高压和受高速火药气体的冲击下工作的。一般在极短的时间(千分之几秒)内温度可达到 3000℃ 以上,压力可达 294MPa 左右;另外,身管内表面上还受到火药气体生成物的化学作用,这些均影响身管使用寿命。因此,设计火炮身管强度时除考虑强度问题外还应考虑金属的其他性能。

对火炮身管材料一般性能要求有如下方面。

①要有足够的弹性,以保证在火药气体压力有某些变化时不会产生残余变形。

②比例极限与强度极限间之差值要大。

③金属不易受火药气体生成物的化学作用。

④要有足够的硬度,以防止装填时和弹丸在膛内运动时产生磨损;要有足够的韧性,以保证火药气体压力升高时不会破裂。

⑤应有良好的工艺性和经济性。

身管材料的主要力学性能指标为:比例极限(即虎克定律有效时的最大应力)或弹性极限(即出现残余变形前的最大应力);横断面收缩率(%);夏氏冲击值。

对火炮的身管材料,还要求有足够的淬透性,毛坯经过热处理后在全长和整个壁厚中应具有均匀的结构组织和力学性能。

从国外看,镍铬钼钢(通常加钒作变性剂)一直是世界各国沿用的主要炮钢。因此种钢具有合金钢种中最为优良的综合力学性能。美、苏、英、德等国都曾广泛用来制造各种口径的身管。但由于战略性金属镍的缺乏,特别是二次大战时期镍来源困难,迫使许多国家不得不去探索无镍代用炮钢或研制含镍少的炮钢,在这方面德国最为显著。

2)高强韧钢身管材料

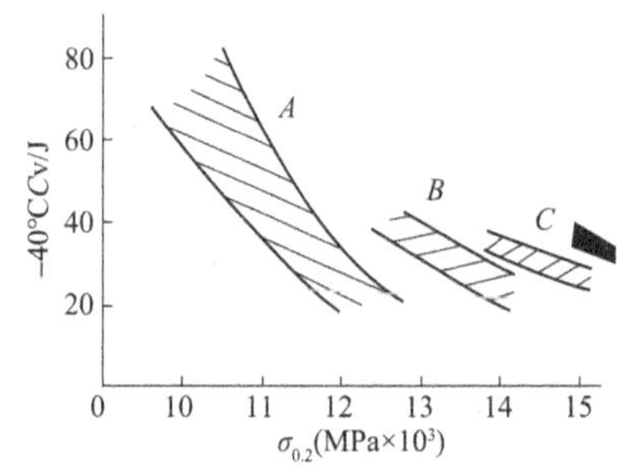

图 6-5　几种炮钢的屈服强度与冲击性能的关系

高膛压火炮必须采用高强韧炮钢制造身管。现代火炮身管用钢是中碳(碳含量为 0.30% ~0.35%)Ni-Cr-Mo-V 钢。由于现行的炮钢生产技术的发展,已使今天的炮钢较之 20 年前的炮钢,在同样强度级别水平上,冲击韧性提高了 2 ~3 倍。20 世纪 80 年代中期世界范围内使用的一些大口径火炮通过调整炮钢的含碳量,已获取高强度与高韧性的恰当匹配(图 6-5)。大口径厚壁炮钢成分、力学性能见表 6-1。

大口径厚壁炮钢成分、力学性能(电渣重熔)　　表 6-1

火炮型号	身管型号	身管材料成分(%)									合金元素总量(%)	屈服强度	断面收缩率(%)	−40℃下比冲击功(J)
		碳	锰	磷	硫	硅	镍	铬	钼	钒				
比利时90mm火炮	90mm											σ_s >1174	50	
法国90mm火炮	90mm													
法国105mm火炮	105mm	0.27	0.35	≤0.10	≤0.10	0.25	3.5	1.8	0.4	0.13	5.83	1146		≥20
法国120mm坦克炮	120mm	0.35	0.40	0.0010	0.006	0.25	2.9	1.1	0.4	0.18	4.58	$\sigma_{0.2}$:1029 ~1151		≥20
德豹Ⅱ坦克120mm滑膛炮	120mm	0.35	0.55	0.005	0.005	0.25	3.0	1.2	0.5	0.15	4.58	$\sigma_{0.2}$:1048	≥48.6	58

续上表

火炮型号	身管型号	身管材料成分(%)									合金元素总量(%)	屈服强度	断面收缩率(%)	-40℃下比冲击功(J)
		碳	锰	磷	硫	硅	镍	铬	钼	钒				
法国155mm榴弹炮	155mm	0.35	0.40	0.010	0.008	0.25	2.9	1.1	0.4	0.8	4.58	$\sigma_{0.2}$：1127~1250		≥20
德155mm榴弹炮	155mm	0.3~0.4	0.4~0.7	≤0.010	≤0.010	0.15~0.35	2.5~3.5	1.0~1.4	0.35~0.6	0.8~0.2	3.93~5.7	$\sigma_{0.2}$≥1034	≥45	≥20
奥地利GC45155mm榴弹炮	155mm													
英国炮管钢		0.38	0.54	0.005	0.005	0.25	3.45	0.86	0.65	0.18	5.14	$\sigma_{0.2}$		32

3)耐烧蚀现代火炮身管材料

火炮身管烧蚀是由于发射弹丸引起的热、机械、化学等诸多因素同时作用于膛面所产生的一种使膛面损坏的十分复杂的现象。这种现象既随着射击条件的变化而变化,又沿着身管长度而产生程度不同的烧蚀。火炮身管的烧蚀使得火炮初速降低,射程减小,精度丧失,最终使火炮的威力下降。当出现初速下降过大(如超过60m/s左右)或弹丸摆动过大,身管就报废,所以,提高火炮耐烧蚀性一直是现代火炮材料研究的重要课题。

长期以来,采取了多种措施,试图解决身管烧蚀问题。例如,使用聚氨酯泡沫、TiO^{2+}石蜡、滑石粉+石蜡等添加剂,二甲醛硅酮消熔剂延长身管寿命。但是,其作用机制不清,效果又随身管结构、弹道及材料而异。也曾经研制低爆温高冲量的发射药,但烧蚀仍然十分严重。为了满足今后高初速、高膛压、高射速的先进火炮发展需要,必须采用熔点高于钢的耐热材料,制造身管镀层或内衬,构成复合身管,以进一步解决身管的烧蚀问题。目前使用的身管镀层材料是铬,今后潜在的内衬材料是钼、钽、钴、钨及陶瓷材料(如SiC、Si_3N_4及玻璃陶瓷等)。

4)电磁炮材料

19世纪,科学家们发现在磁场中带电粒子或载流导体会受到“洛仑兹力”的作用,后来,科学家们提出了利用“洛仑兹力”发射炮弹的设想。电磁炮就是一种利用“洛仑兹力”,通过加速器将电磁能转变成弹丸的动能,将弹丸高速发射出去的电磁发射装置。

目前电磁炮炮管多为陶瓷和纤维复合材料制造。澳大利亚的ERGS-1电磁炮(能量为200~500kJ)是圆柱体导轨结构,采用一对铜镉导轨,以矾土陶瓷支撑,并用两块以上的矾土陶瓷将导轨隔开。整个组件用硅石增强的环氧树脂密封。炮管用芳纶纤维增强环氧树脂复合材料制成。澳大利亚的ERGS-2电磁炮(能量大于500kJ),在导轨的内膛周围装有矾土陶瓷,电绝缘性能和抗等离子高温性能很好。陶瓷块内的张应力由于陶瓷以一定角度安置,便于释放,同时炮管又缠绕芳纶纤维增强的环氧树脂复合材料,有利于约束张应力。美国的利弗莫尔轨道炮采用高导无氧铜制导轨，绝缘材料为熔凝硅石/环氧树脂材料。

5）复合材料身管

目前，玻璃纤维碳纤维和芳纶纤维增强的复合材料被认为是21世纪火炮的重要材料。由于该材料可以较大地减轻火炮身管质量，现正在研究用该材料来制造大口径火炮身管，如120mm迫击炮，大口径坦克炮身管等，而美M68式105mm火炮的复合身管采用的材料则是聚酰亚胺—硅复合材料，可减小60%的火炮质量。

炮口制退器采用复合材料（如Al或Gr塑料、Gr/环氧或钛基复合材料）能改善炮口风的影响，提高射击精度。

金属基复合材料炮管结构（图6-6），能改善身管因射击引起的振动，改善阻尼性能，提高射击精度。

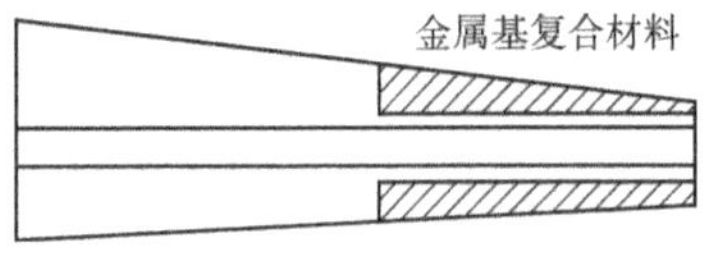

图6-6　金属基复合材料炮管结构

炮管热护套最早用于坦克炮上，它由石棉+定气室，Al/玻璃纤维、Al-S玻纤/环氧、S玻纤/环氧多种结构构成，由于可防止和修正身管因大气环境和射击加热的温差所引起的弯曲变形，因而可极大提高首发命中率。

6.3.3　新型装甲材料

坦克装甲车辆自问世以来就以钢铁等金属材料来制造，现今的一辆坦克的装甲钢用量占其总重40%～50%。虽然装甲钢仍是制造坦克车辆的主体材料，但是为了提高坦克车辆的装甲防护能力，随着各种复合装甲在坦克车辆上的普遍采用，各种轻合金、非金属材料、先进的复合材料、陶瓷材料大量地采用，从而使新一代主战坦克、装甲车辆进入了“全新材料时代”。

1）薄、硬、纯装甲钢

金属装甲材料技术是指研究由金属元素组成的、具有一定晶体结构和微观结构的、能满足装甲特定应用需求的一类材料的制造、性能、防护等的技术。金属材料主要包括装甲钢、铝合金、钛合金等几种。

装甲钢具有高硬度、高强度、成本低等优点。因此装甲钢多年来已广泛应用于坦克等装甲车辆。但随着坦克复合装甲的发展，钢材已从传统装甲钢向超高硬度装甲钢方向发展，这种钢材也代表了目前装甲钢的主要研究方向。

铝合金具有密度低、质量小、强度高、耐腐蚀性能好等优点，可防小口径弹和破片弹，是轻型装甲车辆的主要结构材料。目前研究应用的铝合金主要有7000系列、5000系列和2000系列等。

钛合金因其具有比强度高，耐腐蚀性能好，质量比钢小50%，而强度、韧性与钢相同等突出优点而成为优良的装甲候选材料。近年来，西方国家虽然对该材料在常规兵器中的应用开展了不少的研究，但由于其价格较高实际使用的却不多。因而研制和发展低成本钛合金成为目前金属装甲材料研究的重点。

（1）超高硬度装甲钢。

统计表明，一辆采用复合装甲的坦克中，装甲钢的质量约占整个复合装甲60%～

80%;其空间约占复合甲板35%～50%。可见,装甲钢是复合装甲的基本材料。为了便于设计薄板结构,发挥强度效应,复合装甲用的装甲钢从20世纪70年代主战坦克使用的中硬度厚装甲钢板向薄、硬、纯装甲钢方向发展。实际上,20世纪80年代主战坦克的首面装甲已经反映了这一发展倾向,例如,美国M60坦克的首面装甲为110mm厚,而M1的则为60mm厚。德国豹式坦克的也从厚度70mm厚减为40mm厚。现在,甚至有人认为最大厚度不宜超过50mm。

多年来,美国、瑞典、法国及德国开发了各自应用的超高硬度装甲钢。例如,美国、瑞典研制的MIL-A-46100、Armor600s、HHS等超高硬度装甲钢,其硬度分别为HB512、HB550～HB600及HB620。德国的XMl29系列装甲钢,硬度为HB450～HB530。法国的MRS系列装甲钢MRS300,HB578～HB630。总得说来,这类钢的总体特点是以中薄板为主;合金元素是多元少量,总量低;工艺性能较好,主要采用钢包精炼;磷(P)、硫(S)杂质含量较少,纯度高。因此,这类钢的强韧性好,抗弹性好。

(2)高强韧铝合金。

目前国外研究应用的高强韧铝合金主要有7039、5083、2519及铝—锂合金等。其中7039铝合金应用较为广泛。

国外研究的7039高强铝合金,在与标准钢装甲具有相同防护力的条件下,可减重30%左右。但其装甲应用的关键是需要克服超应力腐蚀性能较差的缺点。最近的研究表明,适当调整化学成分,加入某种变质剂同时采用合理的热处理工艺条件,能使其满足使用要求。

5083铝合金可焊性好,能抵御超应力腐蚀裂纹,但其强度和抗弹性能不及7039铝合金。采用5083铝合金制造装甲车辆,虽可避免超应力腐蚀裂纹,但需增重25%才能达到原定的防弹能力。

2519高强铝合金是美国近期研制的新型抗弹铝合金,它具有7039铝合金的高韧性、高强度和优于5038铝合金的抗超应力腐蚀性能,且抗弹性能与7039高强铝合金相当,人们对它寄予了很大的希望,但需要解决耐腐蚀问题。

与上述铝合金相比,Al—Li合金具有更好的比强度、比刚度,然而较高的价格是大量应用的最大障碍。目前国外研究的8090Al—Li合金的力学性能和抗弹性能比得上2519铝合金,而密度却比2519铝合金低约8%,国外研究的Weldalite 049Al—Li合金的密度与2519铝合金相当,其屈服强度、抗拉强度和断裂韧性比2519铝合金高25%,是一种很有发展前途的优良装甲候选材料。

(3)低成本钛合金。

多年来,钛合金已成功应用于飞机制造。但其较高的成本阻碍了钛合金在地面车辆中的应用。近年,美国在研究低成本钛合金及钛合金装甲抗弹性能方面有较大进展。

据1997年资料报道,美国已研制的低成本钛合金的力学性能和抗弹性能等于或超过传统军用Ti—6Al—4V钛合金的相应值,但其成本却较低。这一新动向引起了美国陆军、甚至国防部的极大关注。

美国降低装甲钛合金成本的主要途径是:用便宜的铁元素代替昂贵的钒元素,适当提高间隙原子的含量以及采用低成本制造技术。美国Rockwell国际公司也研制了一种低成本钛合金装甲。该装甲是以钛合金为主体,与有机纤维材料如凯芙拉及泡沫材料复合而成,特点是质量小、强度高、抗弹性能好,可用作飞机、船只和地面车辆等的防护装甲。

2)金属基复合材料装甲

轻质纤维增强复合材料是防御中、小口径穿甲弹、炮弹破片以及坦克车辆内部防二次效应的重要装甲材料(如抗崩落背衬、防辐射内衬、隔舱板、防弹背心、头盔等),而当前发展方向正是沿着高级复合材料逐渐取代钢、铝装甲的趋势发展。

此外,国外有些实验室用钨合金弹芯对金属基复合材料进行了动态侵彻实验,结果表明,在低速撞击条件下,材料表现出脆性行为,类似于陶瓷,在碰撞表面形成裂纹;在高速撞击条件下,材料的动态行为,类似于未增强的金属材料。

此外,纤维增强复合材料板还作为车体内衬,挂附在装甲板背面,既提高车体抗弹能力,同时又可防崩落飞出,保护乘员和设备。如美 M113 装甲车的铝合金装甲上挂附了芳纶 Kevlar29 或 Kevlar49 纤维增强复合板,可防 23mm、30mm 穿甲弹(铀芯)侵彻。

值得指出的是,轻质纤维增强复合材料以多种形式组合,坦克和装甲车辆复合装甲用纤维增强复合材料作为夹层及内衬,利用其密度效应、强度效应、能量吸收效应以及使射流弯曲、不规则断裂失稳的能力,显著地提高了复合装甲的抗弹能力。

防弹用的轻质纤维增强树脂基复合材料有玻纤增强、尼龙增强、芳纶增强及纤维增强等类型。这些纤维织物在遭受弹丸冲击时的性能如图 6-7 和图 6-8 所示,可见芳纶、碳纤维织物的弹性性能明显优于玻纤、尼龙纤维增强物。

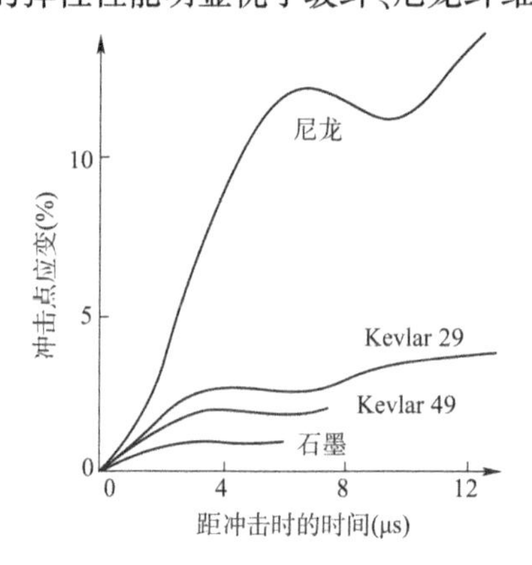

图 6-7　不同纤维织物遭受弹丸冲击在击点处的应变

注:冲击速度为 400m/s。

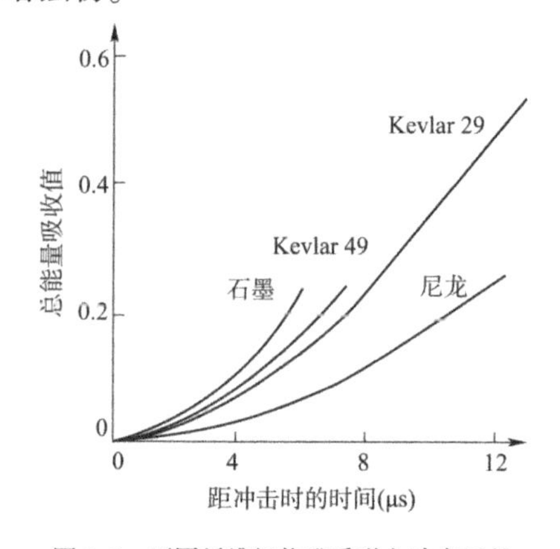

图 6-8　不同纤维织物遭受弹丸冲击后的能量吸收相对比较

3)防弹陶瓷

从工程材料上讲,将阻挡弹丸、弹片和射流等侵彻而设计制造的一类材料统称为抗弹材料。尽管该材料具有良好的承力性能,但由于抗弹材料的主要作用特性与结构材料承力作用特性存在较大差异,因此常把抗弹材料划分至功能材料的范畴。实际上,基于组织结构精细控制并设计得当的抗弹材料具备承力(结构)—抗弹(功能)双重特性,从而成为结构功能一体化材料。

从抗弹材料的历史发展来看,以传统的金属材料(钢、铝),到现在先进的陶瓷材料、复合材料(聚合物基、金属基、陶瓷基),抗弹材料一直向着轻质、高效的方向发展。陶瓷材料以其低密度、高硬度、高模量等特点,在高速冲击下所表现出的良好动态性能,在提高装甲防护能力方面发挥着越来越重要的作用,因而世界许多国家都把抗弹陶瓷材料作为一项尖端技术,加以广泛重视。

目前,国内外主要使用的特种抗弹陶瓷有 Al_2O_3、B_4C、SiC、TiB_2、AIN、Si_3N_4、Sialon 等,其中 B_4C 陶瓷材料硬度最高,密度最低,一向被认为是较理想的装甲陶瓷,虽然其价格昂贵,但在保证性能条件下,对于以减重为首要前提的装甲系统,B_4C 仍为优先选择;Al_2O_3 虽抗弹能力略低,密度较大,但是因其具有良好的烧结性能,工艺成熟,制品尺寸稳定,生产成本低且原料丰富等优点,因而得以广泛应用;抗弹性能介于 B_4C 和 Al_2O_3 之间的是 SiC 陶瓷,该陶瓷硬度、弹性模量较高,密度居中,但由于工艺技术不完善,使用者更多考虑的是 Al_2O_3 和 B_4C,故而 SiC 陶瓷的发展受到限制;TiB_2 的硬度和弹性模量较高,但其密度亦较高,故该陶瓷被重型装甲所采用,可用于防大口径弹如反坦克弹的侵彻;对于 AIN、Si_3N_4、Sialon 等陶瓷材料,其抗弹性能也曾被研究过。

陶瓷基复合材料具有比单质陶瓷更高的韧性和更强的抗弹丸多次冲击能力。正在研制用于装甲防护的陶瓷基复合材料主要有颗粒增强碳化硼/碳化硅(TiB_2/SiC)、碳化钛/碳化硅(TiC/SiC)、硼化钛/碳化硼(TiB_2/B_4C)和碳化硅晶须增强氧化铝(SiCw/Al_2O_3)等。其中 TiB_2/SiC、TiC/SiC 的韧性比单质 SiC 提高 50% 左右。SiC_f/SiC 的应变量比单质 SiC 增大 9 倍,SiC_w/Al_2O_3 的 K_{IC}比纯 Al_2O_3 有很大的提高。由于陶瓷基复合材料的成本比陶瓷材料更高,致使其发展速度不如单质陶瓷快。

梯度功能材料是通过精心设计和采用特殊工艺,使陶瓷和金属的复合物组分、结构能连续地变化,由陶瓷侧过渡到金属侧形成一种物理性能参数也是连续变化的复合材料。

梯度功能材料的制备可采用化学气相沉积法、物理蒸镀法、等离子喷涂法、自蔓延高温合成法和颗粒梯度排列法等,其中以薄膜叠层法效果较好。

目前,适用于装甲的陶瓷材料中,氧化铝是广泛采用的装甲陶瓷材料,较便宜,但密度高。碳化硼是性能最好的抗弹陶瓷,但价格高。这些材料可采用液相烧结、固态烧结或热压技术制成各种尺寸、形状的陶瓷元件,进一步与高分子材料复合成复合板。充填高分子聚合物既可使装甲质量减小,又可降低制造成本,也便于修补和更换陶瓷材料,更重要的是,聚合物的约束有利于陶瓷发挥对弹芯的磨损作用,提高抗弹能力,尤其是抗多发弹的能力。

装甲陶瓷的进一步发展是采用先进制造加工技术,降低生产成本,提高生产效率。如用"微波辐射烧结技术",这种材料密度低,弹道试验表明其抗弹性与 Al_2O_3 陶瓷相近。

与此同时,金属陶瓷、陶瓷基复合材料也得到了发展,其目的是改善陶瓷塑性、韧性,提高陶瓷抗弹性能,尤其是抗多发弹的能力。例如陶瓷金属复合材料,它将铝和脆性的碳化硼结合在一起,提高了碳化硼的断裂韧性。不同制造技术获得的 Al 碳化硼金属陶瓷的力学性能不同。从表 6-2 可知,铺层法获得了高强度、高断裂韧性的综合力学性能。

不同制造技术获得的 Al 碳化硼金属陶瓷的力学性能比较　　表 6-2

力学性能参数	热压碳化硼	7050 铝合金	热法 Al 碳化硼 10% ~30%(体积)	化学法 Al 碳化硼 10% ~30%(体积)	快速密实 Al 碳化硼 30%(体积)	铺层 Al 碳化硼 32%(体积)
抗拉强度(MPa)	360	500	410 ~620	200 ~400	400 ~700	≈1000
断裂韧度($MPa \cdot m^{1/2}$)	2 ~3	25 ~50	5 ~7	12 ~118	7 ~14	15 ~19
弹性模量(GPa)	450 ~600	70 ~72	250 ~350	340 ~350	270 ~360	—
纤维硬度(×9.8MPa)	3000 ~3500	100 ~150	500 ~2000	700 ~1600	1600 ~200	—
密度(g/cm^3)	252	272	2.54 ~2.59	2.54 ~2.59	2.55 ~2.57	—
热膨胀率(℃)	5 ~6	24	—	6.5 ~2.59	—	—
热导率[W/(m℃)]	5.8	130 ~155	—	4.1 ~6	—	—
电阻率(Ωm)	0.3 ~0.8	50×10^{-9}	—	0.01 ~0.03	—	—
抗磨损性	极高	低		高	—	—

6.3.4　弹药材料

在弹药材料技术上发展的主要特点是“高”,即高密度穿甲弹芯合金、高强度高破片率弹体钢及高燃烧能力合金,以适应现代战争对弹药性能的高要求。

1)高密度穿甲弹芯材料

(1)钨合金穿甲弹芯。

从 20 世纪 70 年代起,钨基合金穿甲弹芯材料技术得到了发展,目前钨合金已成为各种口径穿甲弹芯、预制破片弹药等的主要材料。

穿甲弹芯用 W-Ni-Fe 合金的室温力学性能见表 6-3。粉末冶金制造的钨合金弹芯目前存在的主要问题仍是脆性较大。当其侵彻装甲板时,易发生断裂,尤其不利于侵彻多层靶板或间隔装甲。

穿甲弹芯用 W-Ni-Fe 合金的室温力学性能　　表 6-3

序号	合金、状态	$P(g/cm^3)$	σ_b(MPa)	$\sigma_{0.2}$(MPa)	δ(%)	ψ(%)	HBR	α_k(J)
1	90W(锻 23%)	17	1141	1104	11.4	26	42	
2	91W(真空)	17.3	967	1241	28	40	28 ~29	182
3	93W(锻)	17.62	1242	1241	9			
4	93W(锻)	17.64	1274	1078	5	9	41	37.2
5	94W(锻)	17.9	1143.6				40	
6	90W(锻)	17.9	1277	1103	11	17	42 ~44	50
7	95W(锻)	18.1	1462	1411	14.1	20	38	

(2)铀合金穿甲弹芯。

美国用铀—钛合金制造25mm链式炮和GAU-8式30mm航炮用的穿甲弹芯,以及105mmM774、M833超速翼稳定脱壳穿甲弹。其力学性能见表6-4。

美大口径穿甲弹弹芯用铀钛合金的力学性能　　表6-4

性　能	标　准	105mmM774穿甲弹弹芯		105mmM833穿甲弹弹芯	
		范　围	平　均	范　围	平　均
σ_b(MPa)	1270	1378.8~1488.6	1433.7	1365.1~1550.4	1481.4
σ_s(MPa)	720	775.2~843.8	809.5	875.85~939.82	919.2
δ(%)	12	8~23	20	8~18	14
ψ(%)		5~31	18	7~17	12
HBS		38~44		40~45	

注:-46℃的K_{IC},最小为33MPam$^{1/2}$。

除了美国以外法、苏联也都开展了大口径铀合金穿甲弹芯的研制工作。研究的新型铀合金弹芯材料有三元U-Ti-W合金。在U-Ti合金中加入W,如果Ti含量为0.7%~0.8%(质量),则W含量应为0.5%~1%(质量)。这样,利用W使合金密度保持在18.6g/cm^3;通过W固溶强化,提高合金强度,而延伸率能保持不变,甚至还会有所提高。三元U-Ti-W合金的力学性能见表6-5。

三元U-Ti-W合金的力学性能　　表6-5

合　金	$\sigma_{0.2}$(MPa)	σ_b(MPa)	δ(%)	ψ(%)
U-0.75Ti	814	1386	22	24
U-0.75Ti-0.5W	965	1510	23	48
U-0.75Ti-0.75W	1138	1517	15	24
U-0.75Ti-1W	1282	1544	2	2

注:800℃真空固溶处理2h,385℃4h时效。

(3)高密度金属基复合材料弹芯。

美国研究了三种类型高密度金属基复合弹芯材料,它们是经镀覆的丝增强基体材料;熔渗丝增强复合材料;粉末、丝及基体组成的复合材料。第一种类型需要解决耐热镀层技术(如钨丝增强铀复合材料),人在钨丝上电沉积铜和化学气相沉积钼,不会降低钨丝的强度和塑性,但电沉积铜会使钨丝的性能降低。美国科研者曾研究过的几种金属基复合材料见表6-6。

美国曾研究过的几种金属基复合材料　　表6-6

纤维增强型	非纤维增强型
U-0.75Ti/W丝(熔渗)	W合金心部,U-0.75Ti外套
U-5Cr/W丝(熔渗)	WC心部,U-0.75Ti外套
U-0.75Ti/W丝(共挤)	织构U-0.75Ti合金
U-5Cr/W丝(共挤)	
U/Al_2O_3丝(熔渗)	
U/石墨纤维(熔渗)	
Cu-Mn/W丝	
4660钢/W丝	

目前,复合材料弹芯主要还是研制钨增强铀合金弹芯材料以及研究这种材料的冲击性能、变形行为、淬火工艺、腐蚀行为等。例如,一种钨合金丝增强的铀合金弹芯,钨合金通过4维向编织成一增强纤芯体,然后该芯体放入一模腔内添充贫铀合金。再经液相烧结、热等静压制成复合弹芯律料,或是经等离子电弧镀、等离子蒸汽镀或化学汽相沉积将贫铀喷镀于该芯体上制成弹芯棒料。这种多向编织的钨丝增强体是网格状的,纤维间互相紧密连成一体。当弹芯撞击靶板时,头部虽被喷溅,但芯体钨丝不会像任意排列或水平排列那样散开,这就提高了侵彻能力。所用的钨丝可为钨—铝—碳化物材料,抗拉强度可为1400MPa。钨丝沿弹芯长度方向含量可变化,例如从弹芯头部至尾部,钨丝含量逐渐增加。这样当弹芯撞击靶板时,弹芯头部喷溅,钨丝外漏,使弹芯后部侵彻能力明显增强。复合材料弹芯中的增强相也可采用颗粒材料如 Al_2O_3、SiC、氮化硼、碳化钨等,添加量为2% ~60%(体积),提高了屈服强度,经增强的铸态铀的屈服强度可达759MPa。

2)高破片率弹体材料

弹体材料技术是采用碳钢、合金钢、珠光体可锻铸铁、球墨铸铁、铝合金、镁合金、钛合金和复合材料等材料与制造技术制成不同形状与结构弹体的技术。

高破片率弹体材料的技术途径是:添加合金化脆性元素,提高钢的强度,增大钢的脆性;通过热处理工艺形成脆性的显微组织(如网状组织);预制破片控制弹体在爆炸时的断裂过程,减小破片尺寸,增加破片数量。高破片率弹体钢已广泛用于各种口径的榴弹弹体,它的种类及屈服强度见表6-7。

高破片率弹体钢的种类及屈服强度 表6-7

钢的种类	屈服强度(MPa)	钢的种类	屈服强度(MPa)
高弹合金钢	1375	中碳磷钢	1234.8
中碳高硅钢	960.4	高弹高硅钢	1372
中碳锰钢	960.4		

思 考 题

1. 伪装材料的特点有哪些?如何分类?
2. 电子材料的特点有哪些?如何分类?
3. 兵器材料的特点有哪些?如何分类?

第7章　材料的选用

材料的选择与加工路线的安排是机械设计与制造过程的重要环节。选材的核心问题是在技术和经济合理的前提下,保证材料的使用性能与零件的设计功能相适应。事实证明,很多机械零件的质量差、寿命短等问题是由于选材不当或热处理工艺不合理所造成的。因此,能正确选用零件材料、合理安排加工路线是机械设计与制造人员的基本要求。

7.1　机械零件的失效概述

7.1.1　失效的概念

失效就是指机械零件失去正常条件下所应具有的工作能力的现象。

零件失效一般分为下列三种情况。

①完全破坏,不能继续工作。

②严重损伤,继续工作不安全。

③轻微损坏,能安全地工作,但已达不到预定的精度或功能。

发生上述三种情况中的任何一种,就认为该零件已经失效了。例如桥梁因焊接等质量问题突然垮塌,属于第一种情况;轴承经长期使用后由于磨损出现噪声,旋转精度下降,虽然还能继续使用,也应该视为已经失效,属于第二种情况;火车紧急制动失灵了,虽然不影响火车运行,但在前进方向出现异常情况时,因不能实施紧急有效的制动,影响了行车的安全性,属于第三种情况。

若是低于规定的期限或超出规定的范围发生的失效,则称之为早期失效。失效分析就是针对早期失效进行的。进行失效分析的目的就是找出失效的原因,并提出相应的改进措施,失效分析也是选材过程的一个主要环节。

为了预防零件失效,需对零件进行失效分析,即通过判断零件失效形式、确定零件失效机理和原因,有针对性地进行选材、确定合理的加工路线,提出预防失效的措施。

7.1.2　失效的形式

机械零件常见的失效方式可以分为三种类型:过量变形失效、断裂失效和表面损伤失效。

1)过量变形失效

零件因变形量过大而超过允许范围而造成的失效。它主要包括过量弹性变形、塑性变形和高温下发生的蠕变等失效形式。

(1)过量弹性变形失效。

金属零件或构件在外力作用下总要发生弹性变形,在大多数情况下要对变形量加以限制,这就是零件设计时要考虑的刚度问题。不同的零件对刚度的要求大不相同,如镗床镗杆的刚度不足,会发生过量的弹性变形,就会产生“让刀”现象,使得被加工件出现较大误差。零件的刚度取决于材料的弹性模量和零件的截面尺寸与形状。陶瓷材料和金属材料的弹性模量远大于高分子材料。但是,如果对零件或构件要求很高的刚度时,则主要靠增加截面尺寸和改变截面形状来增加刚度。

(2)塑性变形失效。

塑性变形失效是零件的实际工作应力超过材料的屈服强度引起的。冷墩冲头工作端部墩粗、紧固螺栓在预紧力和工作应力作用下的塑性伸长等都是塑性变形失效。选用高强度材料、采用强化工艺、加大零件的截面尺寸、降低应力水平等都是解决塑性变形失效的途径。

(3)过量蠕变失效。

它是指零件或构件在高温、长时间力的作用下产生的缓慢塑性变形失效。通过热处理、合金化(如热强钢、高温合金)及复合增强等途径可提高零件的高温抗蠕变能力。

2)断裂失效

因零件承载过大或疲劳损伤等原因而导致分离为互不相连的两个或两个以上部分的现象。断裂是最严重的失效形式,它包括韧性断裂失效、低应力脆断失效、疲劳断裂失效、蠕变断裂失效和介质加速断裂失效等几种形式。

(1)韧性断裂失效。

零件所受应力大于断裂强度,断裂前有明显塑性变形的失效称之为韧性断裂。其主要发生于韧性较好的材料产品中,此时断裂是较缓慢进行的过程,需消耗较多的变形能量。板料拉伸的断裂、拉伸试样出现颈缩的断裂等都是韧性断裂的例子。只要把零件所受应力控制在许用应力范围内,就可以有效地防止这类断裂。

(2)低应力脆断失效。

构件所受名义应力低于屈服强度,在无明显塑性变形的情况下产生的突然断裂称为低应力脆断。低应力脆断最为危险,多发生在焊接结构或某些大截面零件中。此时构件或工作于低温环境,或受冲击载荷,或存在冶金、焊接缺陷,或有突出的应力集中源等。主要从提高材料的断裂韧性、保证零件加工质量、减少应力集中源等方面来预防这类断裂。

(3)疲劳断裂失效。

疲劳断裂是在零件承受交变载荷,且在载荷循环了一定的周次之后出现的断裂。一般而言,疲劳断裂前没有塑性变形的征兆,此时出现的疲劳断裂有很大的危险性。在齿轮、弹簧、轴、模具等零件中常见到这种失效。疲劳断裂多起源于零件表面的缺口或应力集中部位,在交变应力作用下,经过裂纹萌生、扩展直至剩余截面积不能承受外加载荷的作用而发生突然的快速断裂。为了提高零件抵抗疲劳断裂的能力,应选择高强度和较好韧性的材料,在零件结构上避免或减少应力集中,降低表面粗糙度值,采用表面强化工艺等。

(4)蠕变断裂失效。

它是在高温下工作的零件或构件,当蠕变变形量超过一定范围时产生韧性断裂。此时,正确选择耐热材料才是防止断裂的关键。

(5)介质加速断裂失效。

其为受力零件或构件在特定介质中经过一定时间后出现的低应力脆断,主要有应力腐蚀断裂、氢脆断裂及腐蚀疲劳断裂等。

3)表面损伤失效

零件工作时由于表面的相对摩擦或受到环境介质的腐蚀在零件表面造成损伤或尺寸变化而引起的失效。它主要包括表面磨损失效、腐蚀失效、表面疲劳失效等形式。

(1)磨损失效。

当相互接触的两个零件作相对运动时,由于摩擦力的作用零件表面材料逐渐脱落,使表面状态和尺寸改变而引起的失效称为磨损失效。提高材料硬度,降低表面粗糙度可减轻磨损。

(2)表面疲劳失效。

两个零件作相对滚动或周期性地接触,由于压应力或接触应力的反复作用所引起的表面疲劳破坏现象叫作接触疲劳失效。其特征是在零件表面形成深浅不同的麻点剥落。齿轮、滚动轴承、冷墩模、凿岩机活塞等常出现这种失效。提高材料的冶金质量、降低接触表面粗糙度值、提高接触精度以及硬度适中,都是提高接触疲劳抗力的有效途径。

(3)腐蚀失效。

金属零件或构件的表面在介质中发生化学或电化学作用而逐渐损坏的现象称为腐蚀失效。选择抗腐蚀性强的材料(如不锈钢、有色金属、工程塑料),对金属零件进行防护处理,采取电化学保护措施,改善环境介质,是目前常用的对付腐蚀的方法。

需要指出,同一种机械零件在工作中往往不只是一种失效方式起作用。但是,一般造成零件失效时总是一种方式起主导作用。失效分析的核心问题就是要找出主要的失效方式。

7.1.3 失效的原因与分析

1)失效的原因

引起机械零件失效的因素很多且较为复杂,涉及零件的结构设计、材料选择、材料的加工制造、产品的装配及使用维护等多个方面。

(1)设计不合理。

零件的整体结构设计不合理,薄弱区域未得到有效的加强,造成零件在工作中承载能力不足。零件的局部结构、形状和尺寸设计不合理,存在尖角、尖锐缺口和过小的过渡圆角等缺陷,往往是产生应力集中的重要原因。

(2)选材不合理。

选择材料应首先满足零件的使用性能要求,保证零件的正常工作和具有足够抵抗失效破坏的能力。往往一个零件要同时满足几个方面的性能,这就要求以最关键的性能作为选材的主要依据。设计中对零件失效的形式判断错误,所选的材料性能不能满足工作条件需要；选材所依据的性能指标不能反映材料对实际失效形式的抗力，选择了错误的材料；所选用的材料质量太差，成分或性能不合格导致不能满足设计要求等都属于选材不合理。

(3)加工工艺不合理。

零件在加工制造过程中，要经过一系列冷热加工工序。零件的加工工艺不当，可能会产生各种缺陷，导致零件在使用过程中较早地失效。如热加工过程中出现过热、过烧和带状组织；热处理过程中出现脱碳、变形、开裂；冷加工过程出现较深的刀痕、磨削裂纹等。

(4)安装使用不当。

装配和安装过程不符合技术要求，如安装时配合过紧、过松，对中不准，固定太紧或太松等都可能导致零件不能正常工作或过早出现失效；此外，使用过程中违章操作、超载、超速、不按时维护等也会造成零件过早出现失效。

2)失效分析的方法

(1)以零件的失效抗力指标为主线。

零件的主要失效抗力指标包括一次断裂抗力指标(屈服强度、抗拉强度、塑性韧性、断裂韧度)、疲劳抗力指标(疲劳强度等)。对于常见的机器零件，其在特定工作条件下的主要失效方式和主要的失效抗力指标都是既定的结论，故很容易借助这一类结论性意见正确判断零件的失效原因和失效抗力指标，并进一步实现选材和用材的最优设计。例如曲轴的主要使用性能是高的冲击抗力和耐磨性，必须选用45　钢。而失效分析表明，曲轴的主要失效方式是疲劳断裂，要以疲劳强度为主要失效抗力指标来设计选材，所以在一定的工作条件下选球墨铸铁。

(2)以断口特征为主线。

零件最终的完全破坏是以断裂为标志的，由断口信息能获得足够的失效证物。该思路的重点是确定首先断裂的主断口，根据主断口的特征确定断裂的类型或性质，并进一步确定失效的原因。有时需要借助于试验分析方法，有时可直接根据断口得出结论。

7.2　材料选用的基本原则

零件的选材是一项重要而复杂的任务，它必须保证选用的材料在零件使用过程中具有良好的工作能力，保证零件便于加工制造，同时保证零件的总成本尽可能低。优异的使用性能、良好的加工工艺性能和便宜的价格是零件选材的最基本原则。

7.2.1　使用性能原则

使用性能是保证零件完成规定功能的必要条件。在大多数情况下，它是选材首先要考虑的问题。使用性能主要是指零件在使用状态下材料应该具有的力学性能、物理性能和化学性能。材料的使用性能应满足使用要求。对大量机器零件和工程构件，则主要是力学性能。对一些特殊条件下工作的零件，则必须根据要求考虑到材料的物理、化学性能。

使用性能的要求是在分析零件工作条件和失效形式的基础上提出来的。零件的工作条件包括三个方面。

①受力状况。主要是载荷的类型(例如动载、静载、循环载荷或脉动载荷等)和大小;载荷的形式,例如拉伸、压缩、弯曲或扭转等;以及载荷的特点,例如均布载荷或集中载荷等。

②环境状况。主要是温度特性,例如低温、常温、高温或变温等;以及介质情况,例如有无腐蚀或摩擦作用等。

③特殊要求。主要是对导电性、磁性、热膨胀、密度、外观等的要求。

零件的失效形式主要包括过量变形、断裂和表面损伤三个方面。

通过对零件工作条件和失效形式的全面分析,确定零件对使用性能的要求,然后利用使用性能与实验室性能的相应关系,将使用性能具体转化为实验室力学性能指标,例如强度、韧性或耐磨性等。这是选材最关键的步骤,也是最困难的一步。之后,根据零件的几何形状、尺寸及工作中所承受的载荷,计算出零件中的应力分布。再由工作应力、使用寿命或安全性与实验室性能指标的关系,确定对实验室性能指标要求的具体数值。

表7-1列举了几种常用零件的工作条件、失效形式和要求的主要力学性能指标。在确定了具体力学性能指标和数值后,即可利用手册选材。但是,零件所要求的力学性能数据,不能简单地同手册、书本中所给出的完全等同相待,还必须注意以下情况。第一,材料的性能不但与化学成分有关,也与加工、处理后的状态有关,金属材料尤其明显,所以要分析手册中的性能指标是在什么加工、处理条件下得到的。第二,材料的性能与加工处理时试样的尺寸有关,随截面尺寸的增大,力学性能一般是降低的,因此必须考虑零件尺寸与手册中试样尺寸的差别,并进行适当的修正。第三,材料的化学成分、加工处理的工艺参数本身都有一定波动范围。一般手册中的性能,大多是波动范围的下限值。就是说,在尺寸和处理条件相同时,手册数据是偏安全的。

几种常用零件的工作条件、失效形式　　表7-1

零件	工作条件			常见的失效形式	要求的主要力学性能
	应力种类	载荷性质	受载状态		
紧固螺栓	拉、剪应力	静载		过量变形、断裂	强度、塑性
传动轴	弯、扭应力	循环、冲击	轴颈摩擦、振动	疲劳断裂、过量变形、轴颈磨损	综合力学性能
传动齿轮	扭、弯应力	循环、冲击	摩擦、振动	轮齿折断、磨损、疲劳断裂、接触疲劳	表面高强度及疲劳极限、心部强度、韧性
弹簧	扭、弯应力	交变、冲击	振动	弹性失稳、疲劳破坏	弹性极限、屈强比,疲劳极限
冷作模具	复杂应力	交变、冲击	强烈摩擦	磨损、断裂	硬度、足够的强度、韧性

在利用力学性能指标选材时,有两个问题必须说明:第一个问题是,材料的性能指标各有自己的物理意义,有的比较具体,并可直接应用于设计计算,例如屈服强度σ_s、疲劳

强度 σ_{-1}、断裂韧性 K_{1c} 等;有些则不能直接应用于设计计算,只能间接用来估计零件的性能,例如伸长率 δ、断面收缩率 φ 和冲击韧性 α_K 等,传统的看法认为,这些指标是属于保证安全的性能指标。对于具体零件 δ、φ、α_K 值要多大才能保证安全,至今还没有可靠的估算方法,而完全依赖于经验。第二个问题是,由于硬度的测定方法比较简便,不破坏零件,并且在确定的条件下与某些力学性能指标有大致固定的关系,所以常用来作为设计中控制材料性能的指标。但它也有很大的局限性,例如,硬度对材料的组织不够敏感,经不同处理的材料常可得到相同的硬度值,而其他力学性能却相差很大,因而不能确保零件的使用安全。所以,设计中在给出硬度值的同时,还必须对处理工艺(主要是热处理工艺)作出明确的规定。

对于在复杂条件下工作的零件,必须采用特殊实验室性能指标作选材依据。例如采用高温强度、热疲劳性能、疲劳裂纹扩展速率和断裂韧性、介质作用下的力学性能等。

7.2.2 工艺性能原则

材料的工艺性能表示材料加工的难易程度。在选材中,同使用性能比较,工艺性能常处于次要地位。但在某些特殊情况下,工艺性能也可成为选材考虑的主要依据。另外,一种材料即使使用性能很好,但若加工极困难,或者加工费用太高,它也是不可取的。所以材料的工艺性能应满足生产工艺的要求,这是选材必须考虑的问题。

材料所要求的工艺性能与零件生产的加工工艺路线有密切关系,具体的工艺性能,就是从工艺路线中提出来的。下面讨论各类材料的一般工艺路线和有关的工艺性能。

1)高分子材料的工艺性能

高分子材料的加工工艺路线如图 7-1 所示。

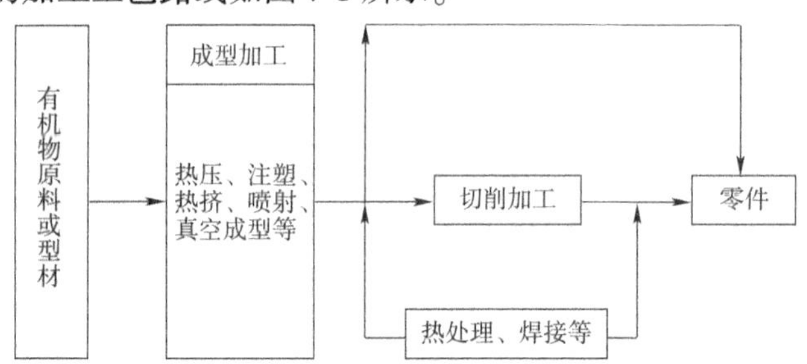

图 7-1 高分子材料的加工工艺路线

从图中可以看出,工艺路线比较简单,其中变化较多的是成型工艺。主要成型工艺的比较见表 7-2。

高分子材料主要成型工艺的比较 表 7-2

工艺	适用材料	形状	表面粗糙度	尺寸精度	模具费用	生产率
热压成型	范围较广	复杂形状	很低	好	高	中等
喷射成型	热塑性塑料	复杂形状	很低	非常好	很高	高
热挤成型	热塑性塑料	棒类	低	一般	低	高
真空成型	热塑性塑料	棒类	一般	一般	低	低

高分子材料的切削加工性能较好。不过要注意,它的导热性差,在切削过程中不易散热,易使工件温度急剧升高,使其变焦(热固性塑料)或变软(热塑性塑料)。

2)陶瓷材料的工艺性能

陶瓷材料的加工工艺路线如图7-2所示。

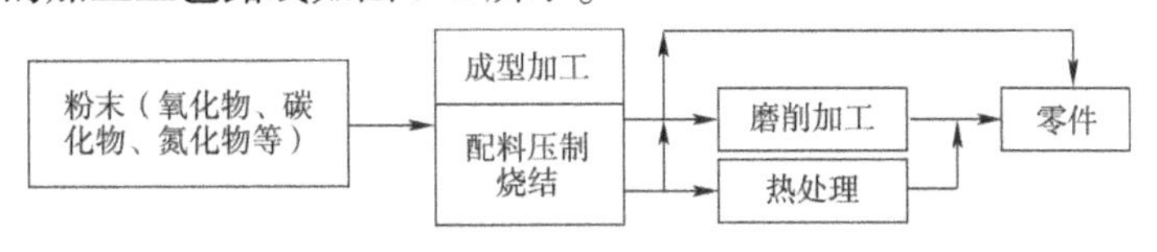

图7-2 陶瓷材料的加工工艺路线

从图中可以看出,工艺路线也比较简单,主要工艺就是成型,其中包括粉浆成型、压制成型、挤压成型、可塑成型等。陶瓷材料成型工艺比较见表7-3。陶瓷材料成型后,除了可以用碳化硅或金刚石砂磨加工外,几乎不能进行任何其他加工。

陶瓷材料各种成型工艺比较 表7-3

工艺	优点	缺点
粉浆成型	可做形状复杂件、薄塑件,成本低	收缩大、尺寸精度低、生产率低
压制成型	可做形状复杂件,有高密度和高强度,精度较高	设备较复杂、成本高
挤压成型	成本低,生产率高	不能做薄壁件、零件形状需对称
可塑成型	尺寸精度高,可做形状复杂件	成本高

3)金属材料的工艺性能

(1)金属材料的加工工艺路线。

金属材料的加工工艺路线远较高分子材料和陶瓷材料复杂,而且变化多,不仅影响零件的成型,还大大影响其最终性能。

金属材料(主要是钢铁材料)的工艺路线大体可分成三类。

①性能要求不高的一般零件:毛坯→正火或退火→切削加工→零件。

毛坯由铸造或锻轧加工获得。如果用型材直接加工成零件,则因材料出厂前已经退火或正火处理,可不必再进行热处理。一般情况下的毛坯的正火或退火,不单是为了消除铸造、锻造的组织缺陷和改善加工性能,还赋予零件以必要的力学性能,因而也是最终热处理。由于零件性能要求不高,多采用比较普通的材料如铸铁或碳钢制造,它们的工艺性能都比较好。

②性能要求较高的零件:毛坯→预先热处理(正火、退火)→粗加工→最终热处理(淬火、回火,固溶时效或渗碳处理等)→精加工→零件。

预先热处理是为了改善机加工性能,并为最终热处理作好组织准备。大部分性能要求较高的零件,如各种合金钢、高强铝合金制造的轴、齿轮等,均采用这种工艺路线。它们的工艺性能不一定都是很好的,所以要重视这些性能的分析。

③要求较高的精密零件:毛坯→预先热处理(正火、退火)→粗加工→最终热处理(淬火、低温回火、固溶、时效或渗碳)→半精加工→稳定化处理或氮化→精加工→稳定化处理→零件。

这类零件除了要求有较高的使用性能外，还要有很高的尺寸精度和表面光洁度。在半精加工后进行一次或多次精加工及尺寸的稳定化处理。要求高耐磨性的零件还需进行氮化处理。由于加工路线复杂，性能和尺寸的精度要求很高，零件所用材料的工艺性能应充分保证。这类零件有精密丝杠、镗床主轴等。

(2)金属材料的主要工艺性能。

任何零件都要经历加工环节才能进行装配使用。常见的加工工艺包括冷加工(车铣刨磨)、热加工(铸锻焊)和热处理。材料的加工工艺性能的好坏直接影响加工的成本及零件的使用性能。金属材料的加工工艺路线复杂，要求的工艺性能较多，如铸造性能、锻造性能、焊接性能、切削，加工性能、热处理工艺性能等。金属材料的工艺性能应满足其工艺过程要求。

①铸造性能。金属材料的铸造性能一般从流动性、收缩性、偏析倾向等方面进行综合评定。铸造性能好的材料通常具有流动性好、收缩率低和偏析倾向小的特点。在常用的铸造合金中，铸造铝合金和铜合金的铸造性能较好，其次是铸铁，铸钢的铸造性能较差。在各种铸铁中，又以灰铸铁的铸造性能最好。

②压力加工性能。压力加工性能主要包括锻造性能、冷冲压性能等，通常用材料的塑性和变形抗力来衡量。材料的塑性越好，变形抗力越小，则其压力加工性能也越好。一般来说，纯金属的压力加工性能优于其合金，单相固溶体优于多相合金，低碳钢优于高碳钢，非合金钢优于合金钢。细晶组织优于粗晶组织，高温慢速变形优于低温快速变形，挤压加工优于拉拔加工。

③焊接性能。可焊性指金属在特定结构和工艺条件下，采用常用的焊接方法获得预期质量要求的焊接接头以及该接头使用时可靠运行的性能。焊接性能一般用焊接接头的力学性能和焊缝处形成裂纹、脆性和气孔的倾向来衡量。它的影响因素有材料的成分、热处理、组织和性能等。低碳和低碳合金钢的可焊性比较好，高碳和高碳合金钢铸铁的焊接性就比较差。奥氏体不锈钢与铁素体不锈钢因碳含量低而有较好的焊接性能，而马氏体不锈钢的焊接性能就比较差。铸铁由于碳的质量分数大，焊接时产生裂纹的倾向较大，焊缝处易形成白口组织。铜合金和铝合金的导热性高，焊接时裂纹倾向大，易产生氧化、气孔等缺陷，焊接性能较差，需采用氩弧焊工艺进行焊接。

④切削加工性能。切削加工性能一般从切削速度、切削抗力、零件表面粗糙度、断屑能力以及刀具磨损量等方面来评价。金属的硬度对其影响较大。经验证明，当材料的硬度为 170 ~230HBW 时切削加工性最好。硬度过低时切削速度低，断屑性能差；硬度过高时，对刀具的磨损较严重。铝、镁、铜合金和易切削钢的切削加工性能较好，其次是碳钢和铸铁，钛合金、高温合金、奥氏体不锈钢等材料的切削加工性能则较差。

⑤热处理工艺性能。热处理工艺性能主要包括淬透性、淬硬性、变形开裂倾向、氧化脱碳倾向、过热敏感性、回火脆性和回火稳定性等。对于要求截面力学性能均匀的零件，通常考虑淬透性多一些。合金钢淬透性好，可用在一些尺寸较大的重要零件上。碳钢淬透性差，只适用于制作尺寸较小、形状简单、强韧性要求不高的零件。热处理的变形与开裂也是复杂问题，要设计好。零件应避免尖角或截面突变，多采用封闭对称式结构。材料的选择和热处理工艺的制订往往是同时进行、综合考虑的结果。

7.2.3 经济性原则

材料的经济性是选材的根本原则。采用便宜的材料,把总成本降至最低,取得最大的经济效益,使产品在市场上具有最强的竞争力,始终是设计工作的重要任务。

1)材料的价格

零件材料的价格无疑应该尽量低。材料的价格在产品的总成本中占有较大的比重,据有关资料统计,在许多工业部门中可占产品价格的30% ~70%,因此设计人员要十分关心材料的市场价格。常用工程材料的价格见表7-4。

常用工程材料的价格　　表7-4

材　料	相对价格	材　料	相对价格
碳素结构钢	1	碳素工具钢	1.4~1.5
低合金结构钢	1.2~1.7	低合金工具钢	2.4~3.7
优质碳素结构钢	1.4~1.5	高合金工具钢	5.4~7.2
易切削钢	2	高速钢	13.5~15
合金结构钢	1.7~1.9	铬不锈钢	8
铬镍合金结构钢	3	铬镍不锈钢	20
滚动轴承钢	2.1~2.9	普通黄铜	13
弹簧钢	1.6~1.9	球墨铸铁	2.4~2.9

2)零件的总成本

零件选用的材料必须保证其生产和使用的总成本最低。零件的总成本与其使用寿命、重量、加工费用、研究费用、维修费用和材料价格有关。

如果准确地了解零件总成本与上述各因素之间的关系,则可以对选材的影响精确地分析,并选出使总成本最低的材料。但是,要找出这种关系,只有在大规模工业生产中进行详尽实验分析的条件下才有可能。对于一般情况,详尽的实验分析有困难,要利用一切可能得到的资料,逐项进行分析,以确保零件总成本降低,使选材和设计工作做得更合理些。

3)国家的资源

随着工业的发展,资源和能源的问题日渐突出,选用材料时必须对此有所考虑。特别是对于大批量生产的零件,所用材料应该来源丰富并考虑我国资源状况。另外,还要注意生产所用材料的能源消耗,尽量选用耗能低的材料。

7.2.4 材料选择的方法与步骤

1)材料选择的方法

(1)以综合力学性能为主。

要求材料具有良好的综合力学性能,即材料的强度和疲劳极限要高,同时还要有较好的塑性与韧性。常选用中碳钢或中碳合金钢,正火或调质处理后使用,其中最常用的是45钢和40Cr钢。

(2)以疲劳强度为主。

选材时应重点考虑材料的抗疲劳性能。通常,材料的强度越高,其疲劳强度也越高;

调质处理比正火和退火组织具有更高的疲劳强度。表7-5所示为45钢经不同热处理后之后的性能。

45钢经不同热处理后的性能(试样直径15mm)　　表7-5

热处理方法	力学性能				
	σ_b(MPa)	σ_s(MPa)	δ(%)	ψ(%)	A_k(J)
退火(炉冷)	600~700	300~350	15~20	40~50	32~48
正火(空冷)	700~800	350~450	15~20	45~55	40~64
淬火(水冷)+低温回火	1500~1800	1350~1600	2~3	10~12	16~24
淬火(水冷)+高温回火	850~900	650~750	12~14	60~66	96~112

(3)以磨损为主。

①摩擦剧烈,但受力较小、无大的冲击载荷的零件,如钻套、顶尖、量具等。对塑性和韧性要求不高,通常选用高碳钢或高碳合金钢,进行淬火+低温回火处理,得到高硬度的回火马氏体和碳化物组织,就可以满足使用要求。

②同时承受磨损和交变载荷以及一定的冲击载荷的零件,要求材料表面具有较高的耐磨性,同时还要有较高的强度、塑性和韧性。选用中碳钢或中碳合金钢+表面热处理强化。

③要求具有小的摩擦系数的零件,如滑动轴承、轴套等,可采用轴承合金、减磨铸铁、工程塑料等材料制造。

(4)以特殊性能为主。

对于特殊条件下工作的零件,主要应考虑材料的特殊性能。如在高温下工作并承受较大载荷的零件,一般选用热强钢或高温合金;而受力不大的零件则可考虑采用耐热铸铁制造。对于在腐蚀性介质中工作的零件,主要应考虑其对相应介质的耐蚀能力。

2)材料选择的步骤

材料选择的步骤如图7-3所示。

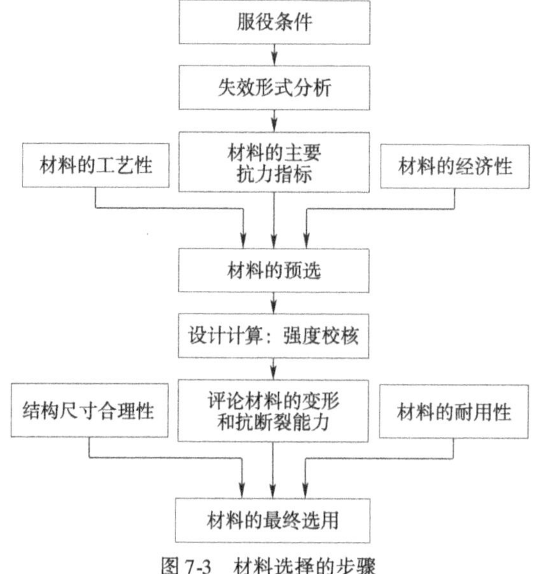

图7-3　材料选择的步骤

机械零件选材的一般方法、步骤有如下。

①分析零件的工作条件和失效形式,明确零件材料的主要性能要求。

②对同类产品的材料选用情况进行调研,从各个方面进行综合分析评价。

③查阅有关设计手册,通过相应的计算,确定零件应有的各种性能指标。

④初步选择具体的零件牌号,并决定热处理工艺和其他强化方法。

⑤根据试验结果,最终确定材料和热处理工艺。

7.3 典型机械零件的选材及工艺

金属材料、高分子材料、陶瓷材料及复合材料是目前最主要的四大类工程材料,它们的特性不同,适用范围也各不相同。金属材料尤其是钢铁材料,与其他工程材料相比,具有优良的综合力学性能和某些特殊的物理和化学性能,广泛用于制造各种机械零部件和工程结构件。本节将对典型零件的主要选择材料进行介绍。

7.3.1 轴类零件材料选择

1)轴的工作条件、失效形式及性能要求

(1)工作条件和失效形式。

轴是机械中广泛使用的重要结构件,其主要作用是支承传动零件并传递转矩,它的工作条件和失效形式有如下方面。

①承受交变的弯曲载荷和扭转载荷的复合作用,易导致疲劳断裂。

②承受过载和冲击载荷,易导致轴产生过量变形,甚至断裂。

③轴颈或花键处承受局部摩擦和磨损,易导致磨损失效。

(2)材料应具备的性能。

根据轴的工作条件和失效形式,轴应具备如下性能。

①良好的综合力学性能,即具有足够的强度和一定的塑韧性,防止过量变形和断裂。

②高的疲劳强度,防止疲劳断裂。

③高的表面硬度和耐磨性,防止轴颈等处磨损。

④在高温条件下、或腐蚀性介质中,还要求有高的抗蠕变能力和耐腐蚀性能。

2)轴类零件材料选择与加工工艺

轴类零件一般按照强度、刚度计算和结构要求进行零件设计与选材。通过强度、刚度计算保证轴的承载能力,防止过量变形和断裂失效;结构要求则是保证轴上零件的可靠固定与拆装,并使轴具有合理的结构工艺性及运转的稳定性。

疲劳强度是轴类零件选材的首要考虑指标,同时也要考虑材料的综合力学性能和耐磨性。虽然高碳钢的强度比中碳钢高,但是其塑性和冲击韧性远不如中碳钢;而低碳钢无论是疲劳强度还是耐磨性均不能满足轴类零件材料的性能要求。根据经验,当碳含量为0.4~0.7时,材料的疲劳强度较高,所以轴类零件用钢一般是中碳钢(碳含量为0.3~0.5)。制造轴类零件的材料主要是碳素结构钢和合金结构钢,除此外,轴类零件特别是曲轴可选用球墨铸铁或高强度灰铸铁制造。特殊场合也用不锈钢,有色金属甚至塑料。下面介绍不同工况下钢(铁)轴的材料选用。

①载荷不大或不重要的轴,常选用 Q235、Q275 等碳素结构钢,不经热处理直接使用。

②承受一定的弯曲载荷和扭转载荷的轴,一般选用 35、40、45、50 等优质碳素结构钢,经调质或正火处理,并对有耐磨性要求的部分进行表面淬火处理。

③载荷较大、截面较大或承受较大冲击载荷的轴,可选用 40Cr、35CrMo 和 40CrNiMo 等合金调质钢,经调质处理,并对有耐磨性要求的部分进行表面淬火处理。

④要求精度高、尺寸稳定性好、耐磨性好的轴,可选用 38CrMoAlA 钢,进行调质处理和氮化处理后使用。

⑤对于形状复杂的轴,如曲轴,可采用 QT600-3、QT700-2 等球墨铸铁制造。球墨铸铁切削工艺性好、缺口敏感性低、减振及耐磨性好。所用热处理方法主要是退火、正火、调质及表面淬火等。

⑥此外,在特殊场合轴的选择上,要求高比强度的场合(如航空航天)则多选超高强度钢、钛合金、高性能铝合金甚至高性能复合材料;高温场合则选择耐热钢及高温合金;腐蚀场合则选不锈钢或耐蚀树脂基复合材料等。

3)典型轴类零件选材举例

(1)机床主轴的选材。

机床主轴一般承受中等的扭转和弯曲复合载荷,转速中等并承受一定的冲击载荷,局部表面承受摩擦和磨损,因而要求其材料应具有优良的综合力学性能和良好的抗疲劳性能。

图 7-4 所示为某车床主轴简图。其主要承受交变的弯曲载荷和扭转载荷的复合作用,其载荷不大、转速不高,有时受到不大的冲击载荷作用,具有一般的综合力学性能即可满足使用要求。其大端的内锥孔和外锥体在与顶尖和卡盘的装卸过程中有相对摩擦,花键部位与齿轮有相对滑动,为了防止这些部位表面磨损和划伤,要求有较高的硬度和耐磨性。

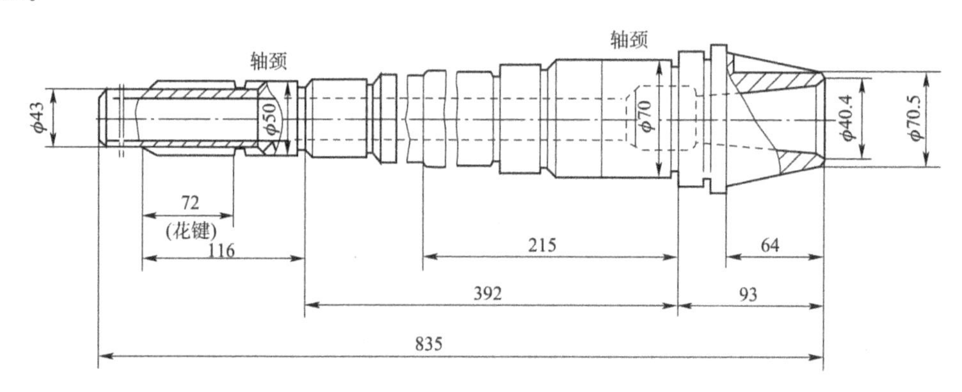

图 7-4 某车床的主轴简图

根据要求,该车床主轴常选用 45 钢制造,经调质处理后,轴颈等处再进行局部表面淬火,载荷较大时可选用 40Cr 等合金钢制造。热处理工艺为整体调质处理,硬度为 220 ~ 250HBS;内锥孔和外锥体局部淬火,硬度为 45 ~ 50HRC;花键部位高频淬火,硬度为 48 ~ 53HRC。

其加工工艺路线为：下料→锻造→正火→粗加工→调质→半精加工（除花键外）→局部淬火＋回火（内锥孔和外锥体）→粗磨（外圆、外锥体和内锥孔）→铣花键＋花键高频淬火＋低温回火→精磨（外圆、外锥体和内锥孔）。

几道重要工序的目的和所达到的性能要求分别是：①正火：消除锻造应力，并得到合适的硬度（180～220HBS），便于切削加工。同时也改善锻造组织，为调质处理做准备。②调质：调质处理后组织为回火索氏体，硬度为220～250HBS，使主轴得到良好的综合力学性能和疲劳强度。③局部淬火：内锥孔和外锥体采用盐浴快速加热局部淬火，经回火后达到所要求的硬度，可提高其耐磨性，保证装配精度。④高频淬火＋回火：花键部位采用高频淬火，变形较小，经回火后达到所要求的表面硬度。

（2）内燃机曲轴的选材。

曲轴是内燃机中形状复杂而又重要的零件之一，它将连杆的往复传递动力转化为旋转运动并输出至变速机构。曲轴在运转过程中要受到周期性变化的弯曲与扭转复合载荷、汽缸中周期性变化的气体压力与连杆机构的惯性力使曲轴产生振动和冲击、与连杆相连的轴颈表面的强烈摩擦等作用。在这样复杂的工作条件下，曲轴的主要失效形式是疲劳断裂和轴颈磨损。疲劳断裂有弯曲疲劳和扭转疲劳断裂两种形式，磨损则以轴颈表面最为严重。

曲轴材料主要应具有的性能有：具有高的强度和一定的韧性；具有高的弯曲、扭转疲劳强度和足够的刚度；轴颈表面要具有高的硬度和耐磨性。

生产中，按照材料和加工工艺可以把曲轴分为锻钢曲轴和铸造曲轴两种。锻钢曲轴所选材料主要是优质中碳钢和中碳合金钢，如45钢、40Cr、42CrMo、40CrNiMo等，其中45钢是最常用的材料，一般在调质或正火后采用中频感应淬火对轴颈进行表面强化处理，以提高曲轴的疲劳强度和耐磨性。

球墨铸铁是铸造曲轴最常用的材料，在轿车发动机中应用广泛。常用的铸造曲轴用的球墨铸铁有QT600-2、QT700-2、QT900-2等。一般汽车发动机曲轴选用的球墨铸铁强度应不低于600MPa，制造农用柴油发动机曲轴的球墨铸铁强度则不应低于800MPa。

图7-5所示为某农用柴油机曲轴简图。其功率为4.4kW，由于功率不大，故曲轴承受的弯曲、扭转、冲击等应力亦不大，但要求轴颈部位有高的硬度和耐磨性。根据要求，可选用合金调质钢（40Cr、42CrMo、40CrNiMo）等，加工工艺路线为：下料→锻造→正火→粗加工→调质→半精加工→局部表面淬火＋低温回火（轴颈）→精磨。

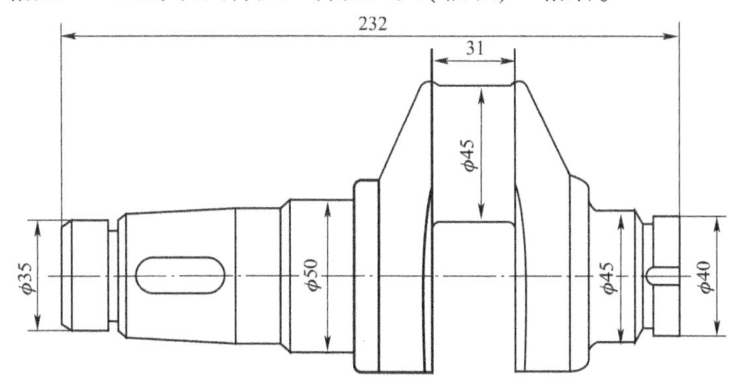

图7-5　某农用柴油机曲轴简图

几道重要工序的目的和所达到的性能要求分别是：①正火：消除锻造应力，得到合适的硬度，同时改善组织，并为调质做组织准备。②调质：获得回火索氏体组织，使主轴具有良好的综合力学性能和疲劳强度。调质后硬度适中，切削加工性能良好。③局部表面淬火：轴颈处采用中频淬火，提高表面硬度和耐磨性，获得较深的硬化层。

也可选用球墨铸铁 QT600-2、QT700-2、QT900-2。热处理工艺为整体高温正火 950℃，空冷，高温回火 560℃；轴颈局部 570℃进行气体氮化处理。加工工艺路线为：铸造毛坯→高温正火→高温回火→切削加工→轴颈气体氮化→精磨。

几道重要工序的目的和所达到的性能要求分别是：①高温正火：采用 950℃高温正火工艺，获得细珠光体基体组织，以提高其强度、硬度和耐磨性。②高温回火：采用 560℃高温回火工艺，消除正火时产生的内应力。③氮化（570℃）：对轴颈处采用 570℃的气体渗氮工艺，以提高轴颈表面硬度和耐磨性。

7.3.2 齿轮类零件材料选择

1）齿轮的工作条件、失效形式及性能要求

（1）工作条件和失效形式。

齿轮是各类机械中应用最为广泛的传动零件。其主要作用是传递扭矩，改变运动速度或运动方向。它的工作条件和失效形式有如下。

①由于传递扭矩，齿根承受较大的交变弯曲应力，易导致齿根部位发生疲劳断裂。

②齿面相互滚动和滑动，承受很大的接触压应力和摩擦力，易产生齿面磨损和齿面接触疲劳破坏。

③换挡、启动或啮合不均时，轮齿承受一定冲击载荷，易使齿面产生塑性变形。

④瞬时过载、润滑油腐蚀和外部硬质颗粒的侵入，齿轮的工作条件更加恶化，易造成轮齿折断、齿面腐蚀、磨损加剧等破坏。

（2）材料应具备的性能。

根据齿轮的工作条件和失效形式，齿轮应具备如下性能。

①高的弯曲疲劳强度，以防轮齿疲劳断裂。

②齿面具有高的接触疲劳强度、高的硬度和耐磨性，以防疲劳点蚀和齿面过量磨损。

③齿轮心部具要有足够的强度和韧性，防止轮齿因过载而断裂。

④良好的工艺性能，如切削加工性好、热处理变形小且变形有一定规律、淬透性好等，保证齿轮的加工精度和质量。

2）齿轮类零件材料选择与加工工艺

齿轮用材绝大多数是钢（锻钢与铸钢），某些开式传动的低速齿轮可用铸铁，特殊情况下还可采用有色金属和工程塑料。

确定齿轮用材的主要依据是：齿轮的传动方式（开式或闭式）、载荷性质与大小（齿面接触应力和冲击负荷等）、传动速度（节圆线速度）、精度要求、淬透性及齿面硬化要求、齿轮副的材料及硬度值的匹配情况等。

（1）钢制齿轮。

钢制齿轮有型材和锻件两种毛坯形式。一般锻造齿轮毛坯的纤维组织与轴线垂直，分布合理,故重要用途的齿轮都采用锻造毛坯。

钢制齿轮按照齿面硬度分为硬齿面和软齿面:齿面硬度≤350HBS 为软齿面,齿面硬度≥350HBS 为硬齿面。

轻载、低速与中速、冲击力小、精度较低的一般齿轮,选用中碳钢(如 40、45、50、50Mn 等)制造,常用正火或调质等热处理制成软面齿轮,正火硬度为 160 ~ 200HBS,调质硬度一般为 200 ~ 280HBS。此类齿轮硬度适中,齿的加工可在热处理后进行,工艺简单,成本低,主要用于标准系列减速器齿轮以及冶金机械、重型机械和机床中的一些不太重要的齿轮。

中载、中速、受一定冲击载荷、运动较为平稳的齿轮,选用中碳钢或合金调质钢,如 45、50Mn、40Cr、42SiMn 等。

重载、中速与高速并且受较大冲击载荷的齿轮,选用低碳合金渗碳钢或碳氮共渗钢,如 20Cr、20CrMnTi、30CrMnTi 等。其热处理是渗碳、淬火、低温回火,齿轮表面获得 58 ~ 63HRC 的硬度,因淬透性高,齿轮心部有较高的强度和韧性。这种齿轮的表面耐磨性、抗接触疲劳强度、抗弯强度及心部的抗冲击能力都比表面淬火的齿轮要高,但是热处理变形较大,在精度要求较高时应安排磨削加工。主要用于汽车、拖拉机的变速器和后桥中的齿轮。内燃机车、坦克、飞机上的变速齿轮,其负荷和工作条件比汽车齿轮更重、对材料的性能要求更高,应选用含合金元素较多的渗碳钢(如 20CrNi、18Cr2Ni4WA),以获得更高的强度和耐磨性。

精密传动及高速齿轮,其要求精度高,热处理变形小,宜采用氮化钢,如 35CrMo、38CrMoAL 等。热处理采用调质加氮化,氮化后齿面硬度高达 850 ~ 1200HV,热处理变形极小,热稳定性好,并有一定耐磨性。其缺点是硬化层薄,不耐冲击,不适用于重载齿轮,多用于载荷平稳的精密传动齿轮或磨齿困难的内齿轮。

(2)铸钢齿轮。

某些尺寸较大,形状复杂并受一定冲击的齿轮,其毛坯用锻造难以加工时,需要采用铸钢。常用碳素铸钢为 ZG270-500、ZG310-570、ZG340-640 等,载荷较大的采用合金铸钢,如 ZG40Cr、ZG35CrMo、ZG42MnSi 等。

铸钢齿轮通常是在切削加工前进行正火或退火,以消除铸造内应力,改善组织和性能的不均匀性,从而提高切削加工性。对于要求不高,转速较低的铸钢齿轮,可在退火或正火处理后使用;对耐磨性要求高的,可进行表面淬火。

(3)铸铁齿轮。

一般开式传动齿轮多用灰铸铁制造。灰铸铁组织中的石墨有自润滑作用,减摩耐磨性好,切削加工性好,成本低。其缺点是抗弯强度低脆而不易受冲击。灰铸铁只适用于制造一些轻载、低速、不受冲击的齿轮。常用牌号如 HT200、HT250、HT300 等。在闭式传动齿轮中,也有用球墨铸铁 QT900-2 等代替铸钢的趋势。

铸铁齿轮在铸造后一般进行去应力退火或正火、回火处理,硬度为 170 ~ 270HBS,为提高耐磨性还可进行表面淬火。

(4)有色金属齿轮。

有色合金中常用来制造齿轮的主要是铜合金,如黄铜、青铜等。它们具有好的耐磨性和耐蚀性、强度高,可用来制造蜗轮或要求耐腐蚀、耐高温的齿轮。

(5)工程塑料齿轮。

可以用来制造齿轮的工程塑料比较多,如聚乙烯、聚丙烯、ABS 塑料等。尼龙齿轮的强度较高、韧性好、耐腐蚀,具有突出的耐磨性和自润滑性;聚甲醛的耐疲劳性好,硬度高,特别适合制造在干摩擦条件下工作的齿轮;聚碳酸酯则适用于载荷不大和要求冲击韧度较高的轻载齿轮或要求有较高的尺寸稳定性的小模数精密齿轮、蜗轮和齿条等。

3)典型齿轮类零件选材举例

(1)机床齿轮的选材。

机床中大量使用齿轮担负传递动力、改变运动速度和方向的任务。机床传动齿轮工作时受力不大、转速中等、运转平稳、无强烈冲击,齿轮的强度和韧性要求均不高。因此,经常选用中碳钢制造,为了提高淬适性,也可用中碳的合金钢,经调质处理后心部有足够的强韧性,能承受较大的弯曲应力和冲击载荷;齿面采用高频淬火强化后,硬度可达 55HRC 左右,提高了齿面耐磨性。

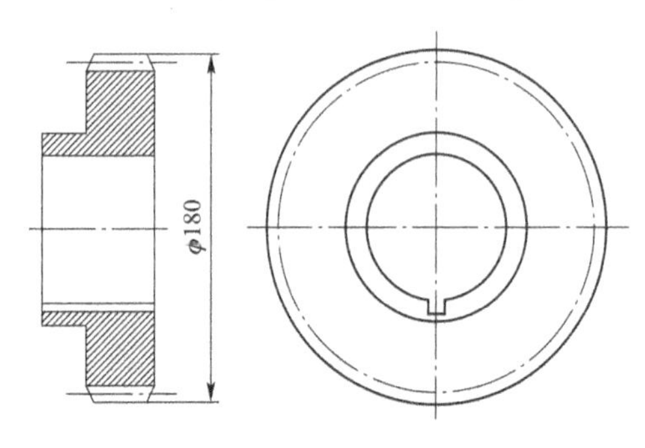

图 7-6 某车床传动齿轮

图 7-6 所示为某车床传动齿轮,工作时受力不大,转速中等,运转平稳,无强烈冲击。试选材,并确定加工工艺路线。对该齿轮进行分析,其工作条件为:①工作负荷不太大。②中速运转(6 ~ 10m/s)。技术要求为:①齿面硬度 HRC45 ~ 50,金相组织为回火索氏体。②齿心部硬度 HRC22 ~ 25,金相组织为回火马氏体。

根据工作条件和性能要求,该齿轮可选用 45 钢。热处理工艺为:正火,950 ~ 970℃,空冷,硬度 156 ~ 217HBS;高频表面淬火喷水冷却,180 ~ 200℃低温回火,表面硬度50 ~ 55HRC。

其加工工艺路线如下:下料→锻造→正火→粗加工→调质→精加工→高频淬火 + 低温回火→精磨。几道重要工序的目的和所达到的性能要求分别是:①正火:消除锻造应力,使组织均匀并细化,得到合适的硬度,便于切削加工。正火后材料具有一定的综合力学性能,对于一般用途的齿轮,可省略调质处理。②调质:获得回火索氏体组织,使齿轮心部具有良好的综合力学性能,使齿轮能承受较大的交变弯曲载荷和冲击载荷。③高频淬火和低温回火:高频淬火可提高齿轮表面硬度,从而提高耐磨性和点蚀疲劳抗力;使齿轮表面具有一定的残余压应力,以进一步提高疲劳强度。低温回火可消除淬火应力,防止磨削裂纹的产生,提高抗冲击能力。

(2)汽车、拖拉机齿轮的选材。

汽车和拖拉机齿轮主要安装在变速器和差速器中。变速器中齿轮用于改变发动机、曲轴和主轴齿轮的转速;差速器中的齿轮用于增加扭矩,调节左右轮的转速,并将发动机动力传给主动轮,以推动汽车、拖拉机运行。汽车和拖拉机齿轮工作条件比机床齿轮差,受力较大,频繁冲击,因此对材料耐磨性、疲劳强度、心部强度及冲击韧性都有更高的要求。实践证明,这类齿轮一般选用合金渗碳钢制造,如 20Cr、20CrMnTi 等,经渗碳、淬火、低温回火后,还可进行表面喷丸强化处理,使表层为压应力状态,提高抗疲劳能力。齿轮的不同热处理工艺比较见表7-6。

齿轮的不同热处理工艺比较　　表7-6

工艺方法	材　料	表层组织及硬度(HRC)	心部组织及硬度(HRC)	硬化层形状	硬化层深度	工艺周期及成本	热处理变形	应用范围
感应加热表面淬火	中碳钢或中碳低合金钢	马氏体,45~60	索氏体或回火索氏体,25~35	大多数分布不均匀	不易控制	短、低	较小	用于轻载齿轮,如机床等
渗碳及碳氮共渗	低碳钢或低碳合金钢	马氏体+碳化物+残余奥氏体,56~62	低碳马氏体或屈氏体,35~44	沿齿廓均匀分布	易控制	较长、较高	较大	用于重载齿轮,如汽车、拖拉机等
氮化	调质钢38CrMoAl	氮化物,65~72	回火索氏体,≤30	沿齿廓均匀分布	易控制	长、高	最小	用于高精度、高耐磨、高速齿轮

图7-7所示为汽车变速器齿轮,工作条件较恶劣,受力较大,超载荷和受冲击频繁。试选材,并确定加工工艺路线。对该齿轮进行分析,其工作条件为:①工作负荷大。②高速运转(10~15m/s以上)。③受冲击频繁,磨损较严重。技术要求为:①齿面硬度HRC58~62,金相组织为回火马氏体+合金碳化物+残余奥氏体。②齿心部硬度HRC35~45,金相组织为回火马氏体(低碳)+铁素体+细珠光体。

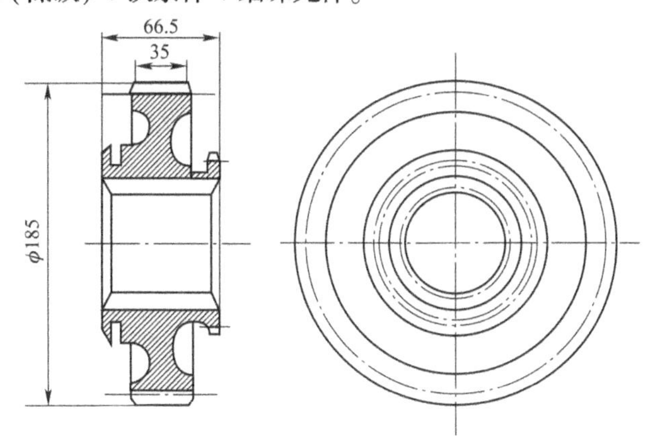

图7-7　汽车变速器齿轮

根据工作条件和性能要求,该齿轮可选用20CrMnTi钢制造。热处理工艺为:正火,950~970℃,空冷,硬度179~217HBS;渗碳920~940℃,保温4~6h,预冷至830~850℃直接油淬;低温回火(180±10℃)保温2h。齿面硬度58~62HRC,心部硬度33~48HRC。

其加工工艺路线如下:下料→锻造→正火→切削加工→渗碳、淬火+低温回火→喷丸处理→精磨。几道重要工序的目的和所达到的性能要求分别是:①正火:消除锻造应力,均匀和细化组织,降低硬度,改善切削加工性能。②渗碳、淬火+低温回火:渗碳、淬火+低温回火处理后,渗碳层深度为1.2~1.6mm,表面碳的质量分数为0.8%~1.1%,表面硬度为58~62HRC,心部硬度为30~45HRC,这样齿面具有高硬度和高耐磨性,而心部具有较高的强度和足够的韧性。③喷丸处理:可提高齿面硬度 1 ~ 3HRC,增加表面残余压应力,从而提高接触疲劳强度。

7.3.3 箱体支承类零件材料选择

1)箱体支承类零件的工作条件、失效形式及性能要求

(1)工作条件和失效形式。

箱体及支承件是机器中的基础零件。轴和齿轮等零件安装在箱体中,以保持相互的位置并协调地运动;机器上各个零部件的重量都由箱体和支撑件承担,因此箱体支承类零件主要受压应力,部分受一定的弯曲应力。此外,箱体还要承受各零件工作时的动载作用力以及稳定在机架或基础上的紧固力。

(2)性能要求。

根据箱体支承类零件的功能及载荷情况,它对所用材料的性能要求是:有足够的强度和刚度,良好的减振性及尺寸稳定性。箱体一般形状复杂,体积较大,且具有中空壁薄的特点。因此,箱体材料应具有良好的加工性能,以利于加工成形,一般多选用铸造毛坯。

2)箱体支承类零件的材料选择与加工工艺

箱体类零件大多形状结构复杂、体积较大、壁厚较薄,所以一般采用铸造方法生产。根据其工作条件的不同,可选用灰铸铁、铸钢、铸造铝合金等材料制造。箱体类零件应根据其材料和毛坯成形方法的不同,制订不同的加工工艺路线,并采取相应的热处理工艺。

(1)铸铁。

铸铁的铸造性好,价格低廉,消振性能好,故形体复杂、工作平稳、中等载荷的箱体、支承件一般都采用灰口铸铁或球墨铸铁制作。例如金属切削机床中的各种箱体、支承件。对于载荷不大、工作平稳的箱体,可选用灰铸铁 ,如 HT150、HT200 等。若与其他零件有相对运动,存在摩擦和磨损的,则应选用抗拉强度较高的灰铸铁 HT250 或孕育铸铁 HT300、HT350 等。对于载荷较大、要求高强度、高韧性,可选用 RuT300、RuT340。铸铁件为了消除铸造应力,可进行去应力退火或自然时效。

(2)铸钢。

载荷较大、承受较强冲击的箱体支承类部件常采用铸钢制造,其中 ZG35Mn、ZG40Mn 应用最多。铸钢的铸造性能较差,由于其工艺性的限制,所制部件往往壁厚较大、形体笨重。铸钢箱体一般存在组织偏析、晶粒粗大、铸造应力较大的缺陷,可采用完全退火或正火处理。

(3)有色金属。

要求质量小、散热良好的箱体可用有色金属(铝、镁及其合金)等制造。例如柴油机喷油泵壳体,还有飞机及摩托车发动机上的箱体多采用铸造铝合金生产。对于载荷不大,要求质量小且热导性好的小型箱体,如摩托车发动机曲轴箱、汽缸头等,可选用铸造铝合金,如 ZL105、ZL201 等。铸造铝合金应进行退火或淬火 + 时效处理,以改善力学性能。而要求一定强度及耐蚀性也可选用铜合金。部分小型复杂件也可选用锌合金,钛合金、高温合金在航空航天及石油化工领域也有应用。

(4)型材焊接。

对于体积及载荷较大、结构形状简单、并承受较大冲击载荷,或单件生产的箱体零件,

为了减小质量可采用焊接结构,如选用焊接性能良好的普通碳素结构钢 Q235 或低合金高强度结构钢 Q345 等钢焊接而成。对要求耐蚀的还可选不锈钢,如 1Cr18Ni9Ti、1Cr17Ti 等。

(5)工程塑料及玻璃钢。

工程塑料及玻璃钢因其特有的综合性能正越来越多地应用于产品中,特别是在要求耐蚀、低成本、小质量、绝缘、形状复杂、受力及受热不太大的中小型箱体或壳体上应用广泛。

3)铸造箱体支承类零件的加工工艺路线

加工工艺路线为:铸造——人工时效(或自然时效)——切削加工。

箱体支承类零件尺寸大、结构复杂,铸造(或焊接)后形成较大的内应力,在使用期间会发生缓慢变形。因此,箱体支承类零件毛坯,如一般机床床身,在加工前必须长期放置(自然时效)或进行去应力退火(人工时效)。对精度要求很高或形状特别复杂的箱体(如精密机床床身),在粗加工以后、精加工以前增加一次人工时效,消除粗加工所造成的内应力影响。去应力退火一般在550℃条件下加热,保温数小时后随炉缓冷至200℃以下出炉空冷。

部分箱体支承类零件的用材情况见表 7-7。

部分箱体支承类零件的用材情况　　表 7-7

代表性零件	材料种类及牌号	使用性能要求	热处理及其他
机床床身、轴承座、齿轮箱、缸体、缸盖、变速器壳、离合器壳	灰口铸铁 HT200	刚度、强度、尺寸稳定性	时效
机床座、工作台	灰口铸铁 HT150	刚度、强度、尺寸稳定性	时效
齿轮箱、联轴器、阀壳	灰口铸铁 HT250	刚度、强度、尺寸稳定性	去应力退火
差速器壳、减速器壳、后桥壳	球墨铸铁 QT400-15	刚度、强度、韧性、耐蚀	退火
承力支架、箱体底座	铸钢 ZG270-500	刚度、强度、耐冲击	正火
支架、挡板、盖、罩、壳	钢板 Q235、08、20、16Mn	刚度、强度	不热处理
车辆驾驶室、车箱	钢板 08、IF	刚度	冲压成形

7.3.4　其他零部件材料选择

表 7-8 ~ 表 7-10 所示为汽车发动机、锅炉、汽轮机和燃气轮机的材料和热处理工艺。

汽车发动机零件用材　　表 7-8

代表性零件	材料种类及牌号	使用性能要求	主要失效方式	热处理及其他
缸体、缸盖、飞轮、正时齿轮	灰口铸铁 HT200	刚度、强度、尺寸稳定	产生裂纹、孔壁磨损、翘曲变形	不处理或去应力退火
缸套、排气门座等	合金铸铁	耐磨、耐热	过量磨损	铸造状态

续上表

代表性零件	材料种类及牌号	使用性能要求	主要失效方式	热处理及其他
曲轴等	球墨铸铁 QT600-2	刚度、强度、耐磨、疲劳抗力	过量磨损、断裂	表面淬火，圆角滚压、氮化，也可以用锻钢件
活塞销等	渗碳钢 20、20Cr、20CrMnTi	强度、冲击、耐磨	磨损、变形、断裂	渗碳、淬火、回火
连杆、连杆螺栓、曲轴等	调质钢 45、40Cr、40MnB	强度、疲劳抗力、冲击韧性	过量变形、断裂	调质、探伤
各种轴承、轴瓦	轴承钢和轴承合金	耐磨、疲劳抗力	磨损、剥落、烧蚀破裂	不热处理
排气门	耐热气阀钢 4Cr3Si2、6Mn20Al5MoVNb、	耐热、耐磨	起槽、变宽、氧化烧蚀	淬火、回火
汽门弹簧	弹簧钢 65Mn、5CrVA	疲劳抗力	变形、断裂	淬火、中温回火
活塞	高硅铝合金 ZL108、ZL110	耐热强度	烧蚀、变形、断裂	淬火、时效
支架、盖、罩、挡板、油底壳等	钢板 Q235、08、20、16Mn	刚度、强度	变形	不热处理

锅炉和汽轮机主要零件的用材 表 7-9

零件名称	失效方式	工作温度(℃)	用材情况
水冷壁管或省煤器管	爆管(蠕变或持久断裂或过度塑性变形)、热腐蚀疲劳	<450	低碳钢管如 20A
过热器管		<550	珠光体耐热钢，15CrMo
		>580	珠光体耐热钢，12CrMoV
蒸气导管		<510	珠光体耐热钢，15CrMo
		>540	珠光体耐热钢，12CrMoV
汽包		<380	20G 或 16MnG 等低合金高强度钢
吹灰器		短时达 800~1000	马氏体耐热钢 1Cr13 奥氏体不锈钢 1Cr18Ni9Ti
固定、支撑零件(如吊架、定位板等)		长时达 700~1000	Cr6SiMo 或奥氏体耐热钢 Cr20Ni14Si2、Cr25Ni12 等
汽轮机后级叶片		<480	1Cr13、2Cr13
汽轮机前级叶片	疲劳断裂、应力腐蚀开裂	<540	Cr11MoV
		<580	Cr12WMoV

续上表

零件名称	失效方式	工作温度(℃)	用材情况
转子	断裂、疲劳或应力腐蚀开裂、叶轮变形	<480	34CrMo
		<520	17CrMoV、27Cr2MoV
		<400	34CrNi3Mo、33Cr3MoWV
紧固零件(如螺栓、螺母等)	螺栓断裂、应力松弛	<400	45
		<430	35SiMn
		<480	35CrMo
		<510	25Cr2MoV

燃气轮机主要零件的用材 表7-10

零件名称	失效形式	工作温度(℃)	用材情况
叶片	蠕变变形、蠕变断裂、蠕变疲劳或热疲劳断裂	<650	奥氏体耐热钢,如 1Cr17Ni13W、1Cr14Ni18W2NbBRe 等
		750	铁基耐热合金,如 Cr14Ni40MoWTiAl 镍基合金,如 Nimonic90
		850	镍基合金,如 Nimonic100
		900	镍基合金,如 Nimonic115
		950	In100、Mar-M246 等
转子及涡轮盘		<540	珠光体耐热钢,如 20Cr3MoWV
		<650	铁基合金,如 Cr14Ni26MoTi
		<680	铁基合金,如 Cr14Ni35MoWTiAl
火焰筒及喷嘴		<800	铁基合金,如 Cr20Ni27MoW
		<900	镍基合金,如 Inconel718
		<680	镍基合金,如 HastelloyX

思 考 题

1. 零件三种基本的失效方式是什么?哪些因素会造成零件的失效?
2. 失效分析常用哪些试验方法?一般步骤是什么?
3. 设计人员在选材时应考虑什么原则?如何才能做到合理选材?
4. 简述选用材料的一般方法和步骤?
5. 下列零件应采用何种材料和最终热处理方法比较适合?

锉刀;沙发弹簧;汽车变速器齿轮;机床床身;桥梁。

6. 一车床主轴(ϕ 15mm)承受中等载荷,要求轴颈部位的硬度为 50 ~ 55HRC,其余地方要求具有良好的综合力学性能,硬度为 20 ~ 24HRC。回答下列问题:①该轴选用下列材料中的哪种材料制作较为合适,为什么?(20Cr、20CrMnTi、40CrNiMo、45、60Si2Mn)②初步拟定零件轴的加工工艺路线。③指出在加工路线中每步热处理的作用。

7. 现要设计一汽车发动机凸轮轴,要求凸轮表面要耐磨,凸轮轴要有足够的韧性和刚度。请回答以下问题:①选择合适的材料(标明材料的牌号),并解析选择该材料的理由。②写出加工工艺路线,并分析每个热处理工序的作用及获得的组织。③你所选用的材料厂里缺货,能用什么材料代替?④制订选用替代材料的冷热加工工艺路线。

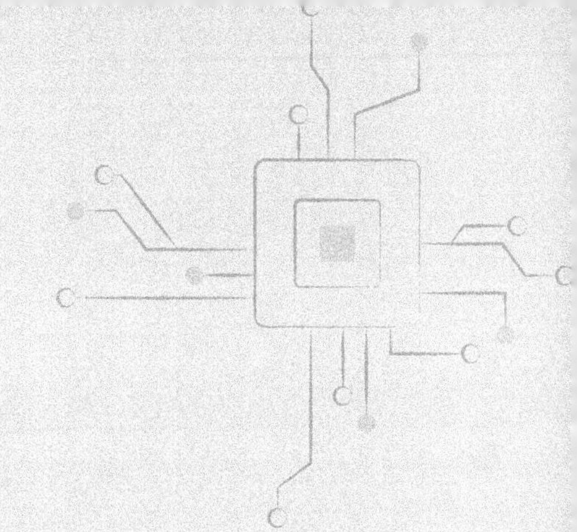

参 考 文 献

[1] 沈莲.机械工程材料[M].4版.北京:机械工业出版社,2018.

[2] 李妙玲,武亚平.机械工程材料[M].西安:西安电子科技大学出版社,2022.

[3] 赵程,杨建民.机械工程材料[M].3版.北京:机械工业出版社,2021.

[4] 李纯彬,刘静香.机械工程基础[M].北京:机械工业出版社,2022.

[5] 游文明.工程材料与热加工[M].北京:高等教育出版社,2021.

[6] 姜敏凤,宋佳娜.机械工程材料与成形工艺[M].4版.北京:高等教育出版社,2020.